선박용 LNG연료 공급시스템 설계 및 실무

선박용 LNG연료 공급시스템 설계 및 실무

2024년 1월 16일 초판 인쇄
2024년 1월 23일 초판 발행

지 은 이 | 이재무, 유현수
발 행 인 | 이희태
발 행 처 | 삼일인포마인
등록번호 | 1995. 6. 26 제3 - 633호
주   소 | 서울특별시 용산구 한강대로 273 용산빌딩 4층
전   화 | 02)3489 - 3100
팩   스 | 02)3489 - 3141
가   격 | 40,000원

ISBN 979-11-6784-195-7   93550

선박용 LNG연료
공급시스템
설계 및 실무

이재무 · 유현수 지음

SAMIL | 삼일인포마인

서문

필자가 버스로 중·고등학교를 통학하던 1980년대는 학생들을 태운 버스가 배기관에서 검은색 매연을 뿜어내는 모습이 당연하게 느껴지던 시절이었다. 그 당시에는 버스 승강장에서 매캐한 매연을 맡으면서 버스를 기다리는 게 일상이었다.

그럼, 한국에서는 언제부터 대기 환경에 관심을 가졌을까?

한국에서 천연가스 버스를 처음 도입한 해는 1998년으로, 1990년대에 대도시 대기 오염이 사회적 문제로 대두된 이후 2002년 한·일 월드컵 개최를 앞두고 대기 오염의 근본적 해결을 위해 인천과 안산에 총 4대의 천연가스 버스가 보급되었다.

그 이후, 서울에는 2000년에 처음으로 천연가스 버스가 도입되었고, 2017년 기준 서울시에서 운영되는 7,099대의 시내버스 모두 천연가스를 사용하고 있다. 서울시 시내버스 연료가 모두 천연가스로 바뀐 것은 2015년으로, 모든 버스의 연료를 천연가스로 바꾸기까지는 15년이 걸린 셈이다.

세계 최초로 선박에서 LNG연료를 사용한 것이 2000년도로 벌써 23년이란 세월이 흘렀음에도 2023년 9월말 기준, 글로벌 선대 중 기존연료 비중은 92.8%, 친환경 선대 비중은 7.2%로 아직도 친환경 연료선박 비중이 미비한 실정이다. 하지만 수주잔고 중 기존연료 선박 비중은 38.8%, 친환경 선박 비중은 61.2%로, 친환경 선대로의 교체가 이루어지고 있는 모습을 확인할 수 있다.

이렇듯 LNG연료를 비롯한 친환경 선박의 시장이 급상승하는 현재, 선박용 친환경연료시스템 시장 역시 동반 성장하고 있는 상황임에도, 필자가 처음 선박용 LNG연료시스템(FGSS)을 개발한 2009년에는 제대로 된 규정이 없어, LNG 운반선에 사용되는 IGC Code를 참고로 시스템을 개발했고, 2017년에 IGF Code가 발효된 이후부터는 IGF Code로 LNG연료시스템(FGSS)을 설계했다.

하지만, IGF Code를 본 사람들은 잘 알겠지만, 120여 페이지 중 대부분은 텍스트(글자)와 테이블(도표)로 도대체 이 문구 자체가 무엇을 의미하는지, 도대체 어떻게 설계를 해야 하는지, 눈 앞이 막막한 경험을 했을 것이다. 물론, 필자 역시 IGF Code에 대한 잘못된 이해로

FGSS 설계에 있어 장비 누락, 불필요한 장비 추가 등의 실수를 했던 경험을 가지고 있었다.

그런데, 이러한 시행착오가 비단 필자 뿐만 아니라 LNG연료추진 선박을 설계하는 조선소와 FGSS 장비를 설계하는 기자재사에서도 동일하게 겪는 고민거리였으며, IGF Code에 대한 제대로 된 교육이 없다는 현실을 확인하게 되었다.

그럼, 왜 FGSS에 대한 제대로 된 교육이 없었을까?

필자가 조선소나 FGSS 기자재사에서 일한 경험을 비춰볼 때, IGF Code가 누구나 볼 수 있는 표준문서라고 할지라도, 조선소나 기자재사와 같은 특정 회사에서만 기술 검토가 이루어졌고, IGF Code에 대한 정확한 이해와 경험은 회사의 수주 실적으로 이어질 수 있는 노하우이기 때문에 공유될 수 없는 성격을 가지고 있었다. 이러한 이유에서 FGSS 시장이 급성장하고 있는 현재까지도 IGF Code에 대한 제대로 된 해설이나 지침서가 없었던 것이다.

그래서 필자는 IGF Code에서 LNG연료추진 선박이나 FGSS 장비, FGSS 운전에 요구하는 정확한 설명과 이 요구사항을 시스템에 어떻게 적용해야 하는지, 실제 프로젝트 경험을 토대로 본 교재를 만들게 되었으며, 이 교재는 LNG연료 외, "저 인화점 연료"로 정의되는 액화석유가스(LPG), 메탄올(Methanol), 암모니아(Ammonia), 수소(Hydrogen) 연료시스템 설계까지 활용이 가능하다.

IGF Code를 기반으로 "선박용 LNG연료공급시스템(FGSS) 설계 및 실무"에 대한 교재가 친환경 선박연료시스템 시장에 종사하는 모든 엔지니어 분들과 미래 시장에 참여하고자 하는 모든 분들에게 도움되길 바라며, 본 책이 출판되기까지 격려와 검수를 해 주신 피아스페이스의 유현수 대표에게 감사를 표합니다.

2023년 12월 30일

이재무

Contents

선박용 LNG 연료공급시스템 설계 및 실무

LNG 연료추진선박 정의 및 역사

LNG 연료추진선박이란?

LNG 연료추진선박이란 말 그대로 선박의 추진 연료로 LNG를 사용하는 선박을 말합니다.

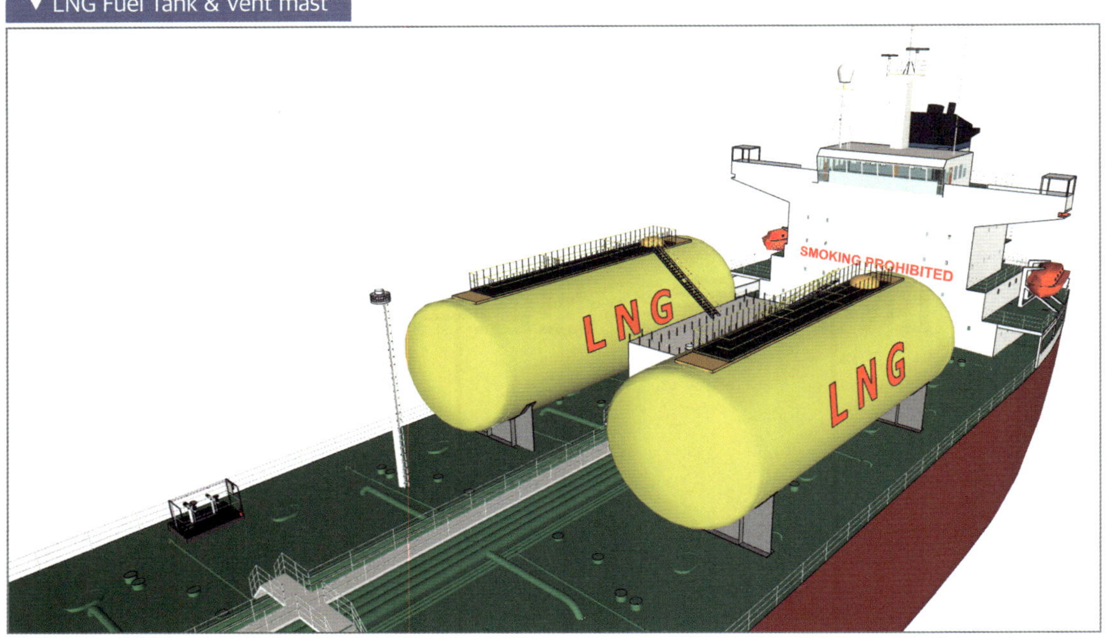

그림에서 볼 수 있듯이, LNG를 연료로 쓰기 위한 저장탱크, 그리고 극저온의 LNG를 엔진이 요구하는 온도와 압력으로 맞추기 위한 장비를 설치하는 FPR(Fuel Preparation Room)이라고 부르는 Room이 있습니다.

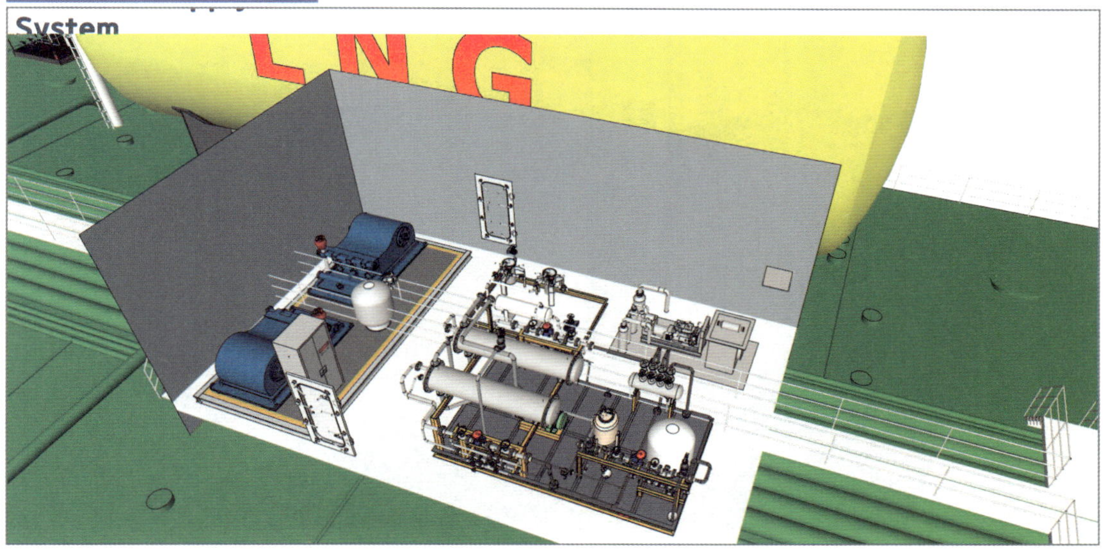

이 FPR 내부에는 LNG를 승압(Boost Up)하는 펌프모듈과 LNG를 기화시키는 기화기 및 글리콜 열교환 시스템, 버퍼탱크류들이 설치되어 있습니다. 위 이미지는 내부 장비를 보여주기 위해 외벽을 제거한 것입니다.

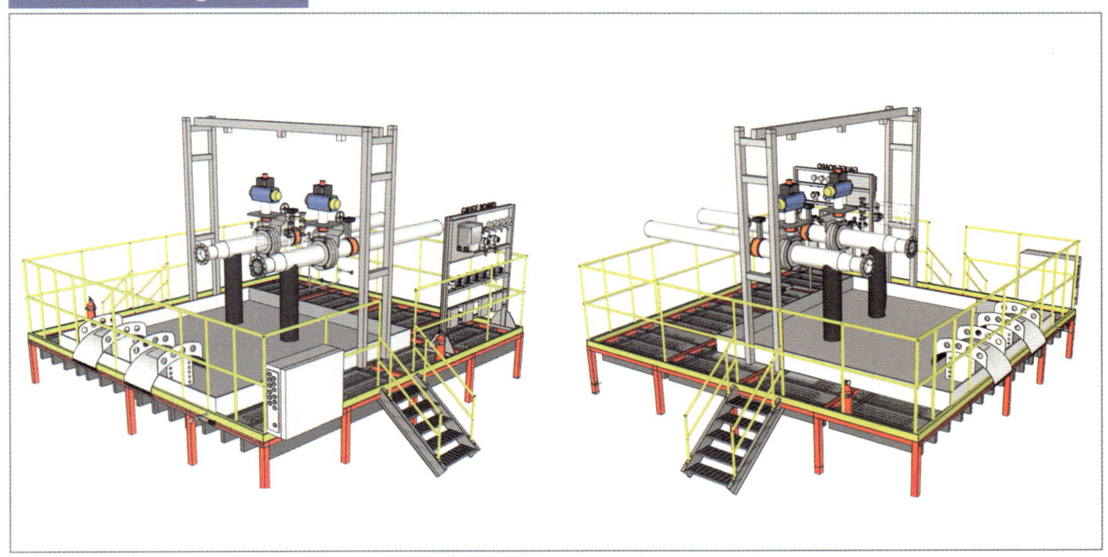

본 설비는 LNG를 충전하기 위한 "LNG 벙커링 스테이션"이라는 장비입니다.

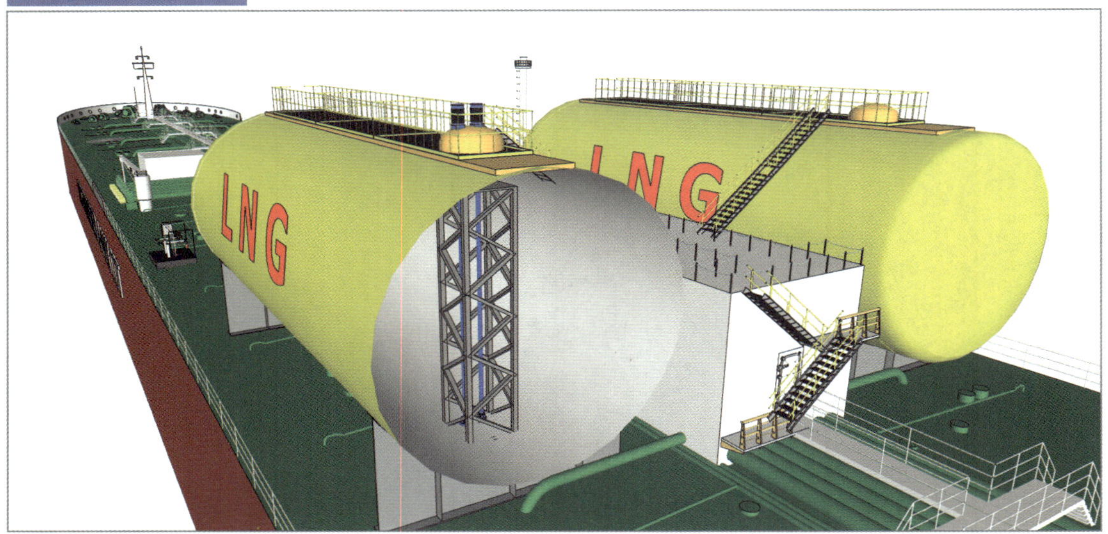

이렇게 충전된 LNG는 저장탱크내부에 설치된 LNG를 펌프를 통해, FPR로 이송되고 이 Room 에 있는 장비를 통해 엔진이 요구하는 압력과 온도로 LNG를 공급하는 설비를 LNG 연료공급 시스템이라고 합니다. 영어로는 FGSS, Fuel Gas Supply System이라 명칭합니다.

이러한 시스템이 실제로 적용된 선박 사진입니다. 이 선박에는 LNG 연료저장탱크, 그리고 LNG 저장탱크 사이에 FPR이 설치되어 있고 이 Room에는 먼저 설명드린 바와 같이 LNG를 고압으로 공급하는 펌프 모듈, LNG를 기화시키기 위한 장비 그리고 LNG 저장탱크에서 발생하는

BOG(Boil Off Gas)를 공급하기 위한 컴프레서 모듈 등이 설치되어 있습니다. 또한, LNG를 충전하기 위한 LNG 벙커링 스테이션이 선박 양쪽에 설치되어 있는 것을 확인할 수 있습니다.

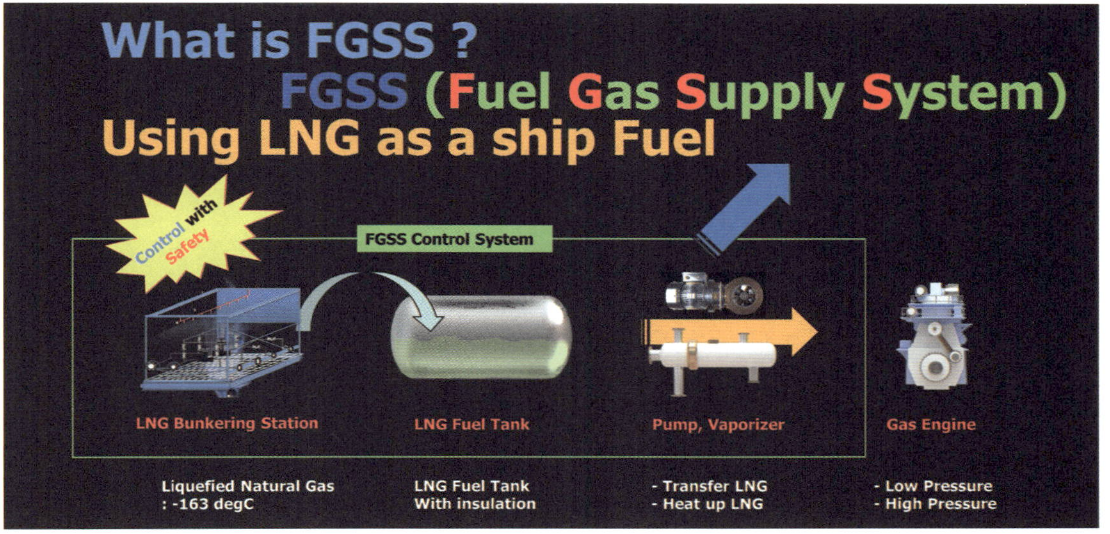

FGSS는 LNG를 선박의 연료로 쓰기 위해서 사용하는 시스템을 말합니다. LNG는 잘 아시는 것처럼 -163도에서 액체가 되는 특성을 가지고 있는 연료입니다. 그래서 이러한 극저온 연료를 담기 위한 저장탱크가 특별하게 설계되고 설치됩니다. 이러한 LNG를 충전하기 위해서는 이전 페이지에 설명드린 것처럼 LNG 벙커링 스테이션을 통해 LNG를 충전하게 됩니다. 이 충전된 LNG는 엔진이 요구하는 압력과 온도로 공급하기 위해서 펌프 또는 기화기를 사용합니다. 엔진을 제외한 LNG 벙커링 스테이션, LNG 연료탱크, 펌프, 기화기 등을 제어시스템과 Safety System으로 통합한 시스템 전체 패키지를 FGSS라고 부릅니다.

선박에서 발생하는 배기가스 물질에 대해 살펴보겠습니다. 첫 번째는 황산화물입니다. HFO(Heavy Fuel Oil), 또는 MDO(Marine Diesel Oil)와 같은 선박 연료에는 기본적으로 황(Sulphur)과 불순물이 포함되어 있습니다. 그 이유는 생산비용문제로 100% 황을 제거하지 못하는 것과 연료특성상 미소량의 불순물이 존재합니다. 이러한 연료가 연소가 되면 황산화물이 발생을 하고 이러한 황산화물이 비에 섞여 내리게 되면 산성비와, 농작물에 피해를 주는 주요 원인이 되기도 합니다. 이러한 황산화물을 제거하기 위해 스크러버라는 장비를 설치하는데, 스크러빙(Scrubbing)이란 뜻이 "문지르다"라는 의미로, 결국 스크러버를 통해 가스를 필터링을 하게 되면 배기가스를 통해서 배출되는 황산화물을 제거할 수 있게 됩니다.

이렇게 제거된 황산화물은 바다로 배출을 직접 하거나 또는 선박 내 저장을 한 다음에 나중에 육상에서 처리를 합니다. 결국 스크러버는 황산화물을 궁극적으로 없애는 것이 아니라 배기가스에서 걸러서 다른 장소로 폐기 또는 재처리하는 장비인 것입니다. 그래서 최근 들어 ECA (Emission Control Area, 선박배기가스 규제강화지역) 지역이나 또는 특정 국가에서는 이 스크러버를 설치한 선박의 입항을 거부하는 사례가 있습니다. 즉 스크러버도 근본적인 해결 방안이 될 수 없다는 것이지요.

두 번째는 질소산화물입니다. 잘 아시는 바와 같이 공기 중에는 70%가 질소입니다. 질소산화물은 질소가 높은 온도에서 연소함으로써 발생하는 산화물이기 때문에 선박 연료와 관계없이 발생합니다. 이렇게 발생된 질소산화물은 광학 스모그를 발생시켜서 호흡기질환과 산성비의 주요 원인이 됩니다. 만약 엔진의 효율을 높이고자 한다면 연료의 연소효율을 높이는 즉, 고온을 만들어야 하는데 이렇게 되면 질소산화물이 많이 발생을 하게 되고, 질소산화물을 낮추려고 한다면 엔진효율이 떨어지는 문제가 발생하기 때문에 효율과 환경이라는 두 마리 토끼를 모두 잡기는 상당히 어렵습니다.

질소산화물에 대한 한가지 사례로 2015년 폭스바겐 자동차에서 "디젤게이트"라는 커다란 사회적 이슈를 일으켰던 사건이 있었습니다. 사건의 요지는 자동차에서 발생하는 질소산화물배출량을 조작한 사건이었지요. 이로 인해 폭스바겐그룹의 명성이 바닥으로 떨어지기도 했습니다. 이러한 질소산화물을 줄이기 위한 방법으로 SCR(Selective Catalytic Reduction, 선택적촉매환원장비)라는 장비를 설치하게 되면 질소산화물을 제거할 수 있게 되는데, 이렇게 질소산화물을 제거하기 위해서는 디젤자동차에도 동일하게 쓰이는 요소수(urea)를 사용합니다. 문제는 이러한 요소수(urea)를 계속 공급해줘야 되기 때문에 선박이 운항되는 내내 유지보수 비용이 상당히 높습니다. 그리고 SCR로 질소산화물을 100% 제거할 수 없기 때문에 규제가 강화된다면 이것 또한 근본적인 해결책이 될 수 없습니다.

세 번째는 분진입니다. 미세먼지라고 부르기도 하는데, 선박연료에는 황을 포함한 여러가지 불순물이 섞여 있습니다. 그래서 엔진이 급격한 부하를 변동하거나 초기 시동의 경우에는 연료의 불완전연소가 발생하게 됩니다. 이런 경우 배기가스가 시커멓게 배출되는데, '검댕이'라고 부르는 입자상 물질이 발생을 하게 됩니다. 자동차의 경우 DPF(Diesel Particle Filter)라고 하는 장비를 통해 분진을 제거하긴 하지만 선박에는 이렇게 큰 필터를 설치할 수 없습니다.

그래서 스크러버를 통해 분진을 제거하는데 이전에 살펴보았던 것처럼 제거된 분진을 바다로 버리거나 육상으로 가져와 처리를 해야 되기 때문에 이 부분도 분진을 제거하는 근본적인 방법이 될 수 없습니다.

마지막으로 이산화탄소입니다. 우리가 'C'라고 부르는 탄소(Carbon) 입자가 있는 모든 연료에서 이산화탄소가 발생합니다. 이산화탄소(CO_2)는 모두가 잘 알고 있는 지구온난화 이상기후의 원인이 되고 있지요. 이러한 이산화탄소를 줄이기 위한 여러가지 노력들을 하고 있습니다. 즉 C가 없는, 이산화탄소가 없는 연료들을 사용하기 위한 연구, 개발을 진행하고 있는데, 암모니아나 수소 같은 연료를 사용하게 되면 이산화탄소를 전혀 배출하지 않는 방법이 있습니다.

추가적인 방법으로는 배기가스 후단에 CO_2 캡쳐장비를 설치하는 것입니다. 이 장비를 통해서 포집된 CO_2가 육상 시설에 재활용 되거나 CO_2 순도를 높여 재활용하는 사례가 있습니다. 하지만 현재까지의 기술로는 배기가스에서 나오는 모든 CO_2를 처리를 할 수 없을 뿐만 아니라, 포집된 CO_2 순도가 많이 낮기 때문에 이 장비 역시 근본적인 해결책이 될 수는 없겠습니다.

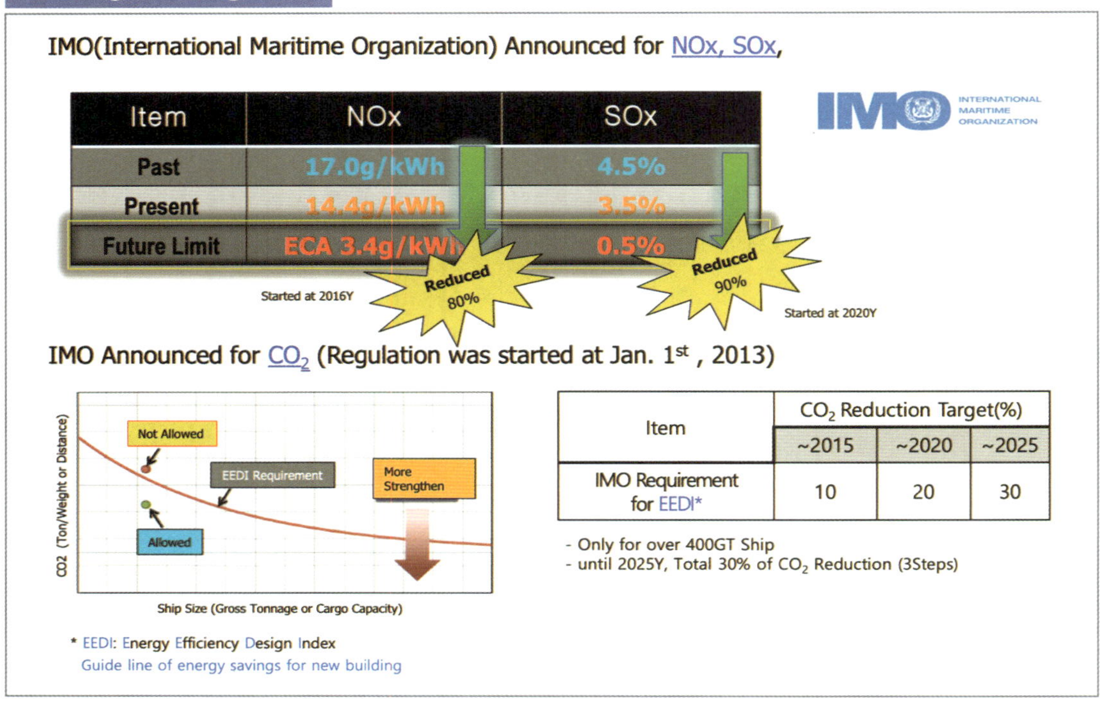

왜 선박에서 LNG 연료를 사용하게 되었는지에 대한 첫 번째 이유로, IMO라고 하는 국제해사기구에서는 이러한 배기가스들이 인체나 또는 전세계에 기후의 영향을 미치는 것을 이미 오래전부터 알고 있습니다.

그래서 단계적으로 질소산화물이나 황산화물을 줄이기 위한 노력을 해왔습니다. 지금 현재 시점에서 보면 NOx(녹스)라고 하는 질소산화물은 ECA의 기준, 3.4gram으로 기존의 규제보다는 약 80% 이상 줄여진 규제가 적용되고 있습니다. 또한, 황산화물 역시 2020년부터 0.5% 이하로 배출해야 하는 것으로 기존 규제 대비 90% 이상 강화된 규제가 이미 시행되었습니다.

이렇게 규제가 강화되고 있다고 하더라도 이것이 끝이라고 말 할 수 없습니다. 왜냐하면 규제가 더 강화될 수도 있기 때문입니다.

추가적으로 CO2 배출에 대한 규제도 2013년에 단계적으로 시작을 했으며, 2015년에는 10%, 2025년에는 기존에 배출하는 가스의 30%를 줄여야 된다는 목표치가 정해졌고, 한국 정부나 전세계 선박도 EEDI(Energy Efficiency Design Index)를 맞추기 위한 정책을 추진하고 있습니다.

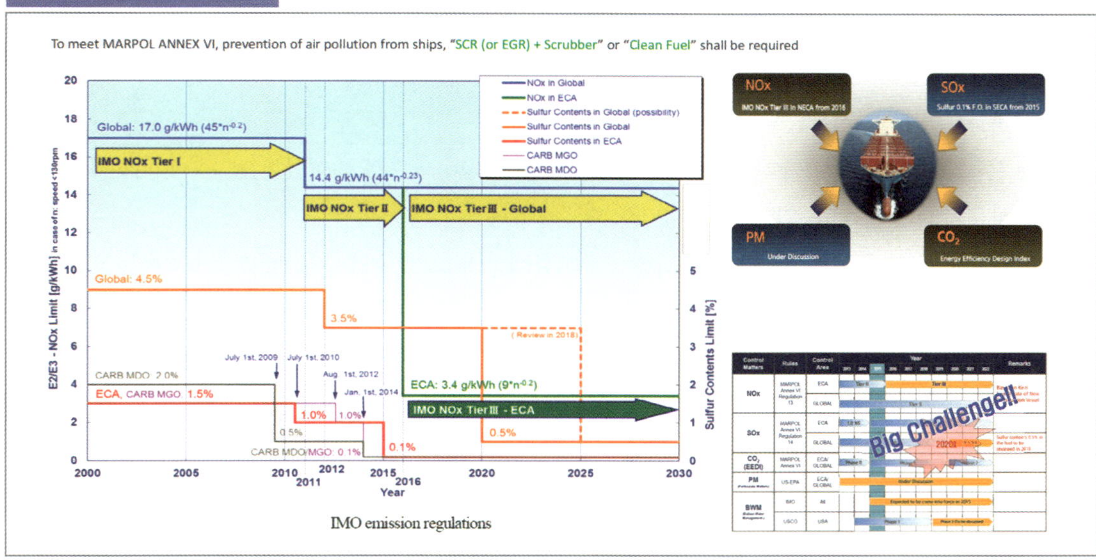

두 번째는 황산화물과 질소산화물에 대한 국제해사기구의 규제와는 별도로 ECA(Emission Control Area, 선박배기가스 규제강화지역)라고 하는 각국에서 IMO보다 더 강화된 선박배기가스 규제치를 적용하는 지역들이 있습니다. ECA로 지정된 지역은 통상적으로 각국의 주요 항구들로 다른 지역보다 국제 무역을 운송하는 선박들이 더 많이 입/출항을 하는 곳이기 때문에 각국에서는 IMO 규제치 보다 더 강화된 규제를 적용하고 있습니다.

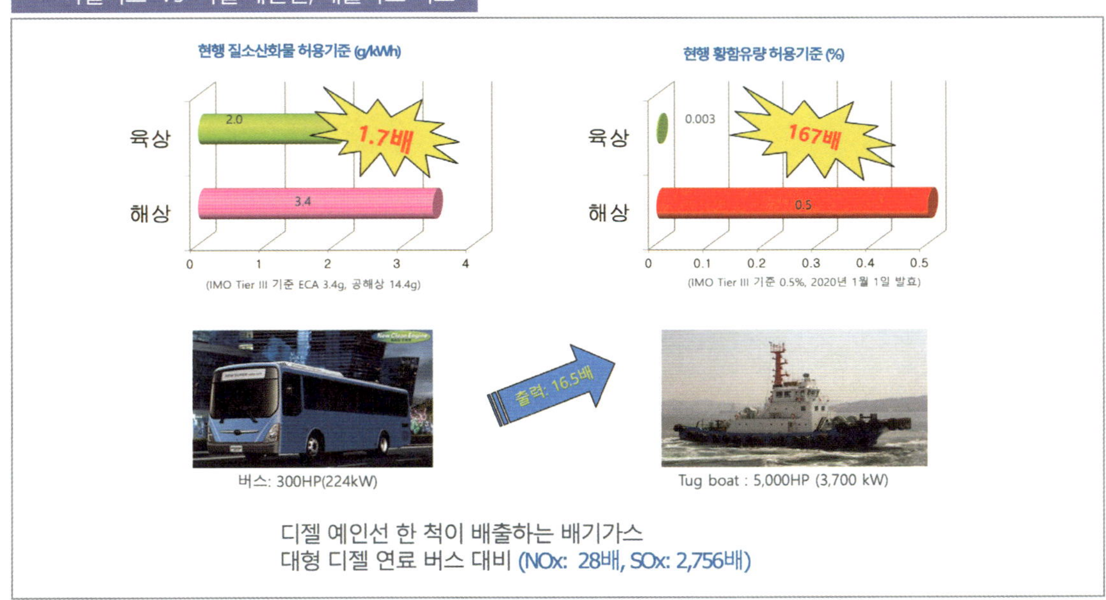

디젤 연료와 LNG 연료를 비교하기 전에, 이해를 돕는 차원에서 육상 자동차배기가스 규제와 해상 선박의 배기가스규제를 비교하겠습니다.

일단 가장 주요한 두 가지 규제치를 비교해 보면, 먼저 질소산화물 같은 경우에 육상규제는 현재 kW당 2gram입니다.

해상규제의 경우 가장 규제가 강한 ECA에서 kW당 3.4gram으로 되어있어 약 두 배 가까이 질소산화물이 허용되고 있는 것을 알 수 있습니다.

황산화물 같은 경우에는 자동차는 30ppm이 허용되고 있고 선박에는 0.5gram이 허용되고 있어 이는 167배 정도 차이가 나는 것이지요.

그럼, 좀 더 이해하기 쉽도록 약 300마력의 디젤 버스와 5,000마력의 예인선을 비교해 보겠습니다. 예인선의 출력만 보더라도 버스보다 약 17배 정도로 높고 예인선은 근해에서 운용을 하기 때문에 직접적으로 저희의 생활환경에 영향을 많이 미칩니다.

버스와 예인선의 출력과 연료규제 수치만으로 판단을 한다면, 만약 디젤 버스가 배출하는 질소산화물하고 황산화물을 1로 가정을 했을 때 예인선이 배출하는 질소산화물은 약 28배, 황산화물은 약 2,700배 이상으로 예인선에서 배출하는 유해가스의 양이 상당히 많다는 것을 알 수 있습니다.

이러한 사실만 보더라도 우리는 평소 잘 느끼지 못하지만 상당히 많은 유해배기가스가 선박에서 배출되고 있다는 걸 아실 수 있습니다.

이러한 이유에서 국제해사기구와 각국의 정부에서 선박연료를 친환경연료로 전환하고자 노력하고 있습니다.

숫자로 살펴보는 LNG 연료선박 연혁

그러면 현재까지 LNG 연료선박들이 어떻게 발전을 했는지에 대해 살펴보겠습니다.

"23"이란 숫자.

전세계에서 처음으로 LNG를 연료로 쓰는 선박이 나온 게 2000년도입니다. 노르웨이에서 나온 선박이고, "Glutra"라고 부르며, 기존의 디젤 엔진을 가스 엔진으로 개조한 선박입니다.

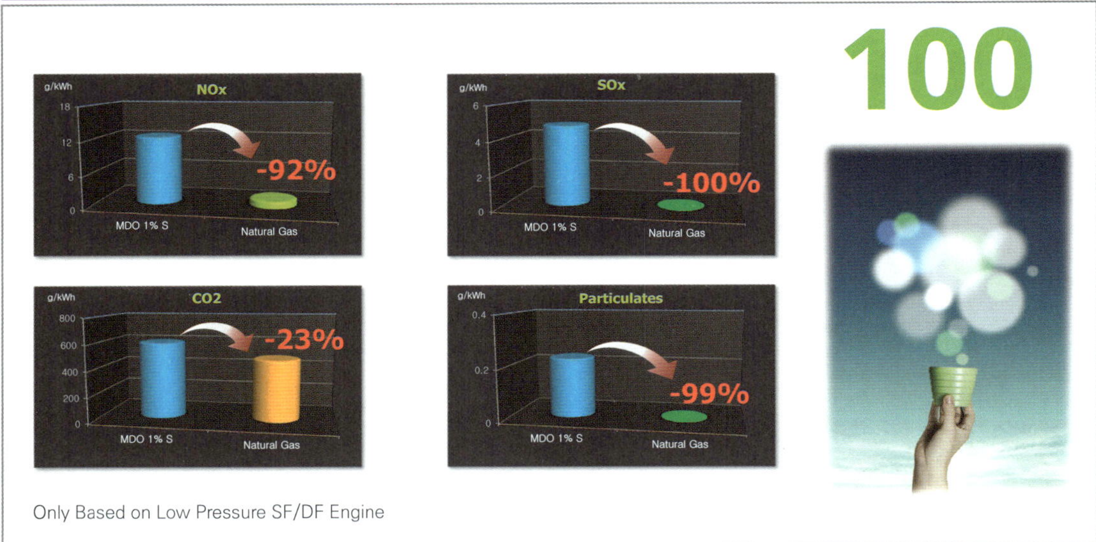

"100" 이란 숫자.

앞에서도 설명을 했듯이 질소산화물은 연료의 연소온도가 높을수록 많이 발생합니다.

LNG 연료 공급압력이 낮은 소형엔진들은 LNG 연소온도가 상대적으로 낮기 때문에 기존 디젤엔진 대비 질소산화물이 92%로 상당히 많이 줄어듭니다.

하지만, 고압의 LNG를 사용하는 중/대형엔진의 경우에는 질소산화물이 약 30% 정도밖에 줄일 수 없는 한계점이 있습니다.

이에 비해 황산화물의 경우 LNG 연료를 사용했을 때 황산화물은 거의 100% 줄일 수가 있습니다.

LNG도 메탄(CH4)이 주성분이기 때문에 탄소가 들어있는 연료로, 이산화탄소는 약 23% 저감이 가능합니다.

LNG는 불순물이 거의 없는 연료이기 때문에 분진은 거의 나오지 않습니다. 즉, 다시 정리하자면 LNG 연료를 사용했을 때는 황산화물과 분진은 디젤연료 대비 100% 저감할 수 있는 장점이 있습니다.

▼ Delivered Ship and Under building

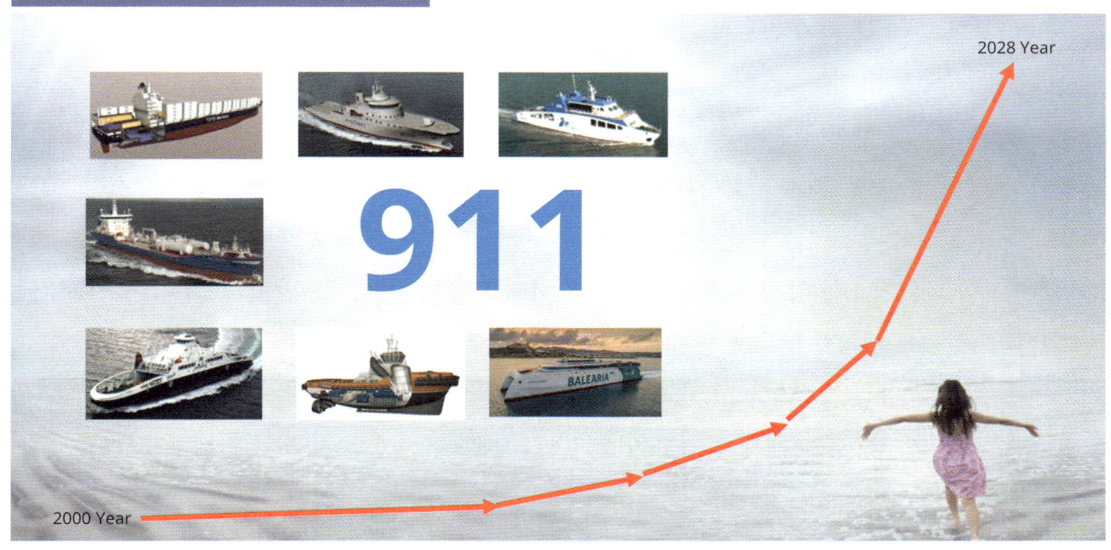

그 다음 숫자는 "911" 이라는 숫자입니다.

2023년 5월 현재 기준으로, 2000년도 첫 번째 선박이 나오는 이래로 LNG 연료를 쓰는 다양한 선종의 선박이 나왔고, 2028년까지 총 911척의 LNG를 연료로 쓰는 선박 발주가 확정되었고, 계속 증가하는 추세로 최근 5년간 급격한 성장곡선을 보이고 있는 것을 확인할 수 있겠습니다.

▼ Why LNG is used as a ship fuel ?

① Strength of Regulation

NOx **SOx** **CO2**

80% **90%** **30%**

Tier III : Start 2016   ECA: Start 2015   EEDI: until 2025
                 IMO: Start 2020

② Proven Technology(at May 2023Y)

- About 356 LNG fuelled ships are delivered and under operation
- About 555 LNG fuelled ships are contracted and under building
- Various ships are using LNG as a ship fuel

③ LNG Price

■ **LNG price is lower than oil and stable**
- US Gas about 5 times cheaper than Oil
- European Gas about 2 times cheaper than Oil

④ Economic Advantage

■ **Lower operation cost for using LNG fuel than Oil**
- This will cover Capital Investment

■ **Capital Investment Cost will be reduced**
- Gas engine price will be discounted
- Gas supply system price will be discounted
- Subsidy for using LNG fuel(Some Countries)

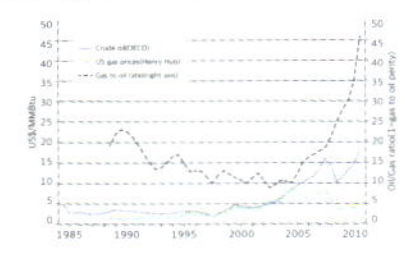

왜 LNG 연료가 선박연료로 채택되었는지 이유에 대해서 살펴보겠습니다. 여러가지 이유가 있겠지만, 다음과 같이 네 가지 정도를 정리하자면

첫 번째는 규제 강화입니다.

앞서 설명드린 바와 같이 질소산화물, 황산화물 등은 국제해사기구 및 각국 정부를 통해서 강화되고 있습니다.

기존연료를 배기가스를 통해서 후처리 하는 방식도 사용될 수 있겠지만 LNG와 같은 친환경연료로 바꿈으로써 규제치를 맞추는 방향으로 가고 있는 것이지요.

2023년 5월 기준으로 현재 운항되고 있는 LNG 연료 추진선박은 356척입니다. 그리고 건조 중이거나 발주된 선박은 555척입니다.

LNG 연료는 약 800척 이상 되는 선박이 이미 운용되거나 건조 중이기 때문에 LNG 연료는 이미 검증된 기술로 "기술의 성숙도"가 두 번째 이유에 해당합니다.

세 번째 이유는 LNG가격입니다. 매년 오일과 LNG 연료가격은 상승과 하락을 반복하고 있고, 그 곡선은 거의 유사합니다.

이러한 상/하락 상황에서도 오일가격과 LNG가격은 항상 가격 차이를 유지합니다. 즉, LNG가 기존 오일연료보다 항상 일정 비율 낮은 금액을 형성하고 있기 때문에 연료비 가격에 대한 장점이 있습니다. 이와는 다른 양상으로 최근 LNG 가격이 급격하게 상승했음에도 불구하고 LNG 연료선박 발주가 줄어들지 않는 상황은 LNG 연료가격과 관계없이 전세계적인 친환경적 요구가 반영된 것으로 판단됩니다.

네 번째로 경제적인 이점입니다. 2000년도 맨 처음 LNG연료추진 선박이 나왔을 때는 LNG 연료시스템과 그와 관련된 장비들의 가격이 상당히 높았습니다.

그런데 최근 들어서 LNG 연료시스템을 공급하는 회사가 많이 생겨나고 검증된 기술들이 적용됨으로써 양산을 통한 생산, 제작금액이 하향 안정화되고 있습니다.

또한 오일대비 낮은 가격의 LNG를 사용함으로써 얻게되는 운영비용 절감 등을 모두 고려할 때, 예전에는 손익분기점이 10년 걸렸다면 지금은 5년, 3년 이렇게 줄어들고 있어서 이는 고객사 입장에서 LNG 연료추진선을 발주하게 되는 경제적인 이점입니다.

Energy storage type	Supply energy (MJ/kg)	Energy density (MJ/L)	Required tank volume (m³)	Supply pressure (bar)	Injection pressure (bar)	Emission reduction compared to HFO Tier II (%)			
						SOx	NOx	CO$_2$	PM
HFO	40.5	35	1,000	7-8	950				
Liquefied natural gas (LNG, -162℃)	50	22	1,590	300 methane	300 methane	90-99	20-30	24	90
				380 ethane	380 ethane	90-97	30-50	15	90
LPG(including Propane/Butane)	42	26	1,346	50	600-700	90-100	10-15	13-18	90
Methanol	19.9	15	2,333	10	500	90-95	30-50	5	90
Ethanol	26	21	1,750	10	500				
Ammonia(liquid -33℃)	18.6	12.7	2,755	70	600-700	90-95	-	95	90
Hydrogen(liquid -253℃)	120	8.5	4,117						

Source: MAN energy solutions, Engineering the future two-stroke green-ammonia engine, 2019

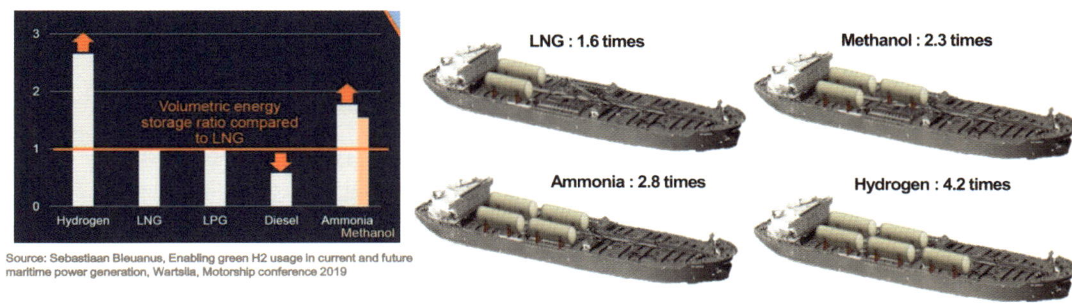

Source: Sebastiaan Bleuanus, Enabling green H2 usage in current and future maritime power generation, Wartsila, Motorship conference 2019

앞에 설명에 추가적으로 LNG가 다른 친환경에너지와 어떤 특성으로 인해서 선박연료로 선정이 되었는지 좀 더 설명을 드리겠습니다.

현재 주력으로 사용되고 있는 HFO(Heavy Fuel Oil)을 기준점으로 다른 연료를 비교하면, LNG는 에너지 열용량은 HFO보다 크지만(HFO: 40.5, LNG: 50), 에너지 밀도(HFO: 35, LNG: 22)가 낮아서 HFO를 사용할 때와 동일한 순항거리(Cruising Range)를 충족하기 위해서는 LNG 연료탱크 크기가 HFO 연료탱크 대비 약 1.6배 저장공간이 필요합니다.

상기와 같은 비교 방식으로 다른 연료에도 적용할 경우 메탄올은 HFO 연료탱크 대비 약 2.3배, 암모니아는 2.8배, 액체수소는 4.2배의 저장공간이 필요합니다.

특히, 암모니아의 경우에는 인체에 유해한 독성을 지니고 있어 타 연료대비 암모니아에 대한 회수/중화/해독 설비가 추가로 필요하고, 액체수소는 -253도를 유지하기 위한 연료탱크의 보냉성능 개선, 재액화장비 등의 추가 고려가 필요합니다.

이러한 현실적이고 기술적인 이유로 인해 기존 HFO에 대한 대체연료로 LNG가 제일 먼저 선택되어 사용되고 있으며, 최근에는 LPG와 메탄올도 대체연료로 선택되어 증가 추세입니다.

향후, 암모니아나 액체수소도 안전 및 기술적인 문제가 해결된다면 친환경 선박연료로서 동등한 지위를 확보할 것으로 기대됩니다.

Classification society DNV has added in total 222 LNG dual-fuel ships to its Alternative Fuels Insight platform last year.

Despite high prices for LNG fuel last year, the orders in 2022 were close to the record 240 orders for LNG-powered vessels in 2021.

LNG-powered container vessels and car carriers constituted nearly two thirds or 74 percent of the ship orders during the last year while product tankers came in third representing 9 percent of the total orders.

A total of 104 new LNG fueled ships entered operation during 2022, representing a 41 percent growth within the sailing fleet, DNV said.

Methanol was the second most popular alternative fuel choice, with 35 ships ordered, bringing the total count to 82 ships, the classification society said.

1. 2022년 LNG가격이 전년대비 상승했음에도 불구하고 222척의 LNG 연료추진선이 발주되었음(2021년 240척 발주)
2. 최근 신조 발주되는 컨테이너선과 자동차운반선의 경우 3분의 2에 해당하는 74%가 LNG 연료추진선이고, 탱커선의 경우 신조 발주의 9%가 LNG 연료추진선임
3. 2022년에는 새로 운항을 시작한 LNG 연료추진선이 104척으로 이는 41%의 성장추이를 보여줌
4. 메탄올연료추진선 성장도 주목할 부분으로 LNG연료 다음으로 가파른 성장세를 보여줌. 2022년 35척 발주, 2023년 5월 말 현재, 총 127척 발주됨
5. LNG 연료추진선을 제외하고 친환경 대체연료 선박으로는 2023년 5월 말 현재, LPG 연료추진선 182척, 수소연료추진선 27척이 있음

본 내용은 2023년 5월, DNV의 발행 리포트에서 발췌된 것으로, 2022년에 발주된 선박은 222척입니다.

2021년에 240척의 선박이 발주된 것에 비하면 다소 줄어 들긴 했지만 2022년에 우크라이나-러시아 전쟁 등의 영향으로 오일, LNG 연료가격이 상승했음에도 불구하고 222척의 LNG 선박이 발주되었습니다. 이는 LNG 연료추진선박의 성장추세는 연료가격에 크게 영향을 받지 않는 것을 보여주고 있습니다.

또한, 최근에 신조되는 LNG 연료추진선박 중 컨테이너 선박과 자동차 운반선의 경우 발주되는 선박의 3분의 2 이상이 LNG 연료추진선박으로 전환되고 있고, 탱커선의 경우 9% 정도 LNG 연료추진선박으로 발주되었습니다.

2022년 새롭게 운항을 시작한 LNG 연료추진선박이 104척으로 전년도 대비 41%의 성장률을 보여주고 있습니다.

LNG 연료 외 다른 대체연료를 살펴보면, 메탄올연료추진선은 2022년에만 35척이 발주되어, 2023년 5월 말 현재 총 127척이 메탄올연료를 사용할 예정으로 LNG 연료 다음으로 메탄올연료 선박 시장 성장이 상당히 주목되고 있습니다. 다른 대체연료로는 LPG 연료로 예전부터 LPG운반선에서 이미 운영되고 있고, 2023년 5월 말 현재 182척이 발주되었습니다.

수소연료추진선은 현재 27척 발주되어서 운항되고 있습니다.

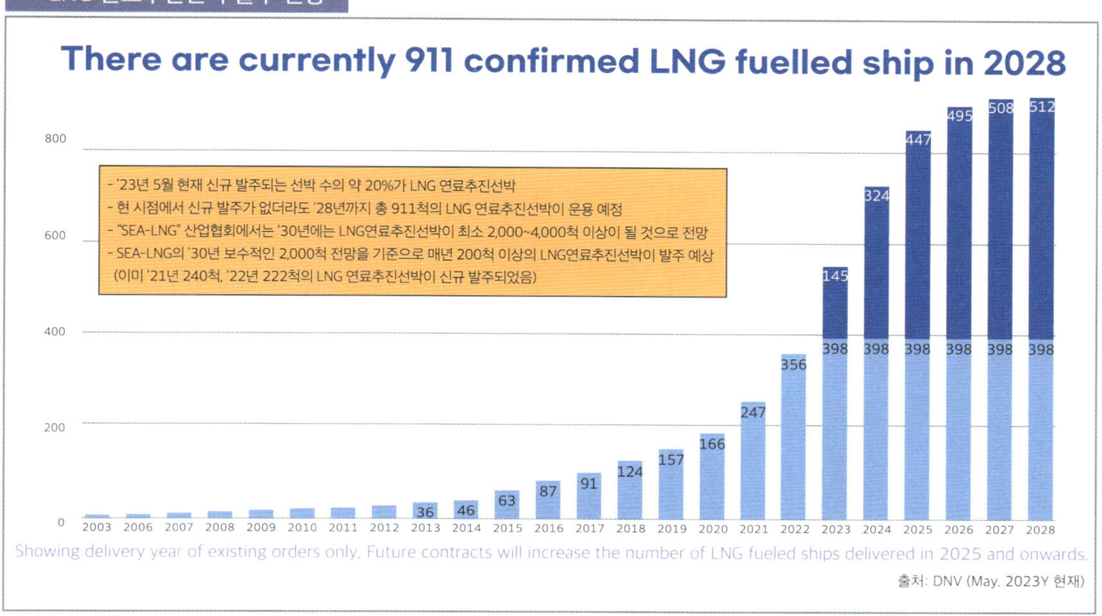

출처: DNV (May. 2023Y 현재)

앞서 설명했던 LNG 연료추진선박 발주 현황을 좀더 자세하게 살펴보면 2023년 5월 현재 확정된 LNG 연료추진선박 수는 911척으로 이중 2022년 말 기준으로 356척이 운영 중이고 나머지 555척이 2028년말까지 건조되어 운영될 예정입니다.

유럽의 SEA-LNG라는 산업협회에는 2030년까지 2,000~4,000척의 LNG 연료선박이 발주될 것으로 예상하는데, 만약 보수적으로 2,000척이 발주될 것으로 예상한다고 해도 2030년까지 매년 200척 이상의 LNG 연료선박이 발주되는 것으로 계산됩니다.

참고로, 이미 2021년에는 240척이, 2022년에는 222척의 LNG 연료선박이 발주가 되었습니다.

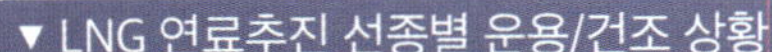

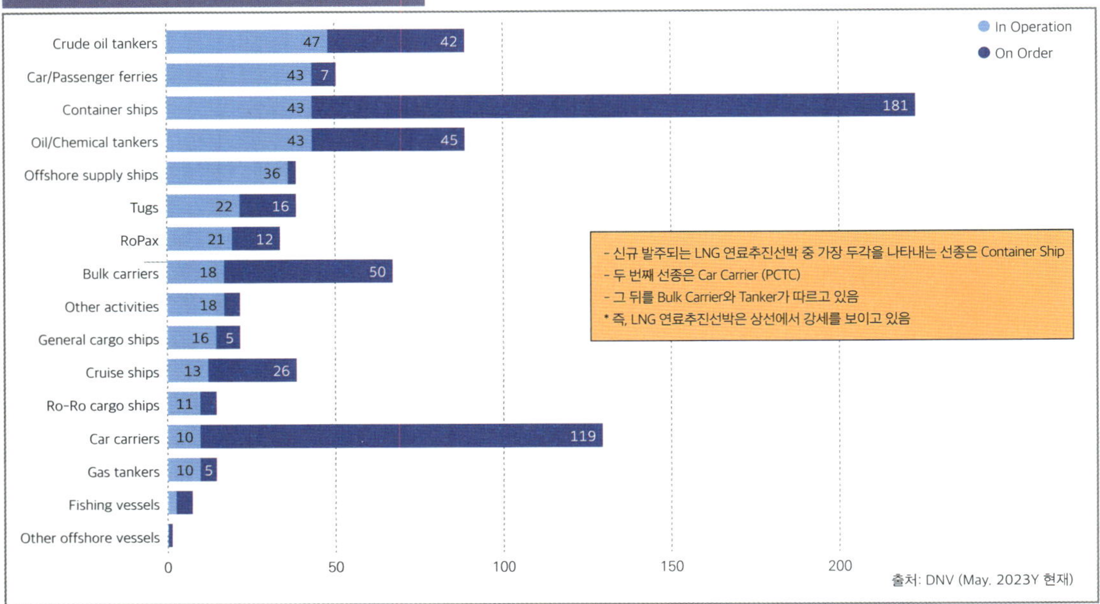

    현재까지 운영되거나, 발주가 된 LNG 연료추진선박의 선종별 상황을 살펴보면 가장 두각을 나타내는 선종은 Container Ship으로 LNG 연료전환이 가장 빨리 진행되는 선종입니다.

    두 번째 선종으로는 Car Carrier(PTCT)이고 그 뒤로 Bulk Carrier와 Tanker 선이 뒤따르고 있습니다.

    여기서 주목할 부분은 상선(상업용선박)에서 LNG 연료로의 전환이 집중되고 있다는 점입니다.

LNG 연료추진선박에 필요한 LNG Bunkering 인프라 구축현황은 2023년 1월 현재 전세계 185개 항구에서 LNG연료충전이 가능합니다.

클락슨 보고서에서는 2025년까지 235개 항구에서 LNG 연료충전이 가능할 것으로 전망했는데, 이것은 전세계 모든 주요 항구에서 LNG 연료충전이 가능하다는 것을 의미합니다.

선박에서 LNG를 충전할 수 있는 LNG Bunkering 선박 현황은, 한국LNG벙커링협회 보고서를 참고로 2017년 세계에서 첫 번째 LNG bunkering 선박이 인도된 이후, 2023년 5월 현재 총 43척의 LBV가 운영 중이고 현재 건조 중인 LBV은 21척, 2025년에는 약 85척의 LBV가 운영될 것으로 예상하고 있어, LNG 연료추진선박의 발주와 함께 LNG Bunkering 인프라도 함께 성장하고 있는 것을 확인할 수 있습니다.

▼ 대한민국 LNG 연료추진선박 현황(1/2)

인천항만공사, "에코누리호"(홍보선)
2013년 취항, 아시아 최초 LNG 연료추진선박

포스코, "그린아이리스호"(벌크선)
2017년 취항, 국내 최초 LNG 연료 벌크선

울산지방해양수산청, "청화2호"(청항선)
2019년 취항, 국내 최초 LNG 연료 청항선
+2척(인천항 "에코인천호", 울산항)

포스코, "HL그린호"(벌크선)
2020년 취항, 국내 최초 LNG 연료추진 외항벌크선
+1척(포스코, "HL에코호")

인천항만공사, "송도호"(예인선)
2021년 취항, 국내 최초 LNG 연료추진 예인선
+1척(평택항, "골드캐슬호")

현대제철, "HL오셔닉호"(벌크선)
2021년 말 취항, 현대제철 외항벌크선

그럼, 대한민국에는 운영 중인 LNG 연료추진선박 상황을 살펴보겠습니다. 먼저, 인천항만공사의 에코누리호입니다.

에코누리호는 항만홍보선으로 2013년 취항을 하면서, 아시아 최초로 LNG 연료로 쓰는 선박으로 등재가 되었습니다.

　두 번째는 포스코에서 운항을 시작한 그린 아이리스호라고 하는 벌크선입니다. 2017년 취항을 해서 국내 최초의 LNG 연료추진 벌크선이 되었고, 최근 외항용 벌크선이 한척 더 인도되어 총 2척이 운영되고 있습니다. 세 번째로는 울산지방해양수산청에서 발주했던 "청화2호"라는 청항선이 있습니다.

　청항선은 바다와 항만을 청소하는 선박으로 2019년에 취항하여, 국내 최초의 LNG 연료추진 청항선이 되었습니다. 그리고 이후 인천항(에코인천호)과 울산항과에서 각각 1척씩 청항선이 발주, 운용이 되고 있어서 총 3척의 청항선이 운영되고 있습니다.

　그 다음으로는 국내 최초 LNG 연료추진 외항선인 호주와 광양제촐소 간에 철광석을 운반하는 벌크선 "HL그린호"와 "HL에코호"가 2020년 취항해서 운영 중입니다.

　인천항만공사의 "송도호"라고 하는 예인선이 2021년 취항을 해서 국내 최초의 LNG 연료 예인선이 되었습니다.

　2022년 말에는 추가적으로 한 척이 더 발주가 되어 평택항에서 운항이 되고 있습니다.

　2021년 말에는 현대제철에서 해외원료운송에 사용하는 "HL오셔닉호"가 운항을 시작하였습니다.

해양환경공단, "에코미르호"(예방선)
2022년 취항, 국내 최대 LNG 연료추진 예방선

전남대학교, "청경호"(해양수산조사선)
2022년 취항, 국내 최초 LNG 연료추진 실습선

한국남부발전, "HL남부1호"(벌크선)
2023년 취항, 국내 최초 LNG 연료 벌크선
+1척(2023년 9월 취항예정, "HL남부2호")

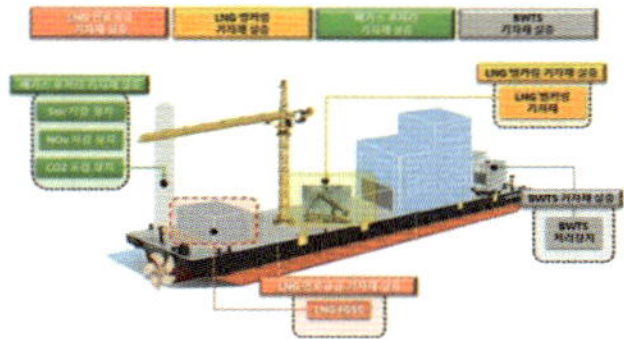

KOMERI, LNG연료 장비 실증선박
2024년 취항예정

동해어업관리단, 어업지도선 3척
2025년 취항예정

그 다음으로 2022년도에는 해양환경공단의 "에코미르호"라는 예방선이 취항하였으며, 예방선이라 함은 예인과 방제를 한꺼번에 하는 선박입니다.

에코미르호는 국내에서 가장 큰 LNG 연료 추진 예방선으로 등재가 되었습니다.

2022년 말에 취항한 해양수산조사선은 국내 최초의 LNG 연료 추진 실습선으로 전남대학교 내에서 교육 및 실습용으로 사용되는 선박입니다.

2023년에는 한국남부발전에서 석탄을 운반하는 벌크선인 "HL남부1호"와 "HL남부2호" 취항하였습니다.

그리고 현재 국내에서 건조 중이거나 추진 중인 LNG 연료선박 프로젝트들입니다. KOMERI에서 발주한 LNG 연료관련 장비를 실증하기위한 선박이 2024년 취항 예정이고, 이 선박 안에 LNG 연료 시스템도 함께 들어가 있습니다. 그 다음으로 2025년에 취항할 동해어업관리단의 어업지도선이 세척이 있습니다.

다시 정리하자면, 현재까지 국내에서 운용되고 있는 LNG 연료추진선박은 14척이고, 그리고 앞으로 운용될 선박은 4척 정도가 있다고 볼 수 있겠습니다.

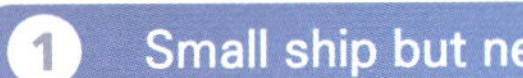

▼ LNG 연료 예인선이 부각되는 이유

① Small ship but needs high power

■ 선박 규모에 비해서 엔진 출력이 높음
 • 항내 대형선 또는 바지선을 밀고 당겨야 하기 때문

② Use only near cost line

■ 주로 항만, 연안에서 운용됨
 • 예인선에 배출되는 오염 물질이 인근지역 주민에게 직접 영향
  (배출가스는 물론, 유류부산물 등)

③ Standard design

■ 다른 선박에 비해서 예인선 설계는 표준화 됨
 • 나라마다 외형은 다르지만, 대체적으로 설계는 유사
 • ○○ 마력급 예인선 등, 요구되는 출력으로 표준화 됨

④ New building

■ 국내 예인선 신조 비율이 높음(60% 이상)
 • 중고선 도입은 주로 일본, 신조 제작은 국내 중/소 조선소

그럼, LNG 연료를 쓰는 선박 중에서 예인선의 예를 들어보겠습니다. LNG 연료추진선박으로 예인선이 부각되는 이유 중 첫 번째 이유는 예인선은 소형 선박이지만 예인선 특성상 대형 선박을 밀고 당기기 위해 고출력이 필요하고 많은 연료를 사용하기 때문에 그만큼 배기가스를 많이 배출합니다.

두 번째로 이러한 배들은 외항을 나가는 게 아니라 예인을 하기 위해 주로 항만 내에서 운항됩니다. 그래서 배출가스 오염물질이 주로 항만 인근지역에 영향을 미치기 때문에 문제가 심각합니다.

세 번째로는 이런 배들은 대부분 표준화된 설계를 가지고 있습니다. 3천, 5천, 6천 마력급과 같이 표준출력 단위로 설계, 발주, 제작이 되고 예인선 특성상 국내 건조 비율이 60% 이상으로 상당히 높습니다.

나머지 40% 정도는 주로 일본을 통해서 중고선으로 도입을 합니다. 참고로 한국에서 만든 제작된 예인선들도 국내에서 약 20년 정도 운영되다가 동남아시아 등지로 중고선으로 재판매 되는데 한국산 예인선이 품질이 좋아서 중고 가격도 높다고 합니다. 참고로 국내에서 운영 중인 항만 등록 예인선 2022년 2월 322척으로 예인선을 모두 LNG추진으로 변경할 경우 한국만 보더라도 결코 작은 시장은 아닙니다.

선박용 LNG 연료 시장의 발전 전망

선박용 LNG 연료 시장의 발전 전망 및 동향을 살펴보겠습니다.

▼ Bigger and Various Ship Type

　　초창기 LNG 연료는 주로 이렇게 작은 선박들을 사용하였습니다. 하지만, 최근에는 메가컨테이너와 같은 대형컨테이너 선박들이 LNG를 사용하는 대형화가 이루어 지고 있습니다. 또한 크루즈 선박, 벌크선, 탱커선, 청항선, 예인선 등 LNG를 연료로 사용한 선박이 다양화 되고 있습니다.

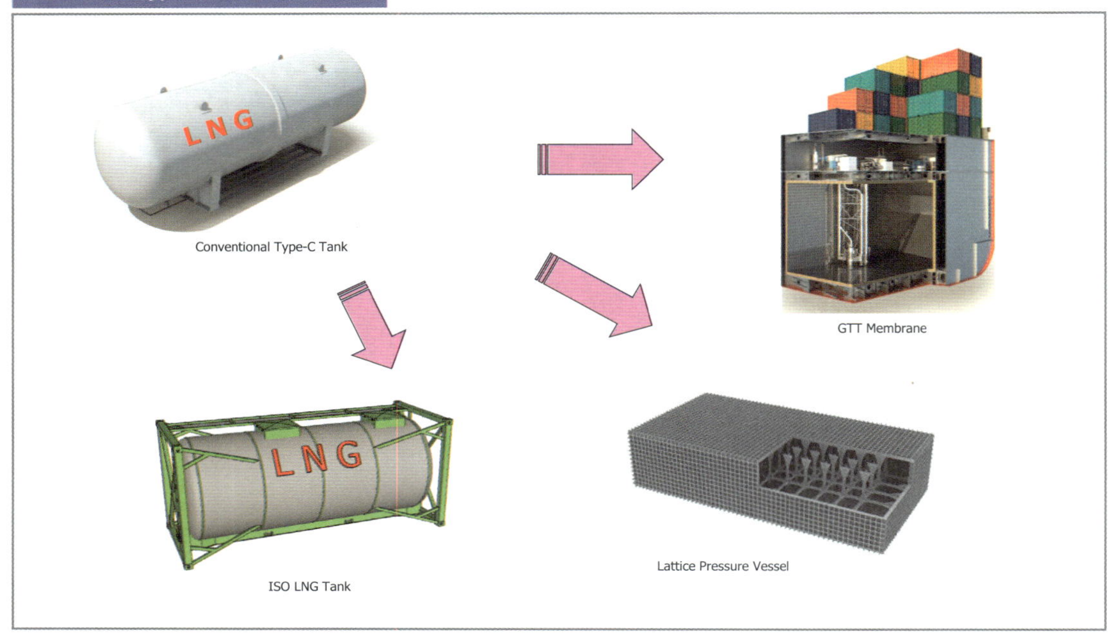

두 번째는 LNG를 저장하는 연료탱크의 형태입니다. 기존에는 Cylindrical Tank라고 부르는 Type-C 탱크를 주로 사용했는데, 최근 들어서는 GTT Membrane 탱크, ISO 컨테이너 타입탱크, 격자형(Lattice) 탱크 등, 다양한 형태의 탱크들이 적용되고 있습니다.

통상 LNG벙커링으로 부르는 LNG를 선박에 충전하는 방법들을 살펴보겠습니다. 전통적으로는 소형LNG터미널에서 LNG를 충전하는 방법들이 있고, 소형선박은 LNG Truck(Tank Lorry)을 통해서 충전하는 방식, 대형 배들의 경우 Vessel to Vessel(또는 Ship to Ship)이라고 부르는 방식으로 LNG충전하는 방법, IOS Tank Container를 교체하는 방식으로 LNG 충전 방법들이 있습니다.

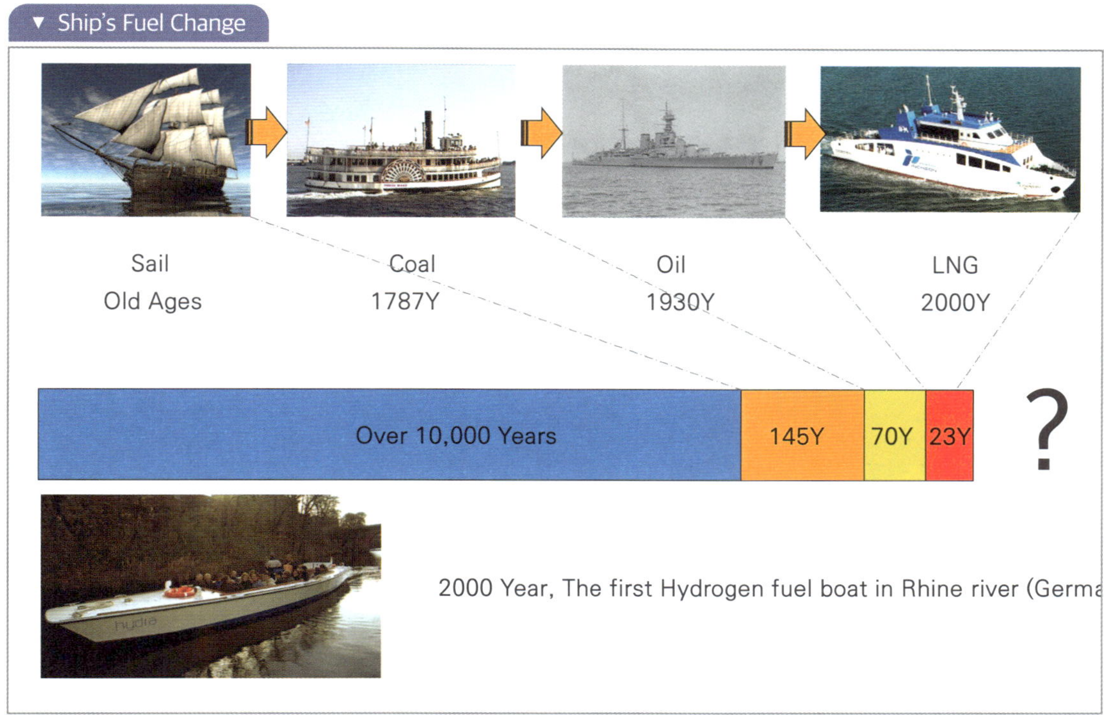

역사적으로 선박의 추진시스템이 어떻게 변천해왔는지를 살펴보면, 고대에는 돛을 사용한 풍력추진 방식을 약 1만 년 이상 사용하였습니다.

그 다음으로는 증기기관의 발달로 선박에 증기기관을 탑재한 방식을 약 145년 정도 사용하였고, 2차대전에서 처음으로 오일을 선박연료로 적용하면서 그 이후 현재까지도 약 70년 이상 사용하고 있습니다.

LNG 연료는 2000년도에 처음으로 적용되어 현재까지 약 23년간 사용하고 있습니다. 그렇다면 차기연료에는 어떠한 것들이 있을까요?

앞서 설명드린 바와 같이 국제해사기구(IMO)와 각국의 정부에서는 선박배기가스에 대한 규제와 이산화탄소 저감요구가 계속 강화되고 있고, 궁극적으로는 제로카본(Zero Carbon) 사회로 전환되고 있는 상황이기 때문에, 마지막은 수소 에너지로 볼 수 있습니다.

수소는 이산화탄소를 발생시키지 않는 연료로, 수소연료선박 역시 이미 2000년도에 처음 등장했지만 상업적으로 운영되지 못했습니다.

선박배기가스 규제를 만족시키기 위한 장비들과 친환경 연료에 대해 어떤 것들이 있는지 살펴보겠습니다. 첫 번째로 스크러버입니다.

스크러버는 배기가스 후처리장치로 선박배기가스 내 황과 분진을 제거하는 솔루션입니다. 그다음으로는 친환경 연료인 LNG, LPG를 연료로 사용하는 방법, 이산화탄소(CO_2)를 발생시키지 않도록 카본이 없는 암모니아연료, 배터리를 사용하는 전기추진, 수소연료를 사용하는 전기추진 방법이 있습니다.

앞서 이야기한 스크러버를 사용하게 되면 황산화물(Sox) 0.5% 이하를 맞출 수 있게 되지만, 여전히 이산화탄소(CO_2), 질소산화물(NOx), 분진 등은 제거할 수 없습니다.

LNG, LPG와 같은 경우 친환경, 청정연료기 때문에 황산화물과 분진은 거의 배출하지 않습니다. 하지만 여전히 이산화탄소(CO_2)와 질소산화물(NOx)은 배출합니다.

특히, 연료효율을 높이기 위해 고온의 연소시스템이 사용되기 때문에 질소산화물(NOx) 나올 수밖에 없는 것이지요. 그래서 NOx 저감하기 위해 추가적으로 SCR를 설치해야 하는 악순환이 계속됩니다. 암모니아연료의 경우 탄소가 없기 때문에 이산화탄소는 배출하지 않지만, LNG, LPG연료와 동일하게 고온의 연소방식을 사용하기 때문에 질소산화물(NOx)이 배출되고 또 SCR를 설치해야 하는 문제가 있습니다. 또한 암모니아연료 특성상 독성문제가 여전히 걸림돌로 남아 있습니다.

세 번째는 전기추진입니다. 전기추진은 배기가스를 전혀 배출하지 않는 장점이 있지만, 고출력을 내기 위한 배터리 용량과 무게로 인한 공간제한, 대형 수소연료 추진시스템의 부재 등으로, 전기추진 시스템의 대형화는 아직 초기 단계라고 볼 수 있습니다.

마션이라는 영화가 있습니다. 이 영화에서 보면 혼자 우주에 고립됐던 우주인이 우주에서 생활하기 위해 수소를 사용하는 장면을 볼 수 있습니다.

수소를 연소하게 되면, 물과 열을 얻고, 온실내 수분과 온도를 조절할 수 있게 되어 감자를 키워 생존하고 지구로 귀환하였다는 이야기의 영화입니다.

영화에서는 전 우주적인 관점에서는 수소는 무한정한 에너지로, 이러한 수소를 활용하는 것이 궁극적인 인류의 미래라고 얘기하고 있습니다.

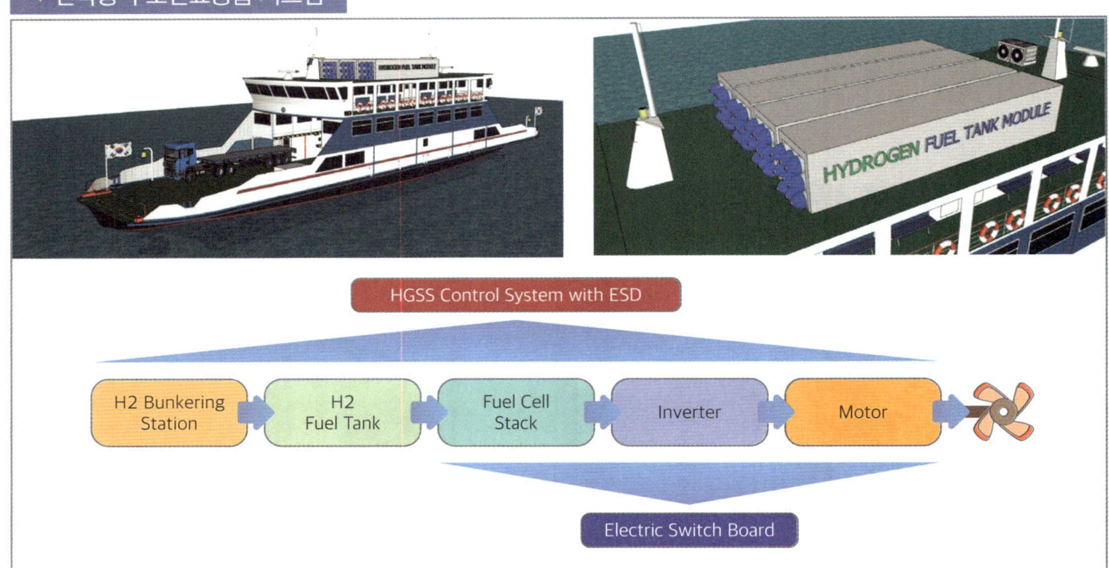

현재 운영 중인 선박용 수소연료시스템은 일 예로 아래와 같은 형식으로 설치됩니다. 선박 상부에 압축 수소 탱크를 설치하고 연료전지 전기추진 시스템이 기계실에 설치되는 것으로 구현이 되어 있습니다.

수소연료전지 시스템을 검증한 Viking Lady호(2009년)

2009년도부터 독일에서 운항 중인 수소연료선박

'21년도 샌프란시스코 금문교에 운항예정인 수소연료선박

'15년도 개발된 한국 금하네이벌텍 수소연료전지 선박

이에 따라 현재, 각국에서 운항 중인 수소연료선박을 보겠습니다. 먼저, 노르웨이 쪽에서 운영되는 실험선이 있었고, 독일에서 운영 중인 리버크루즈, 미국에는 홍보선 있습니다.

국내에서도 2015년도 국책개발사업을 통해 개발된 수소연료추진선박이 있었으나 상업화되지는 못했습니다. 하지만, 국내에서도 앞으로 계속하여 이러한 수소연료선박들이 발전할 것이 예상됩니다.

지금까지 본 장에서 선박용 친환경연료인 LNG와 다른 대체연료에 대해서 살펴보았는데, 향후, 친환경 선박연료의 미래 전망을 알기 쉽게 표현한 이미지가 있어서 여기서 소개하겠습니다.

맨 좌측은 현재 선박연료로 HFO를 사용하고 있는 상황에서 우측으로 이동하면서 친환경 선박연료 채택 전망을 보여주고 있는데, LNG(여기서는 LPG, 메탄올은 표현이 안되어 있지만, LNG와 동등)와 암모니아(NH3)는 과도기적인 연료로 표현되고, 맨 오른쪽에 궁극적인 친환경 연료로 수소(H2)를 언급하고 있습니다.

연료 Title에 색상이 의미하는 것은 맨 왼쪽부터 "Gray", "Blue", "Green", 맨 오른쪽 "Sky" 색상, 중간에 LNG, NH3 색상이 다른 것은 "Blue"는 이산화탄소(CO2)를 배출하면서 연료를 생산하는 것을 의미하고 "Green"은 탄소중립(Carbon neutralization)을 통해 생산을 하는 것을 의미합니다.

맨 오른쪽 "Sky" 색상의 연료는 수력, 풍력, 태양광 등 친환경적인 에너지로 H2와 NH3를 생산해 내는 것을 표현하고 있습니다.

이 이미지에서 표현된 선박연료의 미래전망은 아쉽게도 본 강의에서 설명하고 있는 LNG에 대해 과도기적인 연료로 얘기하고 있습니다.

하지만, 이러한 과도기적인 연료라고 할지라도 현실적으로 향후 20년~30년간은 대체연료로 사용될 수 있기 때문에 LNG 연료는 여전히 중요한 대체에너지라고 얘기할 수 있습니다.

선박용 LNG 연료공급시스템 설계 및 실무

IGC, IGF, SGMF, FGSS
표준명칭 및 재질

IGC, IGF, SGMF, FGSS 표준명칭 및 재질

No.	CODE	Definition and Contents	Remark
1	IGC	IGC(International Code for the Construction and Equipment of Ships Carrying Liquefied Gases in Bulk) 액화가스산적운반선의 건조 및 설비에 대한 국제코드 • IGC 코드는 화물의 특성을 고려하여 선박, 선원 및 환경과 관련된 잠재 위험을 최소화하기 위해 갖추어야 할 안전 설비 기준 분만 아니라, 해당 화물의 안전한 운송을 위한 선박의 설계 및 건조 기준을 제공하기 위해 개발되었다. • 본 코드를 적용 받는 선박은 위험물을 운송하는 선박의 유형 중 하나로 분류되며, 저온 또는 고압 상태에서 운송되는 화물과 관련된 위험 요소들이 내재되어 있으며, 심각한 충돌이나 좌초로 인해 화물 탱크가 손상되고 통제되지 않는 화물의 유출이 발생할 수 있다. 이러한 유출은 화물의 증발 및 대기 중 확산을 초래하고, 경우에 따라 선체의 손상을 유발할 수 있다. IGC 코드는 현재까지의 지식과 실행 및 적용 가능한 기술을 기반으로 이러한 위험성을 최소화 하기 위해 개발 되었다.	
2	IGF	IGF(International Code of Safety for Ships using Gases or other Low-flashpoint Fuels) 가스 또는 저인화점연료를 사용하는 선박에 대한 코드 • IGF 코드는 기본적으로 IGC 코드를 적용받는 선박(주로 LNG 운반선)을 제외한, 가스 또는 저인화점 연료를 주 추진 연료로 사용하는 선박(컨테이너선, 벌크선, 원유운반선, 자동차운반선 등의 화물선 및 여객선)에 대한 국제표준을 제공하기 위하여 개발되었다. • 본 코드는 기본적으로 가스 또는 저인화점 연료를 사용하는데 필요한 모든 기준을 다룬다. 특히, 선박, 선원 및 환경에 대한 위험을 최소화하기 위하여 추진 및 보조 목적을 위한 기기의 배치 및 설치에 대한 필수 기준을 연료의 특성에 맞게 제공한다. IGF 코드는 축적된 경험을 바탕으로, '목표 기반 접근 방식(Goal Based Standard, GBS)에 기반하여 설계, 건조 및 운전 등에 대한 목표 및 기능적 요건을 포함하고 있다. 최근 빠르게 발전하는 대체 연료와 관련된 기술에 대응하기 위하여, CCC*에서는 IGF 코드를 주기적으로 검토 및 개정하고 있다.	• CCC (Sub-committee on Carriage of Cargoes and Containers, 화물 및 컨테이너운송 전문위원회)
3	SGMF	• SGMF(Society of Gas as Marine Fuel), 해양 연료로 가스 협회(SGMF)는 해양 연료로서의 가스의 안전하고 지속 가능한 사용을 촉진하기 위해 2013년에 설립된 회원제 비정부기구(NGO)이다. SGMF는 IMO에서 완전한 협의체 지위를 가지고 있으며 가스 연료 해운 산업의 대표 기관으로 인정받고 있다. • SGMF는 LNG 벙커링장비/선박과 LNG 연료추진선박에 대한 안전지침과 설계지침을 제공 • SGMF는 2015년 초에 LNG 벙커링 안전 지침을 제정하여 LNG 연료 선박이 높은 수준의 안전성, 무결성 및 신뢰성으로 LNG를 충전하는 것을 보장하기 위해 LNG 벙커링 산업에 표준을 제공하는 것을 목표로 한다. LNG 벙커링 안전 지침에는 LNG 위험(LNG 누설, 극저온, LNG 화재 및 폭발), 안전 시스템(역할, 담당자, 통신 및 비상 시스템), 벙커링 절차 및 다양한 LNG 벙커링 모드에 대한 특정 안전 지침을 포함한다.	

LNG 연료추진선박에 적용되는 주요 규정은 다양하게 있지만, 대표적으로 아래와 같이 세 가지 규정을 가지고 설계가 진행됩니다.

우선, IGC(International Code for the Construction and Equipment of Ships Carrying Liquefied

Gases in Bulk)는 액화가스 산적 운반선의 건조 및 설비에 대한 국제코드로, IGC 코드는 화물의 특성을 고려하여 선박, 선원 및 환경과 관련된 잠재 위험을 최소화하기 위해 갖추어야 할 안전 설비 기준 뿐만 아니라, 해당 화물의 안전한 운송을 위한 선박의 설계 및 건조 기준을 제공하기 위해 개발되었습니다.

본 코드를 적용 받는 선박은 위험물을 운송하는 선박의 유형 중 하나로 분류되며, 저온 또는 고압 상태에서 운송되는 화물과 관련된 위험 요소들이 내재되어 있으며, 심각한 충돌이나 좌초로 인해 화물 탱크가 손상되고 통제되지 않는 화물의 유출이 발생할 수 있습니다. 이러한 유출은 화물의 증발 및 대기 중 확산을 초래하고, 경우에 따라 선체의 손상을 유발할 수 있기 때문에 IGC 코드는 현재까지의 지식과 실행 및 적용 가능한 기술을 기반으로 이러한 위험성을 최소화 하기 위한 목적으로 개발되었습니다.

IGF(International Code of Safety for Ships using Gases or other Low-flashpoint Fuels)는 가스 또는 저인화점 연료를 사용하는 선박에 대한 코드로 여기서 "저인화점" 이란 60도보다 인화점이 낮은 가스 또는 액체 연료를 말합니다.

IGF 코드는 기본적으로 IGC 코드를 적용 받는 선박(주로 LNG운반선)을 제외한, 가스 또는 저인화점 연료를 주 추진 연료로 사용하는 선박(컨테이너선, 벌크선, 원유운반선, 자동차운반선 등의 화물선 및 여객선)에 대한 국제표준을 제공하기 위하여 개발되었습니다.

본 코드는 기본적으로 가스 또는 저인화점 연료를 사용하는데 필요한 모든 기준을 다루는데, 특히, 선박, 선원 및 환경에 대한 위험을 최소화하기 위하여 추진 및 보조 목적을 위한 기기의 배치 및 설치에 대한 필수 기준을 연료의 특성에 맞게 제공합니다. IGF 코드는 축적된 경험을 바탕으로, '목표 기반 접근 방식(Goal Based Standard, GBS)에 기반하여 설계, 건조 및 운전 등에 대한 목표 및 기능적 요건을 포함하고 있으며, 최근 빠르게 발전하는 대체 연료와 관련된 기술에 대응하기 위하여, CCC(Sub-committee on Carriage of Cargoes and Containers, 화물 및 컨테이너운송 전문위원회)에서는 IGF 코드를 주기적으로 검토 및 개정하고 있습니다.

SGMF(Society of Gas as Marine Fuel), 해양 연료로 가스 협회(SGMF)는 해양 연료로서의 가스의 안전하고 지속 가능한 사용을 촉진하기 위해 2013년에 설립된 회원제 비정부기구(NGO)이며, IMO에서 완전한 협의체 지위를 가지고 있고 가스 연료 해운 산업의 대표 기관으로 인정받고 있다.

SGMF는 LNG와 관련된 시스템 중에서 LNG 벙커링 장비/선박과 LNG 연료추진선박에 대한 안전지침과 설계 지침을 제공하는데, LNG 연료 선박이 높은 수준의 안전성, 무결성 및 신뢰성으로 LNG를 충전하는 것을 보장하기 위한 LNG 벙커링 산업에 표준을 제공하기 위해 2015년 초에 LNG 벙커링 안전 지침을 제정하였고, 2019년에 개정된 지침을 공표하였습니다.

LNG 벙커링 안전 지침에는 LNG 위험(LNG 누설, 극저온, LNG 화재 및 폭발), 안전 시스템(역할, 담당자, 통신 및 비상 시스템), 벙커링 절차 및 다양한 LNG 벙커링 모드에 대한 특정 안전 지침을 포함하고 있습니다.

그럼, 상기 설명한 세 가지 규정 중 먼저 IGC Code의 제정/발전 이력을 살펴보겠습니다.

1975년 11월 IMCO(IMO의 1948년 설립당시 명칭, 1982년에 IMO로 바뀜)의 9차 총회에서 GC(Code for the Construction Equipment of Ships Carrying Liquefied Gases in Bulk) Code가 채택된 이후 액화가스 산적운반선의 구조 및 설비에 관현 국제기준은 수년에 걸쳐서 업데이트 되었습니다.

GC는 자발적인 규정이었지만, IMO가 1983년 MSC(Marine Safety Committee) 48차 회의에서 IGC Code를 처음으로 채택하였고, 2014년 93차 회의에서 전면 개정된 IGC Code가 채택되었습니다.

IGC 채택 이후 20여년 동안 IGC Code는 여러 번의 걸쳐 개정되었고, 특히 2000년대 초 액화가스 운반선 설계 및 설비의 변화 속도가 가속화되면서 선내 재액화 및 LNG 재기화 시스템이 도입된 선박들이 등장하였습니다.

이에 따라 이전 개정 작업보다 훨씬 더 광범위한 개정 작업이 필요하게 되어 2016년 7월 1일에는 개정된 IGC Code가 정식 발효되었고, 적용대상은 선박 크기에 관계 없이, 37.8도 온도에서 증기압이 2.8bar(절대압력)를 초과하는 액화가스 및 IGC Code에서 정하는 기타 유사한 제품을 산적으로 운송하는 선박을 대상으로 하게 되었습니다.

IGF Code(International Code of Safety for Ships using Gases or other Low-flashpoint Fuels)

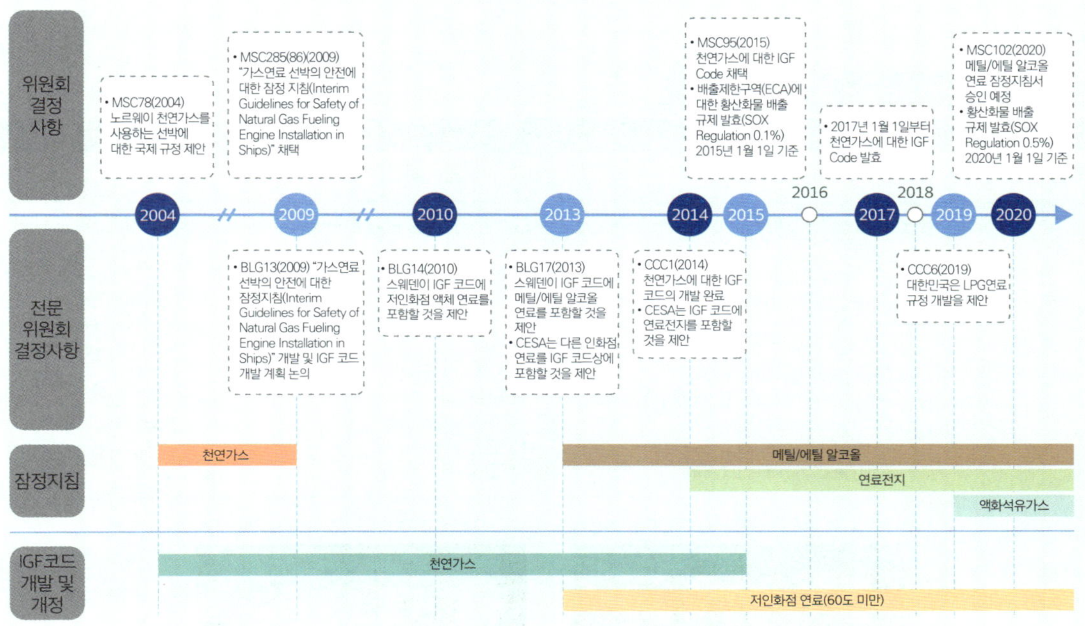

IGF Code 채택과정은 1990년대 초부터 해운산업이 환경에 미치는 영향에 대한 우려의 목소리가 높아지고, 지구 환경보존 문제가 범 세계적인 주요 현안으로 대두됨에 따라 IMO에서는 해양오염방지협약(The International Convention for the Prevention of Pollution from Ships, MARPOL) 부속서 VI "선박으로부터의 대기오염방지를 위한 규칙(Prevention of Air Pollution from Ships)을 1997년 채택하였고, 2005년부터는 질소산화물(Nox), 황산화물(Sox), 미세먼지(PM)에 대한 배출규제가 적용되기 시작했습니다.

이러한 국제 환경규제를 만족하기 위하여, 천연가스(NG)를 선박 연료로 사용하는 방안이 고려되기 시작하였고, 2004년 MSC 78차 회의에서 천연가스 추진선박의 승인 및 운영 경험을 바탕으로 노르웨이에서 먼저 천연가스 추진선박 관련 국제규정 개발을 제안하였습니다. 이후 IMO 전문위원회인 BLG(Bulk Liquids and Gases)를 중심으로 관련 선박에 대한 국제기준 개발에 착수, 2009년 2월 LBG 13차 회의에서 잠정지침서(MSC.285(86)) 개발 완료와 동시에 천연가스를 연료로 사용하는 IGF Code 개발 작업을 시작하였습니다.

    2016년 6월, BLG 95차 회의에서 마침내 IGF Code가 채택되었으며, 2017년 1월 1일부터 발효가 되어 국제 항해를 하는 500톤 이상의 모든 저인화점 연료 추진 시스템을 사용하는 선박이 본 코드를 적용 받게 되었습니다.

▼ Differences between IGC & IGF(1/4)

No.	Item	IGC	IGF	Remark
1	Purpose	Carrying Cargo	Using Ship' Fuel	
2	LNG Tank	• Called as "CCS(Cargo Containment System)" • Tank Type : Membrane, Moss, Independent Type B, C	• Called as "FCS(Fuel Containment System)" • Tank Type : Membrane, Independent Type B, C, ISO Container	• CCS loading limit : Max. 98% • FCS loading limit : Max. 95%
3	Gas Operation	CHS(Cargo Handling System) – LNG Loading / Unloading – Cargo Pump / Spray(Stripping) Pump – Forcing Vaporizer – LD/HD Compressor – GCU(Gas Combustion Unit)	FGSS(Fuel Gas Supply System) – LNG Bunkering – Fuel Pump – LP/HP Vaporizer – BOG Compressor – DF Boiler	–LD: Low Duty –HD: High Duty –LP: Low Pressure –HP: High Pressure –BOG: Boil off Gas
4	Gas Processing Room	– Called as CMR(Cargo Machinery Room) 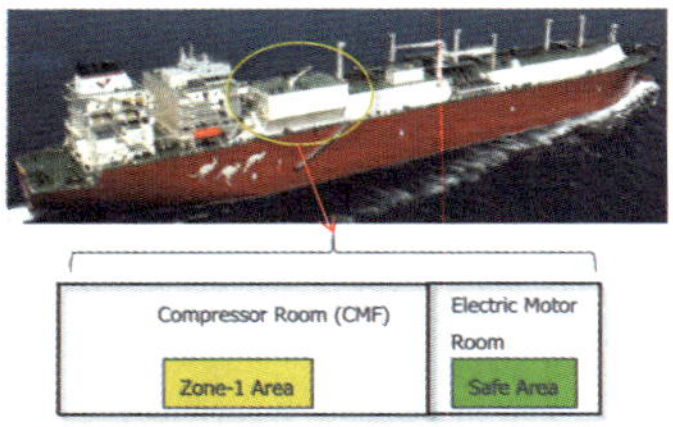 Compressor Room (CMF) Zone-1 Area / Electric Motor Room Safe Area – CMR is not allowed to be installed below deck – No A–60 insulation is required toward cargo area – Water spray system is required outer boundaries facing cargo tank – Mechanical ventilation: 2 x 100% – LNG leakage detection : only gas detectors	– Called as FPR(Fuel Preparation Room)  Zone-1 Area – Compressor & motor can be installed in FPR – FPR is allowed to be installed below deck – A–60 insulation is required on boundaries facing LNG fuel tank – Water spray system is required on outer boundaries within 10m facing LNG fuel tank – Mechanical ventilation: 2 x 50% is possible – LNG leakage detection : Low temp. & gas detectors	

    LNG 연료추진선박과 FGSS 설계에 있어서 항상 IGC Code와 IGF Code 간의 유사성으로 오해와 실수가 많은 것이 현실입니다.

그래서 이번 장에서는 IGC Code와 IGF Code 간에 유사하지만, 다른 내용에 대해서 설명을 드리고자 합니다.

우선, 1번째로 목적에 대해서는 이전 장에도 계속 설명을 드렸듯이, IGC Code의 목적은 액화 가스 산적 운반선의 건조 및 설비에 대한 설계 지침이며, IGF는 가스 또는 저인화점 연료를 사용하는 선박에 대한 건조와 설비에 대한 설계 지침입니다.

2번째는 LNG를 저장하는 탱크를 부르는 명칭입니다.

IGC는 탱크를 "CCS(Cargo Containment System)"라 부르고 이에 해당하는 탱크 형식은 Membrane, Moss, Independent Type B, C가 있으며 IGF에는 "FCS(Fuel Containment System)"라 부르고, Moss 형식은 연료탱크로 사용한 이력이 없고, ISO container 형식이 사용됩니다.

물론, 탱크 형식은 상기 탱크에만 국한 된 것은 아니고, 현재까지의 실적을 기준으로 말씀드렸습니다.

탱크 형식에 대해 간단하게 다음 페이지에서 소개를 하고 자세한 내용은 별도 차시에서 설명을 드리겠습니다.

3번째는 가스운전(Gas Operation)에 대한 명칭입니다.

IGC에서는 가스운전을 위한 시스템을 CHS(Cargo Handling System)이라 부르고, CHS 운전의 목적은 LNG를 운송하기 위한 LNG 선적/하역/처리입니다.

CHS 운전은 아래와 같습니다.
- LNG Loading / Unloading : LNG를 Cargo Tank에 선적/하역하는 운전
- Cargo Pump / Spray(Stripping) Pump : LNG Cargo Tank에 설치되어 있는 Pump를 부르는 명칭과 운전, Cargo Pump는 LNG하역을 위한 메인 펌프이고 Spray(Stripping) pump는 Cargo Pump로 하역하기 어려운 탱크 밑바닥에 깔린 LNG를 뽑아 내기 위한 목적의 펌프입니다.
- Forcing Vaporizer : LNG를 강제로 기화시켜 선박의 연료로 사용하기 위한 장비
- LD/HD Compressor : LD(Low duty) compressor는 LNG cargo tank 내 발생하는 BOG나 강제 기화한 LNG를 선박연료로 사용하기 위한 콤프레셔, HD Compressor는 LNG를 선적(Loading) 할 때, LNG Cargo Tank에서 발생하는 Vapour를 육상 터미널로 회수(Return)하기 위해 사용되는 콤프레셔

- GCU(Gas Combustion Unit) : LNG Cargo Tank에서 과도하게 발생하는 BOG를 대기로 방출하지 않고, 태우는 장비

IGF에서는 가스운전을 위한 시스템을 FGSS(Fuel Gas Supply System)라 부르고, FGSS 운전 목적은 LNG를 선박의 연료로 사용하기 위함입니다.

FGSS 운전은 아래와 같습니다.
- LNG Bunkering : LNG를 LNG 연료탱크에 충전하기 위한 운전
- Fuel Pump : LNG 연료탱크 내부 또는 외부에 설치되는 펌프로, LNG를 연료로 사용하기 위한 목적의 장비입니다.
- LP/HP Vaporizer : LNG 공급 압력에 따라 LP, HP 기화기로 명칭을 부르고, 10bar 이상 압력을 고압으로 정의합니다.
- BOG Compressor : LNG 연료추진선박에서는 LNG 연료탱크에서 발생하는 증발가스(BOG: Boil off Gas)를 선박연료로 사용하기 위해서 BOG를 장비가 요구하는 압력으로 압축, 공급하기 위한 콤프레셔 입니다.
- DF Boiler : 상기 CHS 운전에서 GCU의 용도로 DF(Dual Fuel) Boiler를 사용합니다. DF Boiler의 주 용도는 LNG를 연료로 Steam 생산하는 목적이지만 과도하게 발생하는 BOG를 태우는 목적으로도 사용됩니다.

4번째는 Gas Processing Room에 대한 차이점입니다.
IGC에서는 이러한 Room을 "CMR(Cargo Machinery Room)"이라 부르고, IGF에서는 "FPR(Fuel Preparation Room)" 연료준비실이라 부릅니다.
CMR에 설치되는 주요장비는 LD/HD Compressor이고, 컴프레셔를 구동하는 모터를 CMR에 바로 붙어있는 안전구역(Safe Area)에 설치하여 Electric motor room이라고 별도로 칭하기도 합니다.

좀더 자세하게 CMR과 FPR 차이를 보면 CMR은 반드시 Open Deck에 설치가 되도록 요구하고 있고, FPR은 Below deck에 설치도 허용됩니다.
- CMR은 Cargo area와 마주보고 있더라도 A-60 Insulation이 요구되지 않지만, IGF에서는 LNG Fuel Tank와 10m 이내에서 마주보는 FPR에는 A-60 Insulation을 요구하고 있습니다.

- CMR은 Cargo tank를 마주보는 영역에는 거리에 관계없이 Water spray system이 요구되지만, IGF에서는 LNG fuel tank와 10m 이내에서 마주보는 FPR에만 Water Spray System이 요구됩니다.
- CMR의 Ventilation FAN은 100% 용량의 2개가 필요하지만, IGF에서는 FPR용 Ventilation FAN은 50% 용량의 2개가 설치되는 것을 허용합니다.
- CMR 내에서의 LNG leakage detection 수단을 Gas detector만 요구하지만, FPR에서는 Low temperature sensor와 Gas detector 모두 요구합니다.

참고로 FPR와 유사한 공간으로 TCS(Tank Connection Space)가 있는데, 통상 소형(500m3 이하) LNG 연료탱크에 설치되는 Gas Process 장비가 설치되는 공간으로 TCS와 FPR의 차이점에 대해서는 별도 차시에서 설명을 드리겠습니다.

▼ The Classification of LNG Tank(Based on IMO)

Tank Type	Integrated Tank	Independent Tank			
Shape		Prismatic		Spherical(MOSS)	Cylindrical
IMO Tank Type		Fully refrigerated at atmospheric pressure			Pressurized at ambient temperature or lower temperature
	Membrane	A	B		C
Secondary Barrier	Fully Required	Fully Required	Partially Required	Partially Required	Not Required
Tank Image	GTT Mark III / GTT No.96	Type-A	IHI-SPB	MOSS	Single / Bi-Lobe / ISO container

LNG 탱크 형식은 대표적으로 "Integrated Tank(일체형 탱크)"와 "Independent Tank(독립형 탱크)"로 나눠집니다.

일체형 탱크는 선체 구조에 종속되어 선박과 일체형으로 제작되는 탱크를 의미하고, 독립형 탱크는 구조적으로 독립적으로 제작되고, 설치될 수 있는 탱크를 의미합니다.

먼저 일체형 탱크인 Membrane 탱크 종류에는 GTT사 Mark III, No.96 탱크가 있으며, 전통적으로 LNG 운반선의 Cargo Tank로 사용되었습니다.

독립형 탱크는 "Secondary Barrier(2차방벽)" 유무에 따라 Type-A, B, C로 나눠지며, Type-A 탱크는 LPG, 암모니아와 같이 상온에서 액체상태를 유지하는 화물을 운반하는 Carrier에 Cargo Tank로 개발되었고, 현재도 LPG 운반선, 암모니아 운반선에 사용되나, LNG와 같은 극저온 액체 화물을 저장하는 탱크에는 적합하지 않습니다.

Type-B에는, LNG와 같은 극저온 액체화물을 운반하기 위해 개발된 탱크로 일본 이마바리중 공업(IHI)의 SPB(Self supporting Prismatic shape IMO type B Type-B)탱크와 MOSS type 탱크가 있 습니다.

Type-C는 LNG 연료선박에 가장 많이 사용된 탱크로 Cylindrical(실린더) 형태를 가지고 있고 압력을 잘 견디도록 설계가 되어 있어 "Pressure Tank or Pressure Vessel(압력탱크)"라고 부르기 도 하며, 형태에 따라 Single type, Bi-Lobe type, ISO container type 등이 있습니다.

▼ Differences between IGC & IGF(2/4)

No.	Item	IGC	IGF	Remark
5	LNG Filling	– Operation is called as "LNG Loading" – Facility is called as "LNG Manifold" LNG manifold in the ship　　LNG loading arm in the terminal – LNG Manifold should be located on open deck	– Operation is called as "LNG Bunkering" – Facility is called as "LNG Bunkering Station" LNG bunkering station in the ship – LNG bunkering station	• LNG Filling Method in IGC – TTS: Terminal to Ship – STS: Ship to Ship • LNG Filling Method in IGF – TTS: Truck to Ship – PTS: Port to Ship – STS: Bunkering Ship to Ship
6	Safety Communication Link	System is called as "SSL(Ship Shore Link) System"	System is called as "BSL(Bunkering Safety Link) System"	• SSL for LNG manifold • BSL for LNG bunkering station
7	Safety System	Independent "ESD(Emergency Shutdown) System" is required	Independent "Safety System" is required	
8	Passenger on board	Not allowed	Allowed	
9	Tank Location below accommodation	Not allowed	Allowed	
10	Remain LNG or NG in pipe line	Not allowed any piping outside cargo area	Allowed (Very few restrictions to the location of piping systems containing LNG or NG)	

5번째는 LNG Filling 운전/장비 차이입니다.

IGC에서는 LNG filling에 대해 "Loading"이라 부르고, LNG loading을 하기 위해 연결하는 장비를 "LNG Manifold"라 부릅니다.

LNG Manifold는 반드시 Open deck에 설치가 되어야 하고, 통상 육상 LNG 터미널에서 LNG를 Loading 합니다.

IGF에서는 "LNG Bunkering"이라고 부르고, 연결 장비를 "LNG Bunkering Station"이라 부릅니다.

IGF에서는 LNG Bunkering Station을 Open deck 뿐만 아니라, 밀폐(Closed) 구역 또는 반밀폐(Semi-enclosed) 구역 설치를 허용합니다.

LNG를 filling하는 Method를 부르는 방식은 아래와 같이 IGC와 IGF에서 다르게 부릅니다.

LNG Filling Method in IGC

- TTS : Terminal to Ship : LNG 터미널에서 LNG운반선으로

- STS : Ship to Ship : LNG운반선 또는 LNG FSU(Floating Storage Unit)에서 LNG운반선으로

LNG Filling Method in IGF

- TTS : Truck to Ship : LNG 탱크로리(트럭)에서 LNG 연료추진선으로

- PTS : Port to Ship : 육상 LNG 저장설비에서 LNG 연료추진선으로

- STS : Bunkering Ship to Ship : LNG Bunkering 선박에서 LNG 연료추진선으로

6번째는, 5번째 항목에서 언급된 LNG manifold와 LNG bunkering Station에 설치되는 안전통신연결(Safety Communication Link) 장비에 대한 명칭입니다.

IGC에서는 SSL(Ship Shore Link)라 부르는데, 통상 LNG 운반선이 육상(Shore) 터미널에서 LNG를 선적하기 때문에 이렇게 명칭 합니다.

IGF에서는 BSL(Bunkering Safety Link)라 부르는데, LNG를 충전하는 방식이 다양하기 때문이기도 하고, LNG 연료선박은 아직까지는 LNG 터미널에서 충전이 허용되지 않기도 해서입니다. 향후에는 LNG 터미널에서도 LNG 연료추진선박에 LNG를 충전할 수 있도록 법 개정을 추진 중이라고 합니다.

SSL과 BSL의 기능은 거의 유사하지만, SSL이 좀더 안전을 위한 기능이 더 많이 추가되어 있어서 SSL이 더 고가입니다.

7번째는 Safety System에 대한 요구사항입니다.

IGC에서는 Independent ESD(Emergency Shutdown) System라 부르는 기존의 선박 시스템과는 별도의 독립 시스템을 요구하고 있습니다.

IGF에서는 IGC와 마찬가지로 기존의 선박 시스템과는 별도의 독립 시스템을 요구하지만, Gas Safety System이라 부르고 있습니다.

그런데, ESD System과 Gas Safety System에는 중요한 차이가 있습니다. 간단히 말하자면 ESD가 더 강화된 시스템입니다.

ESD는 다른 시스템과 함께 사용될 수 없고, Power, Signal, 설치장소, 운전 등 모든 기능을 독립해야 하지만, Gas Safety System은 ESD보다는 완화된 시스템으로 IGF에서는 IGC보다 조금 완화된 Safety System을 허용한 것입니다.

그래서, 엄밀히 말하자면 IGF가 적용된 LNG 연료추진선박에서는 ESD 시스템이란 명칭을 사용하면 오해의 소지가 발생할 수 있기 때문에 정확하게는 Gas Safety System이 적용되었다고 하는 것이 맞는 말입니다.

8번째는 승객(Passengers)이 탑승할 수 있는 지 여부입니다.

IGC가 적용된 선박에서는 선원(Crew) 외 승객 탑승이 허용되지 않습니다. 하지만, IGF가 적용되는 선박에는 여객선을 포함 모든 선종이 가능하며, 승객탑승도 가능합니다.

9번째는 LNG 탱크 설치 위치에 대한 것으로 IGC를 적용 받는 선박의 Cargo Tank는 거주구역(Accommodation Area) 하부 설치가 허용되지 않습니다. 하지만, IGF에서는 약간의 제약과 보완 설계가 필요하지만, LNG 연료탱크의 거주구 하부 설치가 허용됩니다.

10번째는 파이핑(배관) 내부에 잔여 LNG 또는 NG 허용 여부입니다.

IGC에서는 Cargo Tank 외부에 있는 어떠한 배관에도 잔여 LNG/NG를 허용하지 않습니다. 즉, LNG Loading/ Unloading 이후에는 모든 배관의 잔여 LNG/NG를 불어내는 퍼징(Purging) 작업을 합니다. 하지만, IGF에서는 LNG를 연료로 사용하는 배관에는 유지 보수나 PSD(Process Shutdown) 상황이 아닌 경우에는 잔여 LNG/NG를 허용합니다. 즉, 가스운전을 정상적으로 정지하고 난 이후에 엔진으로 연결되는 가스배관 내부의 NG를 퍼징 하지 않아도 됩니다.

No.	Item	IGC	IGF	Remark
11	PRV distance	〈IGC Ch8, 8.2.11.1〉 Cargo PRV vent exits shall be arranged at a distance at least equal to B or 25m, whichever is less, from the nearest air intake, outlet or opening to accommodation space, service spaces and control stations, or other non-hazardous areas. For ships less 90m in length, smaller distances may be permitted.	〈IGF 6.7.2.8〉 The outlet from the pressure relief valves shall normally be located at least 10mfrom the nearest: - Air intake, air outlet or opening to accommodation, service and control spaces, or other non-hazardous area: and - Exhaust outlet from machinery installations.	• PRV: Pressure Relief Valve • B: Breath
12	Dangerous zone on open deck	A leakage of LNG or NG will typically be on open deck far away from ignition sources	A leakage of LNG or NG will typically be in a confined space or close to ignition sources(3~10 meter)	
13	M/E, G/E shutdown	A minor gas leakage will not affect the propulsion or power generation of vessel	A minor leakage will result in automatic shut-down of gas supply to the M/E and Aux. engines	• M/E : Main Engine • G/E : Generator Engine
14	Stress analysis	〈IGC Ch5, 5.11.5〉 When the design temperature is −110℃ or lower, a complete stress analysis, taking into account all the stresses.	〈IGF 7.3.4〉 When the design temperature is −110℃ or colder, a complete stress analysis, taking into account all the stresses. High pressure fuel piping systemsshall have sufficient constructive strength. This shall be confirmed by carrying out stress analysisand taking into account. 〈IGF 2.2.22〉 High pressure means a maximum working pressure greater than 1.0Mpa.	

11번째는 탱크압력 배출밸브 PRV(Press Relief Valve)의 이격거리입니다.

IGC가 적용되는 선박의 LNG Cargo Tank의 PRV로부터 안전구역까지의 이격거리는 최소 "B(Breath, 선폭을 의미)" 또는 25m 이상을 요구하고 있는 반면에 IGF에서는 10m 이상을 요구하고 있습니다.

12번째는 Open Deck에서의 위험구역(Dangerous Zone)에 대한 정의로 IGC에서는 LNG 또는 NG 누설 시, 발화원(Ignition Source) Far away라는 말로 존재 자체가 해서는 안된다고 규정하고 있지만, IGF에서는 발화원에서 3~10m(거리는 설비에 따라 다르게 적용)로 허용하고 있습니다.

즉, IGF에서는 Open deck에서 LNG 또는 NG가 누설 가능성이 있는 지점에서 10m 이상만 이격되면 비방폭 장비를 설치할 수 있습니다.

13번째는 LNG를 연료로 사용하는 엔진에 대한 운전정지 입니다.

IGC가 적용된 선박이라도 LNG를 연료로 사용하는 엔진(M/E, G/E)을 적용할 수 있습니다.

이 경우에 minor gas leakage(가스누설이 되더라도 처리가 가능한 수준의 가스누설)는 추진엔진(M/E), 발전기엔진(G/E)을 그대로 운전할 수 있도록 허용하고 있는 반면에 IGF 경우에는 추진엔진(M/E), 발전기엔진(G/E)을 중지해야 합니다. 이런 이유에서 IGF가 적용되는 선박에서는 이중연료 엔진을 적용함으로써 가스운전이 디젤연료 운전으로 전환되어 전체 선박 운전에 영향이 없도록 설계하고 있습니다.

14번째는 극저온 배관(Cryogenic Piping)의 응력해석(Stress Analysis) 요구입니다.

IGC 적용 선박에서는 설계 온도가 -100도 이하 배관에만 응력해석을 요구하고 있습니다. 하지만, IGF 적용 선박에서는 설계 온도가 -100도 이하인 배관은 물론, 고압(High Pressure, 10bar 이상을 의미) 연료가스 배관도 모두 응력해석을 요구하는 점이 다릅니다.

No.	Item	IGC	IGF	Remark
15	Machinery Space Design	〈IGC Ch16, 16.1/16.4.3〉 Gas safe machinery space only	〈IGF 5.4.1〉 Gas safe machinery space or ESD protected machinery space 〈IGF 9.7〉 Regulations for gas fuel supply to consumers in ESD protected machinery spaces – The pressure in gas fuel supply system shall not exceed 1.0Mpa.	X-DF, ME-GI 등 10barA이상의 고압연료가 요구되는 시스템은 "Gas safe machinery space"만 적용 가능함
16	Dangerous zone on open deck	– No specific risk assessments are mandated for ocean-going ships. – FSRUs require risk assessment to be performed	A risk assessments shall be conducted	• FSRU : Floating, Storage, Re-gasification Unit
17	Vapour Return	– Vapour return line is to be provided	– Vapour return line is option Bunkering Vessel Tank / LNG Fuel Tank / Vapour Return Type C → Type C / Membrane : Option, potential pressure problem without a pressure reduction capability Membrane → Type C : Option / Membrane : Required	• M/E : Main Engine • G/E : Generator Engine
18	Dry Powder System	Required for cargo area and cargo manifold	Only required LNG bunkering station	

IGC와 IGF는 기술 개발/발전 상황에 따라 시스템과 운전자의 위험성을 줄이고, 안전도를 높이는 방향으로 개정작업이 계속 진행 중

15번째는 Machinery Space 설계에 대한 차이입니다.

Machinery Space를 통상적으로 기관실(Engine Room)로 알고 있지만, 기관실도 Machinery Space에 포함되고, 기계장비가 설치되는 모든 공간을 Machinery Space라고 부릅니다.

IGC나 IGF에서 Machinery Space가 대표적으로 기관실이기 때문에 기관실 관점에서 보시면 이해가 편하실 겁니다.

Machinery Space에는 두 가지 설계가 있는데,
- Gas Safe Machinery Space : LNG/NG 누설이 원천적으로 차단되어 다른 장비에 전혀 영향을 미치지 않는 공간 설계
- ESD Protected Machinery Space : LNG/NG 누설이 발생하더라도 누설 감지와 제어가 가능한 공간 설계

IGC에서는 Gas Safe Machinery Space만 허용됩니다. 하지만, IGF에서는 두가지 공간 설계가 적용이 가능한데, 만약 가스공급 압력이 10barA를 초과하는 배관이 설계가 되어 있다면 IGF에서도 Gas Safe Machinery Space만 허용합니다.

즉, 만약 LNG 연료추진선박 중에서 Main Engine이 X-DF(가스공급압력 16barg)나 ME-GI(300barg)이 적용되는 선박이라면 기관실은 반드시 Gas Safe Machinery Space로 설계를 해야만 합니다.

16번째는 Risk Assessment(위험성평가) 적용 유무입니다.

IGC에서는 FSRU(Floating Storage Regasification Unit) 선박을 제외하고는 위험성 평가가 요구되지 않습니다.

하지만, IGF에서는 선종에 관계 없이 모든 선박에서 위험성 평가를 요구하고 있습니다.

17번째는 LNG filling시 증발가스 회수(Vapour Return) 요구입니다.

IGC가 적용되는 LNG 운반선은 LNG Loading 시에 Cargo Tank에서 발생하는 Vapour를 회수 유무와 관계 없이 Vapour return Pipe line이 반드시 설치되어야 합니다.

하지만, IGF가 적용되는 선박에서는 LNG 벙커링 선박과 LNG 연료추진선박이 모두 Membrane type의 저장 탱크를 사용하는 경우에만 Vapour return Pipe line이 요구되고 다른 경우에는 옵션으로 요구됩니다.

18번째는 Dry power system(화재를 진화하기 위한 소화액분사 시스템)으로 IGC에서는 Cargo Area와 Cargo Manifold에 이 시스템이 모두 요구되지만, IGF에서는 LNG Bunkering Station에서만 이 시스템을 요구하는 점이 다릅니다.

상기 차이점 외, 만약 LNG 운반선이 LNG 연료추진을 하는 경우 IGC와 IGF 코드 모두를 적용해야 하는지 궁금하실 수 있는데, IGC Code를 만족하는 운반선(Gas Carrier)의 경우, 선적된 Cargo를 연료로 사용한다고 하더라도 IGF Code를 적용하지 않습니다. 즉, IGC로만 설계하면 됩니다.

추가적으로 IGC Code와 IGF Code는 새로운 연료의 출연과 시장의 요구로 개발/발전되는 기술에 따라 시스템과 운전자의 위험성을 줄이고, 안전도를 높이는 방향으로 개정작업이 계속 진행 중입니다.

▼ IGF & Ship Classification Rules

No.	Item	IGF	Ship Classification Rules	Remark
1	General	Base	Same as IGF	
2	Safety	Base	Basically same as IGF but more strict	
3	Operation	Base	Basically same as IGF but more strict	

IGF Code와 각 선급의 Rule은
- 기본적으로는 동일함.
- 즉, FGSS 설계/적용 위한 시스템의 위험성을 낮추고 운전자를 보호하기 위한 목적임
- 하지만 IGF는 국제적으로 Code인 만큼, 보편 타당한 기준을 적용하다 보니
- 각 선급 Rule은 이러한 문제점을 보완하기 위해서 IGF보다 좀더 상세하고 강화된 규정을 요구함
- 이러한 이유에서 FGSS 설계를 위해서 기본적으로는 IGF Code에 따르지만, 요구되는 선급 Rule에 따라 추가적인 설계를 적용할 필요가 있음

그럼, 이제 IGF Code와 각 선급의 Rule 어떻게 적용되고 있는 지 간략하게 살펴보자면
- 각 선급의 Rule은 기본적으로 IGF를 기준으로 제정이 되기 때문에 상당부분 IGF 동일합니다. 99% 동일하다고 보셔도 됩니다.
- IGF Code 주된 목표인 시스템의 위험성을 낮추고 운전자를 보호하기 위한 목적도 각 선급 Rule도 동일합니다.
- 하지만 IGF는 국제적으로 Code인 만큼, 보편 타당한 기준을 적용하다 보니, 여전히 불명확한 점과 허점이 존재합니다.(이런 이유에서 IGF도 계속 개정되고 있습니다.) 그래서 각 선급 Rule은 이러한 문제점을 보완하기 위해서 IGF보다 좀더 상세하고 강화된 규정을 추가하기 때문에 IGF와 조금씩 차이게 나게 됩니다.

- 이러한 이유에서 FGSS 설계를 위해서 기본적으로는 IGF Code를 따라 설계를 하지만, 적용되는 선급 Rule에 따라 추가적인 요구사항을 반영한 설계를 적용해야 합니다.

▼ Standard Terminology of FGSS(IGF Based) -1/4

No.	Item	NORMAL USED	IGF BASE	REMARK
1	System	→	– Fuel containment system – Fuel storage system(5.1)	2.2.15 Fuel containment system includes 1) The storage of fuel → Fuel tank(5.2.1.1) 2) Tank connections(P&S barrier, associated insulation and any intervening space, and adjacent structure if necessary for the support of these elements
		→	Tank containment system	5.3.3.3:may be same meaning of "Fuel containment system"
		→	Gas supply system(9.4)	The same meaning of "Gas supply system"(9.4) are Fuel supply system(2.2.3), Refueling system(5.1), Fuel processing system(7.3.3.1.2), Fuel gas system(11.7.1)

		→	Safety system(15.1)	6.5.8:"Ship's safety system"includes
				1) Gas safety system(15.2.2)
				  – Shutdown system(3.2.13): Automatically shutdown logic, Manual remote emergency stop(15.11.4)
				  – Leak/Gas detection system(5.6.3.3)
				2) Fire safety system(11.7.1)
				  – Fire detection and alarm system(11.7)

		→	– Control,(alarm) monitoring system – Gas control system(15.2.4)	15.1:"Control, monitoring system" includes 1) Gas supply system(9.4) 2) The other systems associated with FGSS in the ship except "Safety system"
		→	Piping system	3.2.10:
		→	Pressure relief system	6.7: Pressure control systems~~shall be independent of the pressure relief systems
		→	Pressure control system	6.9.1: Control of tank pressure(means pressure control system)
		→	Ventilation system	5.6.7:
		→	Vent(ing) system	6.5.7: Venting system, 6.7.2.1:Vent system
		→	Exhaust system	10.3.1.1:
		→	Bilge system	5.9:
		→	Thermal insulation system	6.4.2.1:
		→	Small leak protection system	6.4.5.1:
		→	Heating system	6.4.13.1.1.4.1:
		→	Water spray system	11.5:
		→	Vacuum protection system	6.7.1.2:
		→	Reliquefaction system	6.9.3:
		→	Thermal oxidation systems	6.9.4:(DNV에서는 이러한 장비를 Gas Engine이 아니라 GCU 또는 DF Boiler로 정의함)
		→	Inertgas(generation) system	6.11.1:Inert gas generation system, 6.13.1:Inert gas system
		→	Bunkering system	8.5:
		→	Fire-extinguishing system	11.6:
		→	Firefighting system	18.4.2.1.5:
		→	– Emergency shutdown(ESD) system – Emergency release system	18.4.2.1.8:

본 장에서는 LNG 연료추진선박과 FGSS를 설계할 때 우리가 통상적으로 사용하는 용어와 IGF에서 정리된 용어를 살펴보고 향후 사양서와 도면에 정확한 용어를 사용할 수 있도록 도움이 되고자 합니다.

먼저 1번째는 IGF Code에서 언급된 System에 대한 용어입니다.

IGF에서는 다양한 "System"에 대해서 언급하고 있는 특별히 설명이 필요한 용어에 대해서만 소개하겠습니다.

연료격납시스템이라고 부르는 "Fuel Containment system"은 통상적으로 연료저장탱크와 관련된 시스템을 의미하는데, IGF 5.1장에서는 "Fuel storage system"이란 용어로 딱 1번, IGF 5.3.3.3에서는 "Tank Containment System"으로 언급하기도 했습니다. 물론, 문맥을 봐서는 동일한 의미로 볼 수 있기 때문에 향후 IGF 개정시에는 상기 용어가 통일될 것으로 예상됩니다.

IGF에서는 "Fuel Containment system"에 대한 범위를 "LNG 연료저장탱크" 및 "Tank Connections"라고 규정하면서 이 Tank connection에 Primary and Secondary barrier, Insulation 과 이와 관련된 공간, 이러한 구성품을 지지(Support)하기 위한 인접한 구조물을 모두 포함하는 것으로 정의하고 있습니다.

연료공급시스템이라고 부르는 "Gas supply system"은 아래와 같이 다양한 용어로 표현되고 있는데, "Fuel supply system", "Refueling system", "Fuel processing system", "Fuel gas system" 문맥을 봐서 모두 같은 의미로, 향후 IGF 개정시에는 상기 용어가 통일될 것으로 예상됩니다.

안전시스템이라고 부르는 "Safety System"은 "Control, monitoring system"과 함께 FGSS를 구성하는 양대 시스템으로 이 두 시스템은 각각 독립적으로 구성/운영됩니다.

"Ships safety system"에는 크게 "Gas safety system"과 "Fire Safety System" 구분되는데,
1) "Gas safety system"에는 Shutdown system과 Leak/Gas detection system을 포함하고 있습니다.
Shutdown system은 위험상황 발생시 자동으로 시스템을 정지시키는 제어로직과, 수동으로 시스템을 정지시키는 Emergency stop을 포함하고 있습니다.
Leak/Gas detection system은 타 시스템과 독립적으로 구성되며, LNG누설, 가스누설 시 자체적으로 Alarm 발생과 Shutdown system으로 위험신호를 전송합니다.

2) Fire safety system은 "Fire detection and alarm system"을 포함하고 이 시스템은 타 시스템과 독립적으로 구성되며, 화재발생 시 자체적으로 Alarm 발생과 Shutdown system으로 위험신호를 전송합니다.

Control,(alarm) monitoring system으로 부르는 시스템은 엄밀하게 말하면 "FGSS control and alarm monitoring system"으로 IGF 15.2.4에서는 "Gas control system"으로 부르기도 합니다.

앞서 설명한 바와 같이 "Control,(alarm) monitoring system"은 "Safety system"과 함께 FGSS를 구성하는 양대 시스템으로 이 시스템은 "Gas supply system"과 FGSS와 관련되어 운영되는 시스템을 모두 통합하고 있습니다. (예를 들어, Ventilation system, Vent system, Bilge system, heating system, bunkering system 등등)

압력배출시스템이라 부르는 "Pressure relief system"은 통상 PRV(Pressure Relief Valve, 압력배출밸브)를 의미하고 "Pressure control system"하고는 별도의 독립시스템 입니다.

"Pressure control system"의 주 목적은 LNG 연료탱크의 PRV로 탱크압력이 배출되기 전에 다양한 방법으로 LNG 연료탱크압력을 제어하는 것으로 "Pressure relief system"과는 독립적으로 운영됩니다.

그 외 시스템은 우리가 일반적으로 알고 있는 시스템으로 좀 더 자세한 설명은 IGF Code를 참조하시면 됩니다.

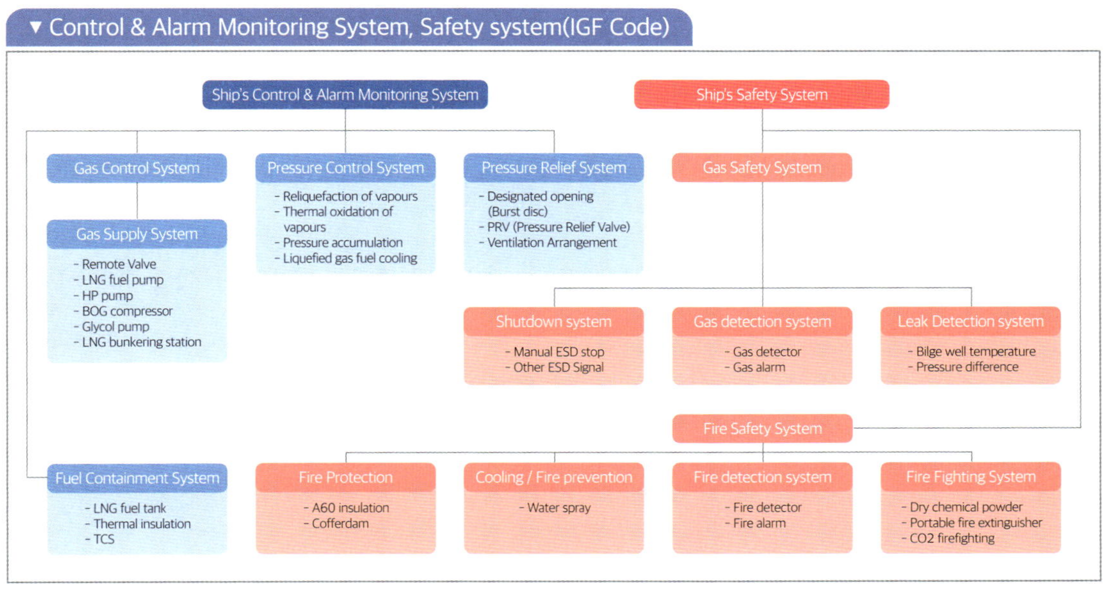

여기서 IGF Code에서 정의하고 있는 시스템에 대해서 잠시 살펴보고 넘어가겠습니다.

이전 차시에도 설명했듯이 FGSS를 구성하는 시스템은 다음과 같이 선박에서 중요한 2개의 시스템과 연결되어 있습니다.
Ship's Control & Alarm Monitoring System과 Ship's Safety System으로, 이 2개 시스템은 FGSS 이외에도 선박의 다른 시스템과도 연결되어 있지만, 본 분류표에서는 FGSS와 관련된 시스템만 표기하였습니다.

먼저 "Ship's Control & Alarm Monitoring System"에 FGSS와 관련되어 연결되는 시스템은 "연료저장시스템(Fuel containment system)", "가스제어시스템(Gas control system)", "압력제어시스템(Pressure control system)", "압력배출시스템(Pressure relief system)"으로 여기에서 "Fuel containment system"은 LNG fuel tank와 Thermal insulation, 그리고 TCS(Tank connection space)로 구성되어 있습니다.
"Gas supply system"은 "Gas control system" 안에 포함되어 있으며, Gas supply와 관련된 Remote valve, LNG fuel pump, HP pump, BOG compressor, Glycol pump, LNG bunkering station을 제어합니다.

"Pressure control system"에는 IGF 6.9.1.1에서와 같이 LNG fuel tank 내부의 압력을 제어하는 목적으로 다음과 같이 4가지 시스템을 제안하고 있습니다.

- BOG를 재액화 하는 장비
- GCU(Gas Combustion Unit)라고 부르는 BOG 직접 연소시키는 장비
- 그리고 BOG를 탱크 내부에 압력으로 축적하는 방법으로, LNG 탱크의 설계압력이 높을수록 BOG 축적양이 많아집니다.
- 마지막으로 BOG를 냉각시켜 BOG 발생량을 억제하는 방법이 제안되고 있습니다. 여기서 BOG 냉각과 BOG 재액화는 그 개념이 다릅니다.
  BOG 냉각은 BOG 온도를 낮춰서 BOG의 팽창을 억제하는 방법이라면, BOG 재액화는 말그대로 BOG를 액화시키는 것입니다.

"Pressure Relief system"은 엄밀하게 "Pressure control system"과는 별개 시스템으로 여기에 속하는 방법은 압력용기의 내부 압력이 상승할 때 "Burst disc"라 부르는, 특정 위치에서 물리적으로 압력이 터지도록 배출하는 방법이 있고, 앞서 설명했듯이 PRV(Pressure Relief Valve)는 가장 많이 사용되는 압력 배출 방법입니다.

마지막으로 "Ventilation Arrangement" 혹은 "Ventilation System"도 이러한 압력 배출 방법의 하나로 허용되고 있습니다.

그 다음으로 선박의 2번째 주요시스템인 "Ship's Safety System"에는 FGSS와 관련되어 연결되는 시스템인 "Gas safety system"과 "Fire safety system"이 있습니다.

이 중 먼저 "Gas safety system"은 아래와 같이 3가지 시스템으로 나눠집니다.

1번째, Shutdown system은 "Manual remote emergency stop"와 다른 시스템에서 ESD 신호를 받을 수 있도록 구성되고, 2번째, Gas detection system은 Gas detector와 Alarm으로 구성됩니다.

마지막으로 leak detection system은 Gas detection과는 별개로 LNG나 NG가 누설되는 것을 감지하는 시스템으로 여기에는 탱크나 배관의 압력차를 모니터링 하거나, Bilge well의 온도를 감시하는 간접적인 방식으로 LNG나 NG Leak를 추정하는 방법이 포함됩니다.

"Fire safety system"에는 기본적으로 Fire detector와 Alarm을 포함한 "Fire detection system" 있고, A60 insulation이나 Cofferdam을 통해 화재 열원으로 시스템을 보호하는 "Fire protection", Water spray를 통해 LNG탱크나 FPR, LNG bunkering station을 냉각하거나 화재 열원로부터 장비를 보호하는 "Cooling and Fire prevention", 마지막으로 Dry chemical powder, Portable fire extinguisher, CO2 firefighting 등을 포함하는 "Fire fighting system"이 있습니다.

지금까지 FGSS와 관련된 전체 시스템 분류에 대해 설명을 드렸습니다.

No.	Item	NORMAL USED	IGF BASE	REMARK
2	LNGTank	NGfueltank	– Fuel(storage) tank –(Liquified gas) fuel tank	5.2.1.1:Fueltank, 5.3.1:Fuelstoragetank 6.4.6.1:Liquifiedgasfueltank
3	Fuel storage hold space	Tank room	Fuel storage hold space(FSHS)	FSHS was called as "Tank room" where the Type-C LNG tank is installed in this space 2.2.15.1: The space enclosed by the ship's structure in which a fuel containment system is situated
4	Tank connection space	Cold box	Tank connection space(TCS)	2.2.15.3: Tank connection space A space surrounding all tank connections and tank valves that is required for tanks with such connections in enclosed spaces
5	Fuel preparation room	→	Fuel preparation room(FPR)	2.2.17 Fuel preparation room means any space containing pumps, compressors and/or vaporizers for fuel preparation purposes
6	Valve	Master valve	Master(gas fuel) valve	9.4.2: Master gas fuel valve, 9.4.9: Master valve
		N/A	Tank valve	6.3.4: All tank connections, fittings, flanges and tank valves must be enclosed in gas tight tank connection spaces,~~ 9.4.1: ~~Tank valves whether accessible or not shall be automatically operated when the safety system required in 15.2.2 is activated.
		N/A	First valve	6.3.6: First valve means first valve from LNG tank among tank valves
		Double block and bleed valve	←	2.2.9:
		PRV(Pressure relief valve)	←	2.2.36:
		N/A	Shutoff valve	5.6.2.2:
		N/A	Stop valve, shutdown valve	8.5.3: A manually operated "stop valve" and a remote operated "shutdown valve"
		Drain valve	←	5.10.4:
		N/A	Bunker manifold valve	12.5.2.3: Bunker manifold valve(s) is located in LNG bunkering station
7	Pipe or Line	High pressure	High pressure	9.8.2: High-pressure fuel piping, 7.4.1.4: High pressure gas
		Low pressure	Low pressure	9.8.4: Low pressure fuel piping
		→	Fuel pipe(piping), Fuel line	5.7.1: Fuel pipe, 5.7.2: Fuel piping, 9.2.3: Fuel line
		→	Gas pipe(piping), Gas line	5.4.2: Gas pipe, 9.6.1.1: Gas piping, 9.4.10: Gas line
		→	Gas fuel piping	5.7.4: Gas fuel piping
		→	Liquid line	16.7.3.2:
		→	Vapour line	16.7.3.2:
		→	Bunkering pipe, Bunker(ing) line	8.5: Bunkering pipe and bunkering line
		→	Vent pipe, Vent line	6.7.3.2: Vent pipe, 6.7.3.2.2.1: Vent line
		Purging line	Nitrogen pipe, Inert gas supply line	6.4.7: Nitrogen pipe, 6.13.2: Inert gas supply line
		Instrument(control) air line	Instrument line	7.3.6.4.1.2:
8	LNG Pump	LP pump, Feed pump	Fuel pump	6.4.7.1: "Fuel pump" is mentioned as Submerged fuel pump, Liquified gas fuel pump
		HP pump, Boost pump		

2번째는 LNG Tank를 부르는 명칭으로 IGF에서는 "Liquified Gas Fuel Tank", "Fuel tank", "Fuel storage tank" 등으로 다양하게 언급되고 있지만 향후 IGF 개정시에는 상기 용어가 통일될 것으로 예상됩니다.

3번째는 FSHS(Fuel Storage Hold Space)에 대한 명칭인데, IGF가 공식적으로 채택되기 전에 소형 선박에 Type-C LNG Fuel Tank가 선내에 설치되었던 공간을 "Tank Room"라고 불렀습니다. 하지만, 2017년 IGF가 공식적으로 채택된 이후부터는 모든 형식의 LNG 연료탱크가 설치되는 밀폐 공간을 FSHS라고 부르고 있습니다.

4번째는 TCS(Tank Connection Space)에 대한 명칭인데, IGF가 공식적으로 채택되기 전에 소형 선박에 설치된 Type-C LNG Fuel Tank와 연결된 공간을 "Cold Box"라고 불렀고, 2017년 IGF 가 공식적으로 채택된 이후에는 TCS라고 모두 변경되었습니다.

5번째는 FPR(Fuel Preparation Room)이라 부르는 Room으로 IGF에서는 이 Room에는 Pump, compressor, vaporizer가 설치되는 장소로 정의하고 있습니다.
FPR는 TCS와는 다르게 명칭하고 설계사양도 약간 차이가 있긴 하지만 대부분의 설계 요구사항은 동일하게 적용되고 있습니다.

6번째는 밸브에 대한 명칭으로 Gas 연료공급을 메인으로 차단하는 "Master gas fuel valve"가 있고, LNG 연료탱크 주변에 설치되는 밸브를 "Tank valve"라고 부르는데 "Tank Valve"는 TCS가 있을 경우 모두 TCS 내부에 설치되어야 한다고 요구하고 있습니다.
그리고, IGF 6.3.4에서 같이 "Tank Valve" 반드시 Automatically Operated되어야 한다고 합니다. 즉, Tank에 첫 번째로 설치되면서 Remote Operation이 가능한 Valve를 "First Valve" 이자 "Tank Valve"라 부를 수 있기 때문에 "First Valve"가 반드시 "Tank Valve"인 것은 아닙니다.
만약, Check valve나 Manual ball valve가 LNG fuel tank에 첫 번째로 설치된다면 이 밸브들은 "First valve"이지 "Tank Valve"은 아닙니다.

7번째 Pipe 및 Line을 부르는 명칭인데, IGF에는 아래와 같이 다양한 Pipe, Line등을 언급하고 있고, 명칭에 따라 Operation이 명확하게 구분이 되기 때문에 명칭과 운전에 대한 정확한 이해가 필요합니다.

8번째는 LNG Pump에 대한 명칭으로 LNG pump는 LNG Fuel tank에 설치되는 Pump와 LNG압력을 높이기 위한 Pump가 적용되고 있습니다.

하지만, IGF에서는 "Fuel Pump"란 이름으로만 언급되기 때문에 펌프 설치위치, 용도에 따라 다른 정의가 필요합니다.

최근의 LFS(LNG fuelled Ship) 프로젝트에서 보면 LNG Fuel Tank에서 LNG를 뽑아 내는 펌프를 : LNG Fuel Pump라 부르고, LNG 압력을 승압하기 위한 펌프를 : HP(High pressure) Pump라 부르고, 목적을 Boost up이라 하고 있습니다.

▼ Standard Terminology of FGSS(IGF Based) - 3/4

No.	Item	NORMAL USED	IGF BASE	REMARK
9	Vaporizer	LP vaporizer	Vaporizer	11.3.1: "Heat exchanger", "vaporizer"
		HP vaporizer		
10	PBU	Pressure Buildup Unit(PBU)	Pressure build-up fuel discharge unit	15.4.11: Pressure build-up fuel discharge unit(same meaning of PBU)
11	BOG	Boil Off Gas(BOG)	Boil-off vapour	6.4.13.1.1.1.6: "Boil-off vapour"(same meaning of BOG)
		BOG compressor	Vapour compressor, Gas compressor	8.3.2.2: Vapour compressor, 15.6: Gas compressor
		BOG heater	N/A	
		BOG cooler	N/A	
12	Gas regulator	Gas Valve Unit(GVU)	←	13.8.2:
		Gas Valve Train(GVT)	N/A	Titled by MAN E&S
		Gas Regulating Unit(GRU)	N/A	Titled by Hyundai and Rolls-Royce
13	Glycol Water System	G/W tank	N/A	15.8.1.8: "Gas heating circuit", "expansion tank"
		G/W pump		
		G/W heater		
14	Bunkering	Bunkering	←	8.3:
		Bunkering station	←	8.4:
		Bunker(ing) manifold	←	16.7.3.7:
		Bunkering rate	←	6.7.2.7.3:
15	Vent	Vent mast	←	
16	LNG filling/ loading limit	Filling limit	←	FL = filling limit as defined in 2.2.16 expressed in per cent, here 98%; 2.2.16 Filling limit(FL) means the maximum liquid volume in a fuel tank relative to the total tank volume when the liquid fuel has reached the reference temperature.

No.	Item	NORMAL USED	IGF BASE	REMARK
16	LNG filling/ loading limit	Loading limit	←	LL = loading limit as defined in 2.2.27, expressed in per cent 2.2.27 Loading limit(LL) means the maximum allowable liquid volume relative to the tank volume to which the tank may be loaded. According to IGF 6.8.2 In cases where the tank insulation and tank location make the probability very small for the tank contents to be heated up due to an external fire, special considerations may be made to allow a higher loading limit than calculated using the reference temperature, but never above 95%

9번째는 Vaporizer(기화기)인데, IGF에서는 "Vaporizer", "Heat exchanger"라는 명칭으로 언급되고 있습니다.

통상적으로 가스 압력이 10bar를 기준으로 저압과 고압으로 나눠지는 만큼, 최근 LFS 설계에서는 LP Vaporizer, HP Vaporizer로 명칭으로 부릅니다.

10번째는 PBU(Pressure Buildup Unit, 압력발생장치)라는 장비에 대한 명칭인데, IGF에서는 "Pressure build-up fuel discharge unit"으로 언급됩니다.

PBU는 LNG 연료탱크에 탱크 상부에 압력을 높이는 방식으로 LNG를 뽑아내기 위한 장비로 주로 LNG Fuel Pump가 적용되지 않는 소형(500m3 이하) LNG 연료탱크에 사용되는 장비입니다. IGF에서 언급된 명칭은 단어가 길어서 통상 PBU로 사용하고 있습니다.

11번째는 BOG(Boil off Gas)에 대한 명칭입니다. BOG는 IGC가 적용되는 선박에서 일반적으로 사용되는 용어였는데, IGF에서는 "Boil off Vapour"라고 언급하고 있습니다. 하지만, BOG 명칭에 워낙 익숙해 있기 때문에 통상적으로 BOG라고 계속 사용되고 있습니다.

BOG란 용어를 사용하고 있지 않다 보니 BOG compressor의 경우에도 IGF에서는 Vapour compressor, Gas compressor 등으로 언급되고 있습니다.

12번째는 Gas Regulator(가스조절기)에 대한 명칭입니다.

이 장비는 통상 LNG를 연료로 사용하는 M/E, G/E, Boiler 에 제작사가 함께 공급하는 장비로 IGF에서는 GVU(Gas valve unit)만 언급하고 있습니다.

GVU는 공급되는 가스의 압력, 유량, 중지(Shutdown)를 제어하는데, 장비공급사에 따라 GVT, GRU 등으로 다르게 명칭하기도 합니다.

13번째는 글리콜워터 시스템(Glycol water System)에 대한 명칭으로, IGF에서는 이 시스템에 대해 "Gas heating circuit"과 "expansion tank"로 언급하고 있습니다.

현존하는 대부분의 LFS에서 LNG를 기화시키기 위한 방법으로 직접적인 열원을 기화기(Vaporizer)에 공급하지 않고, 간접적인 열교환 방식인 글리콜워터 열교환 매체(Glycol water heating medium)를 사용함으로써 등장한 명칭으로, 이 시스템에 구성되는 장비 명칭대로 Glycol water tank, Glycol water pump, Glycol water heater 등으로 부르고 있습니다.

14번째 Bunkering에 대한 용어로, IGF에도 기존 Oil연료 선박에서 통상적으로 사용하는 명칭으로 그대로 사용되고 있습니다.

15번째는 Vent에 대한 명칭입니다. Vent는 LNG tank에서 발생하는 BOG가 압력이 상승되어 PRV를 통해 대기로 배출될 경우에 사용하는 용어로, Vent mast라는 파이프 구조물을 통해 배출됩니다. IGF에서도 Vent mast라고 명칭 합니다.

추가적으로 Pipe 내 잔여하는 LNG 또는 NG를 Purging하는 경우에도 Vent mast를 통해 배출합니다.

16번째는 LNG 충전제한에 대한 명칭으로 IGF에서는 두 가지를 정의하고 있습니다.
- Filling Limit : 충전한계는 LNG가 최상의 온도 조건(약 -161도)에서의 탱크 전체 체적 대비 최대 충전한계를 의미하고 최대는 98%까지 충전 가능
- Loading Limit : 적재한계는 온도조건을 고려하지 않은 상태에서 탱크 전체 체적 대비 최대 적재한계를 의미하므로, Loading Limit이 실제 운전조건에서 LNG 연료탱크의 충전 한도로 사용됨

LNG 연료추진선박은 최상의 온도조건의 LNG를 충전 받기 쉽지 않기 때문에 통상 Loading Limit을 기준으로 설계합니다. 그리고 LL은 95%를 넘길 수는 없습니다.

No.	Item	NORMAL USED	IGF BASE	REMARK
17	Operation	Normal operation	Normal operation	9.4.1 ~during normal operation Normal operation in this context is when gas is supplied to consumers and during bunkering operations
		Gas trail	– Gas fuel operation – Oil fuel operation	10.3.2 Regulations for dual fuel engines 10.3.2.2 An automatic system shall be fitted to change over from gas fuel operation to oil fuel operation and vice versa with minimum fluctuation of the engine power
		Bunkering	– Bunkering operation – Transfer operation	13.7 Regulations for bunkering station Bunkering stations that are not located on open deck shall be suitably ventilated to ensure that any vapour being released during bunkering operations will be removed outside 18.4.6.2 During the transfer operation, personnel in the bunkering manifold area shall be limited to essential staff only
		Gas free	Gas–freeing operation	14.3.8 Submerged fuel pump motors and their supply cables may be fitted in liquefied gas fuel containment systems. Fuel pump motors shall be capable of being isolated from their electrical supply during gas–freeing operations
18	Engine	Single fuel engine Dual fuel engine	– Multi–fuel engine – Gas-only engine – Dual fuel engine	2.2.32 Multi-fuel engines means engines that can use two or more different fuels that are separate from each other 15.7 Regulations for gas engine monitoring .1 operation of the engine in case of gas-only engines; or .2 operation and mode of operation of the engine in the case of dual fuel engines

17번째는 Operation에 대한 명칭입니다. 우리가 통상적을 사용하는 명칭에 대해 IGF는 이렇게 명명하고 있습니다.

IGF에서 정의하는 Normal operation은 "Gas supply to consumer"와 "Bunkering"을 의미합니다.

Gas Trial(LNG 운반선에서 사용하는 운전테스트로 LNG 터미널에서 LNG를 Loading하고 테스트하는 운전임) LFS에서는 이런 운전을 하지 않기 때문에 "Gas Fuel Operation"이라 부릅니다.

이와 동일한 방식으로 LNG를 사용하지 않고 Oil을 사용할 때는 "Oil fuel Operation"이라 부릅니다. Bunkering에 대해서는 "Bunkering Operation"이라 정의하고 있고, "Transfer operation"이란 명칭으로 언급하기 합니다.

Gas free(가스를 완전히 비우는 운전을 의미)에 대해서는 "Gas freeing operation"이라 부릅니다.

18번째는 Engine에 대한 명칭으로 우리가 통상적으로 이중 연료를 사용하는 엔진을 "Dual fuel Engine"라 부르는 것과 동일하게 IGF에서도 Duel fuel engine으로 부르며, "Multi-fuel engine"이라 언급하기도 합니다.

그리고, LNG만을 연료로 사용하는 엔진이 있는데, 이 엔진에 대해서는 IGF에서는 Single 이란 명칭을 사용하지 않고, "Gas-only Engine"이란 명칭을 사용하고 있습니다.

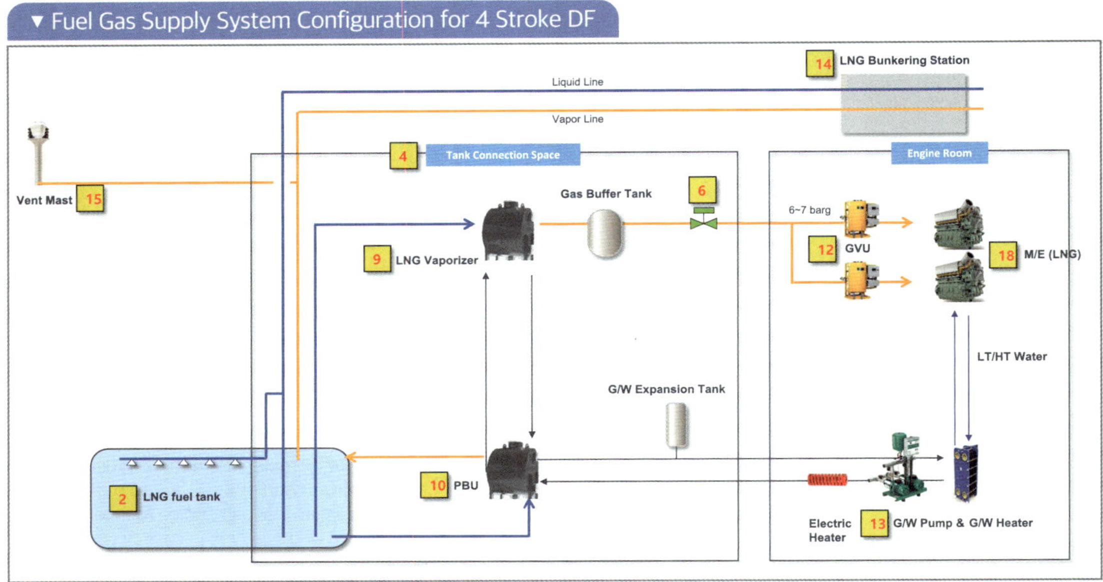

지금까지 IGF에서 언급되고 있는 FGSS 표준 명칭에 대해서 설명을 드렸습니다.

그럼, 이러한 명칭들이 실제 FGSS 시스템에서 어떻게 사용되고 있는지 시스템 구성도를 보면서 다시 한번 설명을 드리겠습니다. 먼저 지금 보시는 구성도에 표기된 번호는 앞서 설명한 IGF 기준이 표준 명칭 테이블에 있는 번호로 표준명칭과 장비를 쉽게 확인할 수 있도록 FGSS 시스템 구성도에 번호를 매겼습니다. 본 시스템은 4행정 가스엔진에 사용되는 FGSS 시스템으로, 통상 4행정 엔진이 적용되는 선박은 소형이기 때문에 보시는 바와 같이 14번 LNG Bunkering Station과 12번 LNG Fuel Tank, 그리고 15번 Vent mast가 1개씩만 적용되어 있습니다. LNG Fuel Tank에 저장되어 있는 LNG는 10번 PBU(Pressure Build-up Unit)을 통해 가압 토출방식으로 9번 LNG Vaporizer로 이송되고, LNG Vaporizer는 LNG를 엔진이 요구하는 온도로 기화시켜 12번 GVU(Gas Valve Unit)을 통해 18번 엔진으로 공급합니다.

여기서 13번 Glycol Water System은 LNG Vaporizer에 고온의 Glycol water를 공급하는 장치로 Glycol water는 열원은 18번 엔진의 냉각수의 폐열을 사용합니다.

LNG fuel tank와 일체형으로 제작된 4번 TCS(Tank Connection Space)에는 앞서 설명한 장비들이 설치되어 있고, 엔진으로 Gas 공급을 메인으로 차단하는 6번 Master valve도 TCS안에 설치되어 있습니다.

마지막으로 LNG fuel tank의 emergency venting이나 Gas pipe purging은 15번 Vent mast를 통해 대기로 배출됩니다.

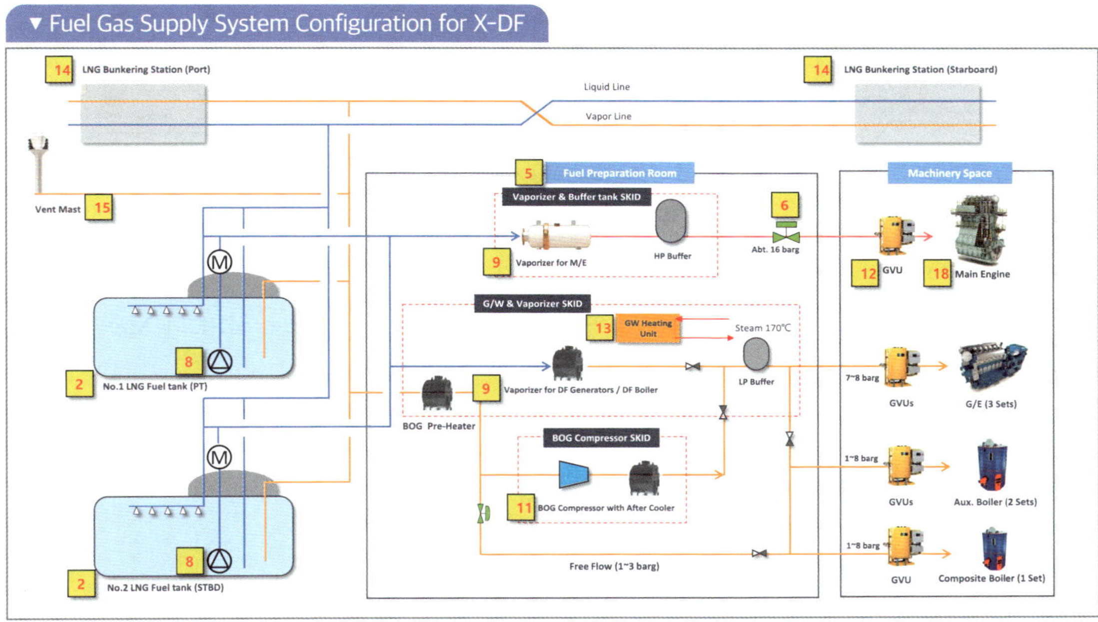

본 구성은 2행정 Main Engine 중, "X-DF Engine"으로 불리는 엔진을 위한 High Pressure(18barg) FGSS 시스템 구성도입니다. 통상 2행정 엔진이 적용되는 선박은 중/대형 선박으로, 보시는 바와 같이 2번 LNG fuel tank와 14번 LNG bunkering station이 2개씩 적용되어 있습니다. 4행정 엔진용 FGSS 시스템과 다른 점은 LNG fuel tank에 LNG를 뽑아내기 위한 8번 LNG fuel pump가 설치되는 점입니다. 15번 FPR(Fuel Preparation Room)은 LNG fuel tank와 독립적으로 설치되어 있으며 LNG fuel pump를 통해 LNG는 FPR 안에 있는 장비로 공급됩니다. FPR 내부에는 Main engine과 Generator engine에 LNG를 기화시켜 공급하는 9번 Vaporizer와 13번 Glycol water system, 11번 BOG compressor SKID가 설치되어 있습니다.

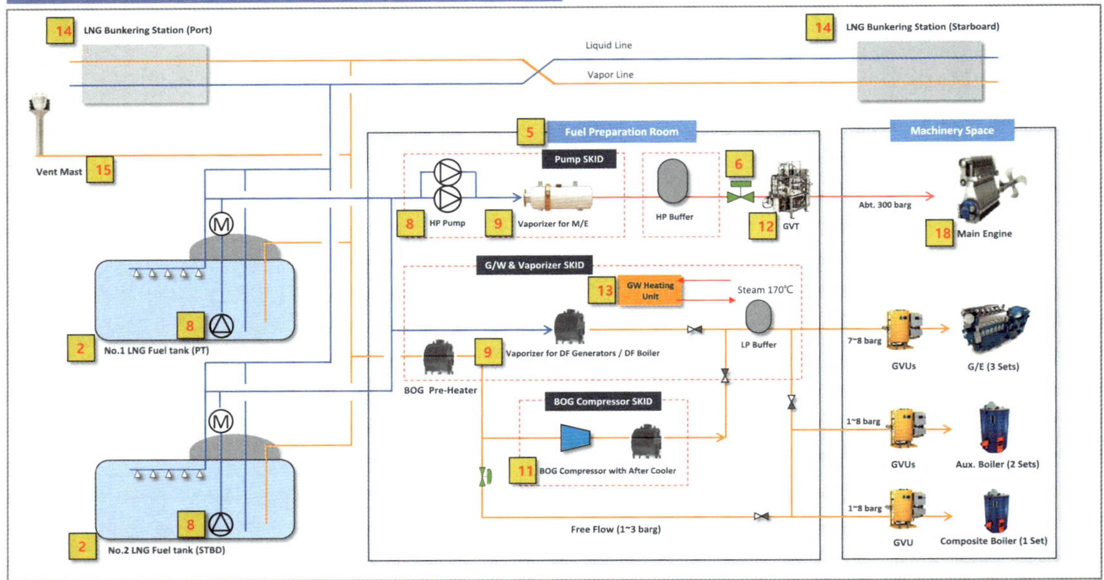

본 구성은 2행정 Main Engine 중, "ME-GI Engine"으로 불리는 엔진을 위한 High Pressure(300 barg) FGSS 시스템 구성도입니다. X-DF 엔진용 FGSS와 ME-GI 엔진용 FGSS의 차이점은 FPR 내부에 LNG 압력을 300 barg로 승압시키기 위한 8번 HP Pump SKID와 ME-GI 엔진용 12번 GVT(Gas Valve Train)가 설치된다는 것입니다.

이 두 장비 설치 외에는 X-DF엔진용 FGSS 구성과 동일합니다.

▼ Material of LNG Cargo Tank & LNG Fuel Tank(IGC)

(Minimum Design Temperature of −165℃)

Item	Parameter	Conventional Alloys				Hi-Mn
		9% Ni-Steel	SUS-304L	Al 5083-O	Invar	
Base Metal	Chemical Composition	Fe- 9Ni	Fe- 18.5Cr- 10Ni	Al- 4.5Mg	Fe- 36Ni	Medium C- High Mn
	Microstructure	$\alpha'(+\gamma)$	FCC(γ)	FCC	FCC(γ)	FCC(γ)
	YS(Mpa)	≥ 585	≥ 170	124 ~ 200	230 ~ 350	≥ 360
	UTS(Mpa)	690 ~ 825	≥ 485	276 ~ 352	400 ~ 500	≥ 560
	CVN(I, −196℃, L-dir.)	≥ 41	≥ 41	Not required	Not required	≥ 41
Weldment	Consumable	Inconel	308L	ER5356	–	High Mn*
	YS(Mpa)	–	–	–	–	≥ 360
	UTS(Mpa)	≥ 520	≥ 520	–	–	≥ 560

LNG Cargo Tank 또는 LNG Fuel Tank용 재질은 일반적으로 IGC Code 기준을 따라 설계 됩니다.

IGC Code 개정 작업과 관련해서 LNG Tank용 신소재 "극저온 고망간강"의 등재는 대한민국 의 주요한 성과입니다.

2015년 CCC 2차 회의에서 LNG 선박 등에 극저온용 소재로 사용할 수 있는 고망간강이 한 국대표를 통해 소개되었으며(실제 고망간강을 개발은 한국 포스코(POSCO)이며, 수년간의 개발 성과를 통해 IGC에 소개한 것임) 특히, 스페인, INTERTANKO, 중국 등의 회원국에서 관심을 보였습니다. 다만, 고망간강의 적합성 검토를 위한 기준이 불명확하다는 이유로 본건을 검토하기 위한 별도 협의체 를 구성해서 CCC 4차 회의에서 상세하게 검토하기로 했습니다.

이후, 2016년 MSC 96차회의에서 IGC Code 내 고망간강의 등재를 위한 코드 개정안이 제안 (MSC 96/23/5) 되었습니다.

다만, IGC Code에서는 LNG 화물탱크 및 관 장치는 상기 표와 같이 9% 니켈강, 스테인리스강, 알루미늄 합금강, 니켈합금강(Invar) 4가지 소재만 사용하도록 규정되어 있었으나, 전 세계적으로 생산량이 풍부하고, 상대적으로 가격이 저렴한 망간을 첨가한 강판이 극저온용 고망간강은 기존 소재보다 인성과 인장강도가 우수하며, 기존 소재 중 가장 저렴한 9% 니켈강 보다도 약 30% 저 렴해 기존 소재를 충분히 대체할 수 있는 경쟁력이 있었습니다. 또한 LNG 운반선 및 LNG 연료추 진선의 LNG 저장탱크 소재로 사용할 수 있는 것이 큰 장점이었습니다.

이에 영국을 제외한 다수 회원국의 지지를 받았으며, 동 안건을 CCC 3차 회의의 잠정의제로 결정하는 등 속도감 있게 고망간강의 코드 내 등재 작업을 위한 논의를 진행하였습니다.

고망간강의 적합성 검토를 위해 한국, 일본 양국의 총 4회의 걸쳐 논의를 하였고, 양국 의견 차 이가 다소 있었으나 최종적으로 코드 등재를 위한 안건이 개설이 되었습니다.

이후, 2017년 CCC 4차회의에서 대한민국을 포함 14개국 및 3개 비정부간 기구가 참여하여 고망간강 극저온 적합성에 대한 논의를 진행하였으며, 잠정지침을 확정하고 2018년 MSC 100차 회의에서 CCC 5차 의제로 상정하는 것에 합의하였습니다.

동 회의에서 독일, 노르웨이 등 다수 회원국에서 찬성하였으나, 일본, 마샬아일랜드 등은 안전 성 및 적합성 검토 부족 등을 이유로 반대하였습니다. 그러나 긴 논의 끝에 신소재에 대한 표준지침서 개발을 위한 작업반 개설을 합의하였고, 추후 고망간강 적합성 인정 잠정 지침과 통합하여 IGC와 IGF Code 개정안으로 도출하기로 합의하였습니다.

2019년 CCC 6차 회의에서는 그간 완료된 고망간강 임시지침을 정식 IGC와 IGF Code로 등재할 것을 다수 회원국이 지지하였고, 다만 정식 IGC, IGF Code 등록을 위한 추가 요구 사항으로 시뮬레이션 테스트 데이터와 2년 간의 실선 운항기록 제출이 요청되었습니다.

고망간강 사용 임시지침 개정을 위해 전문위원회에서 요청하여 우리나라가 제출한 피로시험 결과가 이견 없이 승인되었으며, IMO 사무국은 개정된 임시지침인 "MSC1./Circ.1599/Rev.1"을 발행하기로 했습니다. 이는 고망간강을 재료로 하는 40mm 두께의 LNG 저장탱크의 건조, 사용이 가능해짐에 따라 대형 탱크의 제작 및 선박 시험 운항이 가능해졌습니다.

최초로 고망간강이 적용된 LNG 탱크를 사용한 선박은 포스코가 운영하는 벌크선인 "그린 아이리스호" 입니다.

이 선박은 2017년 말 건조가 완료되어 2018년부터 동해항에서 광양항까지 석회석을 운송하는 목적으로 LNG를 추진연료로 사용하는 선박입니다.

이 선박에 적용된 LNG 연료탱크는 2018년부터 2020년까지 2년 간의 실선 운항기록을 IMO 제출하여 2022년 11월 11일 IMO 106차 회의에서 고망간강이 최종적으로 극저온 화물, 연료탱크 소재로 인정되었습니다.

이로써 고망간강은 9% 니켈강, 스테인리스강, 알루미늄 합금강, 니켈합금강(Invar)과 함께 국제적으로 LNG는 물론, 극저온 화물, 연료탱크 소재로 공식적으로 사용될 수 있습니다.

No.	Item			9% Ni-Steel	SUS-304L	SUS-304	Hi-Mn	Carbon Steel	SUS-316L	Insulation	Red Copper
1	LNG Fuel Tank (Type-C)	Single Tank	Inner	○	○	○	○				
			Outer							○(PU)	
			Saddle						○		
		Double Vacuum	Inner		○	○	○				
			Outer			○			○	○(Perlite)	
			Saddle						○		
2	Tank Connection Space					○			○	○(A60)	
3	Fuel Preparation Room					○			○	○(A60)	
4	Pipe	LNG and NG			○				○	○(PU)	
		Nitrogen			○				○		
		Glycol Water			○	○			○	Hot Insulation	
		Thermal Oil and Lube Oil						○		Hot Insulation	
		Instrument Air									○
5	Vaporizer	Shell & Tube	Shell						○		
			Tube						○		
			Head						○		
		PSHE	Shell						○		
			Plate						○		
6	Cryogenic valve(LNG/NG)								○		

그럼, LNG 연료공급 시스템인 FGSS(Fuel Gas Supply System)의 주요 장비에 실제 사용되는 재질에 대해 설명드리겠습니다.

앞서서 말씀드린 바와 같이 LNG 탱크 재질에는 총 5개가 사용될 수 있지만, 이 중 "알루미늄 합금강"은 경제성 관점에서 비용이 높고, "니켈 합금강(Invar)"은 LNG 운반선용 Cargo Tank 재질로만 사용되기 때문에 아직까지 두 재질이 LNG 연료추진선박용 LNG 탱크에 사용된 사례가 없기 때문에 LNG 탱크 재질에서 제외하였습니다.

본 테이블에 있는 모든 재질에 대해 다 설명을 드리기 보다는 왜 이 재질을 선정하는 이유를 설명 드리는 것이 더 나을듯 합니다.

FGSS의 주요장비에 대한 재질은 IGF Code와 선급 Rule, FGSS와 관련된 시스템이 요구하는 성능을 만족 시키면서도 경제성을 함께 확보할 수 있는 재질을 선택합니다.

예를 들어 4번 Pipe 항목 중에서 LNG & NG 파이프를 살펴보면, 통상적으로 LNG 운반선에서는 SUS-316L 재질을 많이 사용하는데, 이 재질은 가격이 높아서 LNG 연료추진선박에서는 SUS-304L 재질을 선택할 수 있습니다.

추가적으로 FGSS와 관련된 장비 재질에 대해서는 본 테이블을 통해 어떤 재질들이 선정되어 설계되는 지 쉽게 이해하실 수 있습니다.

▼ Material of FGSS Components(2/3)

No.	Item			9% Ni-Steel	SUS-304L	SUS-304	Carbon Steel	SUS-316L	Insulation	Red Copper	Etc.
7	LNG Bunking Station	Structure				○		○			
		Drip Tray				○		○			
		LNG filling & Vapour return			○			○	○(PU)		
		Manifold spool piece						○			
8	Glycol Water System	G/W heater	Plate			○					
			Frame				○				
		G/W expansion tank				○		○			
		Valve(Not Cryogenic)				○					
		G/W pump	Casing								Cast iron
			Impeller								Bronze
			Shaft			○					
9	LNG Fuel Pump	Casing									Al. alloy
		Impeller									Al. alloy
		Shaft				○					
10	HP Pump	Casing									Al. alloy
		Impeller									Al. alloy
		Shaft				○					
11	Vent mast							○			

본 테이블에서도 FGSS와 관련된 장비 재질에 대한 정보를 쉽게 확인하실 수 있습니다.

▼ Material of FGSS Components(3/3)

No.	Item		9% Ni-Steel	SUS-304L	SUS-304	Carbon Steel	SUS-316L	Insulation	Red Copper	Etc.
12	QC/DC	Tank module					○			
		Hose module					○			
		B.A coupling					○			
		Flexible hose					○			
13	BOG Compressor System	Base frame				○				
		Compressor stage								Cast iron
		Motor								Cast iron
		Oil separator				○				
		Valves					○			
		Piping					○			
		Gas cooler					○			
		Oil cooler					○			
		Liquid separator					○			
14	N2 Generator System	Generator				○				
		Buffer tank				○				
		Air heater					○			
		Motor								Cast iron
		Valve(PRV)			○					
		Piping			○					

본 테이블에서도 FGSS와 관련된 장비 재질에 대한 정보를 쉽게 확인하실 수 있습니다.

선박용 LNG 연료공급시스템 설계 및 실무

위험구역설계
(Design & Classification of Hazardous Area)

위험구역설계

이번 장에서는 화재/폭발이 일어날 수 있는 위험지역을 구분하는 조건과 이 위험지역 내에서 FGSS 장비를 설계하는 방법에 대해서 설명하겠습니다.

우선 화재와 폭발이 일어날 수 있는 3대 필수 조건은 다음과 같이, 화재와 폭발을 일으킬 수 있는 연료(Fuel)와 발화원(Ignition Source) 그리고 산소(Oxygen) 입니다.

이렇게 3가지 필수 조건 중, 단 하나라도 부족하거나 물리적으로 차단이 되면 화재와 폭발은 일어나지 않습니다. 다시 말해서 연료와 발화원은 있는데 산소가 없거나, 연료와 산소는 있는데 발화원이 없다면 화재와 폭발은 일어나지 않는다는 것을 말합니다. 물론, 연료가 없이 산소와 발화원만 가지고도 화재와 폭발은 일어나지 않습니다.

최근 배터리 열화와 같이 산소가 없어도 발생하는 화학적인 화재와 같은 예외적인 상황도 있지만, 대부분의 화재와 폭발에 있어서 산소가 중요한 매개체가 되기 때문에 상기와 같은 3대 요소가 화재와 폭발의 필수 조건이라 말할 수 있습니다.

IEC 60079-10-1:2008

The hazardous location areas are defined by taking into account the different dangers presented by potentially explosive atmospheres. This enables protective measures to be taken which account for both cost and safety factors.

The IEC classification system, used throughout much of the world outside of North America, varies from the traditional NEC Class/Division system in that it recognizes three levels of probability that a flammable concentration of material might be present. These levels of probability are known as Zone 0, Zone 1, and Zone 2. The Zone designations replace the Divisions found in the NEC system. No exact correlation can be made between the Zone and Division designations.

Zone 0, Zone 1, and Zone 2 are zones where hazardous vapors and gases are present
Zone 20, Zone 21, and Zone 22 are zones where hazardous dusts or fibers are present

IGF 2.2.33 Non-hazardous area means an area in which an explosive gas atmosphere is not expected to be present in quantities such as to require special precautions for the construction, installation and use of equipment

Hazardous Area		Definitions	
IEC, KS, JIS	NEC, NEPA		
Zone 0	Division 1	In which ignitable concentrations of flammable gases or vapors are: • Present continuously • Present for long periods of time	일반적인 운전상태에서도 폭발성 가스가 연속적으로 장시간 지속되는 장소
Zone 1	Division 1	In which ignitable concentrations of flammable gases or vapors are: • Likely to exist under normal operating conditions • May exist frequently because of repair, maintenance operations, or leakage	일반적인 운전상태에서도 폭발성 가스가 존재하거나 수리, 보수 동안에 가스가 새어나오거나 위험해 질 수 있는 장소
Zone 2	Division 2	In which ignitable concentrations of flammable gases or vapors are: • Not likely to occur in normal operation • Occur for only a short period of time • Become hazardous only in case of an accident or some unusual operating condition.	비정상적인 상태(배관파열) 등, 가스 확산이 우려되거나 위험해 질 수 있는 장소

IGC Code와 IGF Code에서 정의하고 있는 위험지역(Hazardous Area)에 대한 내용과 명칭은 IEC(International Electrotechnical Commission/국제 전기 표준 회의) Code에서 정의한 내용을 그대로 따르고 있습니다.

즉, 위험지역(Hazardous Area)은 Zone 0, Zone 1, Zone 2로 구분되고 화재와 폭발의 원인이 되는 위험한 증기와 가스가 존재하는 구역으로 정의하고 있습니다.

참고로 Hazardous Area(위험지역)의 반대 의미로 Safe Area(안전지역)을 말할 수 있는데, IGF에서는 Safe Area를 명확하게 정의하지 않았지만, 거주구(Accommodation Area)와 같이 선원이 휴식을 취할 수 있는 공간이 이에 속합니다.

IGF에서는 위험지역의 반대적인 의미로 Non-Hazardous Area(비위험구역)이란 정의를 두고 있는데,

"IGF 2.2.33 Non-hazardous area means an area in which an explosive gas atmosphere is not expected to be present in quantities such as to require special precautions for the construction, installation and use of equipment."

이 정의만으로 판단할 때, 비 위험지역이라고 하면 "장비 제작, 설치 및 사용에 대한 특별한 주의사항을 요구하는 등 폭발적인 가스 분위기가 존재하지 않을 것으로 예상되는 지역을 의미" 하기 때문에 비위험지역을 "안전지역"이라고 말할 수 없습니다.

그럼, 위험지역을(Hazardous Area) 구분하는 정의에 대해서 살펴보면, Zone-0는 일반적인 운전 상태에서도 폭발성 가스가 연속적으로 장시간 지속되는 장소를 말합니다. 즉, LNG가 저장되어 있는 탱크 내부공간과 Gas가 공급되는 모든 배관내부를 Zone-0로 볼 수 있습니다.

Zone-1은 일반적인 운전상태에서도 폭발성 가스가 존재하거나 수리, 보수 동안에 가스가 새어 나오거나 위험해질 수 있는 지역을 말합니다. 즉, 가스가 누설될 가능성이 존재하는 LNG 저장 탱크 Opening, 플랜지(Flange)나 용접으로 연결되는 파이프, 밸브 주변 그리고 이러한 장비들을 포함하는 공간이 모두 Zone-1에 해당합니다.

Zone-2는 비정상적인 상태(배관파열) 등, 가스 확산이 우려되거나 위험해질 수 있는 장소를 말합니다. Zone-1에 해당하는 장소에 설치된 파이프나 밸브가 누설이 되어 Zone-1구역을 넘어서 확산되어 위험할 수 있는 장소가 Zone-2에 해당합니다. 통상적으로 Zone-2는 Zone-1 경계구역에서 추가로 1.5m 떨어진 구역까지는 의미합니다.

▼ Hazardous Area - Machinery Space

IGF 5.4 Machinery space concepts

5.4.1 In order to minimize the probability of a gas explosion in a machinery space with gas-fuelled machinery one of these two alternative concepts may be applied:

.1 Gas safe machinery spaces: Arrangements in machinery spaces are such that the spaces are considered gas safe under all conditions, normal as well as abnormal conditions, i.e. inherently gas safe. In a gas safe machinery space a single failure cannot lead to release of fuel gas into the machinery space.

.2 ESD-protected machinery spaces: Arrangements in machinery spaces are such that the spaces are considered non-hazardous under normal conditions, but under certain abnormal conditions may have the potential to become hazardous. In the event of abnormal conditions involving gas hazards, emergency shutdown(ESD) of non-safe equipment(ignition sources) and machinery shall be automatically executed while equipment or machinery in use or active during these conditions shall be of a certified safe type.

In an ESD protected machinery space a single failure may result in a gas release into the space. Venting is designed to accommodate a probable maximum leakage scenario due to technical failures.

Failures leading to dangerous gas concentrations, e.g. gas pipe ruptures or blow out of gaskets are covered by explosion pressure relief devices and ESD arrangements.

IGF 12.5.2 Hazardous area zone 1

.7 the ESD-protected machinery space is considered a non-hazardous area during normal operation, but will require equipment required to operate following detection of gas leakage to be certified as suitable for zone 1;

.8 a space protected by an airlock is considered as non-hazardous area during normal operation, but will require equipment required to operate following loss of differential pressure between the protected space and the hazardous area to be certified as suitable for zone 1; and

.9 except for type C tanks, an area within 2.4 m of the outer surface of a fuel containment system where such surface is exposed to the weather.

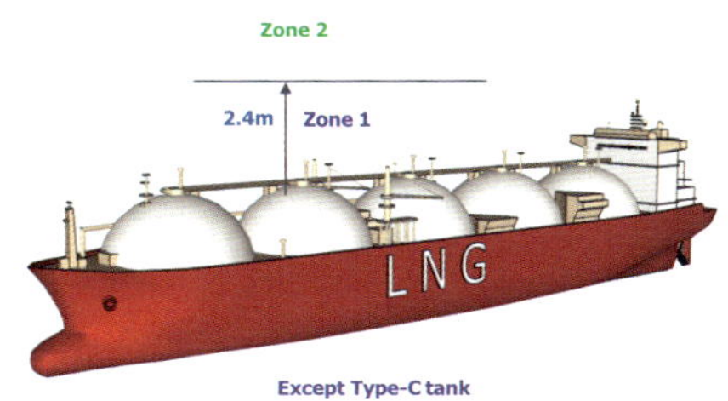

LNG 연료추진선박에 가스 폭발에 대한 잠재적인 리스크를 최소화하기 위해서 Machinery Space라고 부르는 "기계장비가 설치"되는 구역은 두 가지 케이스로 설계될 수 있으며 통상적으로 Machinery Spaces는 가스엔진이 설치되는 Engine Room에 해당합니다.

IGF5.4.1. Gas Safe Machinery Space(가스안전기관구역) : 본질적으로 가스로부터 안전하게 설계된 구역으로 모든 조건하에서 단일 고장(single failure)으로 인한 가스 누설이 원천적으로 차단되는 설계가 적용됩니다. 즉, 이 구역에서는 가스 누설이 없다고 간주될 수 있기 때문에 이 구역에서 작동 중인 장비 또는 기계는 방폭 형식으로 설계할 필요가 없습니다.

IGF5.4.2. ESD-protected Machinery Space(ESD보호 기관구역) : 평상 조건하에는 위험구역으로 간주되지 않으나, 비정상적인 조건(abnormal condition)에서는 위험해 질 수 있는 구역입니다. 가스 위험과 관련된 비정상적인 조건의 경우, 안전하지 않은 장비(점화원) 및 기계의 비상 정지(ESD)가 자동으로 실행되어야 하며, 이러한 조건에서 사용 중이거나 작동 중인 장비 또는 기계는 방폭 형식이어야 합니다. 특히, ESD-protected Machinery Space에서는 단일 고장으로 인해 공간으로 가스가 방출될 가능성이 있기 때문에 환기 장비는 기술적 고장으로 인한 LNG 최대 누출 시나리오를 고려해서 설계해야 합니다.

참고로 최근 대부분의 LNG 연료추진선박의 Engine Room 설계에 있어서 Gas Safe Machinery Space 설계를 적용하는데, Engine Room 안에 고가의 방폭용 전자장비 설치하는 ESD Protected Machinery space 보다도 설계가 쉽고, 비용도 낮다는 장점도 있지만, IGF Rule "9.7 Regulations for gas fuel supply to consumers in ESD-protected machinery spaces, 9.7.1 The pressure in the gas fuel supply system shall not exceed 1.0 MPa."에서와 같이 ESD Protected Machinery space에서는 1.0 Mpa(10bar) 이상의 Gas supply system 설계가 허용되지 않고, 최근 대부분의 고압가스엔진은 10bar 이상이기 때문에 거의 대부분의 선박이 "Gas safe machinery space" 설계를 적용하고 있습니다.

IGF12.5.2.7. 에서는 ESD-protected Machinery Space를 평상운전시에는 "Non-hazardous area"로 간주하고 있지만 이 구역에 설치되는 Gas leakage detection 장비는 모두 Zone-1에 해당하는 설계를 요구하고 있습니다.

IGF12.5.2.8. 항목에서는 "Airlock" 시스템으로 보호되는 공간은 평상 운전시에는 비위험구역 (Non-hazardous Area)으로 간주될 수 있으나, 보호된 공간과 위험 구역 사이의 차압 손실에 따라 동작이 필요한 장비는 Zone-1에 적합한 것으로 요구하고 있으며, 다시 말하자면 Zone-1에 적합한 방폭 장비로 설계해야 합니다.

IGF12.5.2.9. Type-C LNG tank 이외의 탱크가 Open deck에 노출되도록 설치된 경우, 노출된 탱크 상부로부터 2.4m까지 Zone-1 구역으로 간주됩니다.

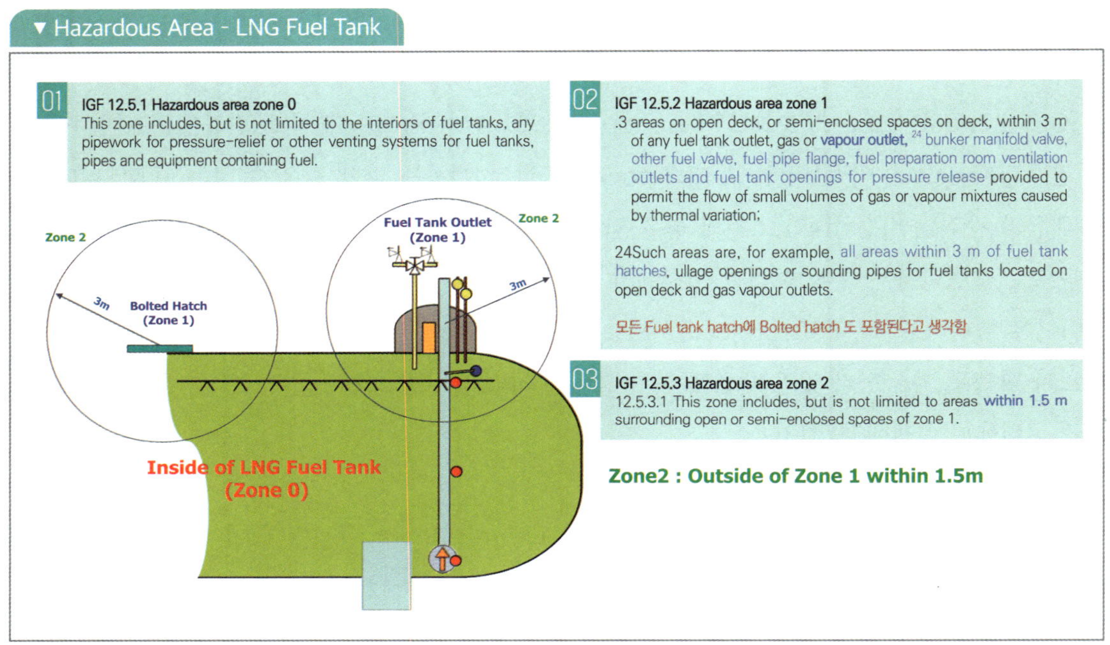

이번에는 IGF에서는 위험지역(Hazardous Area)이 어떻게 정의되는지 Rule을 살펴보며 LNG Fuel Tank와 관련된 위험지역에 대해서 도식화된 이미지를 통해 설명하겠습니다.

1) Zone-0는 앞서서 설명한 바와 같이 일반적인 운전상태에서도 폭발성 가스가 연속적으로 장시간 지속되는 장소를 의미하기 때문에 LNG를 저장하는 탱크 내부 공간은 당연히 Zone-0 이지만, LNG 탱크와 연결되어 LNG와 직접 접촉되어 있는 Pipe나 PRV(압력 배출밸브), Vent 관련 장비 내 공간도 모두 Zone-0로 간주됩니다.

2) Zone-1은 일반적인 운전상태에서도 폭발성 가스가 존재하거나 수리, 보수 동안에 가스가 새어 나오거나 위험해질 수 있는 장소를 의미하기 때문에, LNG fuel tank 내 설치되는 장비의 유지보수를 위한 Tank Opening

즉, IGF 12.5.2.1과 같이 LNG fuel tank outlet으로부터 3m 이내의 공간을 말합니다. 통상 LNG fuel tank의 Pipe는 모두 용접으로 연결이 되기 때문에 Rule에서 해당하는 부분은 "Fuel tank opening for pressure release"로 탱크 내 압력 조정을 하는 PRV의 Outlet을 의미합니다. 그리고, LNG fuel tank 내 유지보수를 위해 엔지니어가 진입하는 Liquid dome hatch나 Bolted Hatch의 직경 3m 이내 공간도 Zone-1으로 간주됩니다.

3) IGF 12.5.3.1에서와 같이 Zone-2는 Zone-1 경계면에서 1.5m까지의 더 이격된 공간을 의미하고 있습니다.

참고로 위험지역이 구성되는 직경이 어느 한 지점(Point)을 기준으로만 형성되는 것이 아니라, 다수의 지점이 기준점이 되어 그려진 위험지역 공간을 모두 포함하기 때문에 실제 위험지역은 장비의 크기에 따라 공간이 달라지게 됩니다.

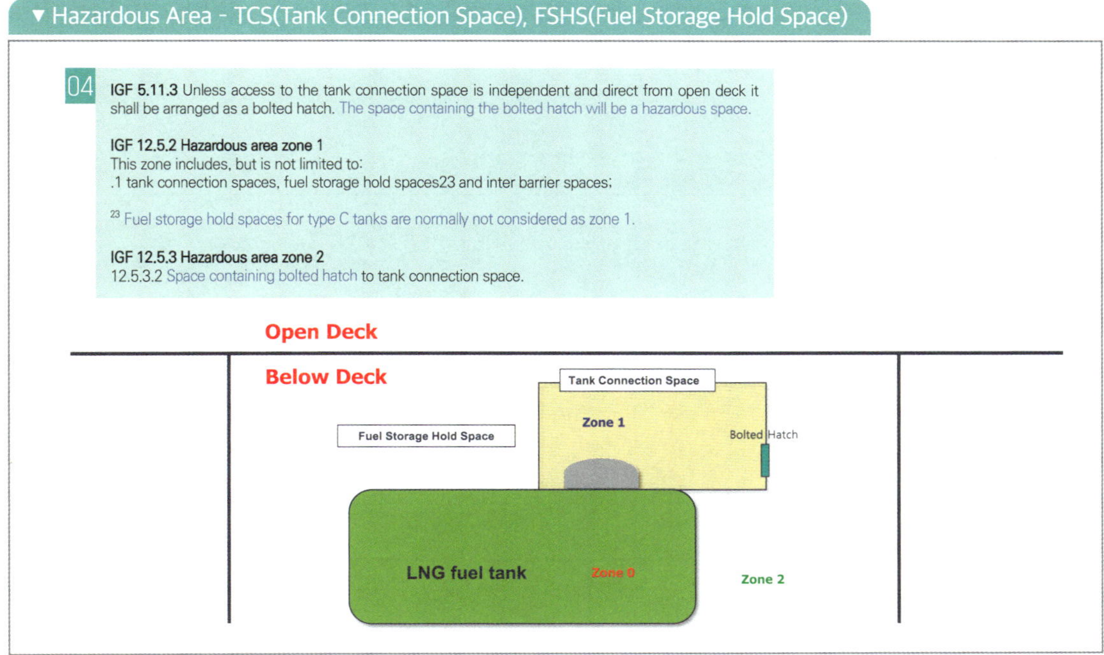

이번 페이지에서는 IGF 기준으로 설계되는 구역/공간(Area, Space) 중에서 TCS(Tank Connection Space)와, FSHS(Fuel Storage Hold Space)에 대한 Hazardous Area(위험지역) 설계에 대한 설명을 드리겠습니다.

4) 먼저, IGF5.11.3에서는 TCS(Tank Connection Space)가 Open deck에서 독립적으로 직접 진입하는 수단이 없을 때 Bolted hatch를 구성하라고 요구하고 있으며, 이런 Bolted hatch를 포함하는 공간을 위험공간(Hazardous space)으로 간주하고 있습니다.

이 공간은 엄밀히 말하자면 FSHS(Fuel Storage Hold Space)인데, 즉, Bolted hatch가 있는 TCS가 설치되는 공간인 FSHS는 어떤 레벨로 정의될 수 있는지 여기서는 명확하게 짚고 넘어가지 않고 단지 위험공간이라고만 정의하고 있습니다.

추가적으로, FSHS는 IGF12.5.2.1에서 다시 언급되는데, 여기서는 TCS와 FSHS 그리고 IBS(Inter barrier space)를 Zone-1으로 명확히 정의하고 있습니다. 다만, Type-C 탱크가 설치된 FSHS는 Zone-1으로 간주하지는 않는다고 언급하고 있으며, IGF 12.5.3.2에서는 Bolted hatch가 있는 TCS가 설치되는 공간은 Zone-2로 정의하고 있습니다. 즉, 먼저 설명드렸던 IGF5.11.3에서는 Bolted hatch가 있는 TCS가 설치된 FSHS는 단지 위험공간으로 설명을 했다면, 본 항목에는 FSHS를 명확히 Zone-2로 정의하고 있습니다. 참고로, FSHS가 Zone-2로 정의된다고 할지라도 통상 방폭 장비 중에서 Zone-2만 해당하는 장비가 거의 없기 때문에 이 공간에 설치되는 장비를 Zone-1에 적합하도록 설계하고 있습니다.

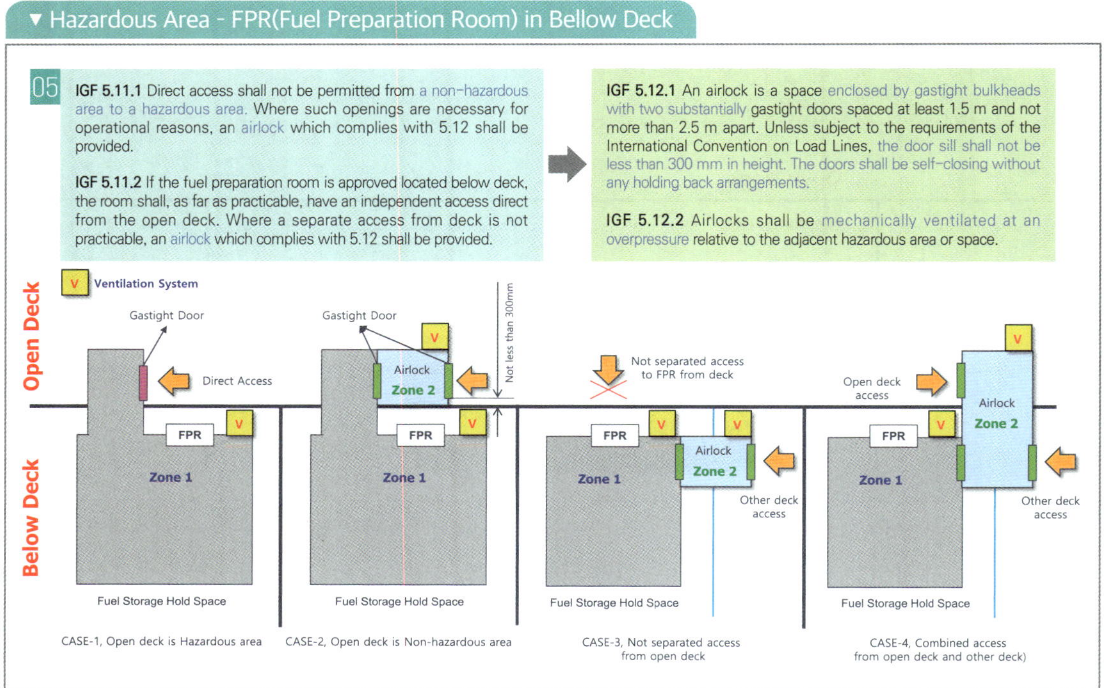

이번 페이지에서는 FPR(Fuel Preparation Room)이 Below deck에 위치하는 경우에 위험지역 (Hazardous area) 설계에 대해서 설명을 드리겠습니다.

5) IGF 5.11.1에서는 비위험지역(Non-hazardous area)에서 위험지역으로 진입하는 경우에 대한 설계안을 설명하고 있는데, 비 위험지역에서 직접 위험지역으로 진입이 불가능하며, 이럴 때 Air Lock 시스템을 요구하고 있습니다.

IGF 5.11.2에서는 만약 FPR이 갑판하부(Below Deck)에 배치될 때, 갑판상부(Open Deck)에서 FPR로 진입하기 위해서는 독립적인 진입방법(Independent Access)을 요구하고 있고, 별도의 진입방 법(Separated Access)을 적용할 수 없다면 Air Lock 시스템 적용을 요구합니다.

Below deck에 설치된 FPR에 Airlock 시스템을 적용 유무에 대해 좀더 도식화된 구성을 통해 쉽게 이해할 수 있도록 아래와 같이 4가지 CASE를 가지고 살펴보겠습니다.

CASE-1 : 에서와 같이 Open deck이 이미 위험구역이고, 여기서 바로 Below deck에 위치한 FPR로 바로 진입할 수 있는 독립적인 진입 수단이 있다면, 구성에서 보시는 바와 같 이 진입 수단은 Gastight door만 설치 가능하고 별도의 Airlock system이나 Venti- lation system, 300mm 문 높이도 요구되지 않습니다.

CASE-2 : 에서는 CASE-1과 달리 Open deck이 비위험지역(Non-hazardous area)이라고 하면 IGF5.11.1에 따라 비위험지역에서 위험적으로 바로 진입이 허용되지 않기 때문에 이 런 경우에는 300mm의 높이를 가진 2개의 Gastight door를 포함한 별도의 Air- lock system, Mechanical ventilation system이 요구됩니다.

CASE-3 : 에서는 Open deck에서는 Below deck에 위치한 FPR로 진입하는 경로가 없고, 장 소 Second deck과 같이 다른 구역에서 FPR로 진입을 하고자 한다면, 진입하는 구 역이 어떤 구역에 관계 없이, 300mm의 높이를 가진 2개의 Gastight door를 포함한 별도의 Airlock system, Mechanical ventilation system이 요구됩니다.

CASE-4 : 에서는 Open deck에서 FPR에 진입하는 독립적인 경로가 확보되지 않고 다른 진입 장소와 복합적(Combined)으로 진입을 하도록 구성된다면, Open deck이 "Hazard- ous area"든 "Non-hazardous area"에 관계없이 Air Lock시스템이 필요합니다.

그래서 여기에도 마찬가지로 300mm의 높이를 가진 다수의 Gastight door를 포함한 별도의 Airlock system, Mechanical ventilation system이 요구됩니다.

참고로 나중에 별도로 설명하겠지만, Airlock system 안에는 가스감지기(Gas detector)와 진입문 옆에 Airlock system 상황을 확인할 수 있는 "Audible / Visible Alarm signal" 설치가 요구됩니다.

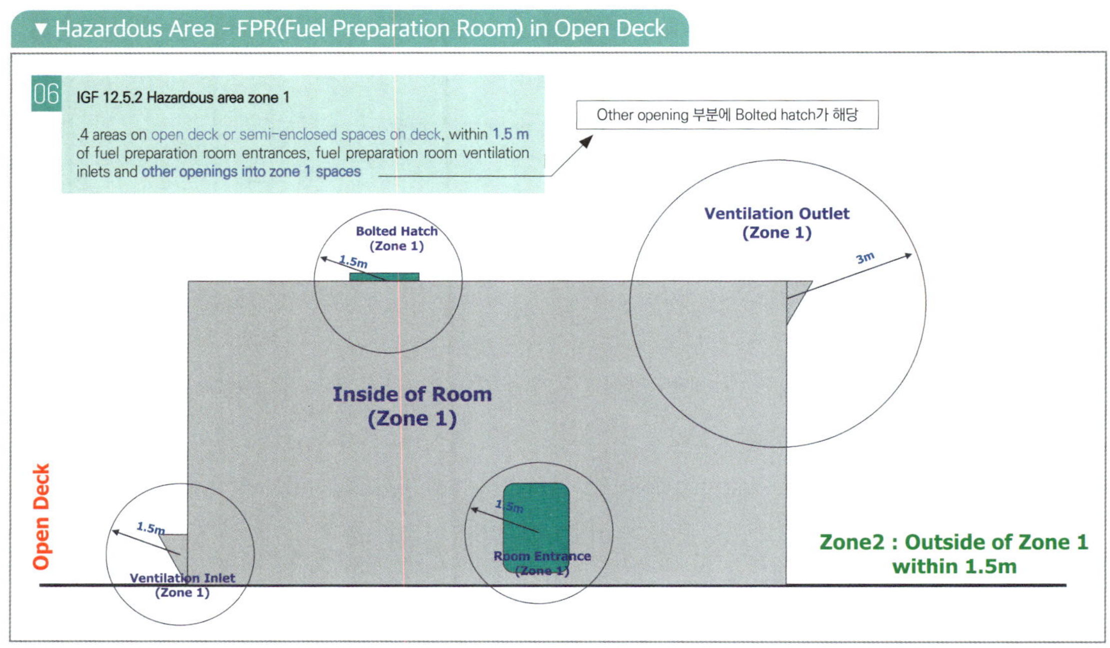

이번 페이지에서는 연료준비실(Fuel Preparation Room)이 갑판상부(Open Deck)에 설치될 때 Hazardous Area(위험지역)이 정의에 대해서 설명드리겠습니다.

6) IGF 12.5.2.4에서는 FPR 진입(Entrances), FPR Ventilation Inlet, Other opening(Bolted Hatch 포함)에서 직경 1.5m 이내 구역을 Zone-1으로 정의하고 있습니다. FPR 내부는 앞서 설명한 IGF 12.5.2.3에서와 같이 이미 Zone-1지역이고, FPR Ventilation inlet은 직경 1.5m까지, Ventilation outlet은 직경 3m까지, FPR 진입을 위한 Entrance door와 FPR 상부에 있는 Bolted hatch는 직경 1.5m까지 Zone-1으로 정의하고 있습니다. 그리고, 앞서 설명 드린 바와 같이 Zone-2는 Zone-1 경계에서 1.5m까지의 공간을 말합니다. 참고로 Other opening에 해당하는 FPR 상부 Bolted Hatch 설계 목적은 FPR 내부에 설치되는 장비의 유지 보수를 위해 장비를 FPR 상부를 통해 꺼내기 위함입니다.

이번 페이지는 LNG bunkering Station에 대한 Hazardous Area(위험지역) 정의에 대해 설명을 드리겠습니다.

통상 LNG Bunkering Station은 Open Deck 설치되는데, 밀폐(Enclosed) 또는 반밀폐(Semi-enclosed) 공간에 설치되는 경우도 있습니다.

7) LNG bunkering Station이 Open deck에 설치되는 경우는 LNG가 누설되는 Spillage Coaming(Drip Tray와 유사한 의미), 밸브와 매니폴드 지점에서 반경 3.0m 이내까지 Zone-1으로 정의되고, 상기 3개 항목(Coaming, Valve, Manifold)이 포함되지 않는 부분에는 기준점이 없더라도 Deck 상부 2.4m까지 Zone-1으로 정의하고 있습니다.

8) 반면에 LNG bunkering Station이 Enclosed 밀폐(Enclosed) 또는 반밀폐(Semi-enclosed) 공간에 설치되는 경우, 기준점에 대한 거리 제한이 없이 이 공간 내부를 모두 위험지역인 Zone-1으로 정의합니다.

참고로, 이렇게 Bunkering Station이 설치된 공간이 위험구역으로 정의되기 때문에 만약, 비위험공간에서 이 공간을 진입하고자 한다면 앞서 설명드린 바와 같이 300mm의 높이를 가진

2개의 Gastight door를 포함한 별도의 Airlock system, Mechanical ventilation system, Gas detector, 진입문 옆에 Airlock system 상황을 확인할 수 있는 "Audible/Visible Alarm signal" 설치가 요구됩니다.

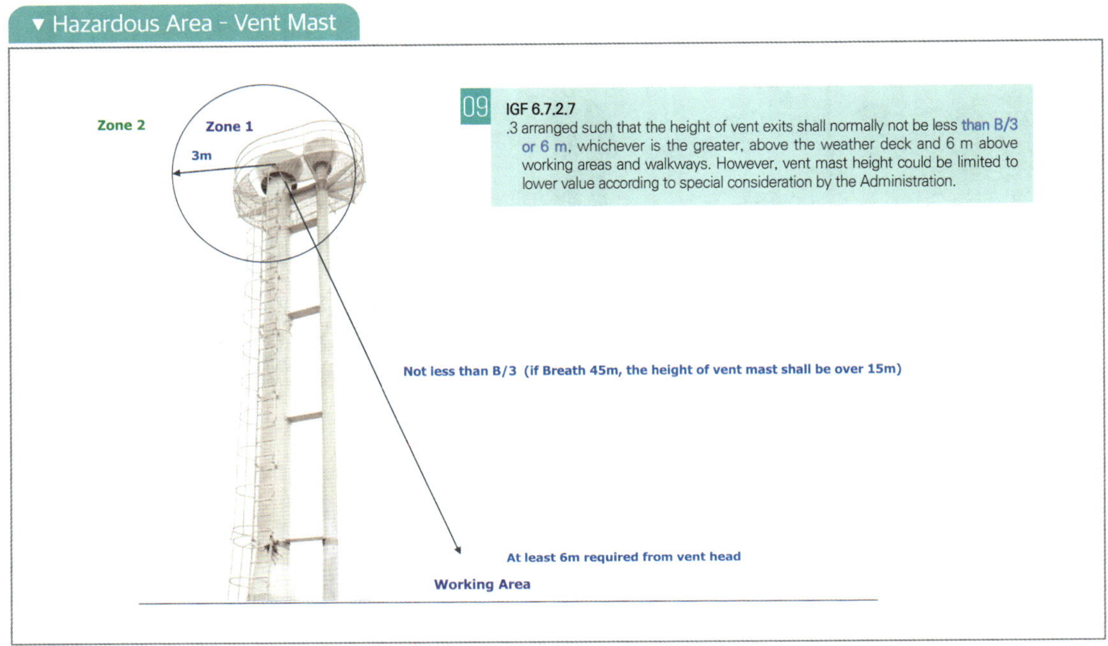

이번 페이지는 Vent Mast에 해당하는 Hazardous Area(위험지역) 정의에 대해서 설명드리겠습니다.

Vent Mast는 화재 등의 위험상황으로 인해 LNG fuel tank 내 압력이 상승되어 BOG가 최대로 배출되는 상황을 고려하여 설계가 됩니다. 통상적으로 Vent Mast에서 상부 가스가 배출되는 부분을 Vent head라 부르고, 몸체를 Vent Riser라고 부릅니다.

Vent Mast는 LNG fuel tank 내부 압력 배출 뿐만 아니라, LNG 운전 정지 후 Pipe 내 잔존하는 가스의 배출(Gas Purging)의 통로가 되기도 합니다.

9) IGF 6.7.2.7에서는 Vent exit(Vent Head 부분)의 높이가 B/3 또는 6m 중에서 더 큰 높이로 설계를 해야 한다고 요구하고 있습니다. 여기서 "B"는 선박의 폭(Breath)을 의미하는 것이기 때문에, 예를 들어 선폭이 45m라고 한다면 Vent Mast의 높이는 최소 15m 이상이 되어야 합니다. 추가적으로 Vent mast 높이를 6m 보다도 더 낮게 설계를 할 수 있지만, 이것은 Vent 확산해석 등의 보고서를 제출함으로써 선급의 승인이 필요합니다.

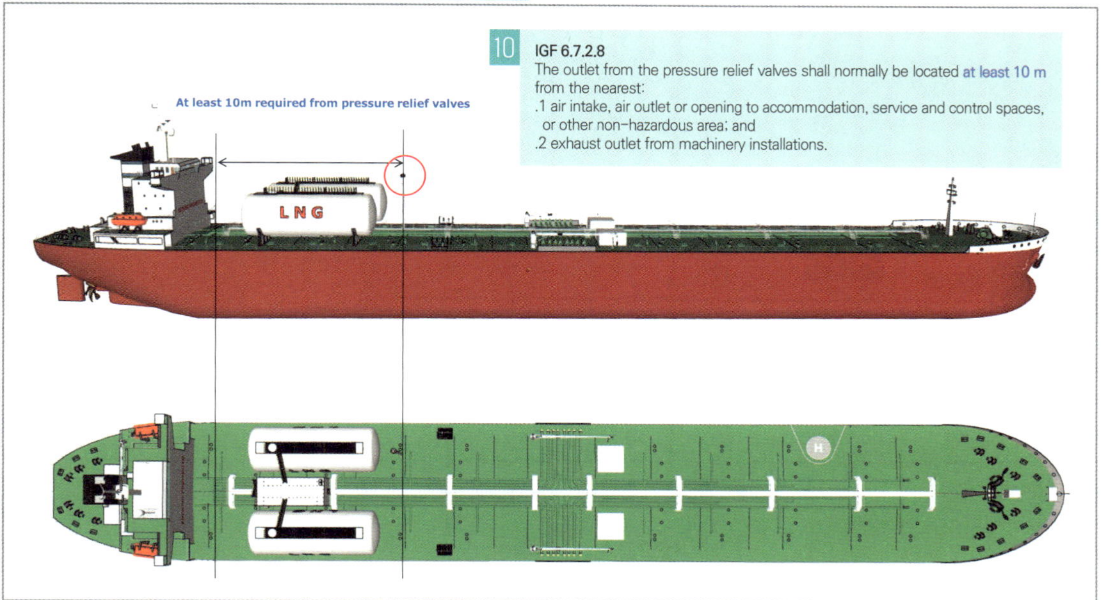

이번 페이지에서는 압력도출밸브(PRV)에 대한 Hazardous Area(위험지역) 정의에 대해 설명드리겠습니다.

10) IGF에서는 압력도출밸브(PRV, Pressure Relief Valve)를 요구하는 위치가 다수 있는데, LNG Fuel tank의 압력 도출과 밸브와 밸브사이에 남겨진 LNG로 인한 압력 배출을 위해 PRV를 설계합니다.

여기에서 LNG Fuel Tank PRV에서의 압력을 배출과 배관에 잔여하는 LNG는 모두 Vent mast로 배출이 되기 때문에 실제 본 IGF 항목에서 요구하는 이격 거리에 대해 고려할 지점은 Vent Head로 볼 수 있습니다.

즉, 본 항목이 요구하는 적어도 10m 이상의 이격 거리는 LNG Fuel Tank PRV 지점이 아니라, Vent head 지점으로부터 "Air intake", "air outlet", "거주구 개방지점", "제어공간", "기타 비위험지역", "기계장비 설치공간의 Exhaust outlet(배기가스 배출구와 Ventilation outlet을 의미)" 까지를 의미합니다.

그래서 실제 프로젝트 설계에 있어서 Vent head에서부터 상기 지점까지 10m 이격을 두도록 설계를 하는데, 여기서 가끔 실수를 하는 것이, Vent mast 높이와 본 이격거리 간에 혼동을 하여 Vent Mast 높이를 10m로 설계하는 것입니다.

물론, 선폭이 30m 이내의 선박의 경우 10m 높이 설계를 통해 Vent mast 높이와 이격거리를 모두 만족시킬 수 있지만, 선폭이 30m 이상인 선박에는 Vent mast 높이가 10m보다 높아지기 때문에 주의가 필요합니다.

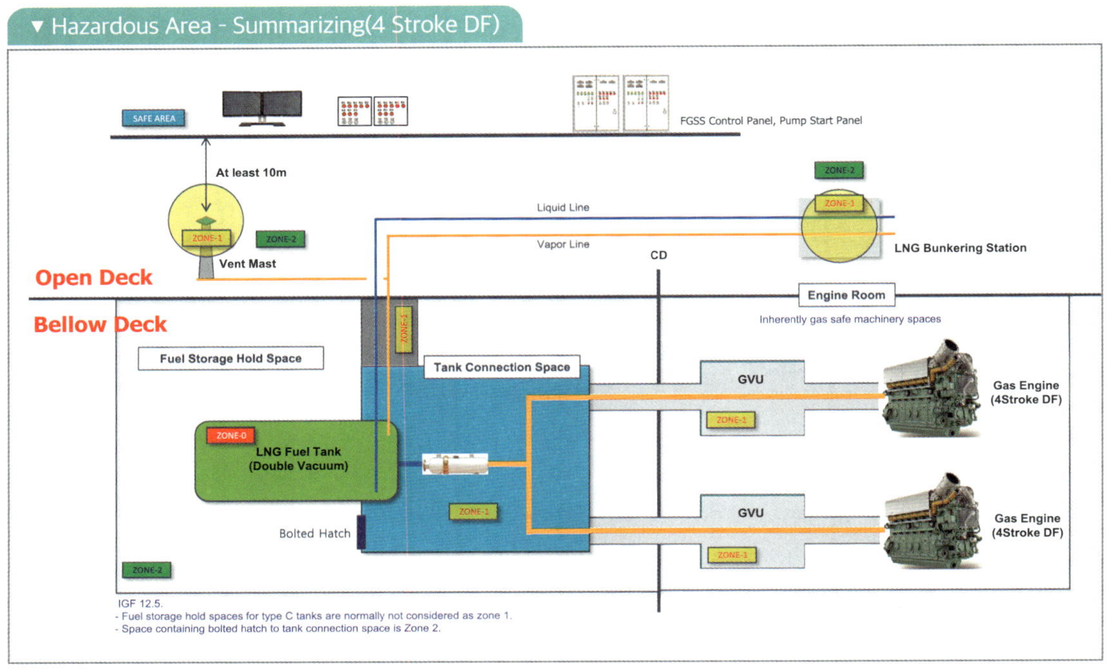

이번 페이지부터는 엔진 형식에 따라 달라지는 FGSS 시스템 구성 및 설치 위치에 대해 위험지역(Hazardous Area)이 정의되는 것을 설명드리겠습니다.

먼저, 4행정 LNG 엔진이 적용된 FGSS 다음과 같습니다. 통상 4행정 LNG 엔진이 Main Engine으로 사용되는 선박은 소형 선박으로, 이런 소형 선박은 물리적인 설치 공간이 협소하기 때문에 통상 LNG Fuel Tank 1개가 TCS 일체형으로 제작되어 갑판하부에 설치되고, LNG bunkering Station도 1개, Vent mast도 1개 설치됩니다. 이러한 구성에서 LNG 탱크 내부는 Zone-0가 되고, TCS내부는 Zone-1, FSHS는 Zone-2로 설계됩니다. 그리고 Bunkering Station에서 TCS로 연결되는 Pipe가 갑판하부 FSHS를 통과하기 때문에 Pipe Duct가 설치되는데, Pipe Duct 내부는 Zone-1으로 설계가 됩니다. 또한 엔진룸에 설치된 GVU(Gas Valve Unit)에 연결된 가스배관이 이중관 또는 Pipe Duct로 설계될 수 있으며, 이 이중관 또는 Pipe duct 내부 Ventilation이 필요한 공간도 Zone-1으로 설계됩니다.

앞서 설명드렸듯이, LNG bunkering station과 Vent mast는 Zone-1과 Zone-2가 혼재되어 있습니다.

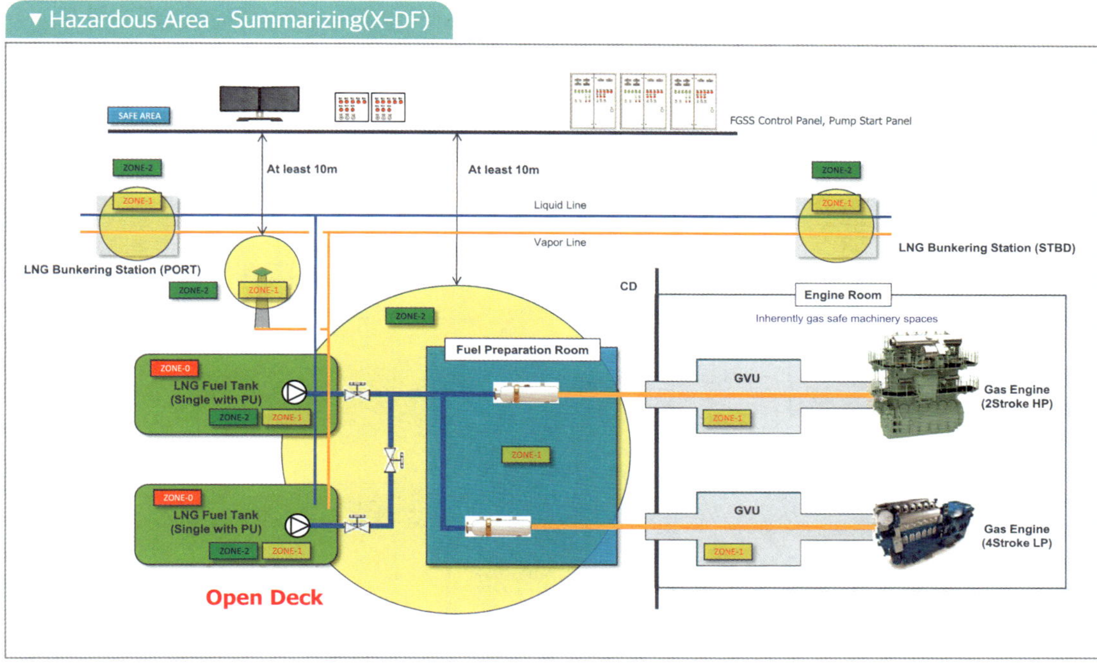

이번 페이지에서는 2행정 고압(16바) X-DF 엔진이 적용되는 중/대형 선박용 FGSS 구성에 대해 설명하겠습니다.

통상 중/대형 선박의 LNG Fuel Tank는 Open Deck에 설치되는데, LNG 저장용량과 시스템 이중화(Redundancy), 조타실에서의 Visibility를 고려하여 2개의 탱크가 설계됩니다. LNG bunkering Station은 Port(좌현), Starboard(우현)에 각각 1개씩, Vent mast는 1개(경우에 따라 2개)가 설계됩니다. LNG bunkering station에서 LNG fuel tank로 연결되는 배관과, LNG fuel tank에서 FPR로 연결되는 배관, 다시 FPR에서 엔진룸으로 진입하기 직전의 배관은 모두 Open deck에 설치되어 별도의 Pipe duct가 적용되지 않은 단일관으로 설계되지만, 엔진룸으로 진입하면서 이중관 또는 Pipe Duct 설계가 적용되고 이 이중관 또는 Pipe duct 내부에는 Ventilation이 적용됩니다.

앞서 설명한 바와 같이 LNG 탱크 내부는 Zone-0가 되고, 탱크 상부 Liquid dome 주변에는 Zone-1과 Zone-2가 혼재하고 있습니다. 그리고, FPR 내부는 Zone-1, FPR 주변과 LNG bunkering station, Vent mast 주변에는 Zone-1과 Zone-2가 혼재하고 있습니다. 그리고 앞서 설명한 엔진룸으로 진입되는 이중관 또는 Pipe Duct가 엔진룸에 설치된 GVU(Gas Valve Unit)와 연결되어 통합된 공간으로 설계되는데, 이 공간은 Zone-1으로 정의되어 Mechanical Ventilation system이 적용됩니다.

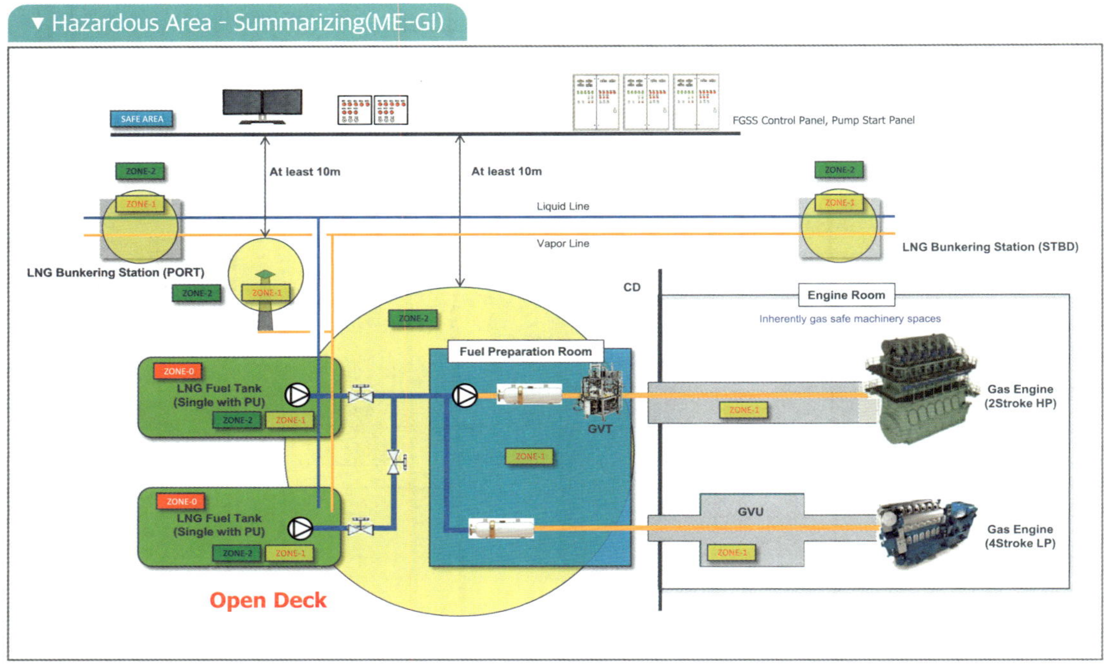

이번 페이지에서는 2행정 고압(300바) ME-GI 엔진이 적용되는 중/대형 선박용 FGSS 구성에 대해 설명하겠습니다

시스템 설계, 구성은 앞서 설명한 2행정 X-DF 엔진과 거의 유사하고, 300바의 고압을 만들어내기 위해 FPR 내부에 고압펌프 시스템이 설치되는 것과 메인 엔진에 필요한 GVT(Gas Valve Train)이 엔진룸이 아닌, FPR에 설치되는 것이 조금 다릅니다. 나머지 위험지역에 대한 정의는 앞서 설명한 2행전 X-DF 구성과 동일하기 때문에 생략하겠습니다.

참고로, 왜 GVU(Gas Vave Unit)은 엔진룸에 설치되고, GVT(Gas Valve Train)은 FPR 내부에 설치되는 지 설명을 드리겠습니다. 이것은 엔진 제조사의 요구사항과 경제성을 고려한 설계가 그 이유인데, 먼저 4행정 엔진과 X-DF엔진 제조사에서는 엔진과 GVU 사이의 거리를 최대 10m 이내로 요구하고 있습니다. 그래서 GVU는 가능한 엔진과 가까운 거리인 엔진룸 안에 설치가 된 것이고, ME-GI엔진의 경우에는 가스 공급 압력이 300바로 상당히 높기 때문에 엔진과 GVT 사이의 이격 거리에 대한 제한이 없습니다. 그렇다면 GVT도 엔진룸 안에 설치할 수 있지 않느냐 라는 질문을 할 수 있을 텐데, 물론 GVT도 엔진룸 설치는 가능합니다. 하지만, 앞서 설명한 바와 같이 엔진룸은 Gas Safe Machinery Space이기 때문에 엔진룸에 설치되는 GVU는 Enclosed Type의 고가의 장비가 설치가 됩니다.

GVU는 어쩔 수 없이 엔진과의 이격거리 한계 때문에 가격이 비싸더라도 고가의 장비를 엔진룸에 설치할 수 밖에 없지만, GVT 경우에는 굳이 이렇게 고가의 설계를 할 필요 없이 Enclosure를 삭제하고 이미 Zone-1 위험지역인 FPR 내부에 설치함으로써 가격을 낮출 수 있습니다. 이런 이유로 해서 GVT는 엔진룸이 아닌 FPR 내부에 설치가 되고 있습니다.

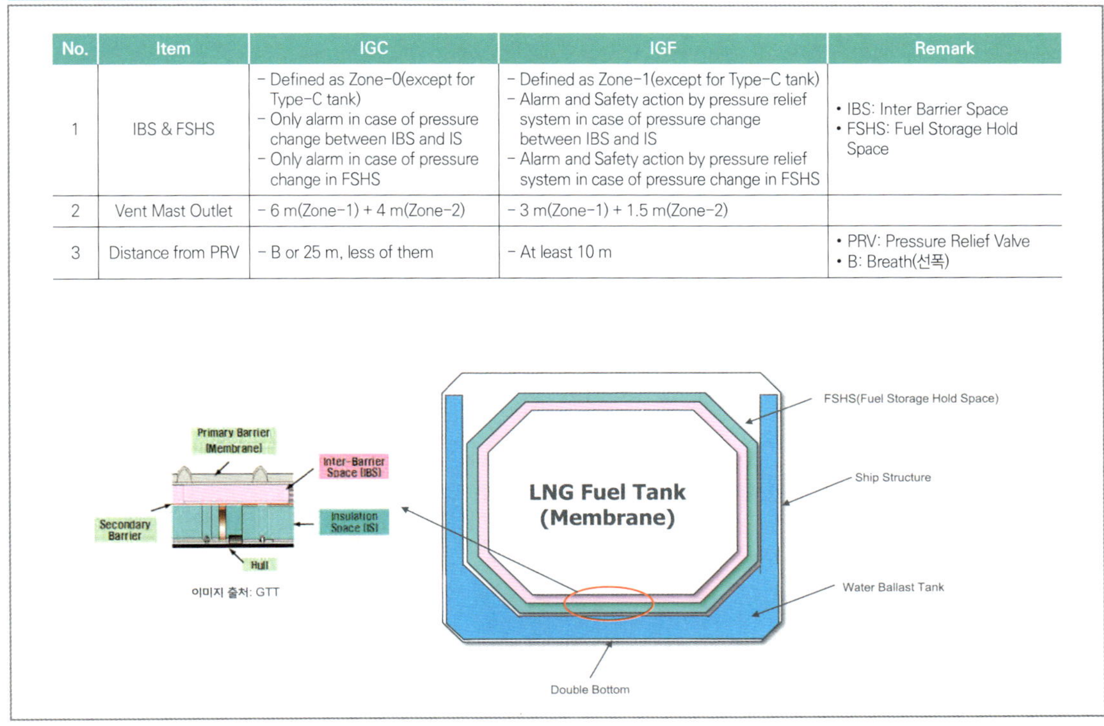

No.	Item	IGC	IGF	Remark
1	IBS & FSHS	– Defined as Zone-0(except for Type-C tank) – Only alarm in case of pressure change between IBS and IS – Only alarm in case of pressure change in FSHS	– Defined as Zone-1(except for Type-C tank) – Alarm and Safety action by pressure relief system in case of pressure change between IBS and IS – Alarm and Safety action by pressure relief system in case of pressure change in FSHS	• IBS: Inter Barrier Space • FSHS: Fuel Storage Hold Space
2	Vent Mast Outlet	– 6 m(Zone-1) + 4 m(Zone-2)	– 3 m(Zone-1) + 1.5 m(Zone-2)	
3	Distance from PRV	– B or 25 m, less of them	– At least 10 m	• PRV: Pressure Relief Valve • B: Breath(선폭)

마지막으로 위험지역(Hazardous Area) 설계에 대해 IGC와 IGF에서 요구 사항이 다른 항목에 대해서 설명을 드리겠습니다.

앞서 설명한 바와 같이 IGC는 LNG를 운송하는 선박에 적용되는 Code이고, IGF는 LNG를 선박연료로 사용하는 선박에 적용되는 Code라는 것을 다시 상기하고 넘어가겠습니다.

1) 첫번째로 IGC에서는 IBS(Inter Barrier Space)와 FSHS(Fuel Storage Hold Space)를 Type-C탱크를 제외하고는 Zone-0로 정의합니다. 하지만, IGF에서는 Type-C 탱크를 제외하고 이 공간을 Zone-1로 정의합니다.

여기서 먼저 1번 항목의 차이점을 설명하기 전에 IGC에서 얘기하는 IBS와 FSHS를 먼저 설명드리는 것이 좋겠습니다.

아래 그림은 Membrane Type의 LNG 연료탱크의 단면도이며, 먼저 용어부터 살펴보면 LNG를 저장하는 탱크 안쪽에 LNG와 직접 접촉하는 면을 1차방벽 "Primary Barrier" 또는 "First Barrier"라고 부릅니다.

그리고 2차방벽을 "Secondary Barrier"라고 부르는데, 1차방벽은 LNG를 직접 저장/차단하는 목적이고, 2차방벽은 1차방벽에서 누설된 LNG를 저장/차단하는 목적입니다. 여기에서 1차방벽과 2차방벽 사이에 보냉재(Insulation Material)로 채워진 공간을 IBS(Inter Barrier Space)라고 부르는데, 이 공간이 보냉재로 채워졌다고 하더라도 물리적으로 미세한 공극(Air Space)이 존재하기 때문에 IBS라고 부릅니다.

그리고, 2차방벽과 Hull 구조 사이의 공간을 IS(Insulation Space)라 부르는데 이 공간 역시 공극이 존재합니다. 1차방벽은 아무리 잘 제작한다고 해도 미세한 LNG 누설이 존재할 수 있기에, 얇은 막으로 구성된 2차방벽으로 LNG가 더 이상 밖으로 누설되지 않도록 차단하고 있습니다. 하지만, 2차방벽 역시 절대로 누설이 안된다는 보장을 할 수 없기 때문에 IBS와 FSHS에는 잠재적인 LNG가 존재할 수 있습니다.

이런 이유에서 IGC에서는 IBS와 FSHS를 Zone-0로 정의하는 것입니다. 그럼, IGF에서는 이런 동일한 공간을 왜 Zone-1으로 정의했느냐 라는 이유에 대해 IGC를 적용받는 선박은 화물로서의 LNG를 운송하는 목적으로 저장된 LNG를 A지역에서 B지역으로 손실 없이 안전하게 운송하기 위한 목적입니다. 그래서 화물인 LNG를 최대한 보호하기 위한 목적으로 LNG 저장탱크가 설계됩니다. 하지만, IGF의 경우에는 연료로서의 LNG를 사용하는 목적으로 항해를 하는 동안 계속

LNG 연료탱크가 비워지기 때문에 IGC보다 조금 완화된 Zone-1으로 정의되었다고 설명할 수 있습니다.

추가적으로 IBS와 IS에는 N2를 압력차이를 다르게 공급하여 항상 압력을 모니터링하는 시스템이 적용되는데, IGC에서는 이 두 공간의 압력 변화가 일어나면 알람을 발생하고, 알람 발생 이후에는 그 문제를 해결하기 위한 액션은 없습니다. 하지만, IGF에서는 압력변화가 일어나게 되면 압력도출밸브(PRV)와 같은 적극적인 액션을 취하도록 요구하고 있습니다. FSHS에 대한 설계 요구도 유사한데, IGC에서는 이 공간에 대한 압력변화에 대해 적절한 액션이 없는 반면에 IGF에서는 FSHS에 압력 상승에 대한 적절한 압력도출 솔루션을 적용하라고 요구하고 있습니다.

2) Vent Mast Outlet(즉, Vent Head 부분)에서의 위험구역 정의에 대해서는 IGC에서는 6m까지는 Zone-1, Zone-1의 끝지점에서부터 4m까지의 공간을 Zone-2로 정의합니다. 반면에 IGF에서는 3m까지는 Zone-1, 거기서 다시 1.5m까지의 공간을 Zone-2로 정의합니다.

3) PRV에서 Air intake, air outlet, 거주구 개방지점, 제어공간, 기타 비위험지역, 기계장비 설치 공간의 Exhaust outlet(배기가스 굴뚝과 Ventilation outlet을 의미)까지의 이격 거리에 대해서도 IGC에서는 B(선폭, Breath) 또는 25m 중에서 짧은 거리를 요구하고, IGF에서는 최소 10m 이상을 요구합니다. 실제 프로젝트에 있어서 IGC에서 요구하는 B 또는 25m라는 거리는 Open deck에 위치하는 대부분의 장비, 공간에 해당하기 때문에 IGC 기준에서 PRV 즉, Vent Head가 존재하는 Open deck는 상기 공간과 완전히 분리되어야 한다고 할 수 있습니다.

이렇게 IGC와 IGF는 같은 듯, 다른 요구항목이 다수 존재하기 때문에 위험지역에 대한 최적 설계를 위해서라도 두 가지 Code에 대한 정확한 이해와 설계 적용이 필요합니다.

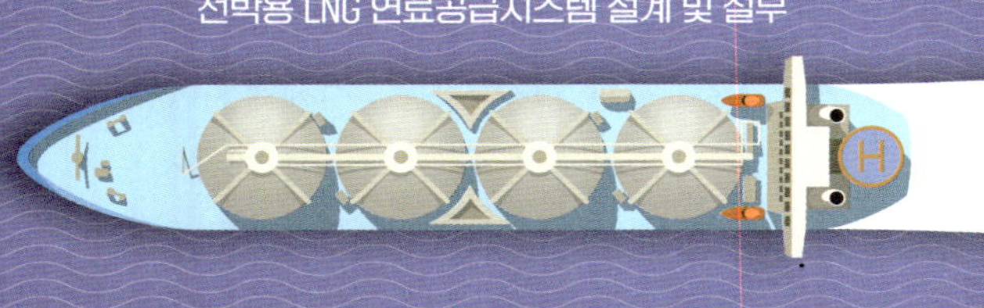

선박용 LNG 연료공급시스템 설계 및 실무

LNG Fuel Tank 설계

LNG Fuel Tank 설계

Tank Type	Integrated Tank	Independent Tank			
Shape		Prismatic		Spherical(MOSS)	Cylindrical
IMO Tank Type		Fully refrigerated at atmospheric pressure			Pressurized at ambient temperature or lower temperature
	Membrane	A	B		C
Secondary Barrier	Fully Required		Partially Required		Not Required
Tank Image	GTT Mark III GTT No.96	Type-A	IHI-SPB	MOSS	Single Bi-Lobe ISO container

본 차시에서는 LNG Fuel Tank에 대한 설계사항 대해 설명을 하겠습니다.

먼저, IMO에서 정의하고 있는 탱크 종류와 형식에 대해서 알아보겠습니다.

LNG 탱크 형식은 대표적으로 "Integrated Tank(일체형 탱크)"와 "Independent Tank(독립형 탱크)"로 나눠집니다.

일체형 탱크는 선체 구조에 종속되어 선박과 일체형으로 제작되는 탱크를 의미하고, 독립형 탱크는 구조적으로 독립적으로 제작되고, 설치될 수 있는 탱크를 의미합니다.

그리고, 이러한 탱크는 각형(Prismatic), 구형(Spherical, Moss) 그리고 실린더형(Cylindrical) 탱크로 나눠집니다.

먼저 일체형 탱크인 Membrane 탱크 종류에는 GTT사 Mark III, No.96 탱크가 있으며, 전통적으로 LNG 운반선의 Cargo Tank로 사용되었습니다.

독립형 탱크는 Type-A, B, C로 나눠지는데, Type-A는 완전한 "Secondary Barrier(2차방벽)"가 요구되고, Type-B는 부분적(Partially)으로, 그리고 Type-C는 "Secondary Barrier"가 요구되지 않습니다.

Type-A 탱크는 LPG, 암모니아와 같이 상온에서 액체상태를 유지하는 화물을 운반하는 Carrier에 Cargo Tank로 개발되었고, 현재도 LPG 운반선, 암모니아 운반선에 사용되나, LNG와 같은 극저온 액체화물을 저장하는 탱크에는 적합하지 않습니다.

Type-B에는, LNG와 같은 극저온 액체화물을 운반하기 위해 개발된 탱크로 일본 이마바리중공업(IHI)의 SPB(Self supporting Prismatic shape IMO type B Type-B) 탱크와 MOSS type 탱크가 있습니다.

Type-C는 LNG 연료선박에 가장 많이 사용된 탱크로 Cylindrical(실린더) 형태를 가지고 있고 압력을 잘 견디도록 설계가 되어 있어 "Pressure Tank or Pressure Vessel(압력탱크)"라고 부르기도 하며, 형태에 따라 Single type, Bi-Lobe type, ISO container type 등이 있습니다.

참고로, 탱크 형식 중에서 Type-C는 가압상태에 상온 또는 저온상태를 유지하도록 설계되어 있고, 나머지 형식의 탱크는 대기압(atmospheric pressure) 상태에서 액화상태를 유지하도록 설계되어 있습니다.

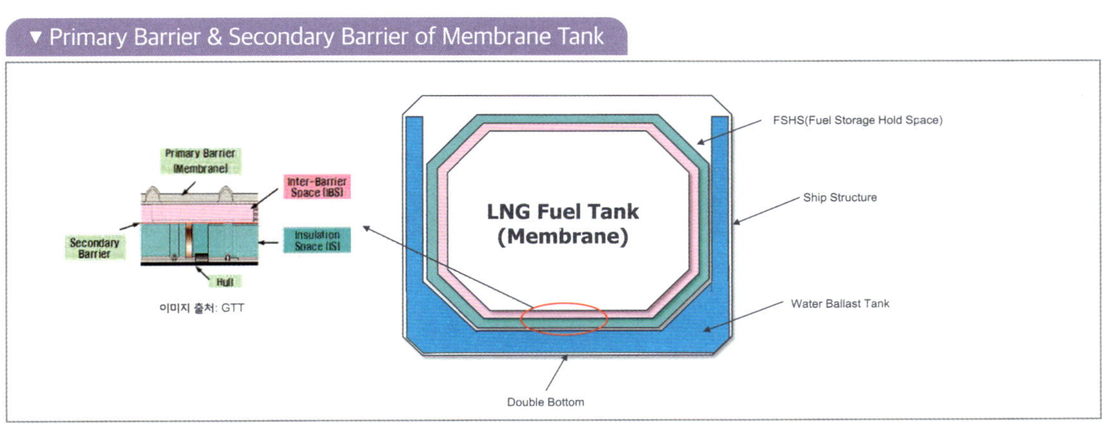

앞서 설명드린 탱크 사양 중에서 이차방벽이라 부르는 Secondary Barrier에 대한 이해를 돕고자 위해 Membrane 형식의 LNG 연료탱크의 단면도를 보고 추가 설명드리겠습니다.

먼저 용어부터 살펴보면 LNG를 저장하는 탱크 안쪽에 LNG와 직접 접촉하는 면을 1차 방벽 "Primary Barrier" 또는 "First Barrier"라고 부릅니다.

그리고 2차 방벽을 "Secondary Barrier"라고 부르는데, 1차 방벽은 LNG를 직접 저장/차단하는 목적이고, 2차 방벽은 1차 방벽에서 누설된 LNG를 저장/차단하는 목적입니다.

여기에서 1차 방벽과 2차 방벽 사이에 보냉재(Insulation Material)로 채워진 공간을 IBS(Inter Barrier Space)라고 부르는데, 이 공간이 보냉재로 채워졌다고 하더라도 물리적으로 미세한 공극(Air Space)이 존재하기 때문에 IBS 부릅니다.

그리고, 2차 방벽과 Hull 구조 사이의 공간을 IS(Insulation Space)라 부르는데 이 공간 역시 공극이 존재합니다. 1차 방벽은 아무리 잘 제작한다고 해도 미세한 LNG 누설이 존재할 수 있기에, 얇은 막으로 구성된 2차 방벽으로 LNG가 더 이상 밖으로 누설되지 않도록 차단하고 있습니다.

하지만, 2차 방벽 역시 누설될 수 있는 가능성이 있기 때문에, IBS와 IS에는 N2를 압력차이를 다르게 공급하여 항상 압력을 모니터링하는 시스템이 적용됩니다.

IS의 압력이 IBS 압력보다 약간 높게 설정하여 제어되기 때문에 만약 2차 방벽에 Leak가 발생할 경우 IS에서 IBS쪽으로 압력이 이동하도록 설계되어 있습니다.

▼ LNG Fuel Tank Design(Based on IGF)

Item	Type-C	Membrane	Remark
Image			According to IGF 6.4.3 | Basic tank type	Secondary barrier requirements
---	---
Membrane	Complete secondary barrier
Independent	
Type A	Complete secondary barrier
Type B	Partial secondary barrier
Type C	No secondary barrier required	
Design Pressure (MARVS)	〉4barg	〈 0.7barg	IGF 6.3.1 Natural gas in a liquid state may be stored with a maximum allowable relief valve setting(MARVS) of up to 1.0 MPa

Item	Type-C	Membrane	Remark
Design Parameter	– Material: 9% Ni or High Mn 〉 1,000m3 〉 SUS-304(L) – Insulation: PU spray 〉 1,000m3 〉 Double Vacuum – Max. Capacity: 10,000m3 of each tank – BOR: 0.18 per day(ex〉 2,500m3 & PU 400mm)	– Material: SUS-304L – Insulation: PU foam block – Max. Capacity: No Limit – BOR: 0.07 per day(ex〉 Mark V, 50,000m3)	
Merit	– Holding vapour return from until MARVS – Less BOR – Less capacity of Re-liquefaction system – Easy operation for BOG handling – Possible to be transported(Fabrication site → Shipyard) – Less or No sloshing effect – No secondary barrier required	– No limit of cargo capacity – Less loss of cargo space – Less weight of cargo tank structure – loading limit around 98%	IGF6.8 Regulations on loading limit for liquefied gas fuel tanks 6.8.2 In cases where the tank insulation and tank location make the probability very small for the tank contents to be heated up due to an external fire, special considerations may be made to allow a higher loading limit than calculated using the reference temperature, but never above 95%.
Cost	More good under 5,000m3 than Membrane	More good over 5,000m3 than Type-C	

    IGF를 기준으로 설계된 LNG 연료탱크 중에서 가장 많이 사용되고 있는 Type-C 탱크와 Membrane 탱크에 대해서 좀더 자세하게 설명 드리겠습니다.

    IGF로 설계된 탱크는 LNG 연료선박에서만 사용이 가능하기 때문에 IGC 설계와는 요구사항이 상이합니다.

    IGC와 IGF 간의 탱크설계의 차이점에 대해서는 이전 차시에서 설명을 드렸기에 상세 내용은 이전 강의를 참조해 주시길 바랍니다.

    먼저 Type-C 탱크는 "압력 탱크(Pressure Vessel)"라고 불리기도 하듯이 탱크가 일정수준 이상의 압력을 견디도록 설계가 되어 있습니다.

    LNG 연료탱크로 사용되는 Type-C 탱크는 압력이 MARVS(Maximum Allowable Relief Valve Setting) 4barg 이상으로 설계되는데, 이것은 탱크에 저장되는 액체의 무게와 탱크 구조 강성을 고려하여 설계하기 때문에 설계 압력이 최소한 4barg 이상으로 산정됩니다.

    탱크 재질은 9% 니켈, 고망간강(High Mn) 또는 스테인리스강(SUS-304, 304L)을 사용하며, 고객사의 선호도와 경제성을 고려하여 재질을 선정합니다.

    보냉 방법은 통상적으로 500m3 이하에서는 진공보냉 방식을, 1,000m3 이상은 PU(폴리우레탄)를 사용하는데, 500~1,000m3 사이는 고객사에서 선호하는 방식을 적용합니다.

이렇게 탱크 사이즈에 따라 보냉 방법이 다른 이유는 결국 제작 비용과 작업성의 이유로, 500m3 이하의 탱크에서는 진공보냉을 하는 것이 유리하고, 1000m3 이상의 탱크에서는 PU 보냉이 유리하기 때문입니다.

현재까지 실적으로 Type-C 탱크의 최대 사이즈는 10,000m3로 더 큰 탱크 제작은 가능하지만 경제성과 탱크하중 문제로 이 사이즈 이상의 제작 실적은 아직까지 없습니다.

BOR(Boil off rate)는 400mm PU로 보냉된 2,500m3 탱크기준으로 약 0.18%/day이고, Membrane 탱크 대비 장점으로는 BOG Holding time이 길고, BOR이 적고, 재액화시스템이 적용될 경우 용량을 작게 설계할 수 있어, BOG 핸들링이 용이합니다.

그리고 LNG 탱크를 외부에서 제작하여 조선소로 운송/납품이 가능하고, 탱크 내부 형상이 실린더형으로 Sloshing 영향이 없거나 작습니다.

또한 이차방벽이 요구되지 않기에 탱크 제작도 용이합니다.

제작 비용은 5,000m3 탱크보다 작은 탱크는 Membrane 탱크 제작 비용보다 경쟁력이 있습니다.

맴브레인 탱크는 설계압력이 MARVS 0.7barg 이하가 요구되는데, 이렇게 설계 압력이 낮은 것은 탱크 외부를 선박구조물이 지지하도록 설계되었기 때문으로, 설계 압력이 높을수록 BOG 발생량을 억제할 수 있기 때문에 최근에 DNV 선급에서는 설계압력을 2.0barg까지 높이는 검토를 진행하고 있습니다.

물론, 이렇게 설계압력이 높아지면, 탱크 외부 지지구조가 보강이 되기 때문에 탱크 제작 비용은 상승할 수 밖에 없습니다. 재질은 스테인리스강(SUS-304L)만 사용합니다.

보냉방법은 PU foam block을 접합하는 방식으로 적용하고, 이론상 탱크 제작 용량은 제한은 없지만, 기존선에 탱크당 50,000m3 제작 실적이 있습니다.

BOR은 50,000m3 탱크 기준으로 약 0.07%/day로, 이 수치만 보면 실제 Type-C 탱크가 BOR이 더 높지만, BOR는 대기압 상태에서의 수치로서 Type-C 탱크와 같이 증발한 가스가 탱크 내부에 설계압력까지 저장될 수 있는 것을 고려하면 실제 BOG Holding Time은 Type-C 탱크가 더 오래 갑니다.

멤브레인 탱크의 장점은 탱크 형상이 Type-C에 비해 사각형에 가깝기 때문에 탱크 용적 손실이 적고, 동일 용적 탱크 대비 무게도 가볍습니다.

그리고, 최대 저장용량도 98%까지 가능하고 탱크용량이 5,000m3보다 클 경우에는 Type-C보다 멤브레인 탱크 제작비용이 경쟁력을 가질 수 있습니다.

추가적으로, IGF6.3.1에서 LNG 연료탱크는 최대 설계압을 MARVS 1.0Mpa(즉, 10barA)로 요구하고 있어, LNG 연료추진선박용 LNG 연료탱크의 최대 설계압은 MARVS 1.0MPa 이하로 설계해야 합니다.

IGF6.8.2. 요구사항을 보면, 어떠한 조건을 고려하더라도 LNG 연료탱크의 Loading limit은 95% 이하로 설계함을 요구하고 있어, 상기에서 설명했던 Membrane Tank의 98% 설계조건은 LNG 운반선용 Cargo tank에서 가능하고, LNG 연료추진선박에 적용할 경우엔 최대 95%까지 충전이 허용됩니다.

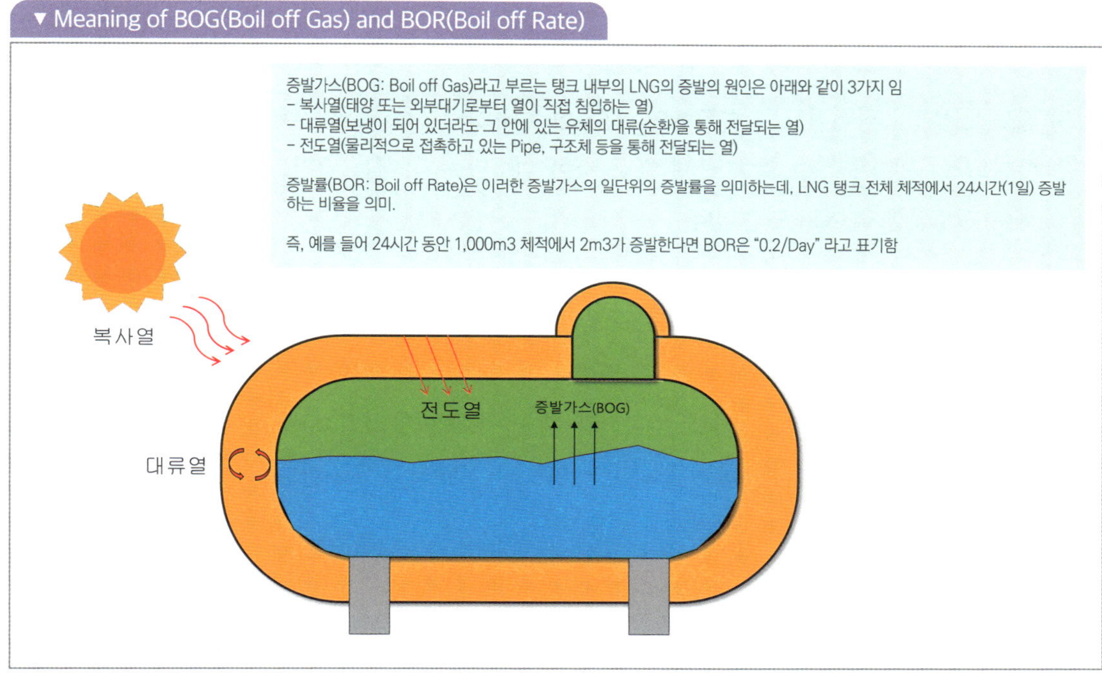

LNG 연료탱크 안에서 -163도의 극저온 상태로 저장되는 LNG의 온도를 유지하기 위한 보냉 방법(Insulation Method)을 설명하기 전에 증발가스로 부르는 BOG(Boil off Gas)와 증발률(Boil off Rate)에 대해서 설명을 드리겠습니다.

먼저 BOG를 발생시키는 열이 이동하는 방법에는 3가지가 있는데,
1) 복사 : 열이 전자기파 형태로 직접적으로 전달되는 것으로 진공과 같은 공간에서도 열은 이동됩니다.

복사열은 검은색 또는 거친면에 잘 흡수되고, 거울과 같은 매끈한 면에서는 복사열이 반사되는 데, 복사열에 대표적인 것이 태양복사열로 태양복사열을 줄이는 방법은 열을 받는 표면을 밝은 색 계열로, 복사열을 반사할 수 있도록 만드는 것입니다.

일례로 북극과 남극의 얼음은 단순히 지구의 담수를 고체형태로 저장할 뿐 아니라, 상부 얼음 층의 흰색은 태양복사열을 지구 밖으로 반사하여 지구의 온도를 유지하는 역할을 해 왔는데, 지구 온난화로 인해 이 얼음층이 녹음으로써 지구의 온도가 올라가는 악순환이 가속화 되고 있습니다.

2) 대류 : 유체를 매개체로 열이 전달되는 것으로, 유체의 온도차이에 의해 밀도차가 생기고 이 밀도차에 의해 유체가 자연스럽게 혼합하여 이동함으로써 열이 전달되는 것으로, 유체를 제 거하면 대류는 차단되기 때문에 진공에서는 대류는 일어나지 않습니다.

3) 전도 : 물체가 직접적으로 접촉하여 열이 전달되는 것으로, 물체 간의 접촉을 없애면 전도가 차단되겠지만, 어떨 수 없이 물체 간 접촉이 일어나는 곳에는 열전도율이 낮은 재질을 적용 하여 전도열을 줄이고 있습니다.

증발가스(BOG)는 상기와 같이 LNG 연료탱크에 열이 침입함으로써 발생하고, 이러한 증발가스 가 탱크체적에 비례하여 발생하는 비율을 BOR(Boil off Rate)라 부릅니다.

BOR은 1일 동안 발생하는 비율을 의미하기 때문에 예를 들어 1,000m3 용량을 가진 탱크에 서 1일간 2m3의 LNG가 증발한다면 BOR은 0.2% per day라고 표기합니다.

▼ Insulation Method for LNG Fuel Tank

No.	Method / Item	Perlite with Vacuum	Polyurethan Spray with Polymeric Coating	Polyurethan Foam Block	Remark
1	Configuration				• IBS: Inter Barrier Space • IS: Insulation Space
2	Insulation Thickness	250~300mm	300~500mm	270mm(Mark III), 560mm(No.96)	
3	Insulation performance	Perlite with Vacuum 〉 PU Spray = PU Foam Block			
4	Use for	LNG fuel tank (Type-C)	LNG fuel tank & Cargo Tank (Type-C)	LNG fuel tank & Cargo Tank(Membrane)	

No.	Method / Item	Perlite with Vacuum	Polyurethan Spray with Polymeric Coating	Polyurethan Foam Block	Remark
5	Merit	– Thin insulation thickness – Easy fabrication	– Easy insulation work(Spraying) – Light weigh of insulation – Easy maintenance	– No limit of tank capacity (50,000m3 of each tank)	
6	Limit	– Not applied over 500m3 of tank – Possible vacuum breakage	– Insulation quality to be influenced by worker skills	– Insulation work can only be done in shipyard	

이번에는 LNG 연료탱크의 보냉(Insulation) 방법에 대해서 설명드리겠습니다.

보냉 방법에는 여러 가지가 있지만 대표적으로 가장 많이 사용되는 3가지 방법을 소개하겠습니다.

참고로, IGF에서는 어떤 보냉 방법을 적용할 지, 어느 정도의 품질이 필요한지에 대해서 명확하게 요구하지 않습니다.

즉, 보냉 방법과 품질은 고객사와 공급사의 요구에 따라 달라집니다.

1. 진공보냉(Perlite with vacuum)

진공보냉 방법은 Inner shell이라 부르는 LNG와 직접 접촉하여 LNG를 저장하는 탱크와 Outer shell이라고 부르는 외측 탱크 사이 공간에 펄라이트(Perlite)라고 부르는 마그마가 호수나 바닷물에 급속히 냉각되면서 내부에 휘발성분이 농집되어 생성된 비정질의 광물을 충전시키고 그 공간을 진공으로 만드는 방법입니다. Perlite는 자체적으로 보온특성을 가진 재질은 아니며, 진공상태와 결합할 때 보냉성능이 극대화 됩니다.

통상 진공 보냉 두께는 300mm 이하로 제작되는데, 진공두께가 너무 작으면 이 공간에 설치되는 Pipe 배치가 어렵고, 두께가 너무 크면 Perlite 충전비용과 Out shell 자재 및 무게 증가, 비용 증가 등으로 가장 최적의 두께가 250~300mm 사이입니다. 그리고, 보냉 성능은 3가지 방법 중에서 가장 우수합니다.

장점으로는 보냉두께가 가장 얇아서 탱크제작과 설치에 용이하지만, 단점으로는 제작 가능한 탱크 크기 제한과 진공이 깨질 가능성입니다.

탱크 크기 제한에 대해서는 현재까지 진공보냉으로 제작된 선박용 LNG 연료탱크의 최대 크기는 900m3이지만, 경제성을 고려하면 500m3 이하 탱크에 적합합니다.

2. 폴리우레탄 스프레이(PU Spray with polymeric coating)

액체상태의 폴리우레탄을 Inner shell 외관에 일정한 두께로 도포시키는 방법으로 보냉두께는 요구 조건에 따라 300~500mm로 적용할 수 있는데, 보냉품질은 어느정도 두께까지는 비례하지만 그 이상에서는 효과가 없는 이유와 보냉두께가 두꺼워지면 보냉하중으로 인해 박리가 일어날 가능성의 이유로 최적의 두께를 설계하여 적용됩니다. 그리고, 도포된 폴리우레탄의 형상이 울퉁불퉁하기 때문에 보냉이 완전히 굳은 후에 일정 높이로 깍아내고 그 위에 빗물, 바닷물, 태양 자외선 영향을 방지하기 위해 Polymeric Coating 처리를 합니다.

이 보냉방법의 장점은 스프레이 도포방식으로 작업성이 우수하고, PU보냉재가 가벼워서 전체 탱크무게에도 영향이 적고, 품질문제가 발생하더라도 그 부위만 도려내서 현장에서도 재시공이 가능합니다.

단점으로는 스프레이 작업자의 숙련도에 따라서 보냉품질이 달라질 가능성이 있다는 부분 외에는 딱히 단점이 없어서, 현재 제작되는 Type-C LNG 연료탱크 보냉재로 가장 많이 사용되고 있습니다.

3. 폴리우레탄 폼 블록(PU foam block)

이 보냉 방법은 Membrane을 Caro tank로 사용하는 LNG 운반선에 널리 사용되는 방식으로 폴리우레탄을 경화시킨 폼 블록을 패널(Panel) 형식으로 제작하여 탱크외부에 부착/설치하는 방식으로 시공하며 Mark III형 Membrane 탱크에는 270mm, No.96형 Membrane 탱크에는 560mm 두께의 PU Foam block을 적용합니다. 즉, 보냉블록이 정확한 규격으로 사전 제작이 됩니다.

이 보냉 방법의 장점은 수백척의 LNG 운반선의 실적을 통해 이미 검증된 보냉방법으로, Membrane 탱크의 용적제한이 없는 것과 마찬가지로 용접에 관계없이 보냉적용이 가능합니다.

이 보냉재의 시공 작업은 반드시 Membrane 탱크를 제작하는 장소(조선소)에서 이루어져야 한다는 것인데, 이러한 제한으로 Membrane 탱크 제작이 가능한 조선소에서만 작업 및 유지보수가 가능하다는 단점이 있습니다.

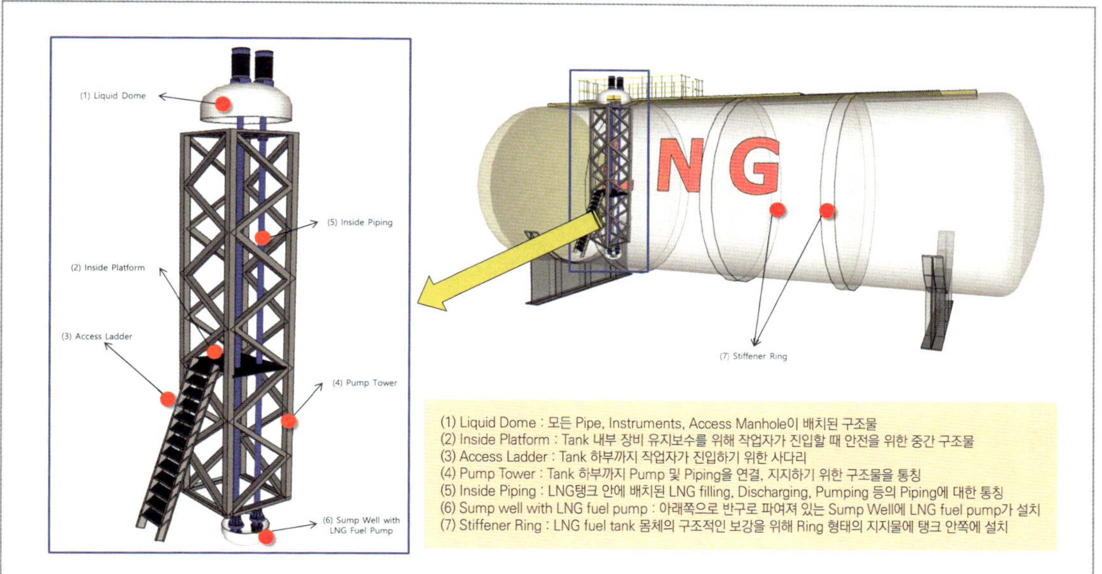

지금부터 LNG 연료탱크 내부와 외부에 설치되는 주요 장비에 대해서 현존하는 실적 선박 기준으로 설명을 드리겠습니다.

LNG 연료탱크에는 기본적으로 IGF가 요구하는 설계를 기준으로 장비가 설치되어야 합니다.

하지만, 탱크에 장비를 설치하기 위한 구조나, 유지보수를 위해 추가되는 장비들은 고객사와 선급과 협의하여 추가 적용됩니다.

그럼, 먼저, 내부에 설치되는 주요장비는 아래와 같습니다.

1) Liquid dome

LNG 연료탱크 상부에 설치된 Dome 형태의 구조물로, 이 구조물은 탱크의 내부와 외부를 연결하는 통로가 됩니다. Liquid dome이라고 부르는 이유는 LNG 운반선에 설치된 Membrane Type Cargo Tank에서 Liquid dome과 Gas Dome이 적용되어 있었고, 여기에서 Pump와 Pipe가 배치된 곳이 Liquid dome이기 때문에 동일한 목적의 이름으로 부르고 있습니다.

Liquid dome 쪽으로 모든 Pump, valve, pipe, Instrument, Manhole 등을 배치합니다. 참고로, LNG 연료탱크에는 Gas dome은 적용되어 있지 않습니다.

2) Inside platform

이 구조는 탱크 내 설치된 장비의 유지보수를 위해 작업자가 진입할 때, 낙하사고를 방지하기 위한 높이 규정으로 사다리 중간에 설치된 Platform 구조물로, 탱크 높이가 높지 않으면, 중간에 Platform 없이 사다리만 배치될 수 있습니다. 이 Platform 구조물은 탱크 안에서 혹시 모를 사고로 인해 작업자를 들것에 구조할 때 탱크 상부로 들것을 올리는데 방해가 되지 않도록 설계가 되어야 합니다.

3) Access Ladder

탱크 내 설치된 장비의 유지보수를 위해 작업자가 진입하기 위한 사다리로 일정 높이 이상으로 설계할 수 없기 때문에, 통상 Inside Platform과 함께 설치됩니다.

4) Pump Tower

Pump tower라고 불리는 이유는 LNG 운반선에는 Cargo pump, Stripping pump 등이 Tower 구조물에 한꺼번에 설치가 되어 이 구조물을 Pump Tower라고 불렀습니다.

5) Inside piping

Pump Tower에는 Pump만 설치되는 것은 아니고, LNG Liquid/Vapour pipe, Fuel pipe, Temperature sensor 등과 이와 관련된 Support가 함께 설치되어 있습니다.

6) Sump well with LNG fuel pump

LNG를 연료로 사용하기 위해 이송을 하는 Pump는 탱크 하부에 LNG를 모아서 Pumping을 원활하게 해주는 구조인 Sump에 설치됩니다.

7) Stiffener Ring

LNG Tank는 저장되는 LNG 무게와 탱크 자체 무게를 고려하여 탱크 형상을 유지할 수 있도록 탱크 안쪽에 Ring 구조로 배치하는데 이 구조를 Stiffener Ring이라고 부릅니다.

이 Ring 구조의 개수는 탱크 크기와 형상에 따라 다르게 설계됩니다.

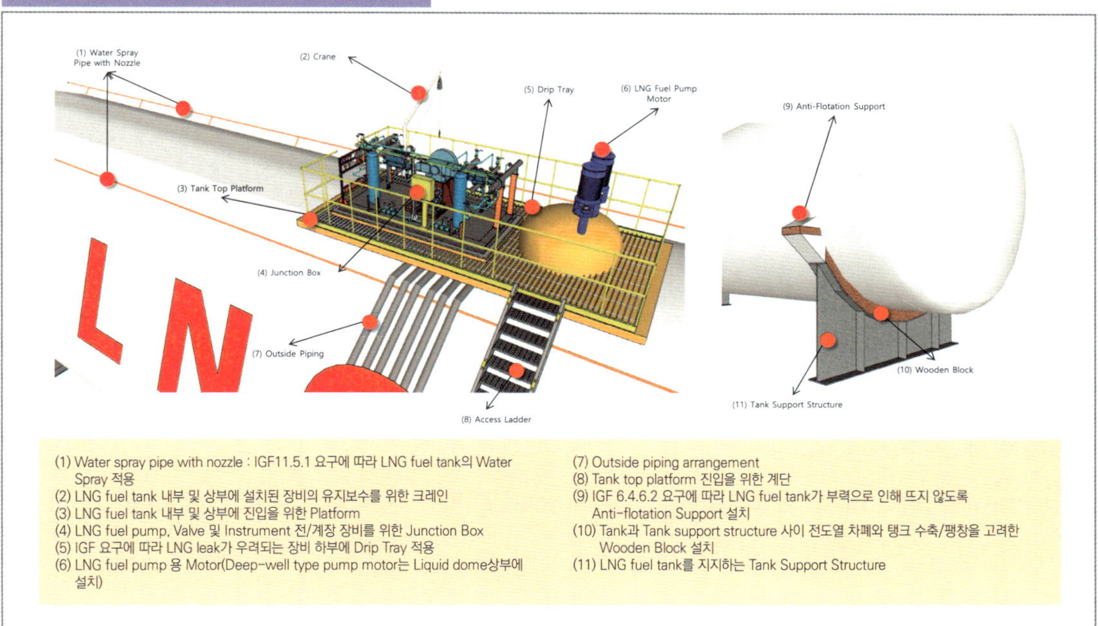

(1) Water spray pipe with nozzle : IGF11.5.1 요구에 따라 LNG fuel tank의 Water Spray 적용
(2) LNG fuel tank 내부 및 상부에 설치된 장비의 유지보수를 위한 크레인
(3) LNG fuel tank 내부 및 상부에 진입을 위한 Platform
(4) LNG fuel pump, Valve 및 Instrument 전/계장 장비를 위한 Junction Box
(5) IGF 요구에 따라 LNG leak가 우려되는 장비 하부에 Drip Tray 적용
(6) LNG fuel pump 용 Motor(Deep-well type pump motor는 Liquid dome상부에 설치)
(7) Outside piping arrangement
(8) Tank top platform 진입을 위한 계단
(9) IGF 6.4.6.2 요구에 따라 LNG fuel tank가 부력으로 인해 뜨지 않도록 Anti-flotation Support 설치
(10) Tank과 Tank support structure 사이 전도열 차폐와 탱크 수축/팽창을 고려한 Wooden Block 설치
(11) LNG fuel tank를 지지하는 Tank Support Structure

다음으로, LNG 연료탱크 외부에 설치되는 주요 장비는 아래와 같습니다.

1) Water Spray pipe with nozzle

IGF code 요구에 따라 LNG 연료탱크 외부에 Tank Cooing 및 Fire prevention용 Water spray system이 적용되며 Code에서 요구하는 유량으로 Water를 분사하기 위해, Pump 용량, Pipe size 및 배치, Nozzle 개수를 설계합니다.

2) Crane

IGF Code에 요구항목은 없으나, LNG 연료탱크 내부 및 상부에 설치된 유지보수가 필요한 장비를 Tank Top으로 들어올리고 내리기 위한 크레인장비가 적용됩니다. 크레인 용량은 탱크 내/외부에 유지보수가 필요한 장비 중, 가장 무거운 장비를 기준으로 설계됩니다. 크레인 종류는 유압식, 모터식, 또는 수동식이 있으며 장비의 무게와 작업성에 맞게 크레인 사양을 선정합니다.

3) Tank Top Platform

LNG 연료탱크 내부 및 상부 장비로 접근, 유지보수를 위한 작업에 필요한 작업대(Platform)로, 빗물이나, 바닷물이 배수될 수 있도록 하부가 뚫린 발판이 적용됩니다.

4) Junction Box

LNG 연료탱크에 설치되는 LNG fuel pump, Valve, Instrument 등의 전/계장 장비의 전기적인 연결을 위한 Junction Box가 Tank top 상부에 설치되어 있고, 이 주변이 가스누설 가능성이 있는 위험지역이라 방폭용 Junction Box가 적용됩니다.

5) Drip Tray

IGF Code 요구에 따라 LNG누설이 우려되는 장비 하부에는 극저온 재질의 Drip Tray가 설치되고 Drip Tray 용량은 LNG최대누설 시나리오와 선박 유동을 고려하여 설계됩니다.

6) LNG Fuel Pump Motor

Deep well type LNG 연료펌프의 모터는 Liquid Dome 상부에 설치되고, Submerged Type Pump의 모터는 탱크 내부에 설치됩니다.

7) Outside piping

LNG 연료탱크 내부에 설치되는 파이프는 탱크 상부 Liquid dome을 통해 연결되고 LNG 연료탱크 측면을 따라 배치됩니다.

8) Access Ladder

Tank Top Platform으로 진입하기 위한 연결 계단/사다리로 Open deck에서 바로 진입할 수도 있으나, 통상 FPR과 같은 다른 구조물을 통해 접근할 수 있도록 설계됩니다.

9) Anti-Flotation Support

IGF 6.4.6.2 요구에 따라 독립형 탱크에는 부력으로 인해 Tank와 Tank Support가 분리되지 않도록 이 구조물은 탱크의 내부와 외부를 연결하는 일종의 체결장치가 됩니다.

10) Wooden Block

LNG 연료탱크 본체와 본체를 받치는 Tank Support Structure 사이에 열전도 차폐와 온도로 인한 탱크 수축/팽창을 견디기 위한 Wooden block이 설치됩니다.

11) Tank Support Structure

LNG 연료탱크를 선박에 설치하기 위한 하부 지지구조로 Wooden Block으로 물리적으로 열전도가 차폐되기 때문에 일반강 재질 적용이 가능합니다.

IGF 5.3.3

The fuel tank(s) shall be protected from external damage caused by collision or grounding in the following way:

.1 The fuel tanks shall be located at a minimum distance of B/5 or 11.5 m, whichever is less, measured inboard from the ship side at right angles to the centreline at the level of the summer load line draught; where: B is the greatest moulded breadth of the ship at or below the deepest draught(summer load line draught)(refer to SOLAS regulation II-1/2.8).

.2 The boundaries of each fuel tank shall be taken as the extreme outer longitudinal, transverse and vertical limits of the tank structure including its tank valves.

.3 For independent tanks the protective distance shall be measured to the tank shell(the primary barrier of the tank containment system). For membrane tanks the distance shall be measured to the bulkheads surrounding the tank insulation.

.4 In no case shall the boundary of the fuel tank be located closer to the shell plating or aft terminal of the ship than as follows:

(1) For passenger ships: B/10 but in no case less than 0.8 m. However, this distance need not be greater than B/15 or 2 m whichever is less where the shell plating is located inboard of B/5 or 11.5 m, whichever is less, as required by 5.3.3.1.

(2) For cargo ships:
  − 1 for Vc below or equal 1,000 m3, 0.8 m;
  − 2 for 1,000 m3 < Vc < 5,000 m3, 0.75 + Vc x 0.2/4,000 m;
  − 3 for 5,000 m3 ≤ Vc < 30,000 m3, 0.8 + Vc/25,000 m; and
  − 4 for Vc ≥ 30,000 m3, 2 m, where:

Vc corresponds to 100% of the gross design volume of the individual fuel tank at 20℃, including domes and appendages.

.5 The lowermost boundary of the fuel tank(s) shall be located above the minimum distance of B/15 or 2.0 m, whichever is less, measured from the moulded line of the bottom shell plating at the centreline.

.6 For multihull ships the value of B may be specially considered.

Requirement of the deterministic damage	
1. Trans. Distance from Ship side	B/5 m or 11.5 m ,whichever is less at summer load water line
2. Distance from Side Shell	0.8~2m
3. Longitudinal Location	abaft the collision bulkhead
4. Vertical Distance from Bottom shell	B/15 m or 2.0 m, whichever is less

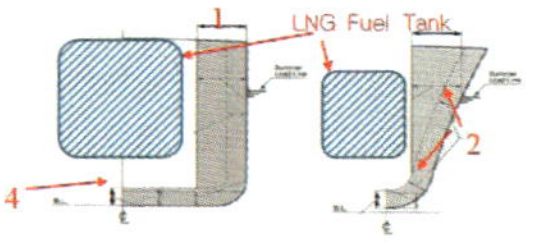

IGF 5.3.3에서는 선박이 외부적인 요인, 즉 선박의 충돌 등으로 물리적인 변형이 일어나더라도 LNG 연료탱크에 영향을 미치지 않도록 LNG 연료탱크가 설치되어야 하는 위치에 대한 요구사항으로, IGF 5.3.3.1 : LNG 연료탱크는 선박의 측면으로부터 선폭(B: Breath)의 B/5 또는 11.5m 중 작은 거리를 선정하여 이격/설치하도록 요구하고 있습니다.

IGF 5.3.3.2 : 상기와 같은 설치가 요구되는 경계면에는 "Tank Valve"도 포함되어 있습니다.

IGF 5.3.3.3 : 독립형 탱크의 경우의 이격거리는 Primary barrier(즉, "Inner Tank"를 의미)부터 산정되고, Membrane 탱크의 경우에는 Tank Insulation으로부터 주변에 Bulkhead까지 거리로 산정됩니다.

IGF 5.3.3.4 : 여객선에서는 LNG 연료탱크 설치위치는 B/10을 적용하되, 0.8m 이상 되어야 함을 요구하고 있습니다.

IGF 5.3.3.5 : LNG 연료탱크의 선박 하부와의 이격거리는 B/15 or 2.0m 중 작은 거리를 선정합니다.

IGF 5.3.3.6 : Multihull 구조를 갖는 선박의 경우, 선폭(B)은 다른 값을 선정할 수 있지만, 명확한 계산을 제안하지는 않았기 때문에 보수적인 설계가 필요합니다.

IGF 6.4 Regulation for liquified gas fuel containment에서는 LNG 연료탱크 설계를 위한 다양한 설명과 요구조건이 있지만, 여기에서는 LNG 연료탱크 설계상 중요한 항목에 대해서만 언급하겠습니다.

IGF 6.4.1.2 : LNG 연료탱크의 설계수명은 20년을 요구하고 있습니다. 참고로 DNV에서는 25년을 요구합니다.

IGF 6.4.1.9 : "Access(접근)" 방법에는 Door, Manhole, Hatch, Pipping 등이 있는데, Access 목적이 탱크 내부 장비의 검사와 유지보수라고 할 경우에는 탱크에는 Door를 적용할 수 없기 때문에 Manhole과 같은 수단이 필요하고, 만약 탱크내부에 유지보수가 필요한 장비가 없을 경우라면 탱크 내부를 검사할 수 있는 수단, 즉, 내시경을 파이프를 통해 탱크내부로 진입시켜 검사할 수 있는 수단이 강구되며, Manhole 같은 Access 수단을 적용할 필요가 없습니다.

이렇게 탱크에 Manhole을 적용하지 않아도 되는 경우를 IGF 6.4.14.1.2에서와 같이 진공보냉이 된 탱크에 한정하여 허용하고 있습니다.

IGF 6.4.15.3.4.2 : 이중진공탱크의 진공공간 "between the inside and outer shell"에 대한 "Inspection Possibilities"를 고려하라는 요구에 대해 진공도를 주기적 또는 계속적으로 측정할 수 있는 수단(휴대용계측장비, 센서 등)을 설치할 수 있습니다.

IGF 6.7.2.2 항목에서는 LNG fuel Tank에는 PRV의 오동작 또는 누설을 감안하여 최소 2개 이상의 PRV(Pressure Relief Valve)가 설치를 요구하고 있기 때문에 통상 100% 용량의 PRV 2개를 설치하고 있습니다.

▼ LNG Fuel Tank Design(Based on IGF) - 2/2

IGF 6.9.1.2 Venting of fuel vapour for control of the tank pressure is not acceptable except in emergency situations.

→ Tank valve는 Access가 가능하든 못하든 간에 반드시 자동으로 동작을 해야 함.
즉, Remote operation이 가능해야 함.

IGF 9.4.1
9.4.1 Fuel storage tank inlets and outlets shall be provided with valves located as close to the tank as possible. Valves required to be operated during normal operation which are not accessible shall be remotely operated.
Tank valves whether accessible or not shall be automatically operated when the safety system required in 15.2.2 is activated.

→ Tank valve는 Access가 가능하든 못하든 간에 반드시 자동으로 동작을 해야 함.
즉, Remote operation이 가능해야 함.

IGF 6.9.1.2 항목에서 보면 LNG fuel tank에서 Vapour를 Vent하는 것은 Tank pressure를 control하는 방법으로 허용되지 않는다고 하면서 Emergency 상황에서는 Vent가 가능하다고 언급하고 있습니다.

여기서 LNG fuel tank에 설치되는 Pressure Gauge with transmitter의 수량을 간접적으로 확인할 수 있습니다.

Tank pressure를 control하는데 Normal operation 목적으로 1개, 그리고 Emergency 상황에서 Vent를 위한 목적으로 1개, 즉, 총 2개의 Pressure Gauge with transmitter 설치가 필요합니다.

IGF 9.4.1 : LNG 연료탱크 Inlet, Outlet에 설치되는 밸브는 "Tank Valve"라고 부르고 가능한 탱크와 근접해서 설치되어야 하고, 반드시 원격으로 동작(Remote operation)이 되어야 함을 요구하고 있습니다.

여기서 중요한 것은 "Tank Valve"는 반드시 Remote Operation이 가능한 밸브여야 하기 때문에 Manual operation만 가능한 밸브는 Tank valve라고 하지 않습니다.

▼ Portable LNG Fuel Tank Design(Based on IGF) - 1/2

IGF 6.2.4.4 if portable tanks are used for fuel storage, the design of the fuel containment system shall be equivalent to permanent installed tanks as described in this chapter.

IGF 6.4.1.3 The design life of portable tanks shall not be less than 20 years.

20FT ISO LNG Fuel Tank(5.9mL x 2.35mW x 2.4mH)

IGF 6.5.2 Portable fuel tanks shall be located in dedicated areas fitted with:
1. mechanical protection of the tanks depending on location and cargo operations;
2. if located on open deck: spill protection and water spray systems for cooling; and
3. if located in an enclosed space: the space is to be considered as a tank connection space.

IGF 11.5.1 A water spray system shall be installed for cooling and fire prevention to cover exposed parts of fuel storage tank(s) located on open deck.

IGF 6.5.5 Connections to the ship's fuel piping systems shall be made by means of approved flexible hoses or other suitable means designed to provide sufficient flexibility.

IGF 6.5.6 Arrangements shall be provided to limit the quantity of fuel spilled in case of inadvertent disconnection or rupture of the non-permanent connections.

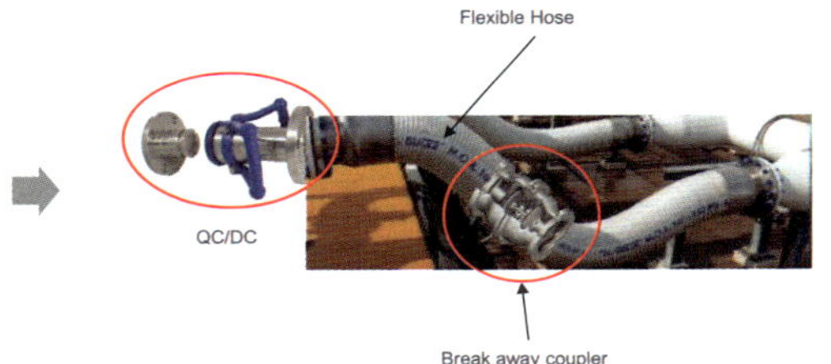

IGF 6.5.7 The pressure relief system of portable tanks shall beconnected to a fixed venting system.

IGF 6.7.2.1 On open deck a direct release into the atmosphere may be accepted by the Administration for tanks not exceeding the size of a 40 ft container if the released gas cannot enter safe areas

Portable tank로 부르는 ISO Container 형식의 LNG 연료탱크는 LNG가 충전된 탱크를 선박에 선적함으로써 LNG 연료충전을 대체할 수 있습니다.

이러한 Portable tank의 설계는 IGF 6.5에 상세하게 요구되는데,

IGF 6.2.4.4 : Portable tank의 설계는 고정식으로 설치되는 탱크와 동일하다고 언급하고 IGF 6.4.1.3에서와 같이 설계수명도 최소 20년으로 동일하게 요구하고 있습니다.

IGF 6.5.2 : Portable tank의 설치위치에 따른 요구사항으로 Portable tank가 Open deck에

설치될 경우에 본 항목에서는 탱크 누설에 대한 Spill protection과 Tank Cooling을 위한 Water spray system 설치를 요구하고 있지만, 참고로 IGF 11.5.1에서는 Water spray system은 탱크 종류와 관계 없이, Tank cooling과 Fire Prevention 목적으로 설치되기 때문에 본 항목에서는 Tank cooling만 언급되었지만, Fire prevention 목적도 포함되어 있다고 볼 수 있습니다.

그리고 Portable tank에는 Water spray pipe 및 nozzle이 없기 때문에 이러한 시스템은 Portable tank와 별도로 선박에 설치됩니다.

IGF 6.5.5 : Portable tank와 선박의 연료시스템과의 연결은 Flexible hose 또는 이와 상응하는 수단을 강구하라고 요구하고 있고, IGF 6.5.6에서는 Flexible hose에서 LNG 누설을 제한하는 수단이 공급되어야 함을 요구하는데, 이러한 기능을 구현할 수 있는 것은 Self-Sealing 기능이 있는 QCDC(Quick Connect & Dis-connect Coupling)와 Break away coupling을 적용함으로써 요구사항을 만족시킬 수 있습니다.

오른쪽 사진 이미지는 Flexible hose에 QCDC와 Break away coupling이 설치한 사례를 보여줍니다.

QCDC는 Portable tank와 Flexible hose를 신속하게 연결하고 해제할 수 있는 장치로 연결이 해제되더라도 Self-Sealing 기능을 통해 LNG가 누설되지 않으며 Break away coupling은 허용된 범위 이상의 힘으로 Flexible hose가 당겨질 때, 물리적으로 체결이 해제되는 것으로 체결이 해체되더라도 Break away coupling은 양방향으로 Self-Sealing 기능을 가지고 있어 LNG가 누설되지 않습니다.

IGF 6.5.7 : Portable tank 내 압력 배출(PRV)은 별도의 Vent system을 통해 배출되어야 함을 요구하는데, 이것은 PRV vent가 모두 Vent mast로 연결되어야 함을 의미하지만, IGF 6.7.2.1에서 보면 40ft 이하 Container 형식의 탱크의 경우에는 PRV에서 직접 대기방출을 허용하고 있습니다.

물론, 방출된 가스가 안전지역에 흘러 들어가지 않을 경우에만 허용되는 것으로, 이전 차시에서 설명드린 바와 같이 안전지역은 PRV 지점으로부터 10meter 이상 떨어져야 대기방출이 가능한데, 통상 이러한 Portable tank가 설치되는 선박이 대부분 소형이기 때문에 이런 설계가 실제 적용되기는 어려움이 있습니다.

IGF 6.5.8 항목에서는 Portable tank도 고정식 탱크와 동일하게 탱크 내 상태를 제어/모니터링 해야 하고 Ship's Safety system과 연결되어야 함을 요구하고 있습니다.

IGF 6.5.10.1 : 다수의 Portable tank가 설치될 경우에 각각의 탱크는 PRV는 제외하고는 독립 적으로 격리할 수 있어야 함을 요구하는데,

즉, PRV만 공통(Common)으로 Vent mast에 연결이 가능함을 의미합니다.

그래서 IGF 6.5.10.2와 같이 문제가 생겨서 운영을 중지하여 격리된 탱크 외에는 다른 탱크는 정상적으로 운영되어야 함을 요구하고 있습니다. 그리고 IGF 6.5.10.3와 같이 Portable Tank의 LNG 충전양은 IGF 6.8.2에 언급된 바와 같이 최대 95% 이하로 제한되고 있습니다.

즉, 모든 형식의 LNG 연료탱크의 최대 충전양은 95%로 이해하시면 되겠습니다.

IGF 18.4.6.3 항목에서는 Portable Tank는 반드시 선박에 탑재하기 전에 LNG가 충전되어야 한다고 요구하는데, 이것은 Portable Tank를 선박에 탑재하고 나서는 LNG를 충전하는 절차를 수행할 수 없음을 의미합니다.

추가적으로 IGF 18.4.6.4에서 보면 ISO LNG fuel tank를 선박 내 Fuel system에 연결하는 것 자체를 "Bunkering" process의 일부라고 정의하고, 이러한 Process는 선박이 출항하기 전에 완

료해야 함을 요구하고 있기 때문에 상기에서 얘기한 Portable Tank를 선박에 탑재하고 나서 LNG를 충전이 허용되지 않는 이유에 대해서 이해하실 수 있습니다. 그리고, 선박이 운항 또는 계류하는 중에는 Portable Tank에 대한 연결, 분리는 허용되지 않습니다.

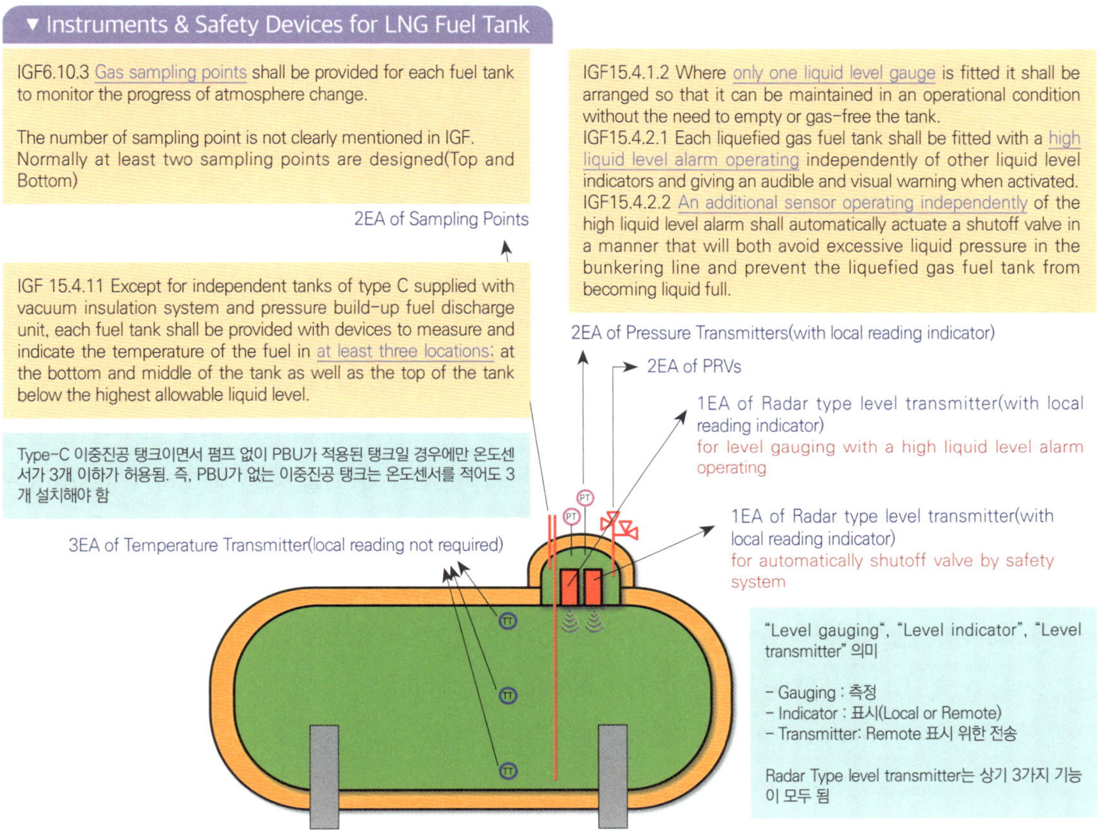

지금부터는 IGF 기준에서 LNG 연료탱크에 요구되는 전/계장장비(Instruments) 및 안전장비(Safety Device)에 대해 설명드리겠습니다.

IGF 6.10.3 항목에서 "Gas sampling"란 것은 LNG 연료탱크 내부 공간이 어떤 상태인지 확인하기 위한 목적으로 예를 들어 LNG 연료탱크 안에 설치되어 있는 장비의 유지보수를 위해 작업자가 진입을 하기 전 LNG를 비워낸다고 하더라도 혹시 모를 탱크 내부의 잔여가스 유무, 산소농도 등을 측정하기 위해 Gas sampling point를 설치합니다.

이러한 "Gas sampling point"에 대해 IGF는 정확한 수를 언급하지 않았지만, 통상 Tank 상부와 하부 2개 point를 적용합니다.

참고로 Sampling point에는 2개의 Manual valve를 Double block 형태로 설치합니다.

IGF 15.4.11 항목에서는 "Pressure Build-up Discharge Unit"이 적용된 진공보냉탱크를 제외하고는 최소 3군데에 온도센서를 설치하라고 요구하고 있고, Rule에서 요구한 위치와 같이 Top, middle, bottom에 온도센서를 설치합니다.

다음 설명을 이어가기 전에 Tank level 계측과 관련된 용어인 "Level gauging", "Level indicator", "Level Transmitter" 차이에 대해서 먼저 알아보겠습니다.

- Gauging : 물리적으로 Level을 직접 측정을 하는 것으로 Sensing과 동일한 의미입니다.
- Indicator : 측정된 물리 값을 표시하는 것으로 Local 또는 Remote에서 이 값을 보는 것을 의미합니다.

- Transmitter : 측정된 물리 값을 Remote 장소에 표시 위해 값을 전송하는 것. 예를 들어 Level indication을 Navigation bridge에 적용하라는 요구가 있을 때는 반드시 Transmitter 가 있어야 합니다.

IGF 15.4.1.2 항목에서는 Level을 측정하는 "Gauge"가 탱크 내 LNG를 비우지 않고도 유지보수가 가능한 형식을 적용할 경우 1개 설치를 허용하고 있습니다.

즉, 다시 말해서 이런 형식의 Level 측정기를 적용할 경우 1개 설치가 가능하다는 것입니다.

IGF 15.4.2.1 항목에서는 다른 "level indicator"와 별도로 High level alarm이 적용되야 한다고 요구하고 있는데, IGF 15.4.1.2에 언급한 Level Gauge에 "High level alarm" 적용하면 1개의 장비로 Level gauge와 high level alarm 기능 적용이 가능합니다.

IGF 15.4.2.2 : 추가적으로 Overflow Safety function이 적용되는 High level alarm이 구현된 독립 Sensor(Gauge)를 요구하는데, 이것은 별도의 Level gauge와 high level alarm 장비를 설치해야 합니다.

상기 Level 관련된 측정장비를 종합해서 정리하자면, LNG 탱크를 비우지 않고도 유지보수가 가능한 Radar type local & Remote reading level transmitter를 선택한다면, 1개에는 Level gauge with High level alarm을 적용하고 다른 1개에는 Overflow safety function을 적용하면 상기 요구사항을 모두 다 만족시킬 수 있습니다.

추가적으로 앞서 설명했던, 2개의 PRV와 2개의 Pressure Gauge with transmitter 설치가 필요합니다.

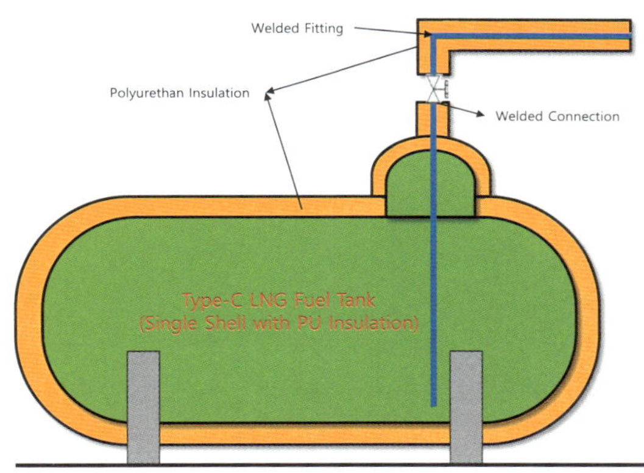

지금부터는 IGF에서는 언급되지 않았지만, DNV 선급에서는 좀 더 명확하게 요구되고 있는 Fuel Containment System 설계에 대해서 탱크형식에 따라 추가적으로 요구 사항을 알아보는 시간을 갖겠습니다.

이렇게 IGF 외에 타 선급의 요구사항을 설명 드리는 목적은 IGF Code의 불명확성으로 FGSS 설계에 혼선이 있는 항목에 대해 각 선급에서는 어떻게 대처를 하고 있는 지, 향후 IGF가 어떤 방향으로 개정될 지를 미리 알아 보기 위함입니다.

먼저, Open Deck에 설치된 PU 보냉된 Type-C LNG 연료탱크에 대한 설계 요구사항입니다.

DNV 5.1.4.1 항목에서는 기본적으로 Leak가 우려되는 Liquefied fuel pipe에 Secondary enclosure를 요구하고 있지만, 이 LNG Pipe가 설치되는 공간이 극저온의 액체 누설을 포함할 수 있다면 이 요구는 철회된다고 하고 있습니다.

즉, Liquified fuel pipe가 FPR내부 설치되고 LNG leak가 우려되는 부분에는 모두 Drip Tray가 적용되기 때문에 Secondary enclosure 설치는 제외할 수 있습니다.

추가적으로, DNV 5.1.4.2 항목에서는 Open deck에 설치된 Liquified fuel pipe가 피팅 또는 밸브가 없이 완전용접으로 연결되면 또한 Secondary enclosure가 불필요하다고 언급하고 있습니다.

이 기준으로 Open deck에 설치되는 PU Insulation이 적용된 Type-C를 설계할 때, LNG tank에 연결된 Liquified fuel pipe가 피팅이나 밸브도 모두 완전용접(Fully welded)하면 Secondary enclosure 없이 설계가 가능합니다.

참고로, DNV에서는 "Fuel pipes"와 "all the other piping"을 명확하기 구분하고 있습니다.

여기서 Fuel piping은 LNG fuel tank에서 시작하여 Gas consumer까지 연결되는 Pipe를 의미하며, Fuel piping은 다시 Liquified fuel pipe, gas pipe로 구분됩니다.

All the other piping에 해당하는 것은,

DNV 5.2.4에서 언급된, Vent mast에 연결되는 것은 "Vent pipe"와 DNV 5.3.2.2에서 언급된 LNG bunkering station에서부터 LNG fuel tank까지 연결되는 "bunkering pipe"가 있습니다.

DNV 4.2.16 Additional requirements for vacuum insulated tanks
4.2.16.1 Vacuum insulated type C independent tanks shall have an outer shell that is able to function as a secondary barrier against leakages from pipes releasing gaseous fuel in case of leakage, to compensate for not having closable tank valves at the tank boundary.

진공탱크 진공구간에 Closable tank valve를 설치하는 것은 현실적으로 불가능.
그리고 상기 요구는 "Secondary Barrier Function"을 요구하는 것이지, "Secondary Barrier" 자체를 요구하는 것이 아님. 즉 Outer Shell은 반드시 극저온 재질을 사용해야 함

DNV 4.2.16.2 Pipes releasing liquefied fuel in case of leakage shall be protected by a secondary enclosure up to the first valve. The secondary enclosure shall be able to withstand the pressure build-up due to evaporating liquefied fuel, but the design pressure shall be not less than the design pressure of the inner tank. Leakage detection shall be provided for both the inner pipe and the secondary enclosure.

진공탱크에서 배출되는 모든 LNG배관에 First Valve까지 Secondar enclosure 설치와 Inner pipe하고 Secondar enclosure에 모두 Leakage detection을 요구함.
Secondar enclosure는 진공으로 만들고(Pipe Insulation과 Secondary enclose를 모두 충족), 압력 모니터링(Leakage detection)을 하고, Inner pipe leakage detection은 Gas detector 또는 Temp. Sensor 적용. Secondary enclosure 설계 압력은 Inner tank와 동일하게 설계하기 때문에 이 공간에는 "Pressure relief" 를 요구하지 않음

DNV 4.2.16.7 Vacuum insulated type C independent tanks shall have their vacuum space protected by a pressure relief device connected to a vent system discharging to a safe location in open air. For tanks on open deck, a direct release into the atmosphere may be accepted.

Type-C 이중진공탱크의 진공구간에는 "Pressure relief device"(즉, PRV) 1개 설치를 요구
탱크 진공공간용 PRV를 설치가 필요하고, Vent mast 배출 또는 바로 대기배출도 허용됨

DNV 5.1.4 Fuel piping systems containing cryogenic liquids
5.1.4.3 The piping systems and corresponding secondary enclosures shall be able to withstand the maximum pressure that may build up in the system. For this purpose, the secondary enclosure may need to be arranged with a pressure relief system that prevents the enclosure from being subjected to pressures above their design pressures.

Secondary enclosure에 시스템에서 발생가능한 최대 압력으로 설계해야 한다고 하며, Pressure relief system(Ventilation 또는 PRV) 1개 설치 필요
LNG Fuel piping에 Secondary enclosure를 적용할 수 있는 구간은 실제로 거의 없음
- Tank valve에서 FPR까지 진공배관이 적용될 경우, 이것은 Insulation이지 secondary enclosure가 아님, 왜냐하면 5.1.4.2 기준을 맞추면 secondary enclosure 불필요 하기 때문
- LNG bunkering에서 LNG Tank까지 진공배관이 적용될 경우, 이것도 Insulation이지 secondary enclosure가 아님, 왜냐하면 이 배관은 Fuel Piping이 아니기 때문

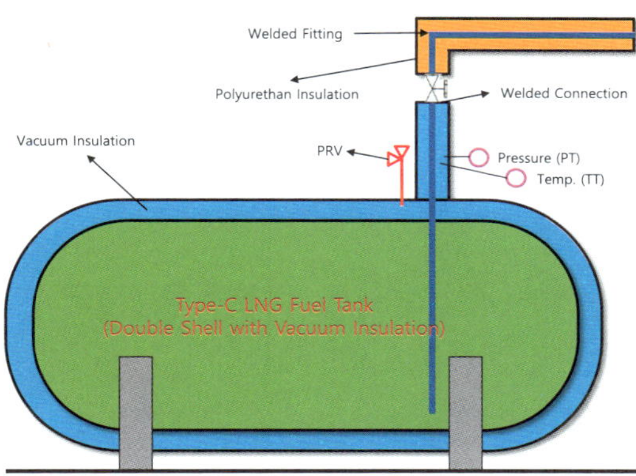

다음으로 Open Deck에 설치된 진공보냉된 Type-C LNG 연료탱크에 대한 설계 요구사항으로, IGF에서는 이러한 설계를 요구하지 않습니다.

먼저, DNV 4.2.16.1 항목에서는 진공구간에 배치된 파이프에 Closable tank valve를 설치를 요구하는데 이것은 현실적으로 불가능합니다.

그리고 이 요구는 "Secondary Barrier Function"을 요구하는 목적으로, "Secondary Barrier" 자체를 요구하는 것이 아니기 때문에 Outer Shell을 극저온 재질을 사용함으로써 Secondary Barrier Function을 구현하는 것으로 설계를 대체할 수 있습니다.

DNV 4.2.16.2 항목에서는 진공보냉탱크에서 연결된 모든 LNG배관에 First Valve까지 Secondar enclosure 설치와 Inner pipe하고 Secondar enclosure에 모두 Leakage detection을 요구하고 있습니다.

이 요구사항을 맞추기 위해서 First Valve까지 연결된 Pipe의 Secondar enclosure는 진공으로 만들고(Pipe Insulation과 Secondary enclose를 모두 충족 위함), 이 진공 공간에 압력 모니터링(Leakage detection)을 위한 PT(Pressure Transmitter)를 설치합니다.

추가적인 요구사항인 Inner pipe leakage detection은 Gas detector 또는 Temp. Sensor 적용 가능하기 때문에 설치 용의성과 금액을 고려해서 Temp. Sensor 설치가 좋을 것 같습니다.

마지막으로 Secondary enclosure 설계 압력은 Inner tank와 동일하게 설계하기 때문에 이 공간에는 "Pressure relief"를 적용할 필요는 없습니다.

DNV 4.2.16.7 항목에서는 Type-C 진공보냉탱크의 진공구간에는 "Pressure relief device" 설치를 요구하고 있는데, 이 요구사항을 맞추기 위해서는 탱크 진공공간용 PRV 1개 설치가 필요하고, 탱크가 Open deck에 설치되어 있기 때문에 Vent mast를 통해서 배출하거나, 또는 바로 대기배출도 허용됩니다.

DNV 5.1.4.3 항목에서는 Secondary enclosure에 시스템에서 발생가능한 최대 압력으로 설계해야 하고, Pressure relief system_(Ventilation 또는 PRV) 1개 설치 요구하고 있습니다.

하지만, LNG Fuel piping에 Secondary enclosure를 적용할 수 있는 구간은 실제로 거의 없습니다. 왜냐하면
- Tank valve에서 FPR까지 진공배관이 적용될 경우, 이것은 Insulation이지 secondary enclosure가 아니고, 5.1.4.2 기준을 맞추면 secondary enclosure 불필요하기 때문이며
- LNG bunkering에서 LNG Tank까지 진공배관이 적용될 경우, 이것도 Insulation이지 secondary enclosure가 아닙니다. 왜냐하면 이 배관은 Fuel Piping이 아니기 때문입니다.

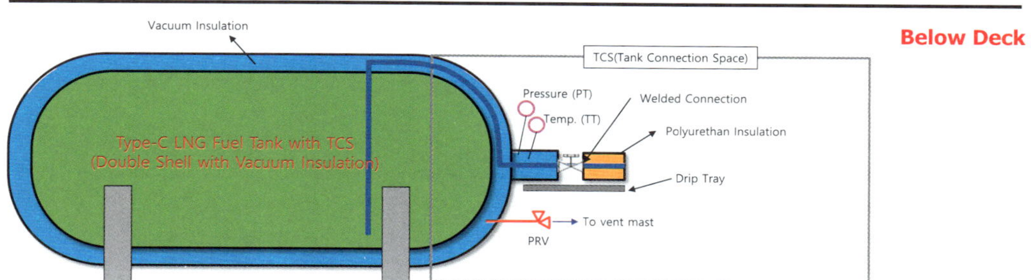

마지막으로 Below Deck에 설치된 진공보냉된 Type-C LNG 연료탱크에 대한 설계 요구사항입니다.

DNV 4.2.16.7 항목에서는 앞서 설명한 바와 같이 Type-C 진공보냉탱크의 진공구간에는 "Pressure relief device" 설치를 요구하고 있는데, 이 요구사항을 맞추기 위해서는 탱크 진공공간용 PRV 1개 설치가 필요하고, 탱크가 Below deck에 설치되어 있기 때문에 Vent mast를 통해서 배출해야 합니다.

DNV 5.1.4.1 항목도 앞서 설명한 바와 같이 TCS 내부에 LNG배관은 Drip tray가 적용되기 때문에 Pipe에 secondary enclosure 적용이 불필요 합니다.
단지 극저온 배관인 만큼, PU insulation은 적용이 필요합니다.

DNV 4.2.16.2 항목도 앞서 설명한 바와 같이, First Valve까지 연결된 Pipe의 Secondar enclosure는 진공으로 만들고, 이 진공 공간에 압력 모니터링(Leakage detection)을 위한 PT(Pressure Transmitter)를 설치하고, Inner pipe leakage detection은 Temp. Sensor 설치함으로써 요구사항을 만족시킬 수 있습니다.

마지막으로 Secondary enclosure 설계 압력은 Inner tank와 동일하게 설계하기 때문에 이 공간에는 "Pressure relief"를 적용할 필요는 없습니다.

이번에는 Type-C LNG 연료탱크 중에서 진공보냉이 적용된 탱크의 제작 공정에 대해서 알아보겠습니다.

진공보냉탱크의 제작공정은 아래와 같습니다.

1) LNG를 저장하는 Inner shell을 먼저 제작하고 탱크에 설치되는 파이프는 수축/팽창을 고려하여 Inner Tank 외관에 Loop를 적용하여 설치됩니다.

2) 그 다음 별도로 제작된 Outer shell을 Inner shell 체결합니다.

3) Outer shell의 Head 부분을 덮고 용접을 합니다.

4) Inner shell과 outer shell 중간의 빈 공간에 Perlite를 충전하고 이 공간을 진공으로 만듭니다.

5) 필요에 따라 LNG 연료탱크와 TCS(Tank Connection Space)가 함께 제작되기도 합니다.

6) 탱크 제작이 완료되면 용접부위에 대한 검사와 수압검사(Hydro Test)를 수행합니다.

7) 모든 테스트가 완료되면 탱크 외관에는 페인트로 마무리하고 납품 됩니다.

8) 현장/선박 설치 이후, LNG운전을 수행합니다.

선박용 LNG 연료공급시스템 설계 및 실무

LNG Bunkering Station 설계

LNG Bunkering Station 설계

IGF 5.10.1 Drip trays shall be fitted where leakage may occur which can cause damage to the ship structure or where limitation of the area which is effected from a spill is necessary.

IGF 5.10.2 Drip trays shall be made of suitable material.

IGF 5.10.3 The drip tray shall be thermally insulated from the ship's structure so that the surrounding hull or deck structures are not exposed to unacceptable cooling, in case of leakage of liquid fuel.

IGF 5.10.4 Each tray shall be fitted with a drain valve to enable rain water to be drained over the ship's side.

IGF 5.10.5 Each tray shall have a sufficient capacity to ensure that the maximum amount of spill according to the risk assessment can be handled.

IGF 5.11.1 Direct access shall not be permitted from a non-hazardous area to a hazardous area. Where such openings are necessary for operational reasons, an airlock which complies with 5.12 shall be provided.

IGF 5.10.1: LNG leakage가 우려되는 모든 장소에 Drip tray 요구. LNG Bunkering Station도 해당

IGF 5.10.3: Drip tray와 선체구조와 사이의 LNG Leakage로 인한 수용할 수 없는 냉각에 대한 적절한 보호 대책을 요구. 즉, 냉열 차단

IGF 5.10.4 : Drain vale를 설치하는 주된 목적에 대해서 명확하게 언급함 Drain의 주 목적은 "LNG" 배출이 아니라, "Rain water" 배출 임

IGF 5.10.5 : Drip tray 용량은 최대 누설가능 시나리오를 기준으로 산정하라고만 언급
선박 유동, 기울기에 대한 고려나 몇 % 마진을 두라는 요구가 없음
SGMF 3.4에서는 최소 100mm 이상 높이를 요구

"Non-hazardous area"에서 "Hazardous area"로 바로 진입하는 것은 허용되지 않음. 만약 LNG Bunkering Station이 Enclosed or Semi-enclosed Space이고 이 구역을 Non-hazardous Area에서 진입을 하게 될 경우, "Airlock System"을 설치해야 함

IGF 5.12.1 An airlock is a space enclosed by gastight bulkheads with two substantially gastight doors spaced at least 1.5 m and not more than 2.5 m apart. Unless subject to the requirements of the International Convention on Load Lines, the door sill shall not be less than 300 mm in height. The doors shall be self-closing without any holding back arrangements.

IGF 5.12.2 Airlocks shall be mechanically ventilated at an overpressure relative to the adjacent hazardous area or space.

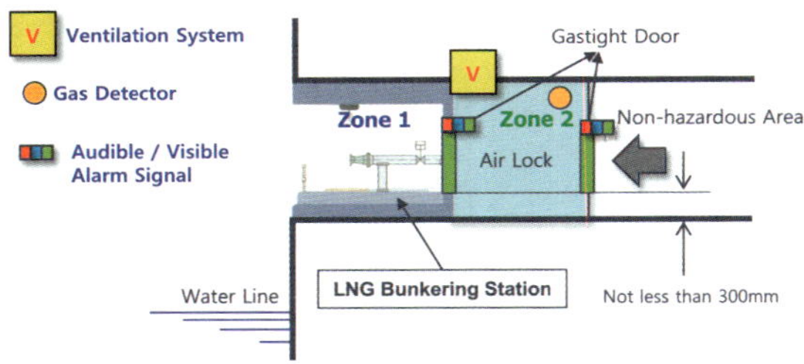

이번 장에서는 IGF와 SGMF에서 LNG Bunkering Station을 설계할 때 요구하는 항목에 대해서 살펴보도록 하겠습니다.

먼저, 1~4페이지는 IGF Code에서 요구하는 LNG bunkering station 설계 안입니다.

IGF 5.10.1 : 본 페이지에서는 Drip Tray에 대한 요구사항으로 Drip tray는 LNG bunkering station 뿐만 아니라, LNG leakage가 우려되는 모든 장소에 요구됩니다.

IGF 5.10.2 : Drip tray는 LNG leakage에 대한 보호 대책이기 때문에 적절한 재질이 사용되어야 함을 요구하고 있고,

IGF 5.10.3 : Drip trays와 선체구조와 사이의 LNG Leakage로 인한 수용할 수 없는 냉각에 대한 냉열 차단 등의 적절한 보호 대책 요구.

IGF 5.10.4 : Drain vale를 설치하는 주된 목적에 대해서 명확하게 언급하고 있으며, "Drain"의 주 목적은 "LNG" 배출이 아니라, "Rain water" 배출 임.

IGF 5.10.5 : IGF에서는 Drip tray 용량은 최대 누설가능 시나리오를 기준으로 산정하라고만 언급, 선박 유동, 기울기에 대한 고려나 몇 % 마진을 두라는 요구가 없으나, SGMF 3.4에서는 최소 100mm 높이를 요구하고 있습니다.

IGF 5.11.1 : "Non-hazardous area"에서 "Hazardous area"로 바로 진입하는 것은 허용되지 않습니다. 그래서, 만약 LNG Bunkering Station이 Enclosed or Semi-enclosed Space이고 이 구역을 Non-hazardous Area에서 진입을 하게 될 경우, "Airlock" 시스템과 "Gas tight Door" 양쪽으로 설치해야 하며, Mechanical ventilation과 Gas detector가 적용되어야 합니다.

일례로 LNG bunkering Station이 Enclosed or Semi-enclosed Space이고 이 구역을 Non-hazardous Area에서 진입을 하게 될 경우, "Airlock System"은 이렇게 구성됩니다.

Zone 1 구역인 LNG Bunkering Station과 Non-Hazardous Area 중간에 Gas tight Door를 양쪽에 설치한 Air Lock system을 구축하고, 이 공간에 Mechanical Ventilation과 Gas detector를 1개 설치합니다. Gas tight door는 IGF 요구에 따라 문의 높이가 300mm 이하이면 안됩니다.

IGF 8.3.1.1 The bunkering station shall be located on open deck so that sufficient natural ventilation is provided. Closed or semi-enclosed bunkering stations shall be subject to special consideration within the risk assessment.

IGF 8.3.1.4 Suitable means shall be provided to relieve the pressure and remove liquid contents from pump suctions and bunker lines. Liquid is to be discharged to the liquefied gas fuel tanks or other suitable location.

IGF 8.3.2.2 Hoses subject to tank pressure, or the discharge pressure of pumps or vapour compressors, shall be designed for a bursting pressure not less than five times the maximum pressure the hose can be subjected to during bunkering.

IGF 8.4.1 The bunkering manifold shall be designed to withstand the external loads during bunkering. The connections at the bunkering station shall be of dry-disconnect type equipped with additional safety dry break-away coupling/ self-sealing quick release. The couplings shall be of a standard type.

IGF 8.5.1 An arrangement for purging fuel bunkering lines with inert gas shall be provided.

IGF 8.5.3 A manually operated stop valve and a remote operated shutdown valve in series, or a combined manually operated and remote valve shall be fitted in every bunkering line close to the connecting point. It shall be possible to operate the remote valve in the control location for bunkering operations and/or from another safe location.
→ LNG filling, Vapour return valve 수동 개폐가 가능, Remote valve 동작은 다른 "Safe location"에서 가능해야 함을 요구(Remote valve의 Local에서 동작은 불필요)

IGF 8.5.4 Means shall be provided for draining any fuel from the bunkering pipes upon completion of operation.

IGF 8.5.7 A ship-shore link(SSL) or an equivalent means for automatic and manual ESD communication to the bunkering source shall be fitted.

IGF 8.5.8 If not demonstrated to be required at a higher value due to pressure surge considerations a default time as calculated in accordance with 16.7.3.7 from the trigger of the alarm to full closure of the remote operated valve required by 8.5.3 shall be adjusted.

IGF 15.4.2 Overflow control
.2 An additional sensor operating independently of the high liquid level alarm shall be automatically actuate a shutoff valve in a manner that will both avoid excessive liquid pressure in the bunkering line and prevent liquefied gas fuel tank from becoming liquid full

16.7.3.6 Emergency shutdown valves in liquefied gas piping systems shall close fully and smoothly within 30 s of actuation. Information about the closure time of the valves and their operating characteristics shall be available on board, and the closing time shall be verifiable and repeatable.

IGF 16.7.3.7 The closing time of the valve referred to in 8.5.8 and 15.4.2.2(i.e. time from shutdown signal initiation to complete valve closure) shall not be greater than:

$$\frac{3600U}{BR} \quad (second)$$

where:
U = ullage volume at operating signal level(m3);
BR = maximum bunkering rate agreed between ship and shore facility(m3/h); or
5 seconds, whichever is the least.
The bunkering rate shall be adjusted to limit surge pressure on valve closure to an acceptable level, taking into account the bunkering hose or arm, the ship and the shore piping systems, where relevant.

IGF 8.3.1.1 : IGF에서는 LNG bunkering station의 기본적인 설치 위치로 "Open deck(갑판 상부)" 을 제안합니다.

IGF 8.3.1.4 : Bunkering line에 "압력도출"과 "액체제거(LNG제거)" 수단이 요구됩니다.
이 기능을 구현하기 위해서 PRV(Pressure Relief Valve)를 설치하고, N2 purging을 통해 LNG를 제거할 수 있는 N2 Purging Connection을 설치합니다.

IGF 8.3.2.2 : LNG Fuel tank pressure 또는 Pump나 Vapour compressor(BOG compressor)의 Discharge pressure와 마주하는(연결되는) Hose의 팽창 설계 압력은 LNG벙커링 시 Hose가 마주하는 최대 압력에 5배로 설계가 되어야 합니다.

IGF 8.4.1 : LNG벙커링에 연결은 Break away 및 Self-sealing 기능이 있는 Dry-disconnect Type의 Quick release Coupling이 요구됩니다. 즉, QC/DC(Quick Connect Disconnect Coupler) Module에 Break away 및 Self-sealing 기능을 추가한 Connection을 적용합니다.

IGF 8.5.1 : LNG벙커링 라인에는 "Inert gas" 구성, 즉 Pipe 내 잔여가스를 Purging 하는 Pipe Connection이 요구되는데, IGF 8.3.1.4에서와 같이 "액체제거(LNG제거)" 목적의 N2 purging connection의 N2가 Inert gas 역할과 잔여가스 Purging을 동시에 할 수 있습니다.

IGF 8.5.3 : LNG bunkering station 내에 수동 및 자동으로 개폐가 가능한 밸브가 연속 또는는 한 밸브에 함께 기능이 구현된 밸브를 적용하라고 요구하는데, 먼저 Bunkering Station 내 LNG filling, Vapour return valve 수동 개폐는 가능합니다.

추가적으로 Remote valve 동작은 다른 "Safe location"에서 가능해야 함을 요구하는 데, 이 말은 Remote valve 동작은 Local에서 할 필요가 없다는 내용입니다. 즉, Remote valve를 동작 하는 기능이 Local에 구현되지 않아도 되는 의미입니다.

IGF 8.5.4 : LNG벙커링 이후 "Any fuel"(즉, LNG 또는 NG)에 대한 Drain 수단을 강구하라고 요 구하는데, Drain line은 Double block valve를 사용하여 LNG bunkering line에 설치되지만, 실 제 운전에서 거의 사용을 하지 않습니다.

왜냐하면 LNG와 NG를 LNG bunkering station drip tray 하부로 배출하는 운전은 상당히 위험하기 때문입니다.

IGF 8.5.7 : SSL(Ship shore link) 또는 이와 동등한 수단을 설치하라고 요구하고 있고, IGF 제 정 당시에는 이러한 기능의 장비가 LNG 운반선에 적용하는 SSL만 있었지만, 이후 LNG 연료추진 선박에 맞게 개발된 BSL(Bunkering Safety Link)라는 부르는 장비를 적용하게 되었습니다. 그래서, SGMF에서는 이 장비를 BSL로 부릅니다.

IGF 8.5.8 : 실제 시연을 통해 증명하지 못할 경우라면 알람이 발생한 시점부터 "Remote op-erated valve"가 완전히 닫히는 시간은 IGF 16.7.3.7을 기준으로 계산이 되어야 한다고 요구하고 있습니다.

즉, 이 요구사항은 꼭 Bunkering Station에 있는 밸브에만 해당하지 않는데,

먼저 오른쪽 IGF 16.7.3.6을 보면 "LNG piping"에 있는 모든 ESD valve는 Activation 동작을 시작하고 30초 이내 닫히는 것을 요구하는데, 이것은 위에서 애기한 "알람이 발생한 시점"부터와 는 다릅니다. 즉, "밸브가 움직이기 시작한 시점"부터를 의미하기 때문에 여기서 중요한 것은 알람 이 발생하고 밸브를 닫으라는 신호를 통해 밸브가 닫히는 동작을 하기 직전까지의 시간은 30초에 포함되지 않습니다.

이제 다시 IGF 16.7.3.7의 계산을 보면 밸브의 Closing time이 좀더 강화된 밸브들을 언급하고 있는데, IGF 15.4.2.2 "Overflow Control"에 해당하는 밸브는 Shutdown Signal이 발생하고 나 서 밸브가 완전히 닫히는 시간이라고 명확하게 언급하고 있습니다. 즉, 이 밸브에 해당하는 것이
 - 8.5.8 Bunkering 시, 알람 발생으로 Bunkering station에 설치되어 있는 ESD valve들
 - 15.4.2.2 Bunkering 중 Overflow 발생시 LNG tank에 있는 LNG filling valve 즉, Top fill-ing, bottom filling valve로 이 밸브들은 5초 이내에 닫혀야 한다고 요구하고 있습니다.

밸브를 5초 이내에 닫히도록 하기 위해서는 별도 Booster 장치를 설치하여 비용이 상승할 수가 있기 때문에 ESD Valve를 모두 알람 발생 이후 5초 이내에 닫히도록 설계하는 것은 주의가 필요 합니다.

IGF 11.5.2 The water spray system shall also provide coverage for boundaries of the superstructures, compressor rooms, pump-rooms, cargo control rooms, bunkering control stations, bunkering stations and any other normally occupied deck houses that face the storage tank on open decks unless the tank is located 10 metres or more from the boundaries.
→ 상기 언급된 Boundary 중에서 Open deck에 설치된 LNG fuel tank를 마주보는 10 meter 거리 이내 Boundary라면 Water Spray 설치

IGF 11.6.1 A permanently installed dry chemical powder fire-extinguishing system shall be installed in the bunkering station area to cover all possible leak points. The capacity shall be at least 3.5 kg/s for a minimum of 45 s. The system shall be arranged for easy manual release from a safe location outside the protected area.

IGF 11.6.2 In addition to any other portable fire extinguishers that may be required elsewhere in IMO instruments, one portable dry powder extinguisher of at least 5 kg capacity shall be located near the bunkering station.

LNG Bunkering Station 에 아래와 같은 장비 요구
- Water spray
- Dry chemical power fire-extinguisher system(최소 45초간, 3.5kg/s 이상 분사량)
- Portable dry powder extinguisher(최소 5kg 이상)

IGF 12.5.2 Hazardous area zone 1
.6 enclosed or semi-enclosed spaces in which pipes containing fuel are located, e.g. ducts around fuel pipes, semi-enclosed bunkering stations;

Semi-enclosed bunkering station은 Zone-1으로 간주함

IGF 13.7 Bunkering stations that are not located on open deck shall be suitably ventilated to ensure that any vapour being released during bunkering operations will be removed outside. If the natural ventilation is not sufficient, mechanical ventilation shall be provided in accordance with the risk assessment required by 8.3.1.1.

Semi-enclosed bunkering station에 자연 환기가 충분히 가능하다는 유동 해석 등의 증빙
자료를 제출하지 못한다면 "Mechanical Ventilation(강제환기장치)"을 설치해야 함

IGF 15.3.1 Suitable instrumentation devices shall be fitted to allow a local and a remote reading of essential parameters to ensure a safe management of the whole fuel-gas equipment including bunkering.
→ Bunkering station에 안전과 관련된 필수 계측 값은 Local과 Remote에서 모두 확인을 요구

IGF 15.4.6 Each fuel pump discharge line and each liquid and vapour fuel manifold shall be provided with at least one local pressure indicator.

IGF 15.4.7 Local-reading manifold pressure indicator shall be provided to indicate the pressure between ship's manifold valves and hose connections to the shore.

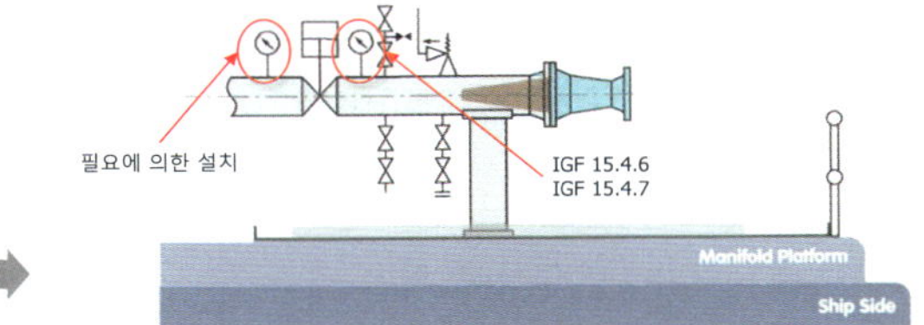

IGF에서 LNG Bunkering Station에 필요한 화재 안전장비에 대해서 아래와 같이 언급되어 있습니다.

IGF 11.5.2 : Water spray 설치를 요구하는 장소(Boundary)에 대해 LNG bunkering station도 포함되어 있으며, 추가적으로 상기 언급된 Boundary 중에서 Open deck에 설치된 LNG fuel tank를 마주보는 10 meter 거리 이내 Boundary라면 모두 Water Spray 설치를 해야 합니다.

IGF 11.6.1 : 고정형 Dry chemical power fire-extinguisher system(건식분말소화시스템)이 최소 45초간 3.5kg/s 이상 분사량으로 요구되고 있습니다.

IGF 11.6.2 : 최소 5kg 이상의 용량의 휴대용분말소화기 1개도 LNG bunkering station 주변에 설치하도록 요구하고 있습니다.

IGF 12.5.2 : LNG fuel을 포함하는 Pipe가 있는 Semi-enclosed(반밀폐형) bunkering station의 경우의 이 공간은 Zone-1으로 간주됩니다.

IGF 13.7 : IGF에서는 Open deck에 설치되는 LNG bunkering station의 경우는 자연환기가 가능하다고 인정하고 있고, Enclosed LNG bunkering station의 경우 강제 환기(Mechanical ventilation) 적용을 요구하는데, Semi-enclosed bunkering station도 자연환기가 충분하게 가능하다는 유동해석 등의 증빙자료를 제출하지 않는 한 강제 환기 장비를 설치해야 합니다

IGF 15.3.1 : Bunkering station을 포함하여 모든 "Fuel gas equipment"의 안전과 관련된 필수 계측 값은 Local과 Remote에서 모두 확인을 요구하고 있습니다.

IGF 15.4.6과 15.4.7에서는 LNG bunkering station 파이프에 설치가 요구되는 "local pressure indicator"에 대해서 설명하고 있는데, 15.4.6은 Liquid, vapour line에 적어도 한 개 이상의 "local pressure indicator" 설치를 요구하고 15.4.7은 육상설비에서 연결되는 Hose와 LNG 연료 선박의 Manifold 사이에 "local-reading manifold pressure indicator"를 요구하기 때문에 엄밀히 따지자면 오른쪽 이미지에서 같이 Bunkering connection과 ESD valve 사이에 1개를 설치하면 위 요구를 모두 만족시킬 수 있습니다.

하지만, 실제 설계에 있어서는 Rule에는 요구되지 않지만, ESD Valve와 LNG Tank 사이에 Pipe 내 압력 모니터링이 필요하기 때문에 필요에 의해 "Local reading pressure indicator/transmitter" 1개를 설치합니다.

IGF 15.5.1 Control of the bunkering shall be possible from a safe location remote from the bunkering station. At this location the tank pressure, tank temperature if required by 15 4.11, and tank level shall be monitored. Remotely controlled valves required by 8.5.3 and 11.5.7 shall be capable of being operated from this location. Overfill alarm and automatic shutdown shall also be indicated at this location.

IGF 15.5.2 If the ventilation in the ducting enclosing the bunkering lines stops, an audible and visual alarm shall be provided at the bunkering control location.

IGF 15.5.3 If gas is detected in the ducting around the bunkering lines an audible and visual alarm and emergency shutdown shall be provided at the bunkering control location.
→ Audible and visual alarm 이 "Bunkering control location" 에 설치되어야 한다고 함.
→ 즉, "Navigation Bridge", "ECR", "Onboard safety centre" 에 해당

IGF 15.8.1 Permanently installed gas detectors shall be fitted in:
.5 other enclosed spaces containing fuel piping or other fuel equipment without ducting
.6 other enclosed or semi-enclosed spaces where fuel vapours may accumulate including interbarrier spaces and fuel storage hold spaces of independent tanks other than type C;

Bunkering Control은 "Safe location"에서 가능해야 한다고 하며, 이곳에서 Tank pressure, tank temperature, tank level이 모니터링 되어야 요구 함. IGF11.5.7에 해당하는 Remote valve는 Water spray system과 관련된 Remote valve Control과 Overfill alarm과 Automatic shutdown에 대한 정보도 이 장소에서 확인이 가능해야 함을 요구함

IGF 11.5.7 Remote start of pumps supplying the water spray system and remote operation of any normally closed valves to the system shall be located in a readily accessible position which is not likely to be inaccessible in case of fire in the areas protected.

Bunkering control 이 가능한 "Safe location"은 "Navigation Bride", "ECR" 그리고 FGSS Control cabinet에 설치된 "Control wall pad" 임

IGF 15.11.4 Compressors, pumps and fuel supply shall be arranged for manual remote emergency stop from the following locations as applicable:
.1 navigation bridge;
.2 cargo control room;
.3 onboard safety centre;
.4 engine control room;
.5 fire control station; and
.6 adjacent to the exit of fuel preparation rooms.

→ IGF에는 상기와 같이 Location은 명확히 구분하고 있음. 여기에서 "Bunkering Control" 이 가능한 곳은 "Navigation Bridge", "ECR"이고 "Onboard safety centre"는 FGSS control cabinet이 설치된 위치이므로 이 장소(Cabinet)에 "Control wall pad"를 적용함

IGF에서는 Enclosed 또는 Semi-enclosed space에 해당하는 LNG bunkering station에 Gas detector를 설치하라는 요구가 명확하지 않아, 해석에 따라 논란이 있음.
상기 "Fuel piping"과 "Fuel vapour"는 LNG를 연료로 사용하기 위한 공간에 설치되는 장비로 Bunkering station에는 "Bunkering piping"이 있고, FPR에 "Fuel vapour"가 있기 때문임.

하지만 DNV3.3.6.1 Rule에는,
DNV 3.3.6.1 The bunkering station shall be so located that sufficient natural ventilation is provided. Closed or semi-enclosed bunkering stations will be subject to special consideration. Depending on the arrangement this may include:
– requirements for leakage detection(gas detection, low temperature detection)
→ Closed or semi-enclosed bunkering stations에 명확하게 Gas detection 설치를 요구

CHAPTER 05

IGF 15.5.1 : Bunkering Control은 "Safe location"에서 가능해야 한다고 하며, 이곳에서 Tank pressure, tank temperature, tank level이 모니터링 되어야 한다고 요구하고 있습니다.

IGF 11.5.7 항목을 보면, Remote valve는 Water spray system과 관련된 Remote valve Control과 Overfill alarm과 Automatic shutdown에 대한 정보도 이 장소에서 확인이 가능해야 함을 요구하는데, 결국, Bunkering control이 가능한 "Safe location"은 "Navigation Bride", "ECR" 그리고 FGSS Control cabinet에 설치된 "Control wall pad"로 간주할 수 있는데, 그 이유에 대해서는 아래서 별도로 설명을 드리겠습니다.

IGF 15.5.2 and IGF 15.5.3 : Audible and visual alarm이 "Bunkering control location"에 설치되어야 함을 요구하고 있는데, IGF 15.11.4에 보면 "Location"에 대해서 명확히 구분하고 있습니다. 여기에서 "Bunkering Control"이 가능한 곳은 "Navigation Bridge", "ECR"이고 "Onboard safety centre"로 간주할 수 있는 장소는 FGSS control cabinet이 설치된 위치로 이 장소에 있는 FGSS control cabinet에 "Control wall pad"를 사용한 Bunkering control이 가능합니다.

즉, 상기 "Navigation Bride", "ECR" 그리고 FGSS Control cabinet wall pad에 "Audible and visual alarm"이 적용되면 됩니다.

IGF 15.8.1 : IGF에서는 Enclosed 또는 Semi-enclosed space에 해당하는 LNG bunkering station에 Gas detector를 설치하라는 요구가 명확하지 않아, 해석에 따라 논란이 있습니다.

왜냐하면 문장에서 "Fuel piping"과 "Fuel vapour"는 LNG를 연료로 사용하기 위한 공간에 설치되는 장비로 Bunkering station에는 "Bunkering piping"이 있고, FPR에 "Fuel vapour"가 있기 때문입니다. 하지만, DNV Ruel 3.3.6.1에는 Closed 또는 Semi-enclosed bunkering station에 Gas detection과 Low temp. detection 설치를 명확하게 요구하고 있기 때문에 IGF와 선급 Rule을 모두 적용하는 프로젝트에 경우에는 이 공간에 Gas detector를 설치하고 있습니다.

▼ Guide for Design & Safety of LNG Bunker Station(IGF) - 4/4

No.	ITEM	NORMAL USED	SGMF BASE	REMARK
1	LBV (LNG Bunkering vessel)	– LNG bunkering vessel – LNG provider – LNG supplier	– Bunkering facility – Bunker vessel → "Supplier"	The bunkering facility - also referred as the "supplier" - is any technology or system designed to be used to transfer/bunker liquefied gas as fuel to a gas–fuelled vessel
2	LFS (LNG Fuelled Ship)	LNG fuelled ship	GFV(Gas–fuelled vessel) → "Receiver"	The gas–fuelled vessel - also referred to as the "receiver" - is an IGF–compliant vessel using gas as marine fuel
3	BSL(Bunkering Safety Link)	– SSL – BSL	BSL	BSL is sometimes referred to as the "ESD link" or "Ship to Shore Link(SSL)"
4	Bunkering station	– Bunker(ing) station	Bunker station	The location(s) onboard a vessel where non–cargo fluids are loaded from and discharged to a bunkering facility
5	DD/CC (Dry–Disconnect / Connect Coupling)	DD/CC	DD/CC	A mechanical device enabling quick and safe connection and disconnection of the hose bunkering system of a bunkering facility to the manifold of the receiving vessel without employing bolts. The coupling consists of a nozzle and a receptacle. These couplings are also known as "Dry–Disconnect Couplings" or "Dry–Break Couplings"
6	QC/DC (Quick Connect Disconnect Coupler)	QC/DC	QC/DC	Mechanical device, typically manually or hydraulically operated, used to connect the transfer system(e.g. loading arm) to the bunkering manifold presentation flange without employing bolts
7	ERC (Emergency Release Coupler)	ERC	ECR	A coupling installed on LNG and vapour lines, as a component of the Emergency Release System(ERS), enabling quick physical disconnection of the transfer system from the unit to which it is connected. It is designed to prevent leakage and damage to loading/unloading equipment if the transfer system's operational envelope and/or parameters are exceeded
8	Free space	N/A	Free space	The space around the manifold clear of permanent obstruction to give access to operators

No.	ITEM	NORMAL USED	SGMF BASE	REMARK
9	Mobile-to-Ship	N/A	Mobile-to-Ship	An LNG bunkering operation to a gas-fuelled vessel from a mobile bunkering facility located onshore. Mobile bunkering facilities can consist of a truck, rail car or other mobile device(including portable tanks) used to bunker LNG
10	Shore-to-Ship	Shore-to-Ship	Shore-to-Ship	An LNG bunkering operation to a gas-fuelled vessel from a fixed bunkering facility or terminal
11	Ship-to-Ship	Ship-to-Ship	Ship-to-Ship	An LNG bunkering operation to a gas-fuelled vessel from a floating storage or bunker vessel
12	Truck-to-Ship	Truck-to-Ship	Truck-to-Ship	See "Mobile-to-Ship"
13	Transfer system	Transfer system	Transfer System / Bunkering Transfer System	A loading arm made of articulated piping or transfer hose solution, or a combination of articulated piping and hose, enabling the transfer of liquefied gas between a fuel supplier and a gas-fuelled vessel. It comprises all the equipment between the bunkering manifold flanges of the bunker facility and the receiving gas-fuelled vessel, including, but not limited to: transfer arms or hoses; Emergency Release System(ERS); insulation flanges; dry-disconnect/connect coupling; and the bunkering safety link used to connect the supplying and receiving ESD systems
14	N/A	N/A	Datum flange	SGMF에서만 사용하는 용어로 "Datum Flange(기준 플랜지)"는 LNG 충전에 사용하는 우선적으로 사용하는 Flange connection으로 다수의 LNG filling line이 존재할 경우, Datum Flange는 항상 선미쪽 맨 끝에 있는 Filling Line이 "Datum Flange"로 추천됨

이번 페이지부터는 SGMF에서 요구하는 LNG bunkering station에 대한 설계에 대해서 설명을 드리도록 하겠습니다.

SGMF는 2017년 처음으로 LNG bunkering station에 대한 설계 가이드라인을 제안했고, 현재는 2019년 개정판이 사용되고 있습니다. 먼저 SGMF에서 사용하는 표준용어들은 다음과 같습니다.

1. LBV : IGF나 DNV에서는 LNG bunkering vessel, LNG provider, LNG supplier 등으로 부르지만, SGMF에서는 "Bunkering facility"를 모두 "Supplier"로 통합해서 사용합니다.

2. LFS : LNG fuelled ship에 대한 명칭도 "Gas fuelled vessel"로 부르고, "Receiver"로 통합하여 사용합니다.

3. BSL : IGF에서는 SSL만 언급되고 있으며, SGMF에서는 BSL로 대표적으로 명칭하고, SSL과 ESD Link도 동일한 의미로 언급하고 있습니다.

4. Bunkering station : IGF, SGMF에서 모두 "Bunker Station"이라 동일하게 명칭하지만, SGMF에서의 Bunker station은 장비가 아니라 "Location"을 의미하고 있는 점이 다릅니다. 오히려 1번에 설명한 "Bunkering facility"가 IGF의 "Bunker(ing) station"과 동일한 의미입니다.

5. DD/CC : IGF, SGMF 모두 동일한 명칭과 의미로 사용합니다.

6. QC/DC : IGF, SGMF 모두 동일한 명칭과 의미로 사용합니다.

7. ERC : IGF, SGMF 모두 동일한 명칭과 의미로 사용합니다.

8. Free space : 뒤에서 별도로 소개할 예정으로, Operator가 Bunker station에 진입하기 위해 영구적으로 방해물이 없는 공간을 의미합니다.

9. Mobile-to-Ship : SGMF에서만 언급되는 용어로 "Truck", "Rail car", "Portable tank(ISO tank)" 등이 Mobile Device에 해당합니다.

10. Shore-to-Ship : 여기서 Shore는 육상에 고정식으로 설치된 Bunkering facility를 의미합니다. 즉, 육상 LNG 탱크 및 충전설비를 말합니다.

11. Ship-to-Ship : 해상에 있는 "Floating storage" 또는 "Bunker vessel"에서 LNG를 충전하는 것을 의미합니다.

12. Truck-to-Ship : 본 용어가 통상적으로 많이 사용되고 있어서 SGMF에서 별도로 언급한 것으로 9번 항목의 "Mobile-to-Ship"에 포함되는 방법입니다.
이러한 정의를 통해 "Rail car to Ship" 등의 파생 용어도 예상할 수 있습니다.

13. Transfer system : IGF, SGMF 모두 동일한 명칭과 의미로 LNG 충전/이송과 관련된 모든 장비를 통합하여 "Transfer system"로 명칭합니다.
여기에서 "Insulation Flange"라고 부르는 플랜지는 SGMF 6.6에서 별도로 정의가 되지만, "Insulation"이란 단어가 보온 또는 보냉을 의미하는 것이 아니라 전기적인 "Isolation" 격리를 의미하는 것입니다. 특히, ISO 20519 5.6.6에서는 Insulation Flange를 "Isolation Flange"로 직접 언급하고 있습니다.

14. Datum flange : SGMF에서만 사용하는 용어로 "Datum Flange(기준 플랜지)"는 LNG 충전에 사용하는 우선적으로 사용하는 Flange connection으로 다수의 LNG filling line이 존재할 경우, Datum Flange는 항상 선미쪽 맨 끝에 있는 Filling Line이 "Datum Flange"로 추천하며, 자세한 내용은 추후 다시 설명드리겠습니다.

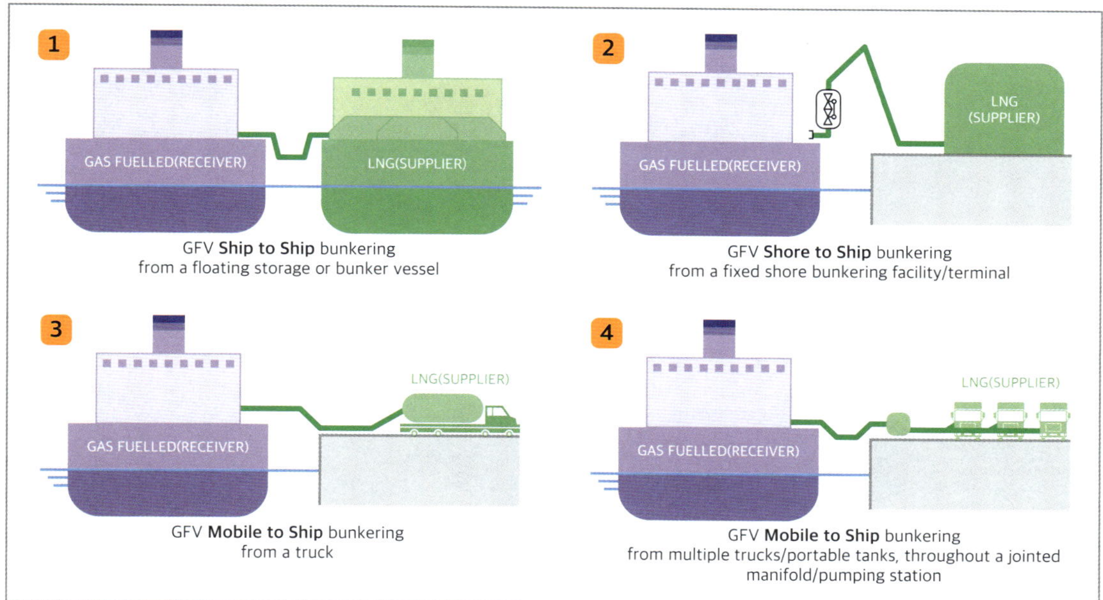

앞선 페이지에서 언급했던 4가지 LNG bunkering 수단에 대해서 이미지를 통해 좀더 자세하게 설명을 드리겠습니다.

먼저

1. Ship-to-Ship Bunkering : Floating Storage 또는 Bunker vessel에서 충전하는 방식
2. Shoer-to-Ship Bunkering : Fixed shore bunkering facility /Terminal에서 충전하는 방식. SGMF에서는 "Terminal"을 언급했지만, 대다수 LNG Terminal에서는 LNG 연료선박으로 충전은 아직까지는 불허 또는 불가능합니다.
3. Mobile-to-Ship Bunkering(Single) : 1개 Truck에서 충전하는 방식
4. Mobile-to-Ship Bunkering(Multi) : 다수의 Truck 또는 Portable tank을 연결하여 멀티로 충전하는 방식

LNG bunkering filling line의 수량에 따른 배관 배치에 대해 다음과 같이 3가지 설계 방법을 제안하고 있습니다.

1번째는 : LNG 충전에 사용하는 Pipe Connection에 대해 SGMF는 "Datum Flange"(기준 플랜지)라 부르는데 LNG filling line이 1개만 존재할 때는 이 Datum flange는 LNG Supplier가 LNG Bunkering station을 바라보는 시각의 항상 오른쪽에 배치하도록 제안합니다.

즉, 이렇게 배치를 제안하는 이유는 표준화되지 않은 "Datum Flange" 배치로 인한 Connection 및 Operation 오류를 방지하기 위함입니다.

2번째는 : LNG filling line이 2개가 존재하는 경우로, 이 경우에는 Vapour return line을 중심으로 양쪽으로 LNG filling line을 배치하도록 제안합니다. 즉, Vapour return line은 항상 LNG filling line 중간에 배치됩니다.

SGMF 4.2.1에서는 이러한 구성의 설비가 설치된 선박에서 "Datum Flange"는 모두 선미쪽에 배치된 Line을 우선적으로 사용하도록 제안합니다.

3번째는 : LNG filling line이 3개가 존재하는 경우로, 이 경우에는 그림의 구성과 같이 LNG Bunkering station을 바라보는 시각의 오른쪽에 LNG filling line 2개를, Vapour return line 왼쪽에 1개를 배치하도록 제안합니다.

이 구성에서도 "Datum Flange"는 모두 선미쪽 맨 끝에 배치된 Line을 우선적으로 사용하도록 제안합니다.

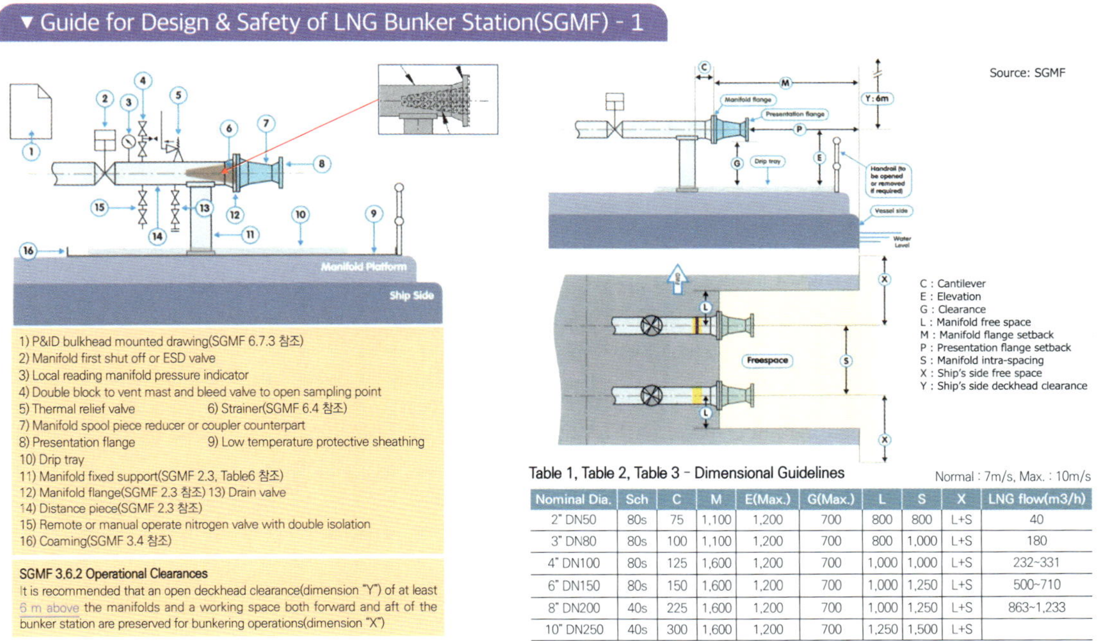

Table 1, Table 2, Table 3 – Dimensional Guidelines   Normal : 7m/s, Max. : 10m/s

Nominal Dia.	Sch	C	M	E(Max.)	G(Max.)	L	S	X	LNG flow(m3/h)
2" DN50	80s	75	1,100	1,200	700	800	800	L+S	40
3" DN80	80s	100	1,100	1,200	700	800	1,000	L+S	180
4" DN100	80s	125	1,600	1,200	700	1,000	1,000	L+S	232~331
6" DN150	80s	150	1,600	1,200	700	1,000	1,250	L+S	500~710
8" DN200	40s	225	1,600	1,200	700	1,000	1,250	L+S	863~1,233
10" DN250	40s	300	1,600	1,200	700	1,250	1,500	L+S	

본 페이지에서는 SGMF에서 요구하는 LNG bunkering station 내 주요 구성품과 설계사양에 대해서 설명을 드리겠습니다.

먼저 LNG bunkering station에서 필요한 구성품은 아래와 같습니다.

1. P&ID drawing : 이 항목은 SGMF 6.7.3에도 별도 언급되는데, LNG bunkering station 내에 P&ID 도면을 영구비치 하도록 요구하고 있습니다.
   실제 프로젝트에는 일반적인 종이에 프린트된 도면은 젖거나 유실될 수 있기 때문에 LNG bunkering station 내 Operator가 쉽게 볼 수 있는 장소에 철판이나, 아크릴판에 도각된 형태로 부착합니다.

2. Bunkering manifold Connection으로부터 LNG Tank로 들어가는 첫 번째로 Shut off 하는 밸브 또는 ESD 밸브가 요구됩니다.

3. IGF 15.4.6, IGF 15.4.7와 동일하게 "local reading manifold pressure indicator"가 요구됩니다.

SGMF에서 요구하는 설치위치는 Bunkering manifold Connection과 ESD 밸브 사이입니다.

4. 먼저 SGMF에서 LNG bunkering station에 요구하는 Sampling과 IGF6.10.3에서 요구하는 Gas sampling과는 성격이 다릅니다.

   Bunkering station 내 sampling은 LNG 충전 시, 충전사업자가 공급하는 LNG의 조성을 알아보거나, 다양한 목적으로 Bunkering piping 내부의 상태를 알아보기 위한 목적이라면, IGF 6.10.3의 Gas sampling은 LNG fuel tank 운전을 위해 Tank 내 환경을 확인하기 위한 목적입니다.

   이 Sampling Point 구성은 Open deck으로 바로 열리는 Double block valve와 Vent mast 쪽으로 연결되는 Bleed valve로 구성됩니다.

5. 일반적인 운전상황에서는 가능성이 거의 없지만, 배관 내 잔여하는 LNG가 팽창함으로 압력이 도출시키는 TRV(Thermal Relief Valve)가 요구됩니다.

   여기서 PRV(Pressure Relief Valve)와 TRV는 성격이 조금 다른데, PRV는 압력변화가 주된 이유로 해서 압력을 도출하는 밸브를 의미하고 TRV는 온도변화가 압력도출에 주된 이유가 되는 밸브를 의미합니다.

6. SGMF 6.4에 자세한 요구 내용이 있으며, Strainer는 LNG filling connection에만 요구되는 것으로 판단할 수 있으나,

   Vapour return line을 사용하여 LNG fuel tank로 유체(LNG, N2, IGG, Air)를 이송할 경우도 있기에 Vapour return line에도 Strainer 설치 필요합니다.

7. 12번으로 마킹된 "Manifold flange"에 다양한 LNG bunkering facility가 연결하기 위한 "Spool piece reducer", "Coupler counterpart"가 추가로 필요할 수 있습니다.

8. LNG bunkering facility와 바로 접촉하는 Flange를 "Presentation flange"라 부르는데, 통상적으로 Spool piece reducer에는 함께 포함됩니다.

9. IGF 5.10.3과 동일하게 LNG leak를 1차적으로 받아내는 Drip tray 하부가 선체와 직접 접촉하는 경우 Thermally insulation 대책을 요구하는데

   실제 프로젝트에는 Drip tray와 선체가 직접 접촉하지 않도록 물리적으로 단차를 둠으로써 이 요구를 만족시킵니다.

10. Drip tray는 극저온의 LNG가 Leak 되었을 때, 선체를 보호하기 위해 1차적으로 LNG를 받아내는 설비입니다.

11. Bunkering manifold를 지지하는 고정 구조물로, Manifold에 가해지는 다양한 물리적인 부하를 견딜 수 있는 구조와 강성으로 SGMF Table 6가 추천하는 사양으로 설계가 됩니다

다.(SGMF 2.3, The rigid support of a cantilevered vessel manifold)

Manifold에 아무런 추가 Connection이 없는 기본 Flange를 의미(SGMF 2.3, The flange permanently located at the extremity of the gas-fuelled vessel's manifold, to which should be connected the reducer or spool piece)

12. IGF 8.5.4에서와 같이 LNG벙커링 이후 "Any fuel"(즉, LNG 또는 NG)에 대한 Drain 수단을 강구하라고 요구하고 있고, 앞서 설명했듯이 Drain line은 Double block valve를 사용하여 LNG bunkering line에 설치되지만, 실제 운전에서 대기중으로 직접 Drain 하지 않습니다.

13. Bunkering manifold pipe 중에서 "Valve"류가 설치되는 짧은 구간의 Pipe를 의미합니다. (SGMF 2.3, A short section of pipe, fitted outboard of the manifold valve(s), secured to a deck-mounted manifold support)

14. Double block valve를 적용한 N2 Purging Connection으로 LNG 벙커링 이후, Pipe purging을 위한 목적으로 Remote 또는 Manual valve를 적용할 수 있습니다.

15. SGMF 3.4에서는 액체 유출에 따른 흐름을 통제할 수 있는 적절한 조치를 요구하고 있고, Deck Coaming을 제안하고 있습니다.
실제 프로젝트에는 Drip tray와 선체가 직접 접촉하지 않도록 물리적으로 단차를 두기 때문에 Coaming 설계가 생략될 수 있습니다.

오른쪽 Table은 SGMF Table 1,2,3을 하나의 표에 통합해서 표기한 것으로, Bunkering manifold 사이즈에 따라 SGMF에서 제안하는 이격거리, 높이 등이 자세하게 언급되어 있습니다.

여기에서 Manifold 사이즈별 LNG 유량은 LNG 운반선 배관 설계에 사용되는 값으로 참고용으로 보시면 되겠습니다.

지금까지 본 페이지에서 설명한 바와 같이 LNG bunkering station은 IGF를 기본으로 SGMF Guide를 참고하여 설계를 진행하고 있습니다.

추가적으로 SGMF 3.6.2에 Vessel side에서 Bunkering manifold 상부의 6m까지 작업을 위한 방해물이 없어야 함을 요구하고 있습니다.

SGMF 3.1 Design Principles
Provision of Emergency Shut-Down buttons <u>within</u> and outside the bunker station
→ IGF15.11.4와 DNV9.1.3.1에 Bunker station에서 "Manual remote emergency stop"만 요구

SGMF 3.3 Personal Access
Personnel access to the manifold area should be kept to a minimum during bunkering operations. However, it is recommended that the bunker station layout is designed to <u>provide safe access for crew to the transfer system from both sides of the manifold,</u> even when all the manifolds are in service. → Bunker station 양쪽으로 진입 요구

SGMF 3.4 Protection from Spillage
Cryogenic protection systems may be active or passive, or a combination of both. These include, for example, <u>water curtains(active),</u> drip trays(passive) and insulating blankets(passive).
→ IGF에서는 Water curtain 요구가 없으나, DNV5.3.1.2에서는 요구

A minimum drip tray depth of <u>100 mm</u> is recommended.
→ IGF와 DNV에서는 Bunker Station내 명확한 Drip tray 높이를 요구하지 않음

SGMF 3.5.2 Lighting and Visibility
It is recommended that <u>fixed lighting is installed within the space,</u> rated for operation in a hazardous zone where necessary, with lux levels agreed with the owner/operator, or as required by any statutory authority at the design stage.
→ 고정 조명은 권장사항이기에 상기 요구 사양을 만족하는 외부조명 가능

Lighting should extended over the ship's side and illuminate the hose or transfer system from the bunkering facility. <u>A good and reliable line of sight</u> from the bunkering control room to the bunkering manifolds is recommended.
This may be achieved with CCTV, rated for operation in a hazardous zone where necessary, within the bunker station. CCTV can help to minimize the need for personnel to access the bunker station during bunker operations, while still providing close monitoring of the bunker transfer operations through a zoom functionality
→ 조명이 커버 하는 장비와 구역을 명확하게 명시. 조명설비는 조선소 공급 항목
→ CCTV를 권장함. CCTV는 조선소 공급항목

SGMF 3.7.1 Lifting Gear
A suitable trolley lifting beam, swing jib hoist or similar lifting device with a safe working load sufficient to lift all of the manifold components, including hose saddles, should be installed above each manifold line
→ Semi-enclosed and enclosed bunker station 상부에 Lifting device 설치 요구

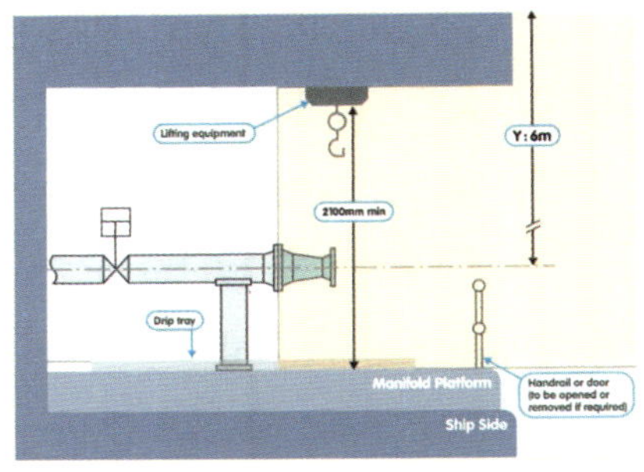

Enclosed Bunker Station (Side View)

Source: SGMF

본 페이지부터는 LNG bunkering station 설계에 있어서 추가적으로 설계, 고려해야 할 사항에 대해서 설명을 드리겠습니다.

SGMF 3.1 : IGF 15.11.4와 DNV 9.1.3.1에서는 Bunker station에 "Manual remote emergency stop"만 요구하고 있지만, SGMF에서는 Local에서도 ESD button을 요구하고 있습니다.

SGMF 3.3 : LNG bunkering station 양쪽으로 Crew access를 할 수 있도록 설계 요구하고 있습니다.

SGMF 3.4 : IGF에서는 Water curtain 요구가 없으나, SGMF와 DNV 5.3.1.2에서는 요구하고 있습니다.

특히, IGF, DNV 모두 Bunker Station 내 명확한 Drip tray 높이를 언급하지 않았으나, SGMF 에서는 최소 100mm 이상을 요구하고 있습니다.

SGMF 3.5.2 : Bunker Station 내에 고정 조명을 추천하고, 조명이 커버하는 장비와 구역을 명확하게 명시하고 있습니다.

본 내용에 별도 외부 조명에 대한 언급은 없으나, 조도, 방폭 사양을 만족한다면 외부조명도 적용 가능하며 실제 프로젝트에는 외부 조명으로 이 요구사항을 만족시킬 수 있습니다. 추가적으로 CCTV 설치를 추천하며, 통상 조명설비와 CCTV는 조선소 공급 항목입니다.

SGMF 3.7.1 : Semi-enclosed and enclosed bunker station 상부에 Lifting device 설치가 요구되며, 주된 목적은 Manifold line에 설치되는 각종 Components(Hose saddle 포함)들에 대한 안전한 작업을 위함입니다.

추가적으로 Enclosed Bunkering Station 설계안 이미지에서도 Vessel side에서 manifold 상부의 6m까지 작업을 위한 방해물이 없어야 함을 요구하고 있습니다.

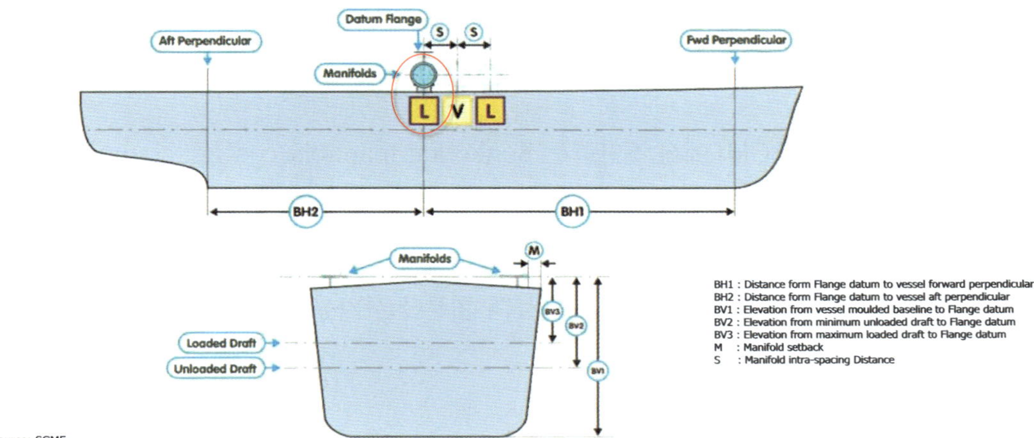

SGMF 4.2.1은 앞서 설명했던 내용으로 2개 이상의 LNG filling connection을 가진 LNG 연료 선박에서 "Datum Flange"는 모두 선미쪽 맨 끝에 배치된 Connection을 우선적으로 선택하도록 제안합니다.

이렇게 제안하는 이유는 "Datum point"가 상기 그림과 같이 Manifold와 선박 내 다른 지점까지의 길이를 측정하는 기준점이 되기 때문입니다.

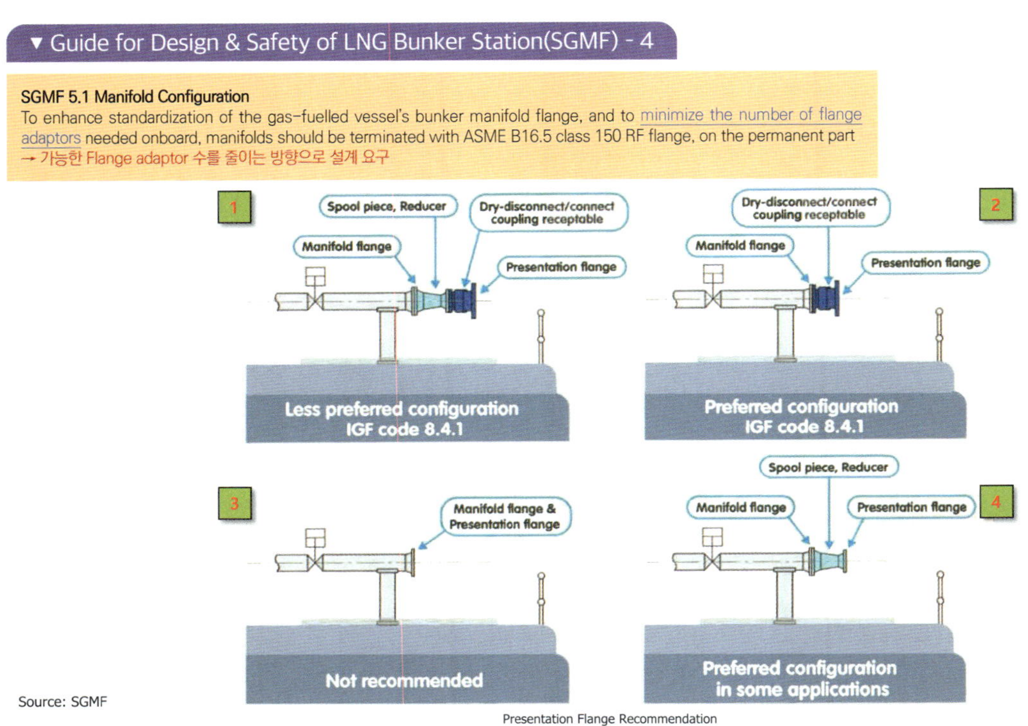

이번 페이지에서는 SGMF에서 제안하는 Bunkering manifold configuration에 대해 알아보기로 하겠습니다.

SGMF 5.1에서 언급하는 바와 같이 SGMF의 기본안은 가능한 Flange adaptor 수를 줄이는 방향으로 설계 요구합니다.

1번 : 다수 또는 일정치 않은 Bunkering Supplier가 준비하는 DD/CC 및 Presentation Flange에 맞추기 위해 Manifold flange에 Spool piece 및 Reducer를 설치하는 구성으로 Connection 장비가 많아질수록 작업시간도 증가하고, LNG Leak에 대한 Risk도 증가하기 때문에 그다지 권장하지 않는 구성입니다.

2번, Manifold flange에 DD/CC 및 Presentation Flange가 바로 연결되는 구성으로 별도의 Spool piece 및 Reducer가 필요 없기 때문에 구성이 간단하고, 작업시간이 짧고 LNG Leak에 대한 Risk도 작아서 SGMF가 선호, 권장하는 구성입니다.

3번, Manifold flange에 Presentation Flange만 설치된 구성으로 Pipe Connection을 수동으로 볼트를 조이고 푸는 방식을 체결되고 Bunkering supplier가 Manifold connection과 동일한 사이즈의 배관을 준비하지 못하면 LNG 충전이 불가능하므로, 추천되지 않는 구성입니다.

4번, 3번 구성에 Spool piece 및 Reducer를 설치한 구성으로 이 구성 역시 Pipe Connection을 수동으로 볼트를 조이고 푸는 방식이 체결되어 작업시간도 긴 단점이 있지만, 대부분의 소형 LNG 연료추진선박이 이런 구성으로 LNG를 충전하고 있기 때문에 소형 선박에 적합한 구성으로 추천됩니다.

▼ Guide for Design & Safety of LNG Bunker Station(SGMF) - 5

SGMF 5.2 Manifold Flanges
Manifold flanges should be fabricated from raised-face welded neck-type flanges
→ RF flange가 FF flange 보다 Gasket 장착 시, 좀더 밀봉이 강하게 될 수 있기 때문

SGMF 5.3 Presentation Flanges
It is recommended that the presentation flange is formed of either a standard dry-disconnect/ connect coupling receptacle, as per ISO21593, or the presentation face of a spool piece with a standard ASME B165 class 150RF flange
→DD/CC receptacle을 적용하거나, Presentation face를 가진 Spool을 적용

The number of adapters between the manifold flange and the presentation flange is minimized by the use of only one piece for adaptor
→ 한 개의 Adaptor 사용으로 manifold flange 와 Presentation Flange 수 최소화

It is recommended that flanges are of a "raised-face" welded neck type.
→ Presentation flange도 RF welded neck type을 추천함

SGMF 5.4 Spool Pieces and Reducers
Reducers one pipe size up or down only is recommended
→ Reducer는 한단계 위/아래 선정을 추천

SGMF 5.4.1 Standard Supply Reducers & Spool Pieces
To facilitate gas-fuelled vessel bunkering at a variety of bunkering facilities, it is recommended that the gas-fuelled vessel is provided with a standard set of spool pieces and reducers, appropriate for the number of manifold connections onboard such as those in Table 5.

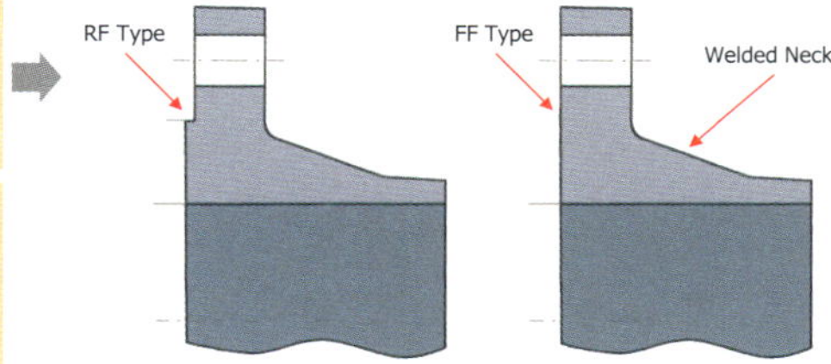

Table 5 - Standard Vessel Reducers

Nominal Dia.	Reducers and Spool Pieces nominal diameter in inches		
2" DN50		2 x 2	2 x 3
3" DN80	3 x 2	3 x 3	3 x 4
4" DN100	4 x 3	4 x 4	4 x 6
6" DN150	6 x 4	6 x 6	6 x 8
8" DN200	8 x 6	8 x 8	8 x 10
10" DN250	10 x 6	10 x 8	10 x 10

Source: SGMF

SGMF 5.2 : Manifold flange에 RF(Raised Face), Welded neck-Type의 Flange를 요구하고 있는데, RF Type은 FF(Flat Face) Type에 비해 Flange 체결 시 밀봉 성능이 더 뛰어나기 때문입니다.

Welded neck type는 "High hub" Type 이라고도 부르며 다른 Type에 비해서 Pipe가 삽입되어 맞닿는 면적이 넓어 튼튼하고 응력을 분산하는 구조이기 때문에 고온, 고압의 가혹 운전조건의 맞대기 용접 Flange 중에 가장 많이 사용됩니다.

또한 작업성이 가장 용이하고 작업비용도 저렴합니다.

SGMF 5.3 : Presentation Flange는 앞서 설명한 Manifold Configuration에서와 같이 가능한 Flange adaptor 수를 줄이는 방향으로 설계가 필요하고, RF 및 Welded neck type이 추천됩니다.

SGMF 5.4 : Spool piece와 Reducer는 사이즈를 한 단계씩만 변경하는 것을 추천하고, SGMF 5.4.1 Table 5에서와 같이 Manifold 크기 별 표준 Reducer 사양이 제안됩니다.

▼ Guide for Design & Safety of LNG Bunker Station(SGMF) - 6

SGMF 5.5 Manifold Mechanical Loading
The designer of vessel piping and manifold should verify the design integrity of the piping, manifold and fixed support to withstand the simultaneous application of the allowable loads defined in Table 6. This verification may include a stress analysis

Table 5 – Standard Vessel Reducers

Nominal Dia.	Fx(±N) Lateral	Fy ext(±N) Axial	Fz(±N) Vertical	Mxz(±Nm)	Mt(±Nm)
	Maximum allowable individual load on manifold flange				Torsion Moment
2" DN50	4,000	10,000	8,000	1,100	400
3" DN80	10,000	20,000	25,000	3,500	500
4" DN100	20,000	35,000	30,000	9,300	1,500
6" DN150	30,000	50,000	50,000	30,000	1,500
8" DN200	35,000	55,000	55,000	42,000	2,500
10" DN250	45,000	60,000	60,000	75,000	3,000

SGMF 5.5.1 Stress Analysis
The value in Table 6 correspond to the maximum allowable load in each direction.
The cantilevered part of the manifold should be able to support the simultaneous application of all these individual loads.
• All individual maximum loads are no greater than given in Table 6
• The maximum stress on the cantilevered part of the manifold is no greater than the allowable stress

The outboard side of the first support of the manifold nearest to the connection could be considered as a fixed and rigid point for the purposes of the stress analysis.

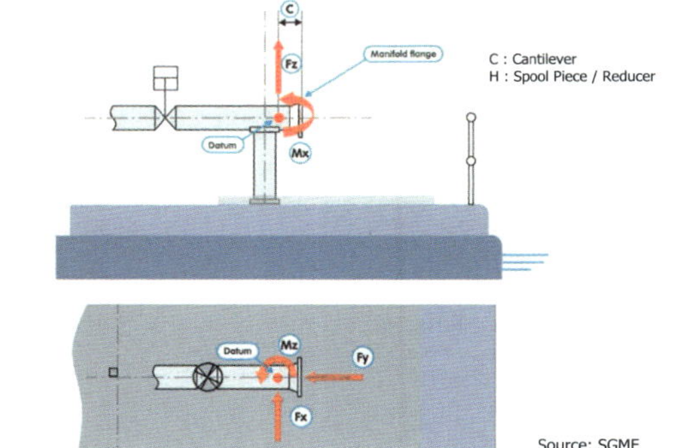

SGMF 5.5 : Manifold에 가해지는 "기계적인 하중(Mechanical Loading)"을 견딜 수 있도록 설계를 요구하고 있고, 표준 사양을 Table 6에 제안하고 있습니다. 이 설계 사양은 SGMF 5.5.1에서의 "응력해석(Stress Analysis)"을 통해 검증될 수 있습니다.

SGMF 5.5.1 : Table 6에 제안된 응력은 X, Y, Z 방향 각각의 허용가능한 최대 값입니다.

LNG bunkering manifold에 설치된 첫 번째 Support는 Fixed 또는 Rigid Point로 가정하여 응력해석 할 수 있습니다.

SGMF 5.6 Manifold Platform Loading
In the absence of other design requirements, a manifold platform designed to withstand a distributed vertical load of 1 tonne per square metre is recommended
→ 별도의 설계 요구사항이 없을 경우에 1m3 당 1톤의 수직하중을 견디도록 설계

SGMF 6.4 Strainers
The use of strainers in the bunker manifold helps to prevent debris form reaching the bunker fuel tanks. These may be of a conical or basket type.

Typically, strainers between ASTM E2016 20(0.84mm) and ASTM E2016 60(0.25mm) will be used

Strainer는 LNG filling connection에만 요구되는 것으로 판단할 수 있으나, Vapour return line을 사용하여 LNG fuel tank로 유체(LNG, N2, IGG, Air)를 이송할 경우 Vapour return line에도 Strainer 설치 필요

SGMF 6.5 Blank Flanges and Protective Caps
Blank flanges or receptacle protective caps are recommended to prevent dust, moisture, and other foreign debris from entering the piping system and receptacle when manifolds are not in use
→ Manifolds 미사용 시, 항상 "Blank flange"나 "Receptacle protective cap"을 씌우라 요구

Blank (Blind) Flange

Protect Cap

SGMF 6.6 Insulating Flanges
Provision of an electrical safety or insulation flange in accordance with a recognized standard is a regulatory requirement.

To encourage compatibility with as many bunker facilities as possible, it is recommended that the designer considers permanently installing an insulating flange in the gas-fuelled vessel's fixed pipework.

Ex) Insulation flange KIT

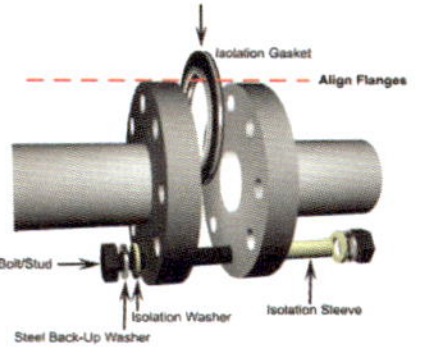

SGMF 5.6 : 별도의 설계 요구사항이 없을 경우에는 Manifold Platform은 1m3 당 1톤의 수직하중을 견디도록 설계합니다.

SGMF 6.4 : 앞서 설명한 바와 같이 Strainer는 LNG filling connection에만 요구되는 것이 아니라, Vapour return line을 사용하여 LNG fuel tank로 유체(LNG, N2, IGG, Air)를 이송할 경우 Vapour return line에도 Strainer 설치합니다.

그리고, Conical(고깔 모양) 또는 Basket(양동이 모양) Type을 적용합니다.

SGMF 6.5 : Manifolds 미사용 시에는 먼지, 습기, 외부 부스러기가 인입되는 것을 방지하기 위해 항상 "Blank flange"나 "Receptacle protective cap" 적용을 요구합니다.

SGMF 6.6 : Electric safety는 전기적으로 격리를 요구하는 것으로 연결된 Flange 사이에 전기가 통하지 않는 것을 요구하고, "Insulating flange"는 연결된 Flange 사이에 "격리(Isolation)" 확보하기 위해 가스켓(Gasket)과 같은 밀봉 키트 적용을 요구합니다.

Colour Coding

Ex) Self-standing water-filled "Crash barrier"

SGMF 6.7.1 : LNG bunkering line과 Vapour return line을 구분하기 위해 Pipe 색상을 다음과 같이 제안하고 있습니다.

Liquid line(즉, LNG 라인) : 노랑 – 보라 – 노랑

Vapour line : 노랑(단색)

SGMF 6.7.2 : 상기 항목에 Pipe 색상에 추가적으로 Pipe에 아래와 같이 대문자를 새길 것을 제안하고 있습니다.

Liquid line : "L"

Vapour line : "V"

SGMF 6.7.3 : LNG bunkering station 내에 P&ID 도면을 영구비치 하도록 요구하고 있습니다. 실제 프로젝트에는 일반적인 종이에 프린트된 도면은 젖거나 유실될 수 있기 때문에 LNG bunkering station 내 Operator가 쉽게 볼 수 있는 장소에 철판이나, 아크릴판에 도각된 형태로 부착합니다.

SGMF 6.8 : SGMF에서는 적절하게 고정되고 안전하게 운영될 수 있다면 Hose Saddle 형식에 제한을 두지 않습니다.

추가적으로 물을 채워서 자립을 유지할 수 있는 형태의 Hose Saddle을 추천하는데, 실제 적용 사례는 아직 확인되지 않았습니다.

오른쪽의 구조물은 물을 채운 차량 충돌 방벽의 예시로 Hose Saddle도 이와 유사한 컨셉으로 이해할 수 있습니다.

▼ LNG Bunker Station on Open Deck(Design based on IGF & SGMF)

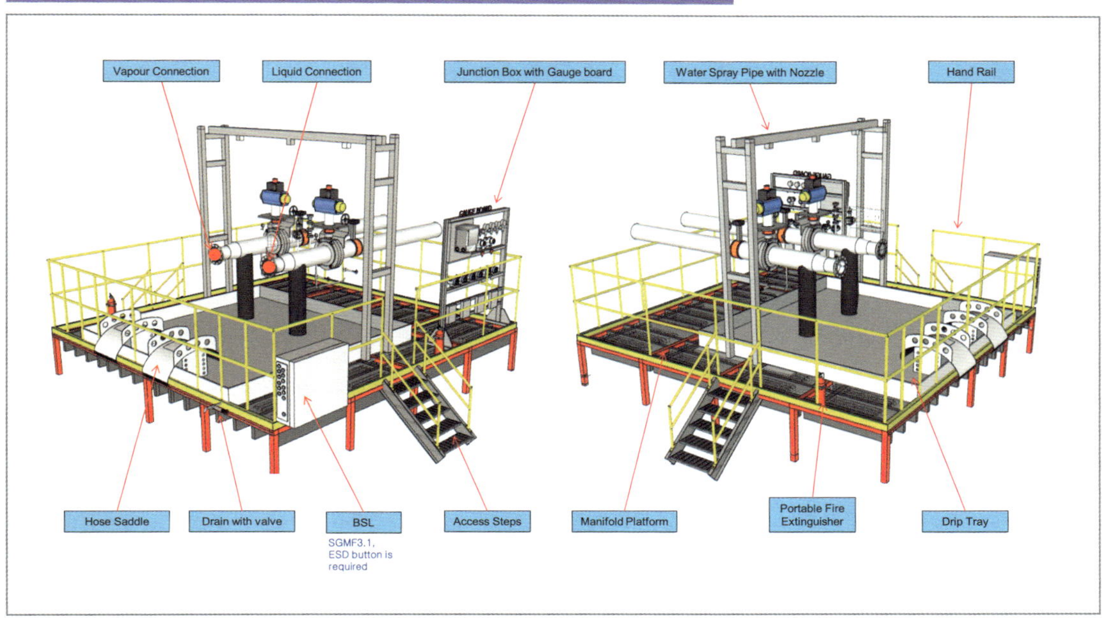

본 이미지는 지금까지 IGF와 SGMF에 요구한 설계안을 가지고 구성한 LNG bunkering station의 3D 구성도로 Bunkering station에 필요한 장비에 대한 명칭과 그 해당 항목을 쉽게 확인하실 수 있습니다.

Ships and marine technology — Specification for bunkering of liquefied natural gas fuelled vessels

1. 2017년 2월 13일, ISO(국제표준화기구)는 LNG를 연료로 사용하는 선박의 안전한 벙커링을 위한 새로운 표준인 ISO 20519를 공표

2. ISO 20519는 하드웨어, 운영절차, LNG 공급납품서(Delivery Note)를 제공하기 위해 LNG 공급자에게 요구되는 사항, 인원의 교육 및 자격요건, 적용 가능한 ISO 표준 및 현지기준 (Local Code)을 충족시키는 LNG 시설의 요건 등을 포함하여 IGC Code에서 다루지 않는 요구사항을 포함하고, IGF를 보완하기 위해 제정

3. ISO는 "북유럽의 선박들은 10년 넘는 기간 동안 선박연료로 LNG를 사용해 오면서 안전 측면에서 별다른 문제를 발생시키지 않았다. 하지만, LNG 연료의 선박 사용이 전 세계 다른 지역으로 확산되면서 더 많은 회원국들이 LNG 벙커링 운영을 표준화해야 한다는 요구를 제기하고 있다"고 언급하면서 새로운 ISO 표준은 LNG 연료선박이 안전하고 지속 가능한 방식으로 벙커링 할 수 있도록 보장할 것이라고 발표

4. ISO 표준을 준수해야 하는 요구사항은 종종 LNG 벙커링 계약에 포함되기도 하며, 현지 규정에 의거하여 참조될 수 있음

5. ISO는 LNG를 선박연료로 사용하는 것이 비교적 새로운 것이기 때문에 시간이 지남에 따라 습득하게 되는 교훈과 기술적 변화를 반영하기 위해 표준을 주기적으로 업데이트할 필요가 있다고 지적하면서, 이를 달성하기 위해 LNG 벙커링 관련 사고를 추적하고 표준에 대한 업데이트를 언제 실행해야 하며 식별하는 워킹그룹을 추가적으로 구성

지금부터는 LNG 연료선박의 벙커링을 위해 2017년에 공표된 ISO 20519 표준 설계 가이드라인에 대해서 설명을 드리겠습니다.

ISO 20519는 2017년 2월 13일, ISO(국제표준화기구)를 통해 LNG를 연료로 사용하는 선박의 안전한 벙커링을 위한 새로운 표준을 정하기 위한 목적으로 하드웨어, 운영절차, LNG 공급납품서 (Delivery Note)를 제공하기 위해 LNG 공급자에게 요구되는 사항, 인원의 교육 및 자격요건, 적용 가능한 ISO 표준 및 현지기준(Local Code)을 충족시키는 LNG 시설의 요건 등을 포함하여 IGC Code에서 다루지 않는 요구사항을 포함하고 있고, IGF를 보완하기 위해 제정 되었습니다.

ISO는 "북유럽의 선박들은 10년 넘는 기간 동안 선박연료로 LNG를 사용해 오면서 안전 측면에서 별다른 문제를 발생시키지 않았다. 하지만, LNG 연료의 선박 사용이 전 세계 다른 지역으로 확산되면서 더 많은 회원국들이 LNG 벙커링 운영을 표준화해야 한다는 요구를 제기하고 있다"고 언급하면서 새로운 ISO 표준은 LNG 연료선박이 안전하고 지속 가능한 방식으로 벙커링 할 수 있도록 보장할 것이라고 그 취지를 밝혔습니다.

ISO 20519를 준수해야 하는 요구사항은 종종 LNG 벙커링 계약에 포함되기도 하며, 현지 규정에 의거하여 적용되거나 참조될 수도 있습니다.

추가적으로 LNG 연료선박에 대한 계약이나, 설계 시에도 ISO 20519 가이드를 반영하기도 합니다.

ISO는 LNG를 선박연료로 사용하는 것이 비교적 새로운 것이기 때문에 시간이 지남에 따라 습득하게 되는 교훈과 기술적 변화를 반영하기 위해 표준을 주기적으로 업데이트할 필요가 있다고 지적하면서, 이를 달성하기 위해 LNG 벙커링 관련 사고를 추적하고 표준에 대한 업데이트를 언제 실행해야 하는지 식별하는 워킹그룹을 추가적으로 구성하고 있습니다.

▼ Technical Specification for LNG Bunkering(ISO 20519) - 1

ISO 20519, Introduction
- This document has been designed to support the IMO International Code of Safety for Ships using Gases or other Low-flashpoint Fuels(IGF Code).
- This document can be used for both vessels involved in international and domestic service regardless of size.
- This document does not replace existing laws or regulations. It is flexible so that it can be applied in many situations and under various regulatory regimes as long as the requirements of this document are met. If, however, local regulations preclude its use and do not provide the safety specified in this document, compliance with this document should not be claimed.

• 본 문서는 IGF Code를 보완하기 위해 제정됨

• 본 문서는 선박 크기와 관계 없이 국제, 국내(Local) Both Vessel 즉, LNG 벙커링선박, LNG 연료선박에 활용될 수 있음

• 현지 규정이 ISO 20519 사용을 금지하고 본 문서에 명시된 안전성을 채택하지 않는 경우 본 문서의 준수를 주장해서는 안됨

ISO 20519, 1. Scope
This document sets requirements for LNG bunkering transfer systems and equipment used to bunker LNG fuelled vessels, which are not covered by the IGC Code. This document includes the following five elements:

a) hardware: liquid and vapour transfer systems;
b) operational procedures;
c) requirement for the LNG provider to provide an LNG bunker delivery note;
d) training and qualifications of personnel involved;
e) requirements for LNG facilities to meet applicable ISO standards and local codes.

이 문서는 IGC 코드에 포함되지 않는 LNG 연료를 사용하는 선박을 벙커링 하는 데 사용되는 LNG 벙커링 이송 시스템 및 장비에 대한 요구사항을 규정하고 있음.
이 문서에는 다음 5가지 요소가 포함되어 있습니다.

a) 하드웨어장비 : 액체(즉, LNG), 증기(즉, Vapour Gas)
b) 운전 절차
c) LNG 벙커링 공급자가 LNG 공급통지서를 제공하기 위한 요구사항
d) LNG 벙커링 관련인력의 교육 및 자격
e) 적용 가능한 ISO 표준 및 현지 법규를 충족하기 위한 LNG 시설 요건

ISO 20519, 3.22 Vessel
includes ships, barges(self-propelled or no propulsion) or boats of any size in domestic or international service
Note 1 to entry: A bunkering vessel is a vessel used to transport LNG to a vessel using LNG as a fuel.
Note 2 to entry: A receiving vessel is a vessel that uses LNG as a fuel and does not transport LNG as a cargo.

본 문서는 LNG 벙커링에 한정되며, IGF에서 언급되는 CNG, LPG 및 다른 연료에는 해당하지 않음

ISO 20519, 3.1 Bunkering
operation of transferring LNG fuel to a vessel(3.22)
Note 1 to entry: For the purposes of this document, it refers to the delivery of LNG only. This document does not address the transfer of CNG, propane or fuels other than LNG that may be covered by the IGF Code(see 3.2).

ISO 20519, 3.2 Bunkering terminal
fixed operation on or near shore that is not regulated as a vessel(3.22) that can be used to provide LNG bunkers to a receiving vessel

배가 아닌, 육상에 고정 또는 육상 근처에서 LNG를 연료선박에 충전하는 설비를 의미함

ISO 20519 규정은 앞서 설명한 바와 같이 IGF에서는 언급되지 않은 LNG 벙커링과 관련된 하드웨어, 운영절차, LNG 공급납품서(Delivery Note), LNG 공급자에게 요구되는 사항, 인원의 교육 및 자격요건 등을 보완하기 위해 제정되었기 때문에 다양한 내용이 설명되어 있습니다.

하지만, 본 장에서는 LNG Bunkering Station과 관련된 교육에 초점을 맞추고 있기 때문에 ISO 20519 규정 중, LNG Bunkering Station과 관련된 항목을 설명하도록 하겠습니다.

먼저 ISO 20519 Introduction에 보면, 본 문서를 IGF Code를 보완하기 위해 제정되었고, 선박 크기와 관계 없이 국제/국내(Local) 규정을 적용 받는 Both Vessel 즉, LNG 벙커링 선박, LNG 연료선박에 활용될 수 있으며, 만약 현지(Local) 규정이 ISO 20519 사용을 금지하고 본 문서에 명시된 안전성을 채택하지 않는다면 본 문서의 준수를 주장할 수 없다고 언급하고 있습니다.

공급구분(Scope)에서는 이 문서는 IGC 코드에 포함되지 않는 LNG 연료를 사용하는 선박을 벙커링 하는 데 사용되는 LNG 벙커링 이송 시스템 및 장비에 대한 요구사항을 규정하고 있으며, 아래와 같이 5가지 요소를 포함하고 있습니다.

a) 하드웨어장비 : 액체(즉, LNG), 증기(즉, Vapour Gas)
b) 운전 절차
c) LNG 벙커링 공급자가 LNG 공급통지서를 제공하기 위한 요구사항
d) LNG 벙커링 관련인력의 교육 및 자격
e) 적용 가능한 ISO 표준 및 현지 법규를 충족하기 위한 LNG 시설 요건 등이 있습니다.

Bunkering에 대한 항목으로 본 문서는 LNG 벙커링에 한정되며, IGF에서 언급되는 CNG, LPG 및 다른 연료에는 해당하지 않습니다.
즉, LNG 외 다른 연료의 Bunkering을 위한 가이드로 본 문서를 참고할 수 없음을 의미합니다.

ISO 20519에서는 "Terminal"에 대해 배가 아닌, 육상에 고정 또는 육상 근처에서 LNG를 연료선박에 충전하는 설비로 정의하고 있습니다.

Source: ISO 20519(Annex B)

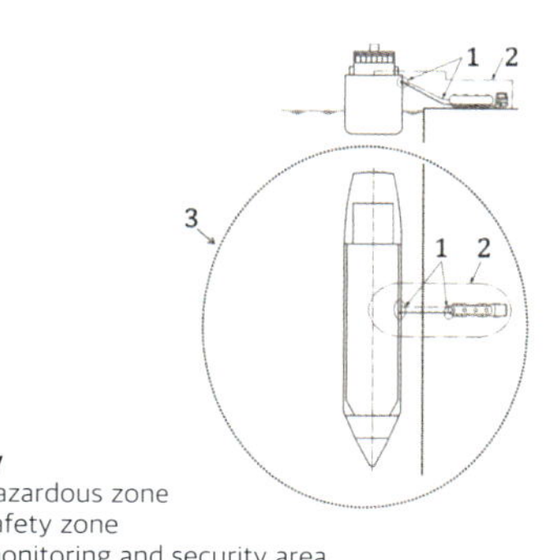

Figure B.1 – Illustration of the relationship of the hazardous
zone, safety zone and monitoring and security area

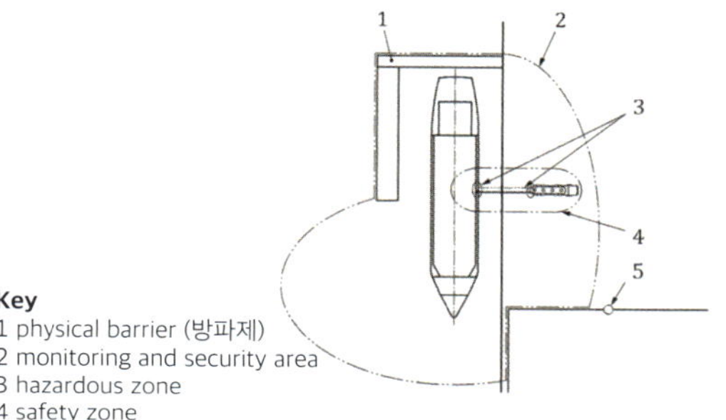

Figure B.2 – Illustration of how existing security facilities and physical barriers
may be used to reduce the size of the monitoring and security area

ISO 20519에서 통제구역 "Controlled Zone"이란 용어가 언급되는데, 이 구역은 제한 사항이 마련된 LNG 벙커링 작업 중 LNG 연료선박의 벙커링 매니폴드 및 LNG 공급원에서 확장되는 지역을 의미하는 것으로,

이러한 제한사항에 작업자의 접근 제한, 점화원 및 무단 활동이 포함되며, 이 통제구역은 Annex B에 위험구역(hazardous zones), 안전구역(safety zones), 감시 및 보안구역(the monitoring and security areas) 으로 정의됩니다.

이러한 구역에 대한 Fig. B.1과 Fig B.2 도면을 통해 쉽게 이해할 수 있습니다.

ISO 20519, 3.7 Emergency Release(Break-away) Coupling - ERC
coupling installed on LNG(3.10) and vapour lines, as a component of ERS, to ensure the quick physical disconnection of the transfer system from the unit to which it is connected, designed to prevent damage to loading/unloading equipment in the event that the transfer system's operational envelope and/or parameters are exceeded beyond a predetermined point

ERC는 Break-away coupling 과 동일한 의미
ERC는 "LNG" line과 "Vapour" Line 모두에 설치가 요구됨

ISO 20519, 3.8 Emergency Release System - ERS
system that provides a safe shut down, transfer system isolation and quick release of hoses or transfer arms(3.19) between the facility or vessel(3.22) providing the LNG(3.10), and the vessel receiving the LNG, preventing product release at disconnection time

Note 1 to entry: The ERS consists of an emergency release coupling(ERC) and interlocked isolating valves which automatically close on both sides, thereby containing the LNG or vapour in the lines(dry disconnect), and, if applicable, associated control system.

1) ERS 에서 제공하는 기능 및 장비
  - A safe shutdown
  - Transfer system isolation and quick release of hose or
  - Transfer arms between the facility or vessel providing the LNG and the vessel receiving the LNG
  - Preventing product release at disconnection time

2) Note 1 : ERS 구성 요소
  - ERC
  - 양쪽에서 자동으로 닫히는 "Interlocked isolating valve"
  - LNG나 Vapour를 배관에 가둘 수 있는 "Dry disconnect"
  - 만약 적용된다면, "Associated control system"

ISO 20519, 3.19 Transfer Arm
articulated metal transfer system used for transferring LNG(3.10) to the vessel(3.22) being bunkered
Note 1 to entry: It can be referred to as a "loading arm" or "unloading arm".

ISO 20519, 3.9 Emergency Shutdown System - ESD
system that safely and effectively stops the transfer of (3.10) and vapour between the facility or vessel(3.22) providing the LNG and the vessel receiving the LNG or vice versa

Note 1 to entry: The operation of this system can be referred to as an "ESD I". Vessel ESD systems should not be confused with other emergency shutdown systems within the terminal or on board vessels.
Note 2 to entry: An informative illustration of an ESD I and ESD II is provided in Figure C.2.

ESD System은 LNG 공급자(The facility or vessel)와 LNG 연료선박 간 안전하고 효과적으로 LNG 벙커링을 정지시키는 시스템

Note 1 : 상기 ESD System Operation은 "ESD1"에 해당함. 선박 ESD System은 터미널 또는 선박 내 다른 ESD 시스템과 혼동되지 않아야 함

Note 2: ESD1과 ESD2에 대한 일러스트레이션은 Fig. C.2 참조

  ERC : Emergency Release Coupling에 대해서 Break away coupling과 동일한 의미로 간주하고 있으며, ERC는 "LNG" line과 "Vapour" Line 모두에 설치를 요구하고 있습니다.

ERS는 Emergency Release System을 의미하고 ERC는 ERS의 하나의 구성장비로 정의됩니다. ERS에서 제공하는 기능 또는 장비는 아래와 같습니다.

- A safe shutdown(안전한 정지)

- Transfer system isolation and quick release of hose or(LNG 이송 차단 및 호수의 긴급 분리)

- Transfer arms between the facility or vessel providing the LNG and the vessel receiving the LNG(LNG 공급선 또는 LNG 공급설비와 연료선박 간의 Transfer Arm)

- Preventing product release at disconnection time(연결이 해제되는 시점에 LNG 누설을 차단하는 설비)

Note 1에서 ERS의 구성 요소에 대해 자세하게 언급하고 있으며,

- 앞서 언급했던 ERC와

- LNG공급, 수급 양쪽에서 자동으로 닫히는 "Interlocked isolating valve"

- LNG나 Vapour를 배관에 가둘 수 있는 "Dry disconnect"

- 만약 적용된다면, "Associated control system"이 포함될 수 있습니다.

추가적으로 앞서 언급했던, Transfer Arm은 "Loading arm" 또는 "Unloading arm"으로 부를 수 있습니다. 즉, 동일한 의미입니다.

ISO 20519에서 언급되는 ESD(Emergency Shut Down) System은 LNG 공급자(The facility or vessel)와 LNG 연료선박 간 안전하고 효과적으로 LNG 벙커링을 정지시키는 시스템으로 ESD System Operation은 "ESD1"에 해당한다고 정의하고 있습니다.

그리고, 선박 ESD System은 터미널 또는 선박 내 다른 ESD 시스템과 혼동되지 않아야 한다고 요구하고 있습니다.

앞서 언급한 ESD1에 대해서는 Annex C, Fig. C.2에서 ESD2와 함께 자세히 설명드리겠습니다.

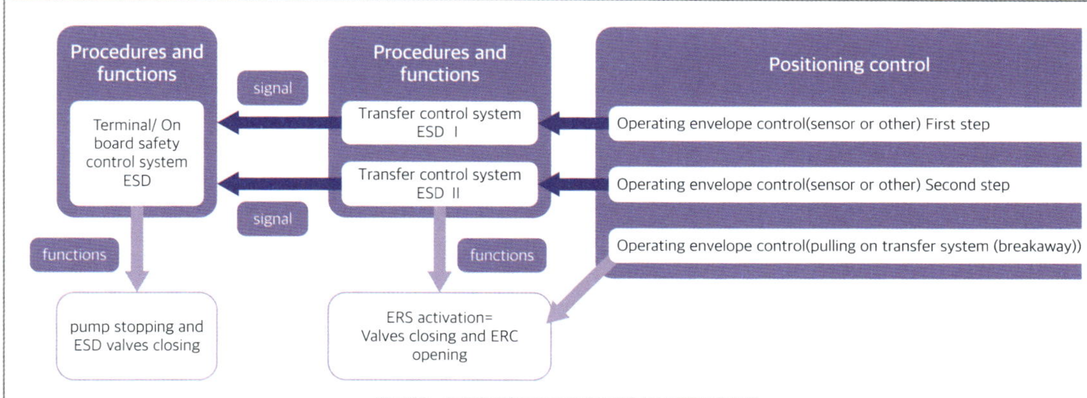

Figure C.1 - Example of functional diagram with both ESD1 and ESD2

ESD I : First step alarm and procedure on transfer system side, coming from operating envelope control or operator action with a signal to generate an ESD at the terminal(ESD II as per terminal language).
→ 터미널에서 ESD를 생성하기 위한 신호(터미널 언어에 따른 ESD II)를 포함한 작동 엔벨로프 제어 또는 운전자 실행으로 발생하는 LNG이송 시스템의 첫 번째 단계 경보 및 절차

ESD II : Second alarm and procedure on transfer system side to generate physical disconnection(activation of the ERS valves and ERC).
→ 물리적 분리(ERS 밸브 및 ERC 활성화)를 생성하기 위한 전송 시스템 측의 두 번째 경보 및 절차

ESD I : 터미널에서 ESD를 생성하기 위한 신호(터미널 언어에 따른 ESD II)를 포함한 작동 엔벨로프 제어 또는 운전자 실행으로 발생하는 LNG 이송시스템의 첫 번째 단계 경보 및 절차

즉, ESD1은 여러 가지 정보와 운전자의 판단으로 결정되는 첫 번째 ESD 경보와 절차를 의미합니다.

ESD II : 물리적 분리(ERS 밸브 및 ERC 활성화)를 생성하기 위한 전송 시스템 측의 두 번째 경보 및 절차. 즉, ESD1에서 좀더 상황이 악화되면 LNG 이송시스템에 대한 물리적인 분리가 일어나는 ESD2가 진행됩니다.

▼ Technical Specification for LNG Bunkering(ISO 20519) - 5

ISO 20519, 3.14 Mobile Facility mobile facilities are trucks, rail car or other mobile device(including portable tanks) used to transfer LNG(3.10) to a vessel(3.22)	본 문서에서 언급하는 "Mobile Facility"는 아래와 같은 수단을 명확하게 정의 - Trucks - Rail car or - Other mobile device(including portable tank) ISO 20519, 5.2.1에도 추가적으로 언급됨 Mobile facilities(e.g. tank trucks, rail cars and portable tanks) including their tanks, piping, hoses, pumps and valves shall be fabricated and conform to meet ISO or other standards recognized by national standards bodies that are ISO members for handling cryogenic liquids.
ISO 20519, 5.3.1 All equipment used in the transfer system shall meet the requirements defined for that specific piece of equipment as prescribed in 5.3 to 5.5. The use of liquid nitrogen as a substitute for LNG during testing of the equipment by the equipment manufacturers is acceptable.	LNG 벙커링과 관련된 장비에 대한 테스트에 대해 LNG에 대한 대안으로 "Liquid Nitrogen"(액체질소) 사용을 허용
ISO 20519, 5.3.4 Flow rate of LNG through the transfer system shall not exceed 12 m/s, however, higher speeds can be locally acceptable in reduced passages, for example in the ERS, provided cavitation and vibration is acceptable.	LNG 벙커링 유량/속도는 12m/sec를 초과하지 말 것 물론, 더 빠른 속도로 충전하는 것은 국내(Locally)에서 허용될 수 있지만, 빠른 유속으로 인한 캐비테이션과 진동이 허용이 되어야 합니다.
ISO 20519, 5.4.1.2 The ESD shall be designed to be activated by operator-initiated signals as well as sensor input and when activated, initiate shutting down the LNG transfer pumps and closing of the ESD valves. At a minimum, they will include sensors that will provide input in the event of - fire or gas detection, - power failure, - LNG tanks being overfilled, - abnormal pressure in the transfer system, - vessel drifting out of position, - low temperature in the drip tray, and - loading arm being overstressed. NOTE An illustration of the ESD initiators is provided in Figures C.3 and C.4.	ESD는 운전자에 의해 동작되도록 설계되어야 하며, Sensor input을 통해서도 동작되어야 함 아래는 ESD가 동작되는 Sensor input 이벤트임 - fire or gas detection, (화재 or 가스 감지) - power failure,(전원 손실, 정전) - LNG tanks being overfilled,(LNG와 충전) - abnormal pressure in the transfer system,(LNG transfer system의 이상 압력) - vessel drifting out of position,(선박 위치 이탈) - low temperature in the drip tray, and(Drip tray에서의 Low temp. 감지) - loading arm being overstressed.(Loading Arm의 과하중) ESD 동작 일러스트레이션에 대해서는 Fig. C.3과 Fig.C.4 참조

ISO 20519에서는 "Mobile Facility"에 대해 아래와 같은 수단을 명확하게 정의하고 있습니다.

- Trucks

- Rail car or

- Other mobile device(including portable tank)

추가적으로 ISO 20519, 5.2.1에서는 "Mobile Facility"에 'tank', 'piping', 'hoses', 'pump', 'valve'도 포함된다고 언급하고 있습니다.

ISO 20519, 5.3.1에서는 LNG 벙커링과 관련된 장비에 대한 테스트에 대해 LNG에 대한 대안으로 "Liquid Nitrogen"(액체질소) 사용을 허용하고 있습니다.

ISO 20519, 5.3.4에서는 LNG 벙커링 유량/속도는 12m/sec 이하를 요구하고 있습니다. 물론, 더 빠른 속도로 충전하는 것은 국내(Locally)에서 허용될 수 있지만, 빠른 유속으로 인한 캐비테이션과 진동이 국내 규제에 허용되어야 합니다.

ISO 20519, 5.4.1.2에서는 ESD는 운전자에 의해 동작되도록 설계되어야 하며, Sensor input을 통해서도 동작되어야 한다고 요구하고 있습니다.

다음은 ESD가 동작되는 Sensor input 이벤트를 정의한 것입니다.

- fire or gas detection, (화재 or 가스 감지)

- power failure, (전원 손실, 정전)

- LNG tanks being overfilled, (LNG 과충전)

- abnormal pressure in the transfer system, (LNG transfer system의 이상 압력)

- vessel drifting out of position, (선박 위치를 벗어난 표류)

- low temperature in the drip tray, and (Drip tray에서의 Low temp. 감지)

- loading arm being overstressed. (Loading Arm의 과하중)

이러한 ESD 동작 구성에 대해서는 Fig. C.3과 Fig. C.4에서 다시 설명드리겠습니다.

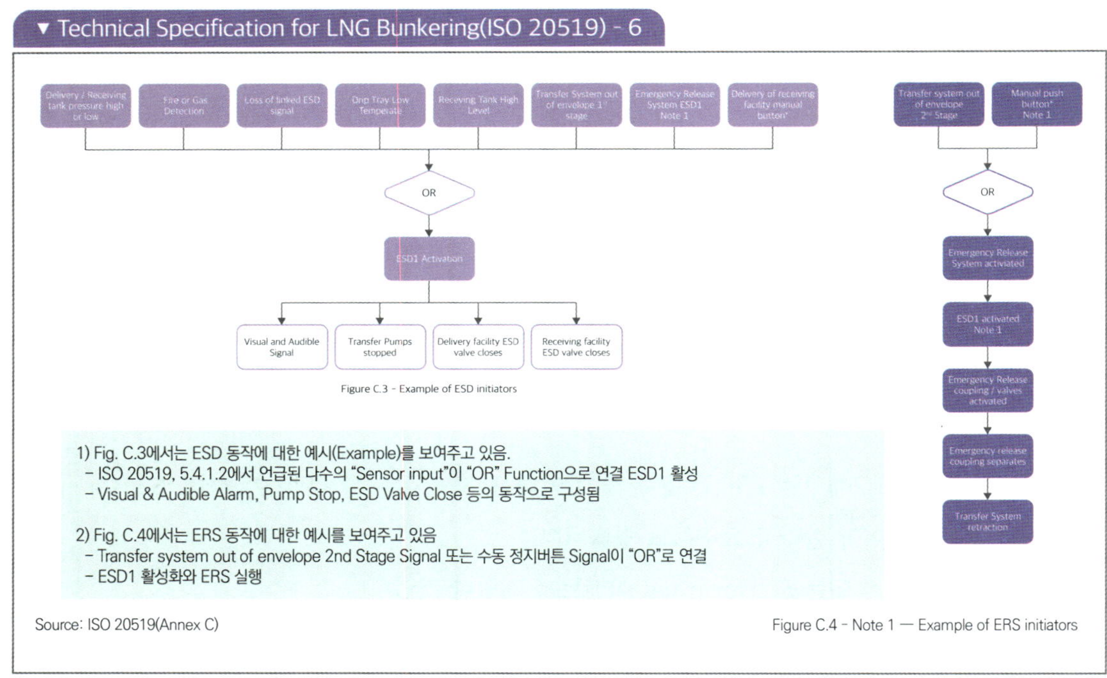

Figure C.3 - Example of ESD initiators

1) Fig. C.3에서는 ESD 동작에 대한 예시(Example)를 보여주고 있음.
 – ISO 20519, 5.4.1.2에서 언급된 다수의 "Sensor input"이 "OR" Function으로 연결 ESD1 활성
 – Visual & Audible Alarm, Pump Stop, ESD Valve Close 등의 동작으로 구성됨

2) Fig. C.4에서는 ERS 동작에 대한 예시를 보여주고 있음
 – Transfer system out of envelope 2nd Stage Signal 또는 수동 정지버튼 Signal이 "OR"로 연결
 – ESD1 활성화와 ERS 실행

Source: ISO 20519(Annex C)

Figure C.4 - Note 1 — Example of ERS initiators

Fig. C.3은 ESD가 동작되는 이벤트를 플로우 차트 예시로 앞서 설명드렸던, Sensor Input 이벤트가 "OR" Gate로 연결되어 ESD1 동작을 활성하는 것을 보여줍니다. 이러한 ESD1 동작으로는 Visual & Audible Alarm, Pump Stop, ESD Valve Close 등이 있습니다.

Fig. C.4에서는 ERS(Emergency Release System) 동작에 대한 예시를 보여주고 있으며, Transfer system out of envelope 2nd Stage Signal 또는 수동 정지버튼 Signal이 "OR" Gate로 연결되어 ESD1 활성화와 ERS를 실행합니다.

ERS가 동작하는 조건에 대해서 최소한 아래 항목에 대해서는 고려하여 시스템을 설계해야 합니다.

물론, 더 많은 항목을 고려할 수도 있겠지만, 고려 항목이 많아질수록 시스템 설계가 복잡해지고 가격도 더 상승하기 때문에 ISO 20519에서 요구하는 최소한의 항목을 맞춰 ERS를 설계하고, 추가 고려사항에 대해서는 선주사나 Local Authority와 협의가 필요합니다.

- wind speeds and direction ; (풍속 및 풍향)

- current and bank effect ; (조류 및 제방의 영향)

- tidal range ; (조수 간만의 차이)

- waves and swell height, period and direction ; (파도의 높이, 주기 및 방향)

- surge from passing vessels ; (주변을 지나는 배로 인한 물결/파도)

- inadvertent operation of vessel's propulsion or of mooring system ; (선박의 추진 또는 계류 시스템의 부주의한 작동)

- ice flows.(유빙)

ISO 20519 5.4.5에서는 LNG Tank truck과 같이 "Low volume transfer system"의 경우 150m3/h 이하 유량으로 충전하도록 요구하고 있습니다.

ISO 20519, 5.6. Identification of transfer equipment

The LNG bunker provider shall list the equipment and applicable operating parameters for the equipment that will be used during a bunkering operation including, if applicable, the return of natural gas(vapour return). This list shall at a minimum provide the following information:

a) connection types to which connection is possible;
b) diameter of hoses or pipes to be used;
c) ESD system or systems to be used;
d) maximum and minimum flow rates created by pumps or pressure differentials;
e) maximum pressure the transfer system could experience during transfer or in the event the breakaway emergency release system is triggered(the valve instantly closes, i.e. surge);
f) number of bunkering operations which can be conducted simultaneously;
g) equipment used, if any, for returning natural gas(i.e. vapour return);
h) horizontal and vertical distances that their system can transfer LNG;
i) weather conditions under which operation can take place including temperature, wind, precipitation, lighting;
j) limitations on sea state conditions under which operations can take place;
k) operating envelope of the transfer system taking into account the degrees of freedom, relative motion required in regard to h), i) and j);
l) lines for inerting the system

If the LNG provider has more than one type or size of transfer system or more than one pumping system, the information required by this subclause shall be listed separately for each system.

LNG 벙커링 공급자는 적용 가능한 경우 Vapour Return을 포함하여 벙커링 작업 중에 사용될 장비 및 장비에 대한 적용 가능한 운영 파라미터를 List 해야 함.
이 List은 최소한 다음 정보를 제공해야 한다.

a) 연결 가능한 연결 형식(방식)
b) Hose의 관경 또는 사용될 pipe
c) ESD 시스템 또는 사용될 시스템
d) Pump를 통해 생성되는 최대/최소 유량 또는 차압 정보
e) LNG이송 중 Breakaway Emergency 분리가 일어나는 지점의 최대 압력 경험치
f) 동시에 공급할 수 있는 Bunkering Operation 개수
g) 만약 적용될 경우, Vapour return에 사용되는 장비
h) LNG를 전달할 수 있는 수평 및 수직 거리
i) 온도, 바람, 강수량, 번개를 포함하여 발생할 수 있는 기상 조건
j) LNG 벙커링 중에 발생할 수 있는 해양 상태 조건에 대한 제한 사항
k) h), i) 및 j)와 관련되어 필요한 자유도, 상대 운동을 고려한 이송 시스템의 작업 지침
l) 시스템 Inerting을 위한 배관

LNG 공급자가 2개 이상의 형식 또는 크기의 이송 시스템 또는 2개 이상의 Pumping 시스템을 가지고 있는 경우, 여기서 요구하는 정보는 각 시스템에 대해 별도로 작성해야 함

ISO 20519, 6.5.2.2

On the vessel being bunkered, there shall be a dedicated manifold watch that is able to communicate with the PIC and will monitor the transfer system for unsafe conditions. The manifold watch shall monitor the transfer operation via CCTV or shall be located close to the receiving manifold but not in harm's way. The manifold watch shall not be assigned any other duties that could interfere with monitoring of the transfer system or immediately communicating with the PIC and activating the ESD if an unsafe situation is observed.

Manifold를 지켜보는 CCTV를 설치하거나, Manifold 근처에서 직접 지켜볼 수 있는 수단 필요

ISO 20519 5.6에서는 LNG 벙커링 공급자는 적용 가능한 경우 Vapour Return을 포함하여 벙커링 작업 중에 사용될 장비 및 장비에 대한 적용 가능한 운영 파라미터를 List 해야 하며, 이 List는 최소한 다음 정보를 제공해야 합니다.

a) 연결 가능한 연결 형식(방식)

b) Hose의 관경 또는 사용될 pipe

c) ESD 시스템 또는 사용될 시스템

d) Pump를 통해 생성되는 최대/최소 유량 또는 차압 정보

e) LNG 이송 중 Breakaway Emergency 분리가 일어나는 지점의 최대 압력 경험치

f) 동시에 공급할 수 있는 Bunkering Operation 개수

g) 만약 적용될 경우, Vapour return에 사용되는 장비

h) LNG를 전달할 수 있는 수평 및 수직 거리

i) 온도, 바람, 강수량, 번개를 포함하여 발생할 수 있는 기상 조건

j) LNG 벙커링 중에 발생할 수 있는 해양 상태 조건에 대한 제한 사항

k) h), i) 및 j)와 관련되어 필요한 자유도, 상대 운동을 고려한 이송 시스템의 작업 지침

l) 시스템 Inerting을 위한 배관

LNG 공급자가 2개 이상의 형식 또는 크기의 이송 시스템 또는 2개 이상의 Pumping 시스템을 가지고 있는 경우, 여기서 요구하는 정보는 각 시스템에 대해 별도로 작성해야 합니다.

ISO 20519, 6.5.2.2에서는 Manifold를 지켜보는 CCTV를 설치하거나, Manifold 근처에서 직접 지켜볼 수 있는 수단을 요구하고 있습니다.

▼ Technical Specification for LNG Bunkering(ISO 20519) - 9

ISO 20519, 6.5.2.3
The LNG provider shall allocate a dedicated hose watch that is able to communicate with the PIC and will monitor the transfer system for unsafe conditions. The hose watch shall monitor the transfer operation via CCTV or shall be located close to the discharge manifold but not in harm's way. The hose watch shall not be assigned any other duties that could interfere with monitoring of the transfer system or immediately communicating with the PIC and activating the ESD if an unsafe situation is observed.

Hose를 지켜보는 CCTV를 설치하거나, Hose 근처에서 직접 지켜볼 수 있는 수단 필요
이 항목은 ISO 20519, 6.5.2.2에서 요구하는 Manifold Watch용 CCTV 혹은 수단과는 별개임

ISO 20519, 6.5.6
Unless other arrangements are made, the bunker transfer equipment shall be supplied and maintained by the LNG provider.

별도의 구성과 요구사항이 없는 한, "Bunker Transfer Equipment"는 LNG 공급자가 공급하고 유지관리 해야 함

ISO 20519, Annex A, LNG Bunker Checklists
The following checklists(Part A to E) were developed for use with this document, alternative check lists may be used as long as they contain at least the same information that is listed in the attached check sheets. 6.2.1 and 6.2.2 may be considered and checklist items that apply to those items that need to only be conveyed once(and after any changes) need not be checked off after the first transfer if both parties involved in the transfer agree and local or national authorities allow the omission.

As an option, the LNG bunker checklists(version 3.6, 2015) developed by SGMF and the International Association of Ports and Harbors(IAPH) published by IAPH may be used in place of the attached checklists under the following conditions:

a) both parties involved agree to use the alternative checklists;
b) the competent authorities permit their use;
c) the same checklists are used from pre-operations through completion of the transfer(no mixing of lists).

LNG Bunker Checklists

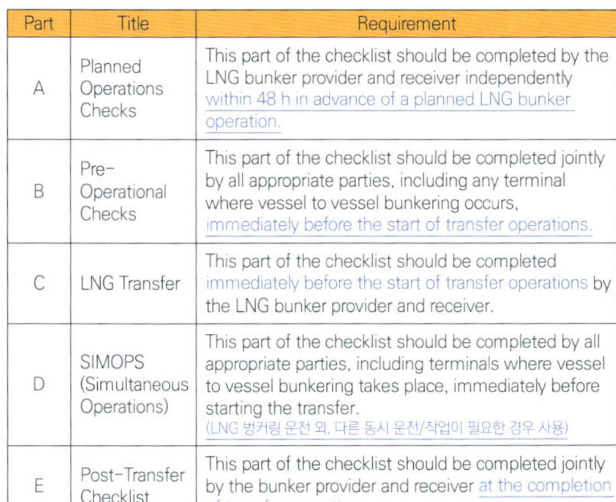

Part	Title	Requirement
A	Planned Operations Checks	This part of the checklist should be completed by the LNG bunker provider and receiver independently within 48 h in advance of a planned LNG bunker operation.
B	Pre-Operational Checks	This part of the checklist should be completed jointly by all appropriate parties, including any terminal where vessel to vessel bunkering occurs, immediately before the start of transfer operations.
C	LNG Transfer	This part of the checklist should be completed immediately before the start of transfer operations by the LNG bunker provider and receiver.
D	SIMOPS (Simultaneous Operations)	This part of the checklist should be completed by all appropriate parties, including terminals where vessel to vessel bunkering takes place, immediately before starting the transfer. (LNG 벙커링 운전 외, 다른 동시 운전/작업이 필요한 경우 사용)
E	Post-Transfer Checklist	This part of the checklist should be completed jointly by the bunker provider and receiver at the completion of transfer operations.

ISO 20519, 6.5.2.3에서는 Hose를 지켜보는 CCTV를 설치하거나, Hose 근처에서 직접 지켜볼 수 있는 수단을 요구하고 있는데, 이 항목은 ISO 20519, 6.5.2.2에서 요구하는 Manifold Watch용 CCTV 혹은 수단과는 별개입니다.

즉, Manifold와 Hose를 동시에 지켜볼 수 있는 한 개의 CCTV 설치를 허용하지 않는 한, 각각의 CCTV 설치가 필요합니다.

ISO 20519, 6.5.6에서는 별도의 구성과 요구사항이 없는 한, "Bunker Transfer Equipment"는 LNG 공급자가 공급하고 유지관리 해야 한다고 명확하게 언급하고 있습니다.

본 항목은 IGF나 SGMF에서는 명확하게 언급되지 않기 때문에, 실제 프로젝트에 있어서 "Bunker Transfer Equipment"에 대해 선주사, 조선소, FGSS 공급사 중 누가 이 장비를 공급하는 지에 대해 논란이 많았습니다. 하지만, ISO 20519에서는 이러한 공급 구분을 명확히 LNG 공급사라고 지정하고 있습니다.

ISO 20519, Annex A에서는 LNG Bunker Checklist에 대해서 Part-A부터 Part-E까지 설명하고 있습니다.

꼭 이 Checklist가 아니더라도 ISO 20519 6.2.1과 6.2.2에서 열거한 내용과 동일한 정보를 포함하고 있다면 대체 Checklist도 사용 가능합니다.

또한 이전에 LNG bunker 관련 당사자 쌍방이 동의하고 국내/국제 공인기관 생략을 허용하는 경우 첫 번째 벙커링에 한 번만 Checklist를 제출하고 이후 변경이 없는 항목은 확인할 필요가 없습니다.

옵션으로 a)~c) 조건 상황에서, 첨부된 체크리스트 대신 SGMF가 개발한 LNG 벙커 체크리스트(버전 3.6, 2015)와 국제항만협회(IAPH)가 개발한 체크리스트를 사용할 수 있습니다.

a) LNG bunker 관련 당사자 쌍방이 대체 Checklist(점검표) 사용에 동의하는 경우,

b) 관할 기관이 사용을 허용하는 경우,

c) LNG bunker 사전 작업부터 Bunkering 완료까지 동일한 체크리스트가 사용되는 경우
(Checklist 혼용 금지)

그럼, ISO 20519, Annex A에서 제안된 Part A-E의 "LNG Bunker Checklist"에 대해 간략하게 설명을 드리겠습니다.

Part A는 "Planned Operations Checks"로 LNG Bunker Operation이 시작되기 48시간 전에 LNG 공급자와 LNG 연료선박 간에 점검을 완료해야 하는 항목이 열거되어 있습니다.

Part B는 "Pre-Operational Checks"로 LNG Transfer Operation이 시작되기 바로 전에 Bunkering에 참여하는 모든 사업자가 점검을 완료해야 하는 항목이 열거되어 있습니다.

Part C는 "LNG Transfer"로 LNG Transfer Operation이 시작되기 바로 전에 LNG 공급자와 LNG 연료선박 간에 점검을 완료해야 하는 항목이 열거되어 있습니다.

Part D는 "SIMOPS(Simultaneous Operations)"로 LNG 벙커링 운전 외, 다른 동시 운전/작업이 필요한 경우 Bunkering에 참여하는 모든 사업자가 점검을 완료해야 하는 항목이 열거되어 있습니다.

Part E는 "Post-Transfer Checklist"로 LNG Transfer Operation이 완료된 이후 LNG 공급자와 LNG 연료선박 간에 점검을 완료해야 하는 항목이 열거되어 있습니다.

▼ Sample of LNG Bunker Checklist(Part A)

LNG BUNKER CHECKLIST

Part A: Planned Operations Checks

This part of the checklist should be completed by the LNG bunker provider and receiver independently within 48 h in advance of a planned LNG bunker operation.

Planned date and time

Port and Berth or location

LNG receiving vessel

LNG bunker vessel

	Check	Receiving vessel	Bunker vessel	Bunker terminal	Remarks
1	Emergency fire plans are located externally			■	Location:
2	International shore connection available			■	Location:
3	Firefighting equipment available for use				
4	Gas detection equipment tested, calibrated and available for use				
5	Personnel protective equipment available for use				
6	Water spray system available for use			■	
7	Spill containment and hull protection system in place			■	
8	LNG transfer pumps and/or equipment in working order				
9	Remote control valves tested and in working order				
10	LNG tank pressure control equipment in working order			■	
11	Instrumentation, control, shutdown and safety devices in working order				
12	Bunker plans, operations manual and emergency procedures are available				
13	Personnel have required training and are instructed in the use of the equipment and procedures				
14	Bunker provider list of local Port State Control (PSC) restrictions or notifications required as a condition of the planned bunkering operation (i.e. wind speed less than 25 knots):				
	a. --				
	b. --				
	c. --				
	d. --				

DECLARATION

The undersigned as applicable have checked the above items in Part A and are satisfied that the entries made are correct.

Receiving vessel	Bunker vessel	Bunker terminal
Name:	Name:	Name:
Position:	Position:	Position:
Signature:	Signature:	Signature:
Date:	Date:	Date:
Time:	Time:	Time:

Instructions for completing this checklist

This independent declaration should be signed only by the applicable party. Once signed, copies of this document shall be kept onboard the LNG receiving vessel and the bunker vessel or terminal (as appropriate) for at least 1 year.

지금까지 설명한 ISO 20519, Annex A의 LNG Bunker Checklist 중에서 Part A를 샘플로 소개 드리겠습니다.

물론, 이 Checklist는 본 문서에서 제안하는 내용과 포맷으로 ISO 20519에서 요구하는 점검 항목이 모두 포함되어 있다면 다른 포맷의 Checklist도 사용 가능합니다.

Part A Checklist는 제목에도 명시되었듯이 "Planned Operations Checks" 항목으로 Checklist에 설명이 간략하게 언급됩니다.

그리고, LNG bunkering을 진행할 날짜와 시간, 벙커링을 진행할 항구 또는 장소, LNG를 수급받는 선박, LNG 벙커링 공급자 정보를 기록하게 됩니다.

Check 항목에는 1번부터 시작해서 총 14개 항목이 있는데, 검은색으로 칠해진 영역은 본 Checklist에는 해당되지 않는 항목으로 표기 오류를 방지하기 위해 이렇게 만들어졌습니다.

모든 Check 항목을 확인하고 나서는 맨 마지막에 각 사업자 담당자의 이름, 직책, 서명, 날짜, 시간을 표기하게 되어 있으며 이와 같은 방법으로 다른 Part Checklist도 작성하도록 되어 있습니다.

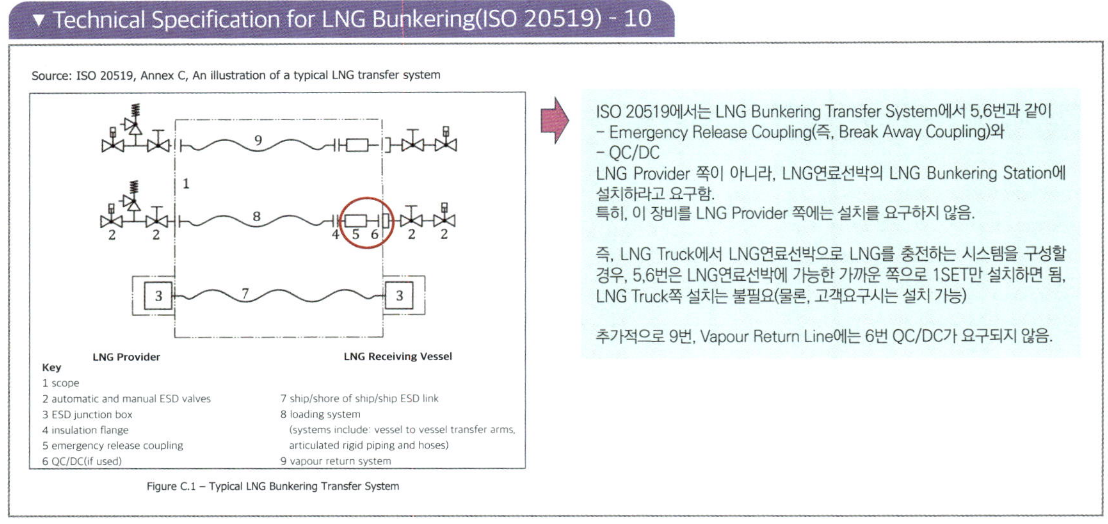

맨 마지막 항목으로 ISO 20519, Annex C, Fig. C.1 Typical LNG Bunkering Transfer System을 다음과 같은 시스템 구성도를 통해 설명드리겠습니다.

먼저 좌측은 LNG 공급자(LNG Provider)에 설치되는 장비이고, 우측은 LNG 수급자(LNG 연료선박)에 설치되는 장비입니다.

ISO 20519에서는 LNG Bunkering Transfer System에서 5,6번과 같이

- Emergency Release Coupling(즉, Break Away Coupling)와

- QC/DC 가

LNG 공급자 쪽이 아니라, LNG 연료선박의 LNG Bunkering Station에 설치하라고 요구하고 있습니다. 즉, 이러한 이 장비를 LNG Provider 쪽에는 설치를 요구하지 않습니다.

그래서, 만약 LNG Truck에서 LNG 연료선박으로 LNG를 충전하는 시스템을 구성할 경우, 5,6번은 LNG 연료선박에 가능한 가까운 쪽으로 1SET만 설치하고, LNG Truck쪽 설치는 불필요 합니다. 물론, 본 구성은 최소한의 요구이기 때문에 고객사에서 요구에 따라 추가 설치는 가능합니다.

7번 항목은 SSL(Ship Shore Link) 또는 BSL(Bunkering Safety Link) 연결항목으로 LNG 공급자와 LNG 연료선박의 ESD 동작을 위해 설치가 필요합니다.

그리고, 8번 LNG loading line에 6번 항목인 QC/DC는 필요 시 설치하는 것으로 되어 있지만, 9번에 해당하는 Vapour Return Line에는 QC/DC가 요구되지 않습니다.

이렇게 ISO 20519에서 제안된 LNG Bunkering Transfer System 구성을 통해 LNG 공급자 뿐만 아니라, LNG 연료선박 설계에도 활용될 수 있습니다.

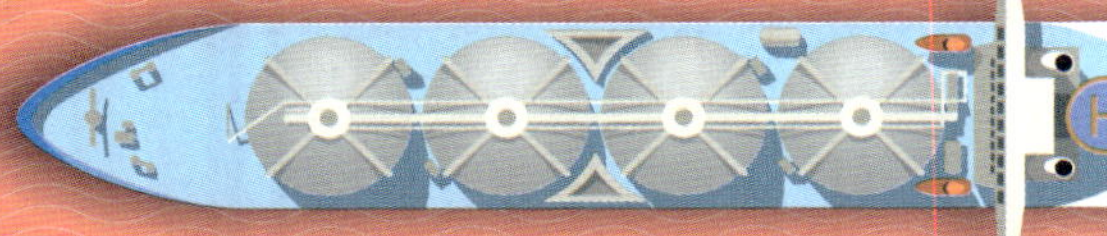
선박용 LNG 연료공급시스템 설계 및 실무

TCS, FPR, FSHS 설계

TCS, FPR, FSHS 설계

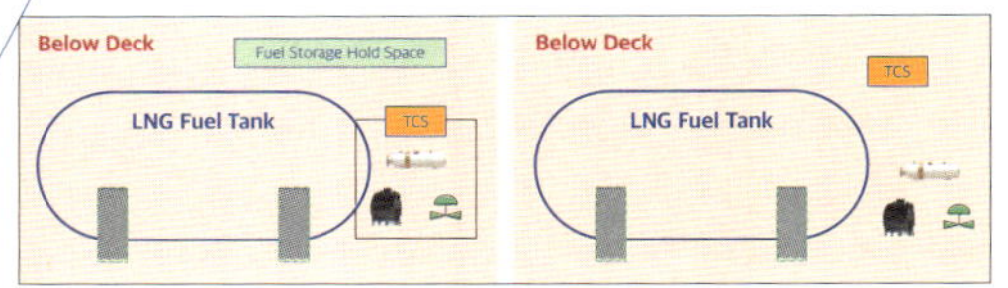

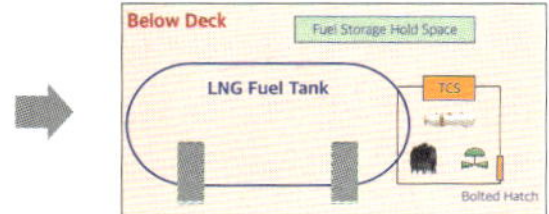

이번 차시에는 IGF Code 기준으로 TCS(Tank Connection Space)와 FPR(Fuel Preparation Room), FSHS(Fuel Storage Hold Space)에 요구하는 설계사양과 설계사례에 대해 설명드리겠습니다.

추가적으로 실제 TCS와 FPR를 설계할 때, 이 두 공간의 유사성으로 과도 설계나 설계 누락 등의 사례가 빈번하게 발생하는데 이에 대한 오류를 줄이기 위해 이 두 공간의 차이점에 대해서도 별도로 살펴보겠습니다.

먼저 TCS 설계 요구사항에 대한 내용을 설명드리겠습니다.

IGF 2.2.15 "Fuel Containment System"의 정의를 보면 "Tank connections"을 포함한다고 되어 있는데, 여기서 Tank Connection이 정확히 어디까지 의미하는 지를 확인할 필요가 있습니다. 통상 이 항목을 보고 TCS도 Fuel Containment System에 포함된다고 생각할 수 있으나, IGF 2.2.15.3에 보면 TCS에는 "All tank connection"과 "Tank valves"을 명확히 구분하고 있습니다.

즉, "Tank valve"는 Tank connection이 아니라는 것입니다. 그래서, First valve 직전까지를 "Fuel containment system"으로 봐야 합니다.

IGF 2.2.15.1 요구사항은 오른쪽 이미지와 같이 TCS에 설치되는 장비가 TCS 구조물을 제거하고 FSHS(Fuel Storage Hold Space)에 설치가 된다면, FSHS는 TCS 요구사양대로 설계를 해야 함을 의미합니다.

IGF 2.2.15.3 요구사항은 앞서 말씀드린 바와 같이 TCS는 "all tank connection"과 "tank valve"가 설치된 공간임을 정의하면서 TCS가 "Fuel containment system"에 포함되지 않는 다 는 것을 설명드렸습니다.

IGF 5.11.3 요구사항은 Open deck에서 별도의 방법으로 바로 TCS를 진입할 수 없다면 TCS 에 "Bolted Hatch"를 적용하라는 내용으로 그림과 같이 LNG fuel tank와 TCS가 일체형으로 설치되는 공간을 "FSHS(Fuel Storage Hold Space)"라 정의할 수 있는데, 여기서 Bolted Hatch는 FSHS에서 TCS로 진입하는 수단이 됩니다.

IGF 6.3.7에서는 TCS 재질은 실현 가능한 최대 누설 시나리오를 기준으로 극저온에 견딜 수 있는 재질을 선정하라고 요구하고 있으며, Pressure relief venting to a safe location(mast), 여기 서 mast는 Vent mast를 의미하므로, TCS 내 PRV를 모두 Vent mast에 연결하면 별도 최대 압력 상승을 견디는 설계를 대체할 수 있습니다.

참고로, DNV 3.3.2.3, DNV 3.3.4.4에서는 "Ventilation Arrangement" 즉, Ventilation system도 Pressure Relief System으로 간주하고 있습니다.

IGF 6.5.9 <u>Safe access</u> to tank connections for the purpose of inspection and maintenance shall be ensured

TCS 내부에 "Tank connection"이 배치되기 때문에 TCS Access하는 목적은 "Inspection"과 "Maintenance" 임. 즉, Tank connection에 대한 유지 보수를 위해 Access 방법(Door, Hatch, Opening)이 필요하고, IGF엔 언급되지 않지만 TCS내부에 장비 유지 보수를 위한 Lifting 방법/수단 또는 외부장비를 통한 Lifting 방법/수단이 준비되어야 함

IGF 11.3.1 Any space containing equipment for the fuel preparation such as pumps, compressors, heat exchangers, vaporizers and pressure vessels shall be regarded as a <u>machinery space of category A</u> for fire protection purposes.

- "Fire protection"을 목적으로 하는 경우에, 이 공간을 "Machinery space of category A"로 간주
- IGF에서 언급되는 Fire protection의 방법은 "A-60 insulation"과 "900mm cofferdam" 만 언급
- 본 항목만으로는 TCS나 FPR 내부에 "Firefighting system"을 적용해야 하는지 명확하지 않음.
- 반면에, DNV 7.3.4.1에는 명확하게 "Fixed fire-extinguishing system"을 FPR에 적용 요구

DNV 7.3.4.1 Fuel preparation rooms shall be provided with a <u>fixed fire-extinguishing system</u> complying with the provisions of the FSS code and taking into account the necessary concentrations/application rate required for extinguishing gas fires.

IGF 11.3.2 Any boundary of accommodation spaces, service spaces, control stations, escape routes and machinery spaces, facing fuel tanks on open deck, shall be <u>shielded by A-60 class divisions.</u>

LNG fuel tank와 TCS가 일체형으로 Open deck에 설치될 경우, LNG fuel tank와 TCS가 상호 마주보는 공간이 되기 때문에 A-60 Insulation 적용함

IGF 11.3.3 The space containing fuel containment system shall be separated from the machinery spaces of category A or other rooms with high fire risks. The separation shall be done by a cofferdam of at least 900 mm with insulation of A-60 class. When determining the insulation of the space containing fuel containment system from other spaces with lower fire risks, the fuel containment system shall be considered as a machinery space of category A, in accordance with SOLAS regulation II-2/9. The boundary between spaces containing <u>fuel containment systems shall be either a cofferdam of at least 900 mm or A-60 class division. For type C tanks, the fuel storage hold space may be considered as a cofferdam.</u>

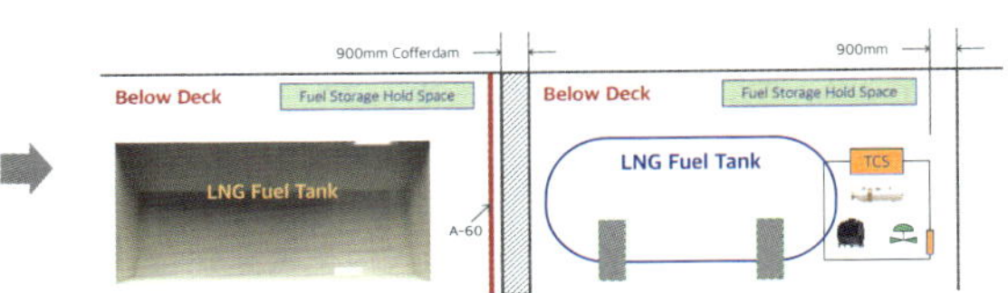

IGF 11.5.2 <u>The water spray system</u> shall also provide coverage for boundaries of the superstructures, compressor rooms, pump-rooms, cargo control rooms, bunkering control stations, bunkering stations and any <u>other normally occupied deck houses</u> that face the storage tank on open decks unless the tank is located 10 metres or more from the boundaries.

LNG fuel tank와 TCS가 일체형으로 Open deck에 설치될 경우, LNG fuel tank와 TCS가 10 meter 이내에서 상호 마주보는 공간이 되기 때문에 TCS 외부에 Water spray 적용이 요구됨

    IGF 6.5.9 요구사항은 "Tank connections"에 대한 유지보수를 위한 안전한 진입방법을 강구되어야 함을 말하는데, 앞서 설명한 바와 같이 TCS에는 Tank connection이 설치되어 있기 때문에 TCS에 이 Tank connection의 유지보수를 위한 "Safe Access" 방법(Door, Hatch, Opening)이 필요하고, IGF엔 언급되지 않지만 TCS내부에 장비유지보수를 위한 Lifting 방법/수단 또는 외부장비를 통한 Lifting 방법/수단이 준비되어야 합니다.

    IGF 11.3.1에서는 "Fire protection"을 목적으로 하는 경우에, FPR을 "Machinery space of category A"로 간주할 수 있는데, IGF에서 언급되는 Fire protection의 방법은 "A-60 insulation" 과 "900mm cofferdam" 밖에 없습니다.

그리고 "Pump", "Compressor", "Heat exchanger, Vaporizer, pressure vessel" 등이 설치되는 공간은 "TCS(Tank Connection Space)"와 "FPR(Fuel Preparation Room)"이 있는데, 본 항목만으로는 TCS나 FPR 내부에 "Firefighting system"을 적용해야 하는지 명확하지 않습니다.

반면에, DNV 7.3.4.1에는 명확하게 "Fixed fire-extinguishing system"을 FPR에 적용하라는 요구가 있고, 이어서 설명할 IGF 11.7.1 기준에서도 TCS나 FPR 내부에 "Fire detector" 설치가 필요한 점으로 판단할 때, 이 공간에 "Firefighting system" 적용이 필요하며, 통상 TCS나 FPR 내부는 밀폐 구역인 점을 고려하여 CO2 Firefighting system을 적용하고 있습니다.

IGF 11.3.2 LNG fuel tank와 TCS가 일체형으로 Open deck에 설치될 경우에는 LNG fuel tank와 TCS가 상호 마주보는 공간이 되기 때문에 A-60 Insulation 적용해야 합니다. 만약, Below deck에 설치된다면 A-60 insulation은 요구되지 않습니다.

IGF 11.3.3에서는 "fuel containment system"을 포함하는 공간은 "Machinery space of category A" 또는 화재위험의 가능성이 있는 Room과 최소 900mm 물리적인 방벽(Cofferdam) 과 A-60 Insulation으로 분리되어야 함을 요구하고 있습니다.

좌측 이미지와 같이 Membrane 연료 탱크의 경우에는 900mm cofferdam과 A-60 Insulation이 적용되어야 하고, Type-C 연료탱크의 경우에는 900mm cofferdam 또는 A-60 Insulation이 적용할 수 있지만, FSHS 공간이 Cofferdam으로 간주되기 때문에 오른쪽 이미지와 같이 TCS 경계면에서 900mm 이격만으로 이 요구사항을 만족시킬 수 있습니다.

IGF 11.5.2 요구사항은 LNG fuel tank와 마주보는 10meter 이내에서 모든 공간에 Water spray system을 적용하라는 내용으로, 만약, LNG fuel tank와 TCS가 일체형으로 Open deck에 설치될 경우, LNG fuel tank와 TCS가 10meter 이내에서 상호 마주보는 공간이 되기 때문에 TCS 외부에 Water spray system을 적용해야 합니다.

IGF 11.7.1 A fixed fire detection and fire alarm system complying with the Fire Safety Systems Code shall be provided for the fuel storage hold spaces and the ventilation trunk for fuel containment system below deck, and for all other rooms of the fuel gas system where fire cannot be excluded.

- Fuel gas system과 관련된 모든 Room에 "Fixed Fire detection" 설치를 요구
- TCS와 FPR도 이 Room에 해당하기 때문에 Fire detector 설치가 필요하며, Fire detector 수량에 대해서는 IGF에서는 명확하게 언급되지 않음.
- 통상 기존 선박에서 Room Size를 고려한 Fire detection system 설계에 따라 수량 산정

DNV 7.4.1.1 A fixed fire detection and fire alarm system complying with the fire safety systems code shall be provided for the fuel storage hold spaces and the ventilation trunk to the tank connection space and in the tank connection space, and for all other rooms of the fuel gas system where fire cannot be excluded.
IGF에서는 TCS를 언급하지 않았으나, DNV에서는 TCS내 Fire detection 설치를 명확하게 언급하고 있음

IGF 11.7.2 Smoke detectors alone shall not be considered sufficient for rapid detection of a fire.

"Smoke Detector"만으로 시스템을 구성하는 것은 고려하지 말라고 요구에 대해 아래와 같이 DNV에서는 "Temperature"와 "Flame" detector가 대체 수단임을 언급함

DNV7.4.1.2 Guidance note:
Smoke detectors may be combined with either temperature or flame detectors to increase possibility for detection of a fire. It should be noted that flame detectors will normally activate before temperature detectors.

IGF 13.4.1 The tank connection space shall be provided with an effective mechanical forced ventilation system of extraction type. A ventilation capacity of at least 30 air changes per hour shall be provided. The rate of air changes may be reduced if other adequate means of explosion protection are installed. The equivalence of alternative installations shall be demonstrated by a risk assessment.

TCS Ventilation Fan은 30회 Air Change 용량으로 1개 설치 가능

IGF 13.4.2 Approved automatic fail-safe fire dampers shall be fitted in the ventilation trunk for the tank connection space.

TCS Ventilation Inlet과 Outlet에 인증된 "Fail safe" 즉, 시스템에 문제가 생기면 안전한 위치로 이동하는, 여기서는 "Close" 되는 Fire damper 설치를 요구

IGF 11.7.1 본 항목에는 Fuel gas system과 관련된 모든 Room에 "Fixed Fire detection" 설치를 요구하고 있고, 이러한 Room에 TCS와 FPR을 명확히 언급하지 않지만, 내용상 TCS와 FPR도 이 Room에 해당하기 때문에 Fire detector 설치가 필요합니다.

또한 Fire detector 수량에 대해서도 IGF Code에서는 명확하게 언급하지 않지만, 기존 선박에서 Room Size를 고려하여 Fire detection system을 설계하는 기준으로 Fire detector 수량을 산정합니다.

추가적으로 DNV Rule에서는 아래와 같이 TCS 내 Fire detection 설치를 명확하게 언급하고 있습니다.

DNV 7.4.1.1 A fixed fire detection and fire alarm system complying with the fire safety systems code shall be provided for the fuel storage hold spaces and the ventilation trunk to the tank connection space and in the tank connection space, and for all other rooms of the fuel gas system where fire cannot be excluded.

IGF 11.7.2 "Smoke Detector"만으로 시스템을 구성하는 것은 고려하지 말라는 요구에 대해 DNV Rule에서는 아래와 같이 "Temperature"와 "Flame" detector가 대체 수단임을 명확하게 언급하고 있습니다.

DNV 7.4.1.2 Guidance note : Smoke detectors may be combined with either temperature or flame detectors to increase possibility for detection of a fire. It should be noted that flame detectors will normally activate before temperature detectors.

실제 프로젝트에 있어서는 TCS내부에 "Smoke(연기)"와 "Heat(열)" detector를 혼합하여 사용합니다.

IGF 13.4.1 TCS Ventilation Fan은 30회 Air Change 100% 용량의 1개 설치가 가능합니다.

IGF 13.4.2 TCS Ventilation Inlet과 Outlet에 인증된 "Fail safe" 즉, 시스템에 문제가 생기면 안전한 위치로 이동하는, 여기서는 Damper가 닫히는(Close) 타입의 Fire damper 설치를 요구하고 있습니다.

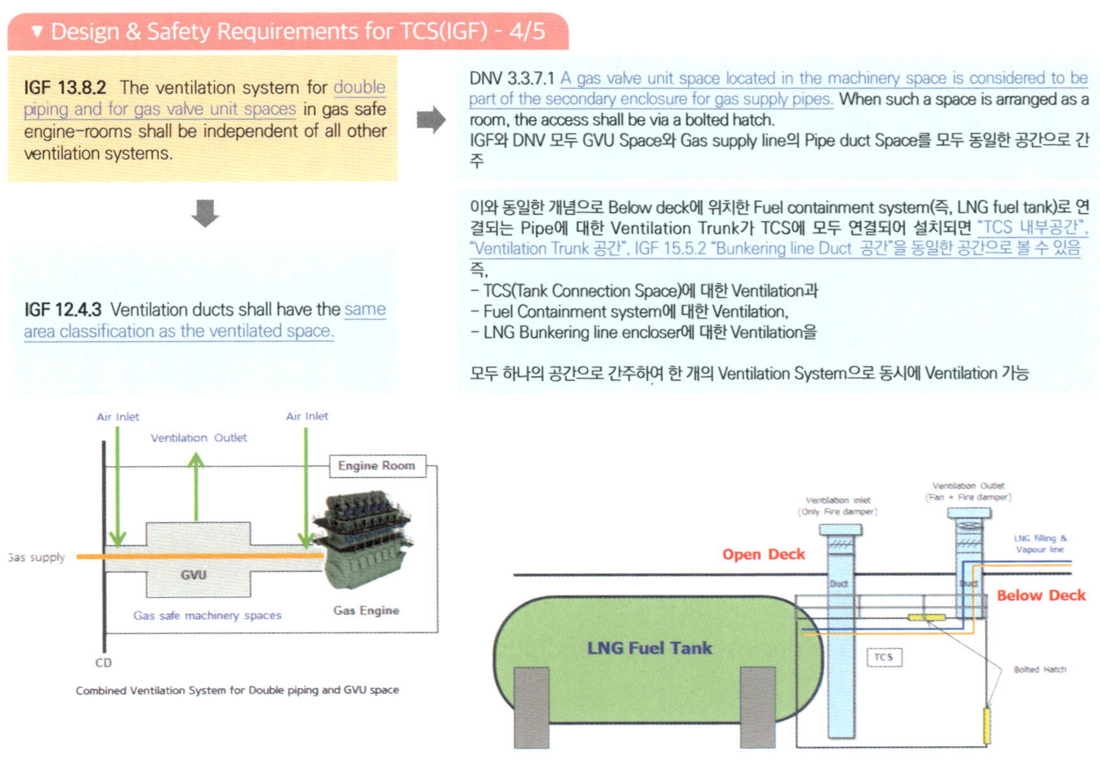

IGF 13.8.2 이 항목에는 Ventilation system 보다는 "Double piping"과 "GVU Space"가 동일한 공간으로 간주되는 것에 주목해야 합니다.

그리고, 이 Ventilation System은 모든 다른 Ventilation System과 분리되어 독립적으로 운영되어야 한다고 요구합니다.

이런 구성이 가능한 이유는 IGF 12.4.3 정의에서 확인할 수 있습니다.

"Ventilation ducts shall have the same area classification as the ventilated space." 즉, Ventilation duct는 Ventilation space와 동일한 공간이기 때문에 이 두 공간을 하나의 Ventilation System으로 Ventilation이 가능합니다.

아래와 같이 DNV Rule에서도 GVU Space와 Gas supply line의 Pipe duct Space를 모두 동일한 공간으로 간주하고 있습니다.

DNV 3.3.7.1 A gas valve unit space located in the machinery space is considered to be part of the secondary enclosure for Gas supply pipes. When such a space is arranged as a room, the access shall be via a bolted hatch.

그래서, 이러한 기준으로 설계를 한 구성도가 다음과 같습니다. Ventilation air inlet은 Gas supply line의 이중관 또는 Duct가 시작되는 지점과 Gas Engine으로 가스가 공급되는 바로 직전 지점, 이렇게 2군데에서 Open deck으로부터 Air inlet이 되고 GVU Encloser에서 Ventilation Fan을 통해 Open deck으로 배출되도록 설계합니다.

이와 동일한 개념으로 TCS 및 TCS와 관련된 Ventilation 설계에 응용할 수 있는데, 아래 구성도와 같이 Below deck에 위치한 Fuel containment system(즉, LNG fuel tank)으로 연결되는 Pipe에 대한 Ventilation Trunk가 TCS에 모두 연결되어 설치되면 "TCS 내부공간", "Ventilation Trunk 공간", IGF 15.5.2 "Bunkering line Duct 공간"이 모두 동일한 공간이 됩니다.
즉,
- TCS(Tank Connection Space)에 대한 Ventilation과
- Fuel Containment system에 대한 Ventilation,
- LNG Bunkering line encloser에 대한 Ventilation을

모두 하나의 공간으로 설계하여 한 개의 Ventilation System으로 동시에 Ventilation 가능하게 되며, 실제 소형 LNG 연료추진선박에 적용된 사례가 있습니다.

IGF 15.5.2 요구사항에서 Bunkering line을 감싸는 "Ventilation"에 대해서 명확하게 언급하고 있습니다.

즉, LNG를 충전하기 위한 Bunkering line(LNG, Vapour)이 Below deck에 설치된 LNG Fuel Tank로 연결된다면 이 구간에 Duct와 Ventilation을 설치해야 하는데, 실제 Bunkering line은 TCS를 통해서 LNG fuel tank와 연결되기 때문에 이전 페이지에서 설명한 Duct와 Ventilation은 TCS 설계와 함께 고려되어야 합니다.

IGF 15.5.3 요구사항은 IGF 15.5.2에서 요구되는 Bunkering line이 통과하는 Duct에서 Gas가 감지될 경우를 가정했기에 Duct에는 "Gas detector"가 설치되어야 하며, 수량이 언급되지 않았기 때문에 1EA 적용할 수 있습니다.

하지만, 이전에 설명한 바와 같이 TCS 공간과 Bunkering line duct가 동일한 공간으로 설계된다면 TCS에 설치된 Gas detector로 이 요구사항을 만족시킬 수 있습니다.

IGF 15.8.1.1에서는 TCS 내 Gas detector 설치를 요구하고 있고, IGF Table 1에서는 Gas detector 개수에 대해 명확하게 이중화 목적으로 2개를 설치해야 한다고 언급하고 있으며,

Self-monitoring Type의 경우 1개 적용도 가능함을 언급하고 있으나 실제 프로젝트에서는 2개를 적용하고 있습니다.

IGF 18.5.1 요구사항은 "TCS", "FPR", "FSHS"에 모두 해당하는 항목으로 "Normal Operation" 환경에서는 고정식이나 휴대용 가스감지기나 산소농도 센서를 통해 이 공간 내부 환경이 확인되지 않는 한 진입을 금지함을 얘기하고 있습니다.

여기서 "Normal Operation"에 대한 정의는 아래와 같이 "Gas supply"와 "Bunkering operation"으로 명확히 언급되어 있습니다.

IGF 9.4.1 Note 16 Normal operation in this context is when gas is supplied to consumers and during bunkering operations.

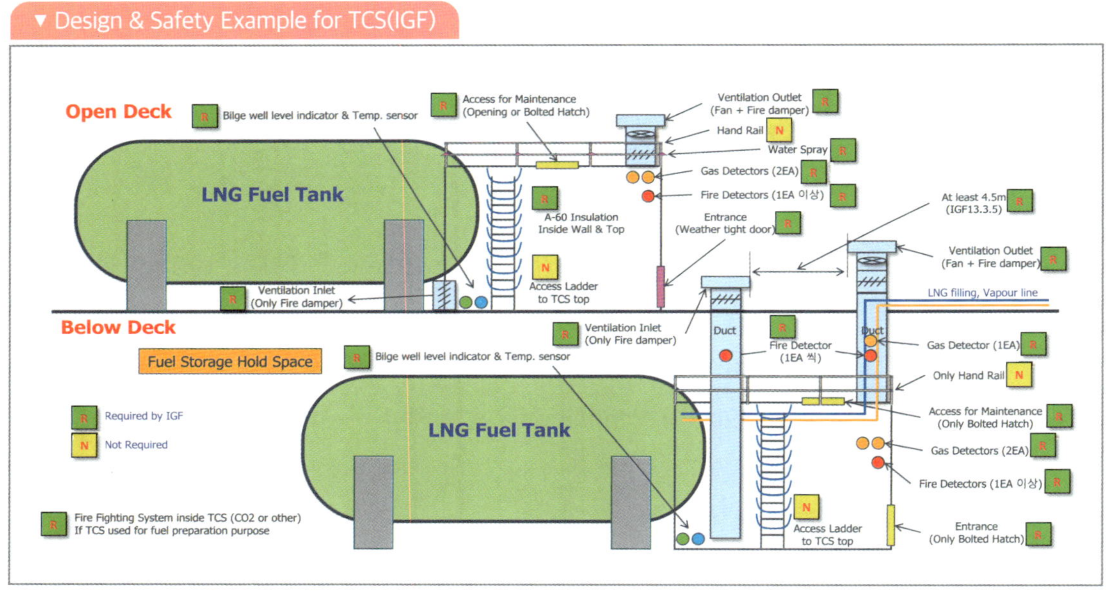

그럼, 지금까지 설명한 TCS 설계요구 항목을 바탕으로 TCS가 Open deck에 설치될 경우와 Below deck에 설치될 경우를 고려한 시스템 설계 사례를 설명드리겠습니다.

먼저 실적 프로젝트에 있어서 TCS는 항상 LNG fuel tank와 일체형으로 제작되어 공급되었고, Open deck에 설치된 사례도 있으나 대부분 Below Deck에 설치되는 소형 선박이었습니다.

LNG fuel tank와 TCS가 일체형으로 Open deck에 설치되는 경우에 IGF 요구사항에 맞춰 설계된 구성도는 아래와 같습니다.

TCS를 진입하는 문은 Weather tight door를 적용 가능하고, TCS 내부 30회 Air change를 필요한 Ventilation Fan 1개가 Ventilation outlet에 Fire damper와 함께 설치됩니다.

Ventilation inlet은 환기 효율을 고려하여 Ventilation Outlet과 가능한 대각선으로 가장 멀리 떨어진 TCS 하부에 Fire damper 함께 설치됩니다.

TCS 내부에는 Gas detector 2개, Fire detector 1개 이상 설치가 되고, TCS 바닥에는 Bilge well level indicator 1개, Temperature sensor 1개가 설치됩니다.

TCS 상부에는 Tank connection의 유지보수를 위해 장비를 꺼내기 위한 Opening(통상 Bolted hatch)이 적용되고, LNG fuel tank로부터 10m 이내에 TCS가 위치하기 때문에 TCS 외부에 Water Spray system과 TCS 내부에 바닥을 제외한 전면에 A-60 Insulation이 적용됩니다.

그리고, TCS 상부에 작업자가 접근하기 위한 Access ladder나 Hand Rail은 IGF에서 요구하지 않지만, 작업자의 안전을 위해 설치하고 있습니다.

LNG fuel tank와 TCS가 일체형으로 Below deck에 설치되는 경우에 IGF 요구사항에 맞춰 설계된 구성도는 아래와 같습니다.

LNG fuel tank와 TCS가 FSHS에 설치되어 있고, Open deck에서 바로 TCS를 진입하는 수단이 없다면 TCS 진입 수단은 반드시 Bolted hatch가 적용됩니다.

TCS 내부 30회 Air change를 필요한 Ventilation Fan 1개가 Ventilation outlet에 Fire damper와 함께 설치됩니다.

Ventilation inlet은 환기 효율을 고려하여 Ventilation Outlet과 가능한 대각선으로 가장 멀리 떨어진 TCS 하부에 Fire damper 함께 설치되어야 하지만, Ventilation Inlet은 반드시 Open Air가 유입되어야 하기 때문에 아래와 같이 Open deck에서 TCS 하부까지 Duct를 연장하여 설치합니다.

TCS 내부에는 Gas detector 2개, Fire detector 1개 이상 설치가 되고, TCS 바닥에는 Bilge well level indicator 1개, Temperature sensor 1개가 설치됩니다.

TCS 상부에는 Tank connection의 유지보수를 위해 장비를 꺼내기 위한 Opening(반드시 Bolted hatch)이 적용되고, LNG fuel tank가 Below deck에 위치하기 때문에 TCS 외부에 Water Spray system과 TCS 내부에 A-60 Insulation이 필요하지 않습니다.

그리고, TCS 상부에 작업자가 접근하기 위한 Access ladder나 Hand Rail은 IGF에서 요구하지 않지만, 작업자의 안전을 위해 설치하고 있습니다.

추가적으로 Ventilation inlet duct에 Fire detector 설치가 요구되고, Bunkering line duct에는 Fire detector와 Gas detector 설치가 요구되는데, 앞서 설명한 바와 같이 "TCS 내부공간", "Ventilation Trunk 공간", "Bunkering line Duct 공간"을 모두 동일한 공간으로 구성할 경우, TCS 내부에 있는 Fire detectors와 Gas detectors로 대체가 가능합니다.

추가적으로 TCS 내부에 Firefighting 적용 여부에 대해서 TCS가 Tank connection 역할만 한다면 Firefighting이 요구되지 않으나, 만약 TCS 내부에 Vaporizer 등이 배치되어 Fuel Preparation 등의 역할로 사용된다면 Firefighting 적용이 필요합니다.

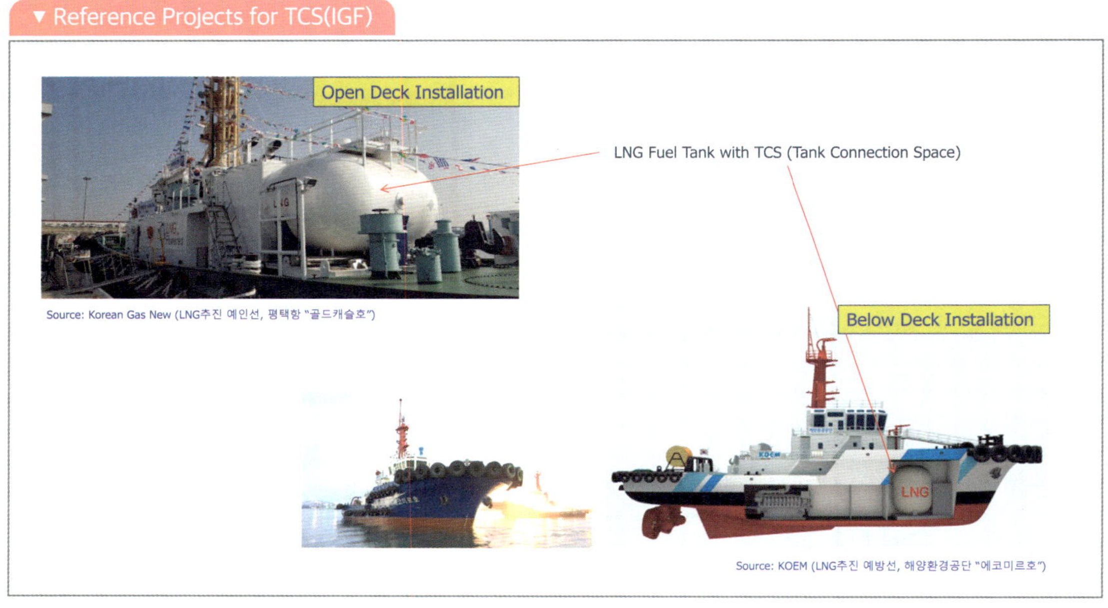

TCS가 Open deck에 설치된 사례와 Below deck에 설치된 사례에 대한 국내 실적 선박을 소개해 드리겠습니다.

앞서 설명한 바와 같이 LNG fuel tank와 TCS는 일체형으로 제작되기 때문에 아래와 같이 LNG Fuel tank와 TCS가 Open deck에 설치되어 평택항에서 운용 중인 예인선인 "골드캐슬호"가 있고, Below deck에 설치되어 해양환경공단에서 운영 중인 "에코미르호"가 있습니다.

IGF 5.8 Fuel preparation rooms shall be located on an open deck, unless those rooms are arranged and fitted in accordance with the regulations of this Code for tank connection spaces.

→ FPR은 TCS에 요구되는 구성에 따라 배치되지 않는 한 Open Deck 에 설치되어야 함
즉, FPR과 TCS는 엄연히 다른 설계 요구사항이 적용됨

IGF 5.11.1 Direct access shall not be permitted from a non-hazardous area to a hazardous area. Where such openings are necessary for operational reasons, an airlock which complies with 5.12 shall be provided.

→ "Non-hazardous area"에서 "Hazardous area"로 바로 진입하는 것은 허용되지 않으며 "Operation reason"으로 출입이 필요할 경우에는 "Airlock" 설치를 요구

IGF 5.11.2 If the fuel preparation room is approved located below deck, the room shall, as far as practicable, have an independent access direct from the open deck. Where a separate access from deck is not practicable, an airlock which complies with 5.12 shall be provided.

→ FRP이 "Below deck"에 위치할 경우에는
- 가능한 Open deck에서 바로 FPR 진입할 수 있는 "Independent Access" 요구.
  만약, Open deck이 "Non-hazardous area"이면 IGF5.11.1에 따라 "Direct Access" 불가
  즉, 이럴 경우에는 "Airlock" 설치해야 함
- "Open deck direct access" 불가능 시, 타 구역에서 FPR 진입 위한 "Airlock" 설치 요구

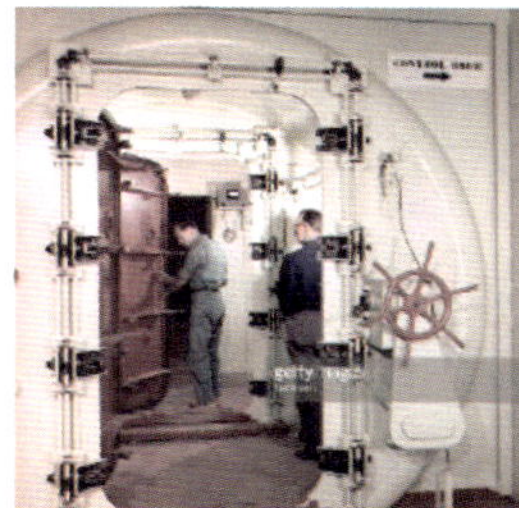
Two doors with airlock

IGF 5.12.1 An airlock is a space enclosed by gastight bulkheads with two substantially gastight doors spaced at least 1.5 m and not more than 2.5 m apart. Unless subject to the requirements of the International Convention on Load Lines, the door sill shall not be less than 300 mm in height. The doors shall be self-closing without any holding back arrangements.

IGF 5.12.2 Airlocks shall be mechanically ventilated at an overpressure relative to the adjacent hazardous area or space.

IGF 15.8.1 Permanently installed gas detectors shall be fitted in:
.7 airlocks;

이번 페이지부터는 "연료준비실"이라 부르는 FPR(Fuel Preparation Room) 설계 요구사항에 대한 내용을 설명드리겠습니다.

IGF 5.8 내용에서 FPR은 IGF Code 내 TCS 규정에 따라 배치되지 않는 한 Open Deck에 설치되어야 한다고 요구하고 있습니다.

즉, "FPR"과 "TCS"는 엄연히 다른 설계 요구사항이 적용됨을 알 수 있습니다.

IGF 5.11.1 이 항목은 단지 FPR에만 요구되는 것이 아니라, 모든 비위험지역(Non-hazardous area)에서 위험지역(Hazardous area)으로 바로 진입하는 것이 허용되지 않는다는 내용으로, 만약, "Operation reason"으로 출입이 필요할 경우에는 "Airlock" 설치를 요구하고 있습니다.

IGF 5.11.2에서는 FPR이 Below deck에 설치될 경우 가능한 Open deck에서 FPR로 바로 진입할 수 있는 독립적인 "Access" 수단을 요구하고 있으며, 만약 이러한 수단이 없을 경우에 IGF 5.12에 정의되는 "Airlock"을 적용하라고 요구하고 있습니다.

여기서 IGF 5.12 내용을 살펴보면 Airlock은 적어도 1.5m 이상 2.5m 이하의 이격 거리를 둔 2개의 "Gas tight Door"로 밀폐된 공간을 의미하고 있으며, 2개의 문 높이는 300mm 보나 낮게

설계하지 말고, 문을 개방하고 난 이후 자동으로 닫힐 수 있으며 문을 잡아 두는 장치가 없어야 한다고 요구합니다.

그리고, Airlock 내부 공간을 양압(Over pressure)으로 Ventilation 할 수 있는 FAN 설치와 Gas detector도 함께 요구합니다.

이번 페이지에서는 FPR이 갑판하부(Below Deck)에 배치될 때, 갑판상부(Open Deck)에서 FPR로 진입하는 4가지 CASE에 대해서 좀더 자세하게 설명을 드리겠습니다.

CASE-1에서는 갑판상부가 이미 위험지역이고 FPR로 진입하기 위한 독립적인 경로가 있다면 Airlock 시스템은 불필요합니다.

그리고 진입문은 "Weather tight door" 적용이 가능합니다.

CASE-2에서는 갑판상부가 위험지역이 아닐 경우라면 FPR로 진입하기 위해 Airlock 시스템이 필요합니다.

Airlock system은 2개의 300mm 높이를 가지는 "Gas tight door"가 적용되어야 하고, 강제환기시스템(Mechanical Ventilation), Audible/Visible alarm signal이 설치되어야 합니다.

CASE-3에서 갑판상부에서 FPR로 진입하는 경로가 없이, 다른 위험지역이 아닌 구역에서 FPR로 진입하기 위해 Airlock 시스템이 필요합니다.

Airlock 시스템에 필요한 항목은 CASE-2와 동일합니다.

CASE-4에서 갑판상부가 위험지역 여부와 관계없이 Open Deck에서 FPR로 진입하는 방법이 독립적이지 아닐 경우라면 여기에도 Airlock 시스템이 필요합니다. Airlock 시스템에 필요한 항목은 CASE-2, 3과 동일합니다.

IGF 11.3.1 Any space containing equipment for the fuel preparation such as pumps, compressors, heat exchangers, vaporizers and pressure vessels shall be regarded as a machinery space of category A for fire protection purposes.

- "Fire protection"을 목적으로 하는 경우에, 이 공간을 "Machinery space of category A"로 간주
- IGF에서 언급되는 Fire protection의 방법은 "A-60 insulation"과 "900mm cofferdam" 만 언급
- 본 항목만으로는 TCS나 FPR 내부에 "Firefighting system"을 적용해야 하는지 명확하지 않음.
- 반면에, DNV 7.3.4.1에는 명확하게 "Fixed fire-extinguishing system"을 FPR에 적용 요구

DNV 7.3.4.1 Fuel preparation rooms shall be provided with a fixed fire-extinguishing system complying with the provisions of the FSS code and taking into account the necessary concentrations/application rate required for extinguishing gas fires.

IGF 11.3.2 Any boundary of accommodation spaces, service spaces, control stations, escape routes and machinery spaces, facing fuel tanks on open deck, shall be shielded by A-60 class divisions.

LNG fuel tank와 FPR이 Open deck에 설치될 경우,
LNG fuel tank와 FPR이 상호 마주보는 모든 면에 A-60 Insulation 적용함

IGF 11.3.3 The space containing fuel containment system shall be separated from the machinery spaces of category A or other rooms with high fire risks. The separation shall be done by a cofferdam of at least 900 mm with insulation of A-60 class. When determining the insulation of the space containing fuel containment system from other spaces with lower fire risks, the fuel containment system shall be considered as a machinery space of category A, in accordance with SOLAS regulation II-2/9. The boundary between spaces containing fuel containment systems shall be either a cofferdam of at least 900 mm or A-60 class division.

IGF 11.5.2 The water spray system shall also provide coverage for boundaries of the superstructures, compressor rooms, pump-rooms, cargo control rooms, bunkering control stations, bunkering stations and any other normally occupied deck houses that face the storage tank on open decks unless the tank is located 10 metres or more from the boundaries.

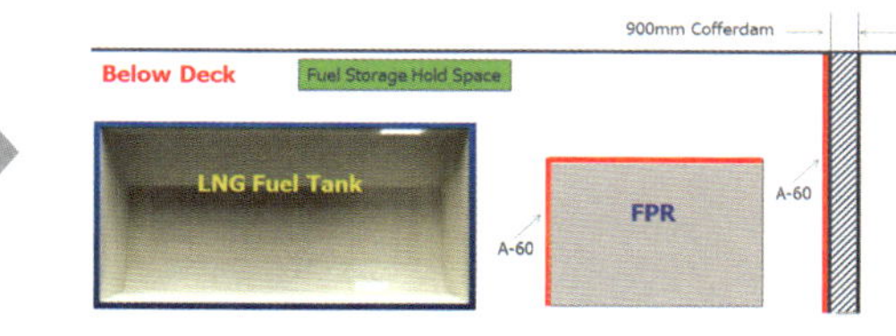

LNG fuel tank와 FPR이 Open deck에 설치될 경우, LNG fuel tank와 FPR이 10 meter 이내에서 상호 마주보게 배치된다면, FPR외부에 Water spray 적용이 요구됨

IGF 11.3.1에서는 "Fire protection"을 목적으로 하는 경우에, FPR을 "Machinery space of category A"로 간주할 수 있는데, IGF에서 언급되는 Fire protection의 방법은 "A-60 insulation"과 "900mm cofferdam" 밖에 없습니다.

그리고 "Pump", "Compressor", "Heat exchanger, Vaporizer, pressure vessel" 등이 설치되는 공간은 "TCS(Tank Connection Space)"와 "FPR(Fuel Preparation Room)"이 있는데, 본 항목만으로는 TCS나 FPR 내부에 "Firefighting system"을 적용해야 하는지 명확하지 않습니다.

반면에, DNV 7.3.4.1에는 명확하게 "Fixed fire-extinguishing system"을 FPR에 적용하라는 요구가 있고, 이어서 설명할 IGF 11.7.1 기준에서도 TCS나 FPR 내부에 "Fire detector" 설치가 필요한 점으로 판단할 때, 이 공간에 "Firefighting system" 적용이 필요하며, 통상 TCS나 FPR 내부는 밀폐 구역인 점을 고려하여 CO2 Firefighting system을 적용하고 있습니다.

IGF 11.3.2에서는 Open deck에 설치된 LNG fuel tank와 마주보는 모든 "Machinery Space" 즉, FPR도 포함해서 상호 마주보는 모든 면에 A-60 Insulation 적용을 요구하고 있습니다.

IGF 11.3.3은 TCS 설계항목에서도 언급한 항목으로 "fuel containment system"을 포함하는 공간은 "Machinery space of category A" 또는 화재위험이 가능성이 있는 Room과 최소 900mm 물리적인 방벽(Cofferdam)과 A-60 Insulation으로 분리되어야 함을 요구하고 있습니다.

일단, 이미지에서 같이 "Fuel containment system"과 다른 "Machinery space of category A"는 900mm Cofferdam과 A-60 Insulation이 적용됩니다.

그런데, FPR이 "Fuel containment system"과 함께 FSHS에 위치할 경우에는 FPR은 이미 방폭설계가 적용된 "Lower fire risk" 공간이기 때문에 900mm Cofferdam 또는 A-60 Insulation 중 하나를 선택할 수 있습니다.

그래서 FPR은 "Fuel containment system"을 마주보는 면에 A-60 Insulation만 반영할 수 있습니다.

IGF 11.5.2 항목은 TCS 설계항목에서도 언급한 "Water spray system"으로 LNG fuel tank와 FPR이 Open deck에 설치되고 LNG fuel tank와 FPR이 10meter 이내에서 상호 마주보게 배치된다면, FPR 외부에 Water spray 적용이 요구됩니다.

앞서 설명한 IGF 11.7.1 항목에는 Fuel gas system과 관련된 모든 Room에 "Fixed Fire detection" 설치를 요구하고 있고, 이러한 Room에 TCS와 FPR을 명확히 언급하지 않지만, 내용상 TCS와 FPR도 이 Room에 해당하기 때문에 Fire detector 설치가 필요합니다.

또한 Fire detector 수량에 대해서도 IGF Code에서는 명확하게 언급하지 않지만, 기존 선박에서 Room Size를 고려하여 Fire detection system을 설계하는 기준으로 Fire detector 수량을 산정합니다.

IGF 11.7.2에서는 "Smoke Detector"만으로 시스템을 구성하는 것은 고려하지 말라는 요구에 대해 DNV Rule에서는 아래와 같이 "Temperature"와 "Flame" detector가 대체 수단임을 명확하게 언급하고 있습니다.

IGF 13.6.3에서는 FPR용 Ventilation system은 "Pump" 또는 "Compressor"가 운전 중일 때 가동한다고 언급하고 있습니다.

즉, 다시 말해서 FGSS 운전을 하지 않을 경우에는 FPR Ventilation이 필요 없다는 의미입니다.

IGF 15.8.1.4에서는 FPR 내 Gas detector 설치를 요구하고 있고, IGF Table 1에서는 Gas detector 개수에 대해 명확하게 이중화 목적으로 2개를 설치해야 한다고 언급하고 있으며, Self-monitoring Type의 경우 1개 적용도 가능함을 언급하고 있으나 실제 프로젝트에서는 2개를 적용하고 있습니다.

IGF 15.11.4.6에서는 FPR 출입구에 "Manual remote emergency stop" Button 설치를 요구하고 있습니다.

IGF 18.5.1 요구사항은 "TCS", "FPR", FSHS"에 모두 해당하는 항목으로 "Normal Operation" 환경에서는 고정식이나 휴대용 가스감지기나 산소농도 센서를 통해 이 공간 내부 환경이 확인되지 않는 한 진입을 금지함을 얘기하고 있습니다.

여기서 "Normal Operation"에 대한 정의는 아래와 같이 "Gas supply"와 "Bunkering operation"으로 명확히 언급되어 있습니다.

IGF 9.4.1 Note 16 Normal operation in this context is when gas is supplied to consumers and during bunkering operations.

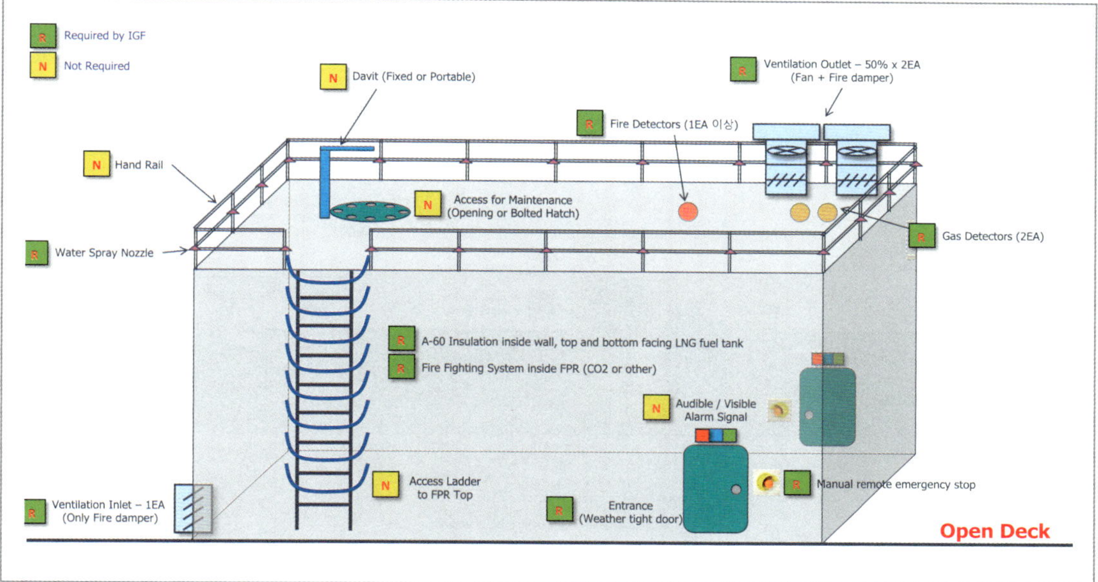

그럼, 지금까지 설명한 FPR 설계요구 항목을 바탕으로 FPR이 Open deck에 설치될 경우와 Below deck에 설치될 경우를 고려한 시스템 설계 사례를 설명드리겠습니다.

먼저 실적 프로젝트에 있어서 FPR은 항상 LNG fuel tank와 분리되어 제작되어 공급되었고, 대부분 Open Deck에 설치되는 중/대형 선박이었습니다.

FPR이 Open deck에 설치되는 경우에 IGF 요구사항에 맞춰 설계된 구성도는 아래와 같습니다.

FPR을 진입하는 문은 Weather tight type 선택이 가능하고, 2개가 적용됩니다. 문 주변에는 Manual ESD Stop 버튼과 Audible/ Visible Alarm Signal이 설치됩니다.

FPR 내부 30회 Air change에 필요한 Ventilation Fan 50% x 2개가 Ventilation outlet에 Fire damper와 함께 설치 가능합니다.

Ventilation inlet은 환기 효율을 고려하여 Ventilation Outlet과 가능한 대각선으로 가장 멀리 떨어진 FPR 하부에 Fire damper 함께 설치됩니다.

FPR 내부에는 Gas detector 2개, Fire detector 1개 이상 설치가 됩니다.

LNG fuel tank로부터 10m 이내에 FPR이 위치한다면 FPR 외부에 Water Spray system과 FPR 내부에 LNG fuel tank를 바라보는 모든 면에 A-60 Insulation이 적용됩니다.

FPR 상부에는 IGF에서는 요구하지 않지만 FPR 내부에 설치되는 장비의 유지보수를 위한 Opening(통상 Bolted hatch)과 장비를 끌어올리는 Davit, FPR 상부에 작업자가 접근하기 위한

Access ladder나 작업자의 안전을 위한 Hand Rail을 설치하고 있습니다.

마지막으로 FPR 내부에는 CO2 firefighting system이 적용됩니다.

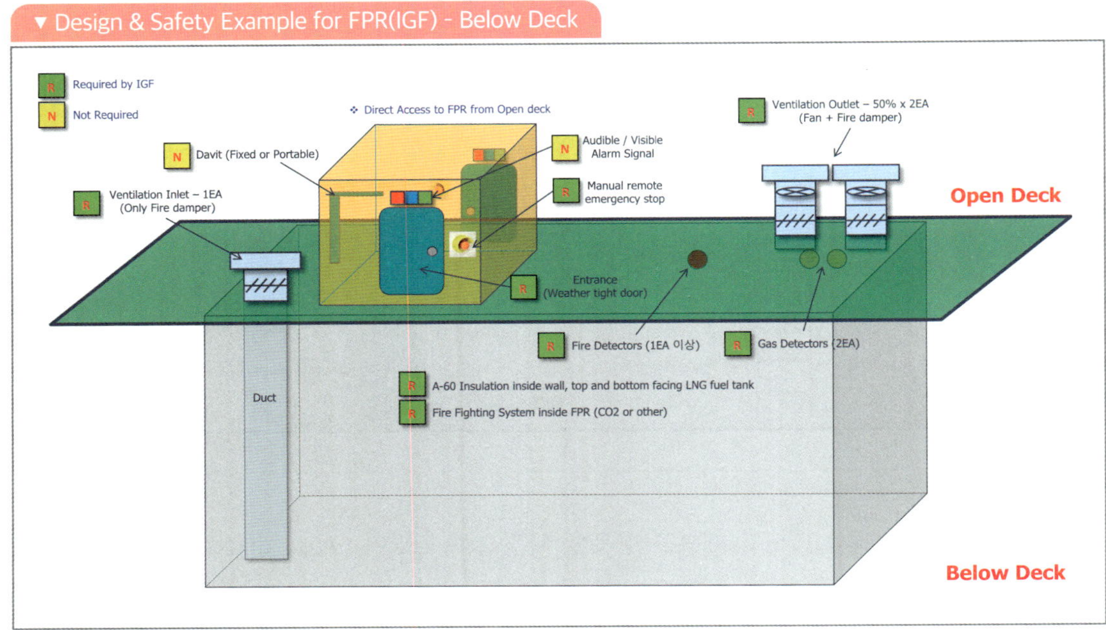

실제 프로젝트의 경우 FPR이 Below deck에 설치되는 경우가 없지만, IGF에서는 Below deck 설치도 가능함을 언급하고 있기 때문에 만약, Below deck 설치가 될 경우 다음과 같은 설계안을 제안할 수 있습니다.

이 설계안은 "Airlock" system을 설명했던 구성 사례 중에서 갑판상부가 이미 위험지역이고 FPR로 진입하기 위한 독립적인 경로가 있는 CASE-1에 해당합니다.

Open deck에서 FPR로 독립적으로 진입하는 문은 Weather tight type 선택이 가능하고, 2개가 적용됩니다. 문 주변에는 Manual ESD Stop 버튼과 Audible/ Visible + Alarm Signal이 설치됩니다.

FPR 내부 30회 Air change에 필요한 Ventilation Fan 50% x 2개가 Ventilation outlet에 Fire damper와 함께 설치 가능합니다.

Ventilation inlet은 환기 효율을 고려하여 Ventilation Outlet과 가능한 대각선으로 가장 멀리 떨어진 FPR 하부에 위치하기 위해서 Open deck에서부터 FPR 하부까지 Duct 연장하여 구성하며 Fire damper와 함께 설치됩니다.

FPR 내부에는 Gas detector 2개, Fire detector 1개 이상 설치가 됩니다.

FPR이 LNG fuel tank 위치와 관계없이 Tank를 바라보는 모든 면에 A-60 Insulation이 적용됩니다.

FPR로 진입하는 상부에는 IGF에서는 요구하지 않지만 FPR 내부에 설치되는 장비의 유지보수를 위한 Opening(통상 Bolted hatch)과 장비를 끌어올리는 Davit을 설치합니다.

마지막으로 FPR 내부에는 CO2 firefighting system이 적용됩니다.

FPR이 Open deck에 설치된 사례와 Below deck에 설치된 사례에 대한 국내 실적 선박을 소개해 드리겠습니다.

앞서 설명한 바와 같이 LNG fuel tank와 FPR은 분리되어 제작, 설치되기 때문에 아래와 같이 LNG Fuel tank와 FPR이 Open deck에 설치되어 철광석을 호주에서 광양항까지 운송하는 에이치라인해운의 벌크선 "HL그린호"가 있고, FPR이 Below deck에 설치된 사례가 현재까지 없기 때문에 해당 솔루션을 보여주는 구성도만 참조하실 수 있습니다.

참고로 구성도 이미지에서와 같이 FPR이 Below deck에 설치된다면 LNG fuel tank와 TCS도 모두 Below deck에 설치될 가능성이 높습니다.

IGF 2.2.15.1 Fuel storage hold space is the space enclosed by the ship's structure in which a fuel containment system is situated. If tank connections are located in the fuel storage hold space, it will also be a tank connection space;

FSHS는 는 "Fuel containment system"이 설치되는 선체 구조로 둘러 쌓인 밀폐구역으로, TCS가 없는 탱크가 "Tank connection"이 FSHS에 설치된다면 FSHS는 TCS로 간주하여 설계

IGF 5.3.5 When fuel is carried in a fuel containment system requiring a complete or partial secondary barrier:
.1 fuel storage hold spaces shall be segregated from the sea by a double bottom; and .2 the ship shall also have a longitudinal bulkhead forming side tanks.

본 요구사항은 "Secondary Barrier"가 필요한 LNG fuel tank에 해당되는 사항으로 Type-C LNG fuel tank는 해당사항 없음

IGF 6.7.1.1 All fuel storage tanks shall be provided with a pressure relief system appropriate to the design of the fuel containment system and the fuel being carried. Fuel storage hold spaces, interbarrier spaces, tank connection spaces and tank cofferdams, which may be subject to pressures beyond their design capabilities, shall also be provided with a suitable pressure relief system. Pressure control systems specified in 6.9 shall be independent of the pressure relief systems.

"Pressure relief system"에 해당하는 장비는
1) IGF 2.2.14 Explosion pressure relief means measures provided to prevent the explosion pressure in a container or an enclosed space exceeding the maximum overpressure the container or space is designed for, by releasing the overpressure through designated openings.
IGF에서는 Explosion pressure를 방출하는 "Designated opening"에 대해 어떤 장치인지 명확히 언급하지 않으나, DNV 5.5.1.2 에선 이 Opening을 "Bursting disc"라고 명칭

2) IGF 6.7.2.2 Liquefied gas fuel tanks shall be fitted with a minimum of 2 pressure relief valves(PRVs) allowing for disconnection of one PRV in case of malfunction or leakage.

3) DNV3.3.2.3 The fuel preparation room shall be fitted with ventilation arrangements or pressure relief devices ensuring that the space can withstand any pressure build up caused by vaporization of the liquefied gas fuel.
These pressure relief systems shall be constructed with materials suitable for the lowest temperatures that may arise.

DNV 3.3.4.4 The tank connection space shall be fitted with ventilation arrangements or pressure relief arrangements ensuring that the space can withstand any pressure build up caused by vaporization of the liquefied gas fuel. These pressure relief systems shall be constructed with materials suitable for the lowest temperatures that may arise.

상기와 같이 DNV 에서는 "Ventilation System"도 Pressure Relief System으로 간주하기 때문에 FSHS에는 상기 3개 솔루션 중, "Ventilation arrangement"를 적용하는 것을 추천

지금부터는 "연료저장창 구역"으로 부르는 Fuel Storage Hold Space(이후 FSHS로 표기)에 대한 설계사양에 대해 설명드리겠습니다.

IGF 2.2.15.1에서 FSHS는 "Fuel containment system"이 설치되는 선체 구조로 둘러 쌓인 밀폐구역으로 정의하고 있습니다.

만약, FSHS에 "Tank connection"이 설치가 되면, FSHS는 "TCS"로 간주하여 설계를 하라고 요구하고 있습니다.

IGF 5.3.5 요구는 "Secondary Barrier"가 필요한 LNG fuel tank에 해당되는 사항으로 Type-C LNG fuel tank에는 적용되지 않습니다.

그래서 Membrane Type과 같이 Full Secondary Barrier가 적용된 LNG fuel tank가 설치된 FSHS는 "Double Bottom" 구조로 바다(Sea)와 분리되어야 하며, 이 설계는 통상 조선소 선박설계에서 고려하는 항목입니다.

IGF 6.7.1.1에서는 FSHS에 "Pressure relief system"을 구비하라고 요구하고 있는데, 먼저 이 시스템이 요구되는 이유는 IGF 2.2.15.1에서와 같이 FSHS는 기본적으로 밀폐구역으로 정의되고 있기 때문에 적절한 "Pressure relief system"이 필요한 것입니다.

그래서 IGF에서 정의하는 "Pressure relief system"에 해당하는 장비를 살펴보면

1) IGF 2.2.14에서와 같이 Explosion pressure를 방출하는 "Designated opening"이 있지만, 어떤 장치인지 명확히 언급하지 않습니다.

   반면에 DNV 5.5.1.2에선 이 Opening을 "Bursting disc"라고 명칭하고 있기 때문에 "Bursting disc"가 "Pressure relief system"의 첫 번째 장비로 선택될 수 있습니다.

2) IGF 6.7.2.2에서 같이 PRV(Pressure Relief Valves)가 두 번째 장비로 선택될 수 있으며, 압력탱크류와 배관에 가장 많이 사용되는 "Pressure relief system" 입니다.

3) IGF와 언급되지 않지만, DNV 3.3.2.3과 DNV 3.3.4.4에서 "Ventilation arrangement(즉, Ventilation system)" 또는 "Pressure Relief Device"를 요구하고 있는데, 여기서 이 두 시스템을 "Pressure Relief System"으로 명확하게 언급하고 있습니다.

   그래서, "Ventilation arrangement(즉, Ventilation system)"을 세 번째 "Pressure relief system"으로 선택할 수 있습니다.

상기와 같은 3가지 "Pressure relief system" 중에서 FSHS에는 "Ventilation arrangement"를 적용하는 것을 추천드릴 수 있습니다.

IGF 6.11 요구사항은 Type-C를 제외한 LNG fuel tank에 해당되는 사항으로 FSHS는 "suitable dry inert gas"로 Inert 상태를 유지해야 함을 요구하고 있으며, 이 공간으로 LNG가 누설이 되어도 "Normal consumption" 운전 기준으로 최소한 30일 이상 견뎌야 함을 요구하고 있습니다.

참고로, "Normal consumption"에 대한 정의는 IGF 9.4.1 Note 16에 다음과 같이 언급되고 있는데, 이 내용을 참조로 "Normal consumption"은 "gas is supplied to consumers"로 판단할 수 있습니다.

IGF 11.3.3 요구사항은 Type-C LNG fuel tank가 FSHS에 설치될 때, FSHS를 900mm Cofferdam으로 간주할 수 있다는 설명으로 오른쪽 시스템 구성도 이미지와 같이 FSHS에 설치된 Type-C LNG fuel tank with TCS의 외부에서 다른 공간과의 격벽에 900mm FSHS 공간을 이격 시키면 별도의 Cofferdam 또는 A-60 Insulation 적용이 필요하지 않습니다.

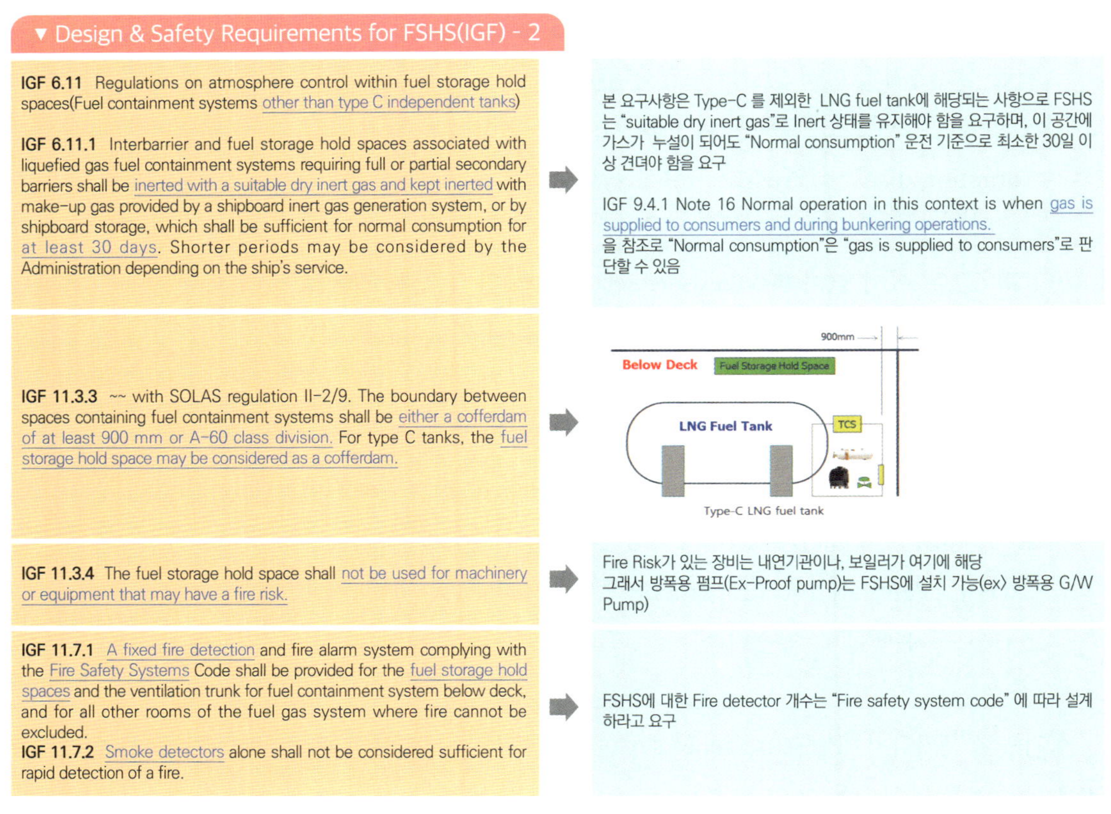

IGF 11.3.4 FSHS 구역에 "Fire risk"가 있는 장비 설치를 할 수 없다는 내용으로, Fire Risk가 있는 장비는 내연기관이나, 보일러가 여기에 해당하기 때문에, 방폭용 펌프(Ex-Proof pump)와 같은 Fire risk가 없는 장비는 FSHS에 설치 가능합니다.

IGF 11.7.1 FSHS에 적용되는 "Fire detection and fire alarm system"은 "Fire safety systems Code"에 준한 설계를 요구하는데, 다시 말하자면 LNG 연료추진선박에 적용되는 "Fire detection and fire alarm system"도 일반선에 적용되는 "Fire safety systems Code"에 맞춰 설계를 하라는 의미입니다.

그래서, Fire detector 설치 개수나 설치위치도 "Fire safety systems Code"에 따라 설계할 수 있습니다.

IGF 11.7.2 항목은 TCS, FPR, FSHS에 모두 적용되는 요구사항으로 "Smoke Detector"만으로 시스템을 구성하지 말라고 언급하고 있으며, 앞서 설명한 바와 같이 DNV Rule에서는 "Temperature"와 "Flame" detector가 대체 수단임을 명확하게 언급하고 있습니다.

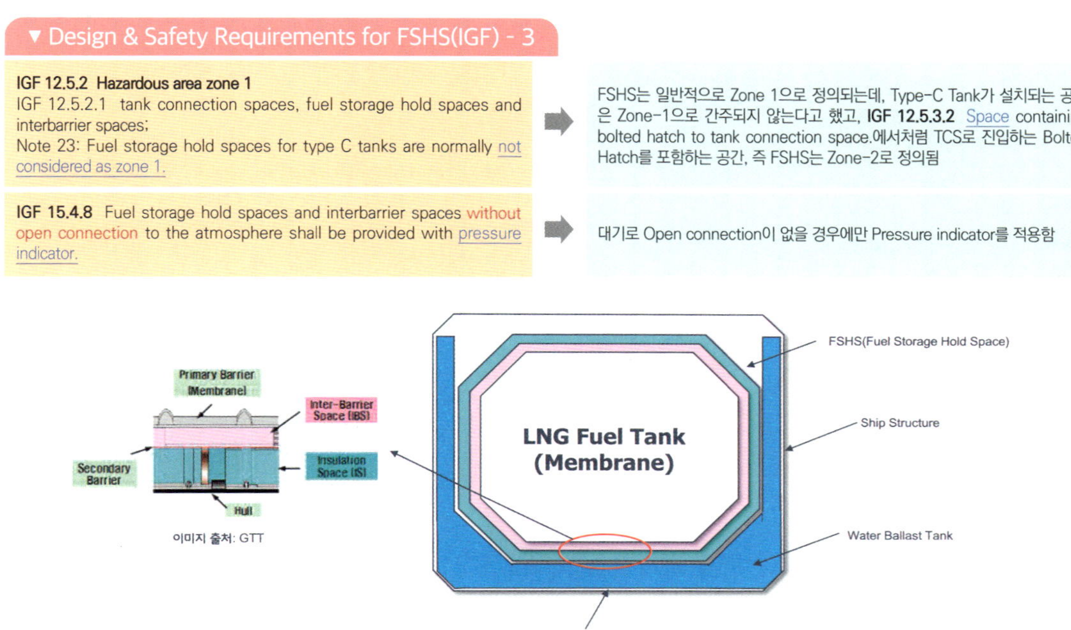

IGF 12.5.2.1에서는 FSHS는 일반적으로 Zone-1으로 정의되는데, Type-C Tank가 설치되는 공간은 Zone-1으로 간주되지 않는다고 언급하고 있고, IGF 12.5.3.2에서와 같이 TCS로 진입하는 Bolted Hatch를 포함하는 공간, 즉 FSHS는 Zone-2로 정의하고 있습니다.

참고로 이런 설계가 없겠지만, Type-C가 설치된 FSHS에 TCS로 진입하는 Bolted Hatch가 없는 경우라면, IGF Code만 봐서는 FSHS가 Zone-2 구역인지, Non-Hazardous Area인지, Safe Area인지 명확하게 정의할 수 없습니다.

이런 게 IGF Code의 부족한 부분으로 향후 지속적인 개정이 필요한 이유입니다.

IGF 15.4.8 FSHS와 Inter barrier space에서 대기로 Open connection이 없을 경우에만 Pressure indicator를 적용하라고 요구하고 있습니다.

여기서 Inter barrier space는 Membrane tank에 설치되는 공간으로 이해를 돕고자 Membrane Tank 구성도를 보면서 좀더 자세하게 설명하자면, 먼저 Membrane tank는 선체구조와 Ballast Tank로 둘러싸인 공간인 FSHS에 설치가 됩니다.

그리고 Membrane tank의 단면 구성에 LNG와 직접 접촉하여 LNG를 저장하는 "Primary Barrier"와 두 번째 방벽인 "Secondary Barrier"가 배치되어 있는데, 여기서 "Primary Barrier"와 "Secondary Barrier" 사이의 공간을 "Inter barrier Space(IBS)"라고 부르고, "Secondary Barrier"와 "Hull Structure" 사이 공간을 "Insulation Space(IS)"라 부릅니다.

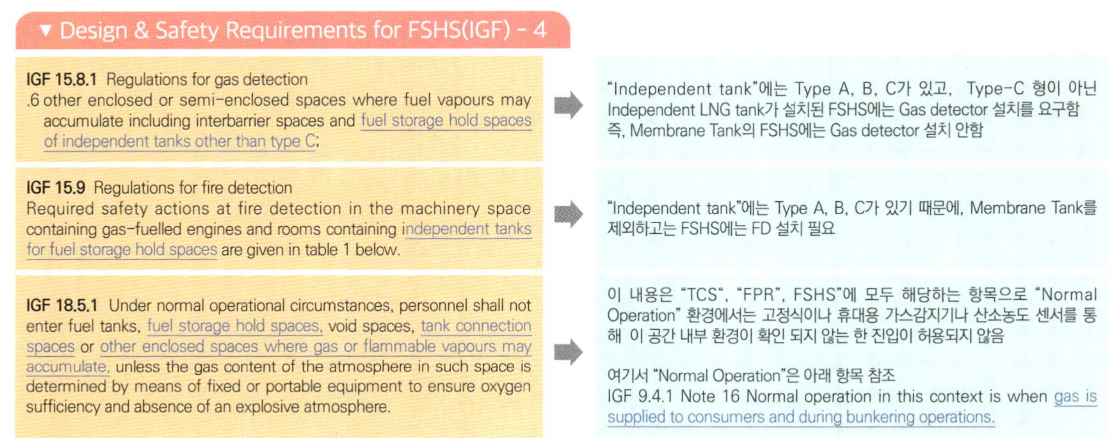

IGF 15.8.1.6에서는 Type-C형이 아닌 Independent LNG tank가 설치된 FSHS에는 Gas detector 설치를 요구하고 있는데, 앞 차시 강의에서 설명했던 "Independent tank"에는 Type A, B, C가 있기 때문에, Membrane Tank가 설치된 FSHS에는 Gas detector 설치가 필요하지 않습니다.

IGF 15.9에서는 Independent LNG tank가 설치된 FSHS에는 Fire detector 설치를 요구하고 있는데 앞에서 설명했듯이 "Independent tank"에는 Type A, B, C가 있기 때문에, Membrane Tank를 제외하고 Type에 관계 없이 Independent LNG tank가 설치된 모든 FSHS에는 Fire detector 설치가 필요합니다.

IGF 18.5.1 요구사항은 "TCS", "FPR", "FSHS"에 모두 해당하는 항목으로 "Normal Operation" 환경에서는 고정식이나 휴대용 가스감지기나 산소농도 센서를 통해 이 공간 내부 환경이 확인되지 않는 한 진입을 금지함을 얘기하고 있습니다.

여기서 "Normal Operation"에 대한 정의는 아래와 같이 "Gas supply"와 "Bunkering operation"으로 명확히 언급되어 있습니다.

IGF 9.4.1 Note 16 Normal operation in this context is when gas is supplied to consumers and during bunkering operations.

그럼, 지금까지 설명한 FSHS 설계요구 항목을 바탕으로 Membrane LNG fuel tank와 Type-C LNG fuel tank가 설치된 FSHS 설계 사례를 설명드리겠습니다.

먼저 실적 프로젝트에 있어서 Membrane LNG fuel tank가 적용된 선박은 주로 대형 컨테이너선박으로 연료탱크 용량도 10,000m3 이상의 대형 탱크였습니다.

Membrane LNG fuel tank가 적용되는 FSHS에 대해 IGF 요구사항에 맞춰 설계된 구성도는 아래와 같습니다.

FSHS의 하부구조는 Double bottom으로 구성되어야 하는데, 통상 Water Ballast Tank가 이 역할을 하도록 설계됩니다.

Membrane tank와 다른 구역과의 물리적은 격리는 900mm Cofferdam과 A-60 Insulation이 반영되고, FSHS 내부를 "Dry Inert Gas"로 지속적으로 "Inerting"이 요구됩니다.

FSHS 내부를 작업자가 진입하게 될 때, 위험을 방지하기 위한 휴대용 산소감지기(Portable O2 Sensor)가 요구되고, FSHS 압력상승을 배출할 수 있는 PRV와 같은 "Pressure Relief System" 필요합니다.

그리고 마지막으로 FSHS에서 대기 중으로 "Open Connection" 없다면 FSHS 내 "Pressure Indicator"가 요구됩니다.

Type-C LNG fuel tank가 적용되는 FSHS에 대해 IGF 요구사항에 맞춰 설계된 구성도는 아래와 같습니다.

통상 LNG Fuel tank와 TCS가 일체형으로 FSHS에 설치되는데, 다른 구역과의 물리적은 격리는 900mm 공간만 이격하면 됩니다.

FSHS 내부에는 1개 이상의 "Fire detector"가 요구되고, FSHS 내부를 작업자가 진입하게 될 때, 위험을 방지하기 위한 휴대용 산소감지기(Portable O2 Sensor)가 요구됩니다.

FSHS 압력상승을 배출할 수 있는 "Pressure Relief System"은 FSHS의 "Ventilation Arrangement"로 대체가 가능하며 Ventilation Inlet과 Outlet에 Fire damper가 적용되어야 합니다.

▼ Differences between TCS & FPR(IGF based) - 1

No.	Item	TCS(Tank Connection Space)	FPR(Fuel Preparation Room)	Remark
1	Purpose	Tank connection	Fuel Preparation	
2	Definition	IGF2.2.15.3 Tank connection space is a space surrounding all tank connections and tank valves that is required for tanks with such connections in enclosed spaces. IGF6.3.4 All tank connections, fittings, flanges and tank valves must be enclosed in gas tight tank connection spaces, unless the tank connections are on open deck.	IGF2.2.17 Fuel preparation room means any space containing pumps, compressors and/or vaporizers for fuel preparation purposes. IGF11.3.1 Any space containing equipment for the fuel preparation such as pumps, compressors, heat exchangers, vaporizers and pressure vessels shall be regarded as a machinery space of category A for fire protection purposes.	IACS Interpretation GF4: A tank connection space which has equipment such as vaporizers or heat exchangers installed inside is not regarded as a fuel preparation room. Such equipment is considered to only contain potential sources of release, but not sources of ignition.
3	Location	Beside LNG fuel tank and include tank connections	Shall be located on an open deck	
4	Gastight door	Not required In case TCS is located below deck, bolted hatch shall be applied for access	Only required below deck with airlock and gastight doors	DNV3.3.1.4 The fuel preparation room boundaries shall be gas tight towards other enclosed spaces in the ship.

No.	Item	TCS(Tank Connection Space)	FPR(Fuel Preparation Room)	Remark
5	Pressure Relief System	Required IGF6.3.7 The tank connection space shall be designed to withstand the maximum pressure build up during such a leakage. Alternatively, pressure relief venting to a safe location(mast) can be provided. IGF6.7.1.1 Fuel storage hold spaces, interbarrier spaces, tank connection spaces and tank cofferdams, which may be subject to pressures beyond their design capabilities, shall also be provided with a suitable pressure relief system	Not required	DNV3.3.2.3 The fuel preparation room shall be fitted with ventilation arrangements or pressure relief devices ensuring that the space can withstand any pressure build up caused by vaporization of the liquefied gas fuel. These pressure relief systems shall be constructed with materials suitable for the lowest temperatures that may arise.

지금까지 IGF Code에서 요구하는 TCS, FPR, FSHS의 설계 사양과 설계사례를 살펴봤습니다. 여기에서 TCS와 FPR은 엄연히 다른 공간이지만, IGF에서 요구하는 설계사양이 유사하기 때문에 잘못하면 설계요구를 누락할 수도 또는 과도하게 설계할 수도 있습니다.

그래서 지금부터는 이러한 TCS와 FPR의 차이점에 대해 비교 설명하는 시간을 갖도록 하겠습니다.

1. 먼저 TCS와 FPR 사용 목적입니다.

    명칭과 같이 TCS는 Tank Connection을 배치하기 위한 목적이고, FPR는 연료를 준비하는 장비를 배치하기 위한 목적입니다.

2. TCS 대한 정의로서 IGF 2.2.15.3에서와 같이 TCS에는 "All tank connection"과 "Fitting", "Flange", "Tank valves"가 설치되는 공간으로 정의하고 있으며, "Tank connection"과 "Tank valve"를 명확히 구분하고 있습니다.

    FPR은 IGF 2.2.17, IGF 11.3.1에서와 같이 "Pump", "Compressor", "Heat exchanger", "Vaporizer", "Pressure vessel" 등이 설치되는 공간으로 정의하고 있습니다.

    IGF 요구만 볼 때는 TCS 내 열교환기(Vaporizer, Heat exchanger) 설치가 안되는 것으로 보이지만 IACS GF4에서는 TCS 내 Vaporizer, Heat exchanger를 발화원(Ignition Source)으로 보지 않기 때문에 이 장비의 설치를 인정하고 있습니다.

3. TCS 설치위치는 항상 LNG fuel tank 바로 옆에 붙어서 설치가 되며, FPR은 LNG Fuel
   tank와 분리되어 기본적으로 Open deck에 설치됩니다.

4. TCS는 Open deck에 위치할 경우에는 Weather tight door 설치가 가능하고, Below deck
   에 위치할 경우 Bolted hatch를 적용해야 하기 때문에 근본적으로 Gas tight door를 고려하
   지 않으나, FPR의 경우 Below deck에 설치될 경우만 Airlock system과 Gas tight door가
   요구됩니다.
   참고로 DNV 3.3.1.4에서는 FPR에 대해 설치 위치와 관계 없이 FPR이 다른 enclosed space
   방향쪽으로는 "Gas tight" 요구하면서 만약 FPR이 Open deck에 설치되고 Access door가
   enclosed space 방향쪽으로 열리게 된다면 "Gas tight door"를 적용하라고 요구하고 있습니다.

5. IGF Code에서는 TCS에는 Pressure Relief System이 요구되고 있지만, FPR에는 특별한 요
   구사항이 없습니다.
   내용 중 Pressure relief venting to a safe location(mast), 여기서 mast는 Vent mast를 의
   미하므로, TCS 내 PRV(Pressure Relief Valve)를 모두 Vent mast에 연결하면 TCS에 대한 최
   대 압력상승을 견디는 설계 요구를 대체할 수 있습니다.
   추가적으로 DNV 3.3.2.3에서는 FPR에서도 "Ventilation arrangement(즉, Ventilation
   system)" 또는 "Pressure Relief Device"를 요구하고 있는데, DNV에서는 이 두 시스템을
   "Pressure Relief System"으로 간주하고 있습니다.
   그래서, DNV Rule을 기준으로 판단하면 TCS와 FPR에 기 적용되고 있는 Ventilation
   system을 "Pressure Relief System"으로 간주할 수 있습니다.

No.	Item	TCS(Tank Connection Space)	FPR(Fuel Preparation Room)	Remark
6	Access to this for Maintenance	IGF 6.5.9 Safe access to tank connections for the purpose of inspection and maintenance shall be ensured	Not required	
7	Ventilation System	IGF13.4.1 The tank connection space shall be provided with an effective mechanical forced ventilation system of extraction type	IGF13.6.1 Fuel preparation rooms, shall be fitted with effective mechanical ventilation system of the underpressure type IGF13.6.2 The number and power of the ventilation fans shall be such that the capacity is not reduced by more than 50%, if a fan with a separate circuit from the main switchboard or emergency switchboard or a group of fans with common circuit from the main switchboard or emergency switchboard, is inoperable. IGF13.6.3 Ventilation systems for fuel preparation rooms, shall be in operation when pumps or compressors are working.	DNV6.1.3.1 Fuel preparation rooms shall be fitted with effective mechanical ventilation system of the extraction type
8	Bilge well with Level indicator and temp. sensor	Required IGF15.3.2 A bilge well in each tank connection space of an independent liquefied gas storage tank shall be provided with both a level indicator and a temperature sensor. Low temperature indication shall activate the safety system.	Not Required	DNV 9.2.2.1 Bilge wells in tank connection spaces, fuel preparation rooms or other spaces containing cryogenic systems without secondary enclosures shall be provided with level sensors. DNV9.3.3.1 Low temperature detection in bilge wells of tank connection spaces, fuel preparation rooms or other spaces containing cryogenic systems without secondary enclosures

CHAPTER 06

6. TCS에는 "Tank connection"이 포함되고 있는데, IGF에서는 이 Tank connection에 대한 "검사"와 "유지보수"를 위한 "Safe Access"를 요구하는 반면에 FPR에는 이런 요구가 없습니다. 즉, IGF에서는 FPR 내부에 설치되는 장비에 대한 "검사"와 "유지보수"를 위한 접근 수단에 대한 특별한 언급은 없지만 실제 프로젝트에 있어서는 FPR 내부 장비 유지보수를 위한 Top Opening과 Davit을 설치하고 있습니다.

7. TCS에는 100% 용량의 Extraction type의 Ventilation FAN 1개가 설치 가능하고, FPR에서는 50% 용량의 Under pressure type Ventilation FAN 2개가 설치 가능합니다.

DNV에서는 FPR도 Ventilation FAN을 Extraction type를 언급하는 것을 보면 Underpressure type을 Extraction type으로 이해할 수 있습니다.

추가적으로 IGF에서는 FPR Ventilation FAN을 Pump나 Compressor가 운전되는 FGSS operation 중에만 운용하는 것으로 명확히 언급하지만, TCS Ventilation 운용에 대해서는 특별히 언급이 없습니다. 즉, TCS Ventilation FAN은 항시 가동을 해야 하는 것인지, FGSS Operation 중에만 가동을 해야 하는지에 대해서 명확하지가 않습니다.

8. TCS에는 "Bilge well"과 "level indicator", "Temperature sensor"가 각각 1개씩 요구되지만, FPR에는 요구사항이 없습니다.

반면에 DNV 9.2.2.1, DNV 9.3.3.1에서는 FPR에도 동일한 "Bilge well"과 수량에 대한 언급은 없지만 "level sensors", "Low Temperature detection"을 요구하고 있습니다.

▼ Differences between TCS & FPR(IGF based) - 3

No.	Item	TCS(Tank Connection Space)	FPR(Fuel Preparation Room)	Remark
9	Manual remote emergency stop	Not Required	IGF15.11.4 ~~Manual remote emergency stop from the following locations as applicable: .6 adjacent to the exit of fuel preparation rooms.	
10	Firefighting System	Not Required unless TCS is used for fuel preparation	IGF11.3.1 Any space containing equipment for the fuel preparation such as pumps, compressors, heat exchangers, vaporizers and pressure vessels shall be regarded as a machinery space of category A for fire protection purposes.	Normally CO2 firefighting system will be applied

9. TCS에는 수동원격비상정지(Manual remote emergency stop)에 대한 요구사항이 없지만, FPR 출입문에는 명확하게 요구되고 있습니다.

그래서 실제 프로젝트에는 FPR 출입문 밖에 Weather tight ESD Push Button을 1개 설치하고 있습니다.

10. TCS가 Tank connection 배치 목적으로만 사용된다면 Firefighting system이 필요하지 않으나, IGF 11.3.1과 같이 Vaporizer 등과 같은 장비가 설치되어 "Fuel preparation" 용도로 사용될 경우에는 Firefighting system이 필요합니다.

그리고, TCS나 FPR에 사용되는 Firefighting system으로는 CO2가 주로 적용됩니다.

참고로 CO2 시스템이 사용되는 이유는 "Dry Chemical Powder"나 "Water", "Foam" 같은 화재진압장비는 물리적인 소화물질을 FPR 내부에 뿌려서 화재가 진압된 이후에 소화물질을 청소하는 번거로움이 있습니다. 그래서 이러한 불편함이 없는 CO2 시스템을 선호하는 것입니다.

선박용 LNG 연료공급시스템 설계 및 실무

FGSS Control & Safety System 설계

FGSS Control & Safety System 설계

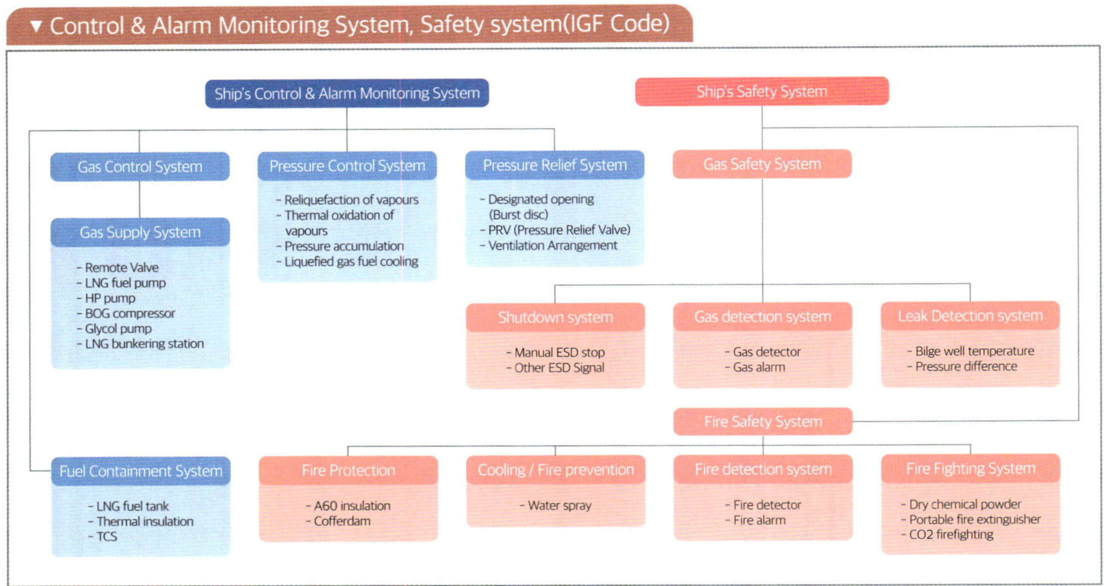

본 차시 강의에서는 LNG 연료공급시스템(FGSS)에 대한 제어, 알람 및 모니터링시스템(Control, Alarm & Monitoring System)과 안전시스템(Safety System)에 대한 설명과 이러한 시스템으로 구성되는 FGSS Control & Alarm monitoring System 설계안에 대해 설명드리겠습니다.

이전 차시에도 설명했듯이 FGSS를 구성하는 시스템은 다음과 같이 선박에서 중요한 2개의 시스템과 연결되어 있습니다.

Ship's Control & Alarm Monitoring System과 Ship's Safety System으로, 이 2개 시스템은 FGSS 이외에도 선박의 다른 시스템과도 연결되어 있지만, 본 분류표에서는 FGSS와 관련된 시스템만 표기하였습니다.

먼저 "Ship's Control & Alarm Monitoring System"에 FGSS와 관련되어 연결되는 시스템은 "연료저장시스템(Fuel containment system)", "가스제어시스템(Gas control system)", "압력제어시스

템(Pressure control system)", "압력배출시스템(Pressure relief system)"으로 여기에서 "Fuel containment system"은 LNG fuel tank와 Thermal insulation, 그리고 TCS(Tank Connection Space)로 구성되어 있습니다.

"Gas supply system"은 "Gas control system" 안에 포함되어 있으며, Gas supply와 관련된 Remote valve, LNG fuel pump, HP pump, BOG compressor, Glycol pump, LNG bunkering station을 제어합니다.

"Pressure control system"에는 IGF 6.9.1.1에서와 같이 LNG fuel tank 내부의 압력을 제어하는 목적으로 다음과 같이 4가지 시스템을 제안하고 있습니다.

- BOG를 재액화 장비
- GCU(Gas Combustion Unit)라고 부르는 BOG 직접 연소시키는 장비
- 그리고 BOG를 탱크 내부에 압력으로 축적하는 방법으로, LNG 탱크의 설계압력이 높을 수록 BOG 축적양이 많아집니다.
- 마지막으로 BOG를 냉각시켜 BOG 발생량을 억제하는 방법이 제안되고 있습니다. 여기서 BOG 냉각과 BOG 재액화는 그 개념이 다릅니다.

BOG 냉각은 BOG 온도를 낮춰서 BOG의 팽창을 억제하는 방법이라면, BOG 재액화는 말그대로 BOG를 액화시키는 것입니다.

"Pressure Relief system"은 엄밀하게 "Pressure control system"과는 별개 시스템으로 여기에 속하는 방법은 압력용기의 내부 압력이 상승할 때 "Burst disc"라 부르는, 특정 위치에서 물리적으로 압력이 터지도록 배출하는 방법이 있고, 앞서 설명했듯이 PRV(Pressure Relief Valve)는 가장 많이 사용되는 압력 배출 방법입니다.

마지막으로 "Ventilation Arrangement" 혹은 "Ventilation System"도 이러한 압력 배출 방법의 하나로 허용되고 있습니다.

그 다음으로 선박의 2번째 주요시스템인 "Ship's Safety System"에는 FGSS와 관련되어 연결되는 시스템인 "Gas safety system"과 "Fire safety system"이 있습니다.

이 중 먼저 "Gas safety system"은 아래와 같이 3가지 시스템으로 나눠집니다.

1번째, Shutdown system은 "Manual remote emergency stop"과 다른 시스템에서 ESD 신호를 받을 수 있도록 구성되고,

2번째, Gas detection system은 Gas detector와 Alarm으로 구성됩니다.

마지막으로 leak detection system은 Gas detection과는 별개로 LNG나 NG가 누설되는 것을 감지하는 시스템으로 여기에는 탱크나 배관의 압력차를 모니터링하거나, Bilge well의 온도를 감시하는 간접적인 방식으로 LNG나 NG Leak를 추정하는 방법이 포함됩니다.

"Fire safety system"에는 기본적으로 Fire detector와 Alarm을 포함한 "Fire detection system"이 있고, A60 insulation이나 Cofferdam을 통해 화재 열원으로 시스템을 보호하는 "Fire protection", Water spray를 통해 LNG 탱크나 FPR, LNG bunkering station을 냉각하거나 화재 열원으로부터 장비를 보호하는 "Cooling and Fire prevention", 마지막으로 Dry chemical powder, Portable fire extinguisher, CO2 firefighting 등을 포함하는 "Fire fighting system"이 있습니다.

지금까지 FGSS와 관련된 전체 시스템 분류에 대해 소개를 했으며, 이 시스템 중에서 이번 차시에서는 "FGSS Control 및 Safety System"에 초점을 맞춰 IGF Code에서 요구하는 사항에 대해 설명을 드리겠습니다.

먼저, Control, Alarm & Monitoring System에 대한 IGF 요구사항으로, IGF 3.2.13 IGF에서는 LNG 연료공급시스템의 "안전(Safe)"과 "Reliable operation(운전의 신뢰성)"을 확인하기 위한 목적으로 다음과 같이 4가지 주요 시스템을 언급하고 있습니다.

1) Control system, 2) Alarm system, 3) Monitoring system, 4) Shutdown system. 이렇게 시스템이 각각 구분되어 있는 것은 초창기 분산제어시스템이라고 불렸던 DCS(Distributed Control System)가 선박제어시스템에 적용되었던 시기에는 이러한 기능을 하는 시스템이 각각 분리되어 설치되었습니다.

하지만, 이후에는 통합제어시스템이라 불리는 AMS(Alarm Monitoring System) 또는 IAS(Integrated Automation System)가 적용되기 시작하면서 다수의 시스템이 점차 하나의 시스템으로 통합되었습니다.

그래서 이러한 트랜드에 따라 다음과 같이 시스템을 설계할 수 있습니다.

"Control & Alarm, monitoring system"은 1개 시스템으로 통합하여 설계 가능합니다. 물론, 앞서 설명한 바와 같이 개별 시스템으로 나눌 수 있지만, 1개의 시스템으로도 IGF Code에서 요구하는 기능을 모두 만족시킬 수 있을 뿐만 아니라, 비용도 절감할 수 있기 때문에 통상 이 3개의 시스템은 1개로 통합하여 설치합니다.

"Shutdown system"은 상기에서 언급한 "Control & Alarm monitoring system"과 통합하여 1개의 시스템으로 만들 수 있지 않을까 생각할 수 있겠지만, "Shutdown"이란 것은 일반적인 운전에서 정지하는 "Normal Shutdown"과 위험상황 발생시 운전이 정지되는 "Emergency Shutdown"으로 나눠지기 때문에 Shutdown system을 모두 "Control & Alarm monitoring system"에 통합할 수 없습니다.

이러한 이유로, Normal Shutdown 기능은 "Control & Alarm monitoring system"에 포함시키고, "Emergency Shutdown" 기능은 독립적으로 구성된 "Safety system"에 적용이 됩니다.

IGF 6.5.8에서 언급하고 있는 "Portable LNG fuel tank" 즉, 컨테이너 형식의 탈착이 가능한 LNG 연료탱크를 위한 시스템이라고 할지라도
- "Control & monitoring system"이 Ship's control & monitoring system과 통합(integration) 되도록 요구하고 있고,
- "Safety system"이 Ship's safety system과 통합되도록 요구하고 있습니다.

즉, 다시 말하자면 Portable LNG fuel tank가 적용되더라도 영구적인 LNG 연료탱크가 설치된 선박과 동일한 설계 사양이 요구된다는 것입니다.

IGF 6.7.1.1에서 "Pressure control system"(IGF 6.9)과 "Pressure relief system"은 전혀 다른 시스템이라고 언급하고 있습니다.

Pressure control system은 IGF 6.9에서 별도 설명 예정이지만, 간략하게 Pressure relief system에 해당하는 장비는
1) IGF 2.2.14, Designated opening(Bursting disc) : 지정된 오프닝(파열 디스크)
2) IGF 6.7.2.2, PRV(Pressure Relief Valve) : 압력 도출 밸브
3) DNV 3.3.4.4, Ventilation arrangements(IGF에서는 언급 없으나, 환기구성) 등이 있습니다.

IGF 6.9.1에서는 LNG tank가 주변 온도 조건에 따라 압력을 견딜 수 있도록 자체적으로 설계되는 것을 제외하고, 다음과 같이 선급에서 승인하는 방법으로 탱크 압력과 온도를 제어할 수 있습니다.

.1 reliquefaction of vapours ; 재액화 시스템

.2 thermal oxidation of vapours ; 열 산화. 즉, GCU나 Boiler로 태워버리는 것

.3 pressure accumulation ; or 압력 축적. 즉, Type-C 압력탱크 내에 가두는 것

.4 liquefied gas fuel cooling. 액화가 아닌, 냉각을 통한 압력 조절 등,

그리고, 선내 전력부하만을 위해 발전기용 DF엔진을 사용하는 것은 "Idle condition"으로 간주하기 때문에, DF엔진에서 Vapour 사용을 감안하여 Tank Pressure Relief Valve가 견딜 수 있는 설계 날짜를 15일로 산정 가능합니다.

▼ Design of Control, Alarm & Monitoring System -2/2

IGF 14.3.7 Arrangements shall be made to alarm in low-liquid level and automatically shutdown the motors in the event of low-liquid level. The automatic shutdown may be accomplished by sensing low pump discharge pressure, low motor current, or low-liquid level. This shutdown shall give an audible and visual alarm on the navigation bridge, continuously manned central control station or onboard safety centre.	다음과 같은 이벤트가 발생할 때 "The automatic shutdown"을 진행하라고 했고, "An audible and visual alarm"을 "Navigation Bridge", "Continuously manned central control station" 또는 "Onboard safety centre"에 적용하라고 요구 "The automatic shutdown"이 반드시 "Safety System"에 의해서서만 동작되는 것은 아님 "Gas supply system"에 의해서도 동작될 수 있음 여기에서 Navigation Bridge"는 Wheel house(조타실)을 의미 "Continuously manned central control station"은 ECR(Engine Control Room) "Onboard safety centre"는 FGSS Control Cabinet을 의미
IGF 15.2.1 the control, monitoring and safety systems of the gas-fuelled installation shall be so arranged that the remaining power for propulsion and power generation is in accordance with 9.3.1 in the event of single failure;	IGF 9.3.1 For single fuel installations the fuel supply system shall be arranged with full redundancy and segregation all the way from the fuel tanks to the consumer, so that a leakage in one system does not lead to an unacceptable loss of power. "Single Fuel"이 적용될 때 요구하는 사항으로 "Dual Fuel" 시스템 적용시에는 미적용
IGF15.2.6 where two or more gas supply systems are required to meet the regulations, each system shall be fitted with its own set of independent gas control and gas safety systems.	2개 또는 그 이상의 "Gas supply system"이 적용될 경우에는 각각의 "Gas supply system"에 독립적인 "Gas control"과 "Gas safety system" 설치 요구 IGF 9.3 Regulations on redundancy of fuel supply 9.3.1 For single fuel installations the fuel supply system shall be arranged with full redundancy and segregation all the way from the fuel tanks to the consumer, so that a leakage in one system does not lead to an unacceptable loss of power.
IGF 15.3.3 For tanks not permanently installed in the ship a monitoring system shall be provided as for permanently installed tanks.	영구적이지 않은 즉, 임시로 설치되는 LNG fuel tank라 할지라도 "A monitoring system"은 영구적으로 설치되는 탱크 위한 시스템으로 공급되어야 함
IGF 15.11.1 If the fuel supply is shut off due to activation of an automatic valve, the fuel supply shall not be opened until the reason for the disconnection is ascertained and the necessary precautions taken. A readily visible notice giving instruction to this effect shall be placed at the operating station for the shutoff valves in the fuel supply lines.	"Operating Station"에 "Readily visible notice"를 비치하라는 요구 그래서 FGSS Operator Station에 해당 경고 문구를 구비해야 함
IGF 18.4.2.2 A fuel system schematic/piping and instrumentation diagram(P&ID) shall be reproduced and permanently mounted in the ship's bunker control station and at the bunker station.	FGSS에 대한 "System Schematic Diagram"과 "P&ID Diagram"을 "Ship's bunker control station" 즉, ECR(Engine Control Room)과 "Bunker station"에 복사/출력하여 영구적으로 비치하도록 요구하고 있음 통상, 해당 도면을 알루미늄판에 음각으로 새겨, 제작하여 상기 장소에 비치함

IGF 14.3.7에서는 LNG 연료탱크의 low-liquid level 상태가 되면 "Alarm"과 Fuel Pump 모터에 대한 "Automatically shutdown"을 진행하고, "An audible and visual alarm" 즉, 운전자와 선원들이 이러한 상황을 인지할 수 있도록 "알람음"과 "알람불빛"을 발생할 수 있는 장비를 "Navigation Bridge", "Continuously manned central control station" 또는 "Onboard safety centre"에 적용하라고 요구하고 있습니다. 여기에서 "Navigation Bridge"는 Wheel house(조타실)를 의미하고, "Continuously manned central control station"은 항상 운전자가 배치되어 있는 중앙제어실, 즉 ECR(Engine Control Room)을 의미하며 "Onboard safety centre"는 FGSS Control Cabinet 위치를 의미합니다.

추가적으로 앞서 설명한 바와 같이 "The automatic shutdown"이 반드시 "Safety System"에 의해서만 동작되는 것이 아니기 때문에 "Gas supply system"을 제어하는 "Control & Alarm monitoring system"에 의해서도 동작될 수 있습니다.

IGF 15.2.1 항목은 "Single failure(단일고장)" 상황에서도 "Propulsion(선박추진)", "Power generation(발전기)" 운전을 위한 전력을 유지하도록 "control, monitoring and safety systems"이 구성되어야 한다고 요구하고 있는데, IGF 9.3.1에서 보면 이러한 요구는 "Single Fuel"이 적용될 때 요구하는 사항으로 "Dual Fuel" 시스템이 적용된 경우에는 해당 사항이 없습니다.

IGF 15.2.6에서는 만약, 2개 또는 그 이상의 "Gas supply system"이 적용될 경우에는 각각의 "Gas supply system"에 독립적인 "Gas control"과 "Gas safety system" 설치를 요구하고 있습니다.

이렇게 2개 이상의 "Gas supply system"이 적용되는 경우에 대해 IGF 9.3.1에서는 "Single fuel installation" 즉, LNG만을 연료를 쓰는 엔진이 적용된 선박에는 "Fuel supply system"에 대해 이중화를 요구하는 것처럼 다수의 "Gas supply system"이 적용될 수 있습니다.

물론, Dual fuel engine이 적용된 선박에는 이미 연료 자체로 이중화를 구성했기 때문에 다수의 "Gas supply system"은 필요하지 않습니다.

IGF 15.3.3 영구적이지 않은 즉, 임시로 설치되는 LNG fuel tank라 할지라도 "A monitoring system"은 영구적으로 설치되는 탱크를 위한 시스템과 동일한 사양을 요구하고 있습니다.

다시 정리하자면, LNG 연료탱크가 영구적이든, 임시로 설치되든, IGF 6.5.8에서와 같이 교체형식으로 설치되든 탱크에 관계 없이 영구적으로 설치되는 LNG 연료탱크를 위한 Control, Alarm and Monitoring System을 설치해야 합니다.

IGF 15.11.1 항목에서는 "Operating Station"에 "자동 밸브의 작동으로 인해 연료 공급이 차단된 경우, 분리 이유가 확인되고 필요한 예방 조치가 취해질 때까지 연료 공급을 재개 금지"라는 "Readily visible notice"를 비치하라는 요구하고 있는데, 이런 경고 문구를 FGSS Operating Station 내 Mimic(제어를 위한 그래픽 화면)에 표기하거나, 별도 경고 문구 명판을 제작하여 Operating Station 주변에 부착시켜 놓는 방식으로 적용 가능합니다.

IGF 18.4.2.2 FGSS에 대한 "System Schematic Diagram"과 "P&ID Diagram"을 "Ship's bunker control station" 즉, ECR(Engine Control Room)과 "Bunker station"에 복사/출력하여 영구적으로 비치하도록 요구하고 있는데, 통상, 해당 도면을 알루미늄판에 음각으로 새겨 제작하여 상기 장소에 비치합니다.

▼ Design of Safety System -1/3

IGF 3.2.13 Suitable control, alarm, monitoring and shutdown systems shall be provided to ensure safe and reliable operation.

→ IGF에서는 4가지 주요 시스템을 언급,
- "Control & Alarm monitoring system"을 1개 시스템으로 통합하여 설계 가능
- "Shutdown system"은 독립시스템으로 구성된 Safety system에 포함되어 설치됨

물론, Shutdown system 중, Normal Shutdown은 "Control & Alarm monitoring system"에도 통합하여 설치됨

IGF 6.5.8 Control and monitoring systems for portable fuel tanks shall be integrated in the ship's control and monitoring system. Safety system for portable fuel tanks shall be integrated in the ship's safety system(e.g. shutdown systems for tank valves, leak/gas detection systems).

→ Portable LNG fuel tank 일지라도
- "Control & monitoring system"이 Ship's control & monitoring system와 integration 요구
- "Safety system"이 Ship's safety system과 Integration 요구

IGF 14.3.7 Arrangements shall be made to alarm in low-liquid level and automatically shutdown the motors in the event of low-liquid level. The automatic shutdown may be accomplished by sensing low pump discharge pressure, low motor current, or low-liquid level. This shutdown shall give an audible and visual alarm on the navigation bridge, continuously manned central control station or onboard safety centre.

→ 다음과 같은 이벤트가 발생할 때 "The automatic shutdown"을 진행하라고 했고, "An audible and visual alarm"을 "Navigation Bridge", "Continuously manned central control station" 또는 "Onboard safety centre"에 적용하라고 요구
"The automatic shutdown"이 반드시 "Safety System"에 의해서서만 동작되는 것은 아님"Safety System"을 통해서도 "automatic shutdown" 가능하기 때문에 상기 요구사항 적용

IGF 15.2.1 the control, monitoring and safety systems of the gas-fuelled installation shall be so arranged that the remaining power for propulsion and power generation is in accordance with 9.3.1 in the event of single failure;

→ IGF 9.3.1 For single fuel installations the fuel supply system shall be arranged with full redundancy and segregation all the way from the fuel tanks to the consumer, so that a leakage in one system does not lead to an unacceptable loss of power.
"Single Fuel"이 적용될 때 요구하는 사항으로 "Dual Fuel" 시스템 적용시에는 미적용

IGF 15.2.2 a gas safety system shall be arranged to close down the gas supply system automatically, upon failure in systems as described in table 1 and upon other fault conditions which may develop too fast for manual intervention;

→ (Gas) Safety System은 Table-1에 자세하게 설명된 바와 같이 "Gas Supply System"을 Automatically close down(Shutdown)해야 한다고 요구함

IGF 15.2.3 for ESD protected machinery configurations the safety system shall shutdown gas supply upon gas leakage and in addition disconnect all non-certified safe type electrical equipment in the machinery space;

→ "ESD protected machinery" 구성에 적용된 "Safety System"은 "Gas Supply System"을 Shutdown 하는 것에 추가적으로, Machinery space 내에 있는 승인되지 않은 모든 안전형식 전자장비도 차단할 수 있도록 요구

다음은 Safety System에 대한 IGF 요구사항으로, Safety system은 앞서 설명드린 "Control, Alarm & Monitoring System"과 중복으로 해당되는 항목이 있지만, 그 내용 중에서 Safety System에 해당하는 부분만 다시 설명드리겠습니다.

IGF 3.2.13 항목은 앞서 설명했듯이, LNG 연료공급시스템의 "안전(Safe)"과 "Reliable operation(운전의 신뢰성)"을 확인하기 위한 목적으로 4가지 주요 시스템이 언급되었고, 이 시스템 중에서 "Shutdown system"은 독립시스템으로 구성된 Safety system에 포함되어 설치됩니다.

참고로 Shutdown system 중, "Normal Shutdown" 기능은 "Control & Alarm monitoring system"에 통합되어 설치되고, "Emergency Shut down" 기능은 "Safety System"에 설치되어 ESD(Emergency Shutdown) 이벤트 발생 시, "Safety system"에 속해있는 "Gas safety system"을 통해 "Gas supply system"을 Shutdown 합니다.

IGF 6.5.8 항목도 앞서 설명했듯이 "Portable LNG fuel tank" 즉, 컨테이너 형식의 탈착이 가능한 LNG 연료탱크를 위한 시스템이라고 할지라도

"Control & monitoring system"이 Ship's control & monitoring syste과 통합(integration)되도록 요구하고 있고,

"Safety system"이 Ship's safety syste과 통합되도록 요구하고 있습니다.

즉, 다시 말하자면 Portable LNG fuel tank가 적용되더라도 영구적인 LNG 연료탱크가 설치된 선박과 동일한 설계 사양이 요구된다는 것입니다.

IGF 14.3.7에서는 LNG 연료탱크의 low-liquid level 상태가 되면 "Alarm"과 Fuel Pump 모터에 대한 "Automatically shutdown"을 진행하고,

"An audible and visual alarm" 즉, 운전자와 선원들이 이러한 상황을 인지할 수 있도록 "알람음"과 "알람불빛"을 발생할 수 있는 장비를

"Navigation Bridge", "Continuously manned central control station" 또는 "Onboard safety centre"에 적용하라고 요구하고 있습니다.

앞서 설명한 바와 같이 "The automatic shutdown" 기능이 독립시스템으로 구성된 "Safety System"에도 적용이 될 수 있기 때문에

"Safety system"을 통한 "Automatic shutdown"이 진행되는 경우에도 상기 언급된 장소에도 "An audible and visual alarm"을 적용해야 합니다.

IGF 15.2.1 항목은 "Single failure(단일고장)" 상황에서도 "Propulsion(선박추진)", "Power generation(발전기)" 운전을 위한 전력을 유지하도록 "control, monitoring and safety systems"이 구성되어야 한다고 요구하고 있는데, IGF 9.3.1에서 보면 이러한 요구는 "Single Fuel"이 적용될 때 요구하는 사항으로 "Dual Fuel" 시스템 적용된 경우에는 해당 사항이 없습니다.

IGF 15.2.2 항목에서는 "A gas safety system"은 Table 1에 설명된 바와 같이 "Gas Supply System"을 Automatically close down(Shutdown)해야 한다고 요구하고 있습니다.

Table 1 내용에 대해서는 뒤에서 좀 더 자세하게 설명하겠습니다.

IGF 15.2.3 "ESD protected machinery" 구성에 적용된 "Safety System"은 "Gas Supply System"을 Shutdown하는 것 뿐만 아니라, Machinery space 내에 있는 승인되지 않은 모든 안전형식의 전자장비도 차단해야 한다고 요구하고 있습니다.

여기서 "ESD protected machinery"에 승인되지 않았지만, 안전형식의 전자장비에는 어떤 것이 설치될 수 있는지에 대해 IGF에서는 명확하게 언급하지 않습니다.

다만, 본 항목의 내용으로 봐서는 전자장비 선정 폭을 좀더 허용해 주는 의미로 파악되지만, 실제 프로젝트 설계에 있어서 IGF에서 허용한다고 할지라도 선급 승인이 안된 전자장비를 "ESD protected machinery"에 구성한다는 것은 고객사든, 조선소든, 선급이든 쉽게 결정할 수 있는 사항이 아니기 때문에 실제 프로젝트에서는 보수적으로 승인된 전자장비가 설계될 것으로 예상됩니다.

IGF15.2.4 the safety functions shall be arranged in a dedicated gas safety system that is independent of the gas control system in order to avoid possible common cause failures. This includes power supplies and input and output signal;

"Safety function"은 "Gas control system"과 별개의 독립된 시스템인 "Gas safety system"에 구현되어야 함을 요구
이유는 전원이나, In/Out Signal에 공통으로 일어날 수 있는 고장을 방지하고자 임

IGF15.2.5 the safety systems including the field instrumentation shall be arranged to avoid spurious shutdown, e.g. as a result of a faulty gas detector or a wire break in a sensor loop; and

"Gas safety system"에 적용되는 Instrument 는 예를 들어 가스 감지기 결함 또는 센서 루프의 와이어 파손으로 인한 "허위 정지(Spurious Shutdown)"를 방지하도록 배치 요구

IGF15.2.6 where two or more gas supply systems are required to meet the regulations, each system shall be fitted with its own set of independent gas control and gas safety systems.

2개 또는 그 이상의 "Gas supply system"이 적용될 경우에는
각각의 "Gas supply system"에 독립적인 "Gas control"과 "Gas safety system" 설치 요구

IGF 15.11 Regulations on safety functions of fuel supply systems
IGF 15.11.1 If the fuel supply is shut off due to activation of an automatic valve, the fuel supply shall not be opened until the reason for the disconnection is ascertained and the necessary precautions taken. A readily visible notice giving instruction to this effect shall be placed at the operating station for the shutoff valves in the fuel supply lines.

"Operating Station"에 "Readily visible notice"를 비치하라는 요구
여기서 "Safety function"이 "Safety System" 뿐만 아니라, "Gas supply System"에도 구현될 수 있기 때문에, FGSS Operator Station에 해당 경고 문구를 비치해야 함

IGF 15.11.4 Compressors, pumps and fuel supply shall be arranged for manual remote
emergency stop from the following locations as applicable:
.1 navigation bridge;
.2 cargo control room;
.3 onboard safety centre;
.4 engine control room;
.5 fire control station; and
.6 adjacent to the exit of fuel preparation rooms.
The gas compressor shall also be arranged for manual local emergency stop.

Manual Remote Emergency Stop 버튼이 설치되는 장소
.1 navigation bridge;(조타실 or Wheel house)
.2 cargo control room;(CCR)
.3 onboard safety centre;(FGSS control cabinet)
.4 engine control room;(ECR)
.5 fire control station; and(만약이 이 장비가 있다면 설치, 통상 조타실에 함께 설치가 됨)
.6 adjacent to the exit of fuel preparation rooms.(FPR 출입문)

그리고, Gas compressor(BOG compressor)는 Local에도 Emergency Stop 설치함. 추가적으로,
IGF 9.4.3 The automatic master gas fuel valve shall be operable from safe locations on escape routes inside a machinery space containing a gas consumer, the engine control room, if applicable; outside the machinery space, and from the navigation bridge.
이 요구에 따라 Engine Room에서 빠져 나가기 직전 안전 구역에도 ESD Push button을 설치

IGF 15.2.4 항목에서의 "Safety function"은 "Gas control system"과 별개의 독립된 시스템인 "Gas safety system"에 구현되어야 함을 요구하고 있습니다.

이러한 구성을 요구하는 주된 이유는 만약 이 두 시스템 즉, "Gas control system"과 "Gas safety system"이 전원이나, In/Out Signal을 공유하고 있다면 여기서 공통으로 일어날 수 있는 고장으로 인해 두 시스템이 모두 영향을 받는 것을 방지하고자 함입니다.

IGF 15.2.5 "Gas safety system"에 적용되는 Instrument, 예를 들어 가스 감지기와 같은 장비는 가스 감지기 자체 결함 또는 센서 루프의 와이어 파손 등의 원인으로 "허위 정지(Spurious Shutdown)"를 방지할 수 있도록 배치하도록 요구하고 있습니다.

그래서, 이러한 문제를 해결하기 위해서는 실제 프로젝트에서는 가스감지기와 같은 장비는 주기적인 점검을 하거나, 2개 이상으로 설계하여 오감지로 인한 허위정지를 방지하며, 센서를 구성할 때, Wire loop(와이어루프) 즉, 전기적인 루프를 구성하여 이 루프가 끊어지게 되면 센싱 되는 값에 관계없이 오류를 감지할 수 있도록 구성하고 있습니다.

IGF 15.2.6 항목은 앞서 설명했듯이 만약, 2개 또는 그 이상의 "Gas supply system"이 적용될 경우에는 각각의 "Gas supply system"에 독립적인 "Gas control"과 "Gas safety system" 설치를 요구하고 있습니다.

이렇게 2개 이상의 "Gas supply system"이 적용되는 경우에 대해 IGF 9.3.1에서는 "Single fuel installation" 즉, LNG만을 연료를 쓰는 엔진이 적용된 선박의 "Fuel supply system"에 대해 이중화를 요구하는 것처럼 다수의 "Gas supply system" 적용될 수 있으며, Dual fuel engine이 적용된 선박에는 이미 연료 자체로 이중화를 구성했기 때문에 다수의 "Gas supply system"은 필요하지 않습니다.

IGF 15.11.1 항목은 앞서 설명했듯이 "Operating Station"에 "자동 밸브의 작동으로 인해 연료 공급이 차단된 경우, 분리 이유가 확인되고 필요한 예방 조치가 취해질 때까지 연료 공급을 재개 금지"라는 "Readily visible notice"(식별이 가능한 문구)를 비치하라고 요구하고 있는데, 이런 경고 문구를 FGSS Operating Station 내 Mimic(제어를 위한 그래픽 화면)에 표기하거나, 별도 경고 문구 명판을 제작하여 Operating Station 주변에 부착시켜 놓는 방식으로 적용 가능합니다. 여기서 "Safety function"이 "Safety System" 뿐만 아니라, "Gas supply System"에도 구현될 수 있기 때문에, FGSS Operator Station에 해당 경고 문구를 비치해야 합니다.

IGF 15.11.4에서는 수동원격정지(Manual Remote Emergency Stop) 버튼이 설치되는 장소에 대해서 다음과 같이 명확한 장소를 언급하고 있으며, 이 수동원격정지는 "Gas Safety System"과 연계되어 "Gas supply system"을 Shutdown하는 신호로 최소한 아래 장소에는 반드시 설치가 필요합니다.

.1 navigation bridge ; 는 다른 명칭으로 "Wheel house" 부르며 조타실을 의미합니다.

.2 cargo control room ; 은 문구 그대로 CCR로 부르는 Cargo Control Room을 말하고

.3 onboard safety centre ; 는 FGSS control cabinet이 설치되는 장소 또는 Cabinet 자체를 의미합니다.

.4 engine control room ; 은 문구 그대로 ECR로 부르는 Engine Control Room을 말하며

.5 fire control station ; 은 조타실에 함께 설치가 되는데, 만약 독립적인 공간에 설치가 된다면
　이 Station에도 수동원격정지 버튼을 설치합니다.

.6 그리고, FPR 출입문 옆에도 수동원격정지 버튼이 요구됩니다.

그리고, 추가적으로 Gas compressor(BOG compressor) 경우에는 특이하게도 Local에도
Emergency Stop 설치를 요구하고 있고, 이 항목에서는 언급되지 않지만, IGF 9.4.3 항목에서와
같이 Engine Room에서 빠져 나가기 직전 안전 구역에도 ESD Push button 설치가 필요합니다.

IGF 18.4.4.4 항목에서는 Bunkering Source에 대해 자동으로 ESD 통신을 제공할 수 있는,
SSL이나 이와 동등한 수단을 요구하고 있습니다.

여기서, Delivering facility(Shore, Ship 등)에 구축된 "ESD System"과, LNG 연료추진선박과 호
환이 되어야 한다고 요구하면서, 명확히 "ESD System"이 LNG 공급설비(Delivering facility)에 설
치되어 있다고 언급하고 있습니다.

즉, LNG 연료추진선박에는 "ESD System"이 아니라 "Safety System"이 설치되어야 함을 이
항목에서 명확하게 확인할 수 있습니다.

추가적으로 아래 IGF 8.5.7 항목에서 보면 Bunkering source에 자동 또는 수동으로 ESD 통
신을 하기 위한 SSL이나 이와 동등한 수단을 요구하고 있습니다.

즉, 상기 IGF 18.4.4.4 항목에서는 "Automatic ESD communication"만 언급되어 있지만, 여
기서는 ESD 통신은 "automatic and manual" 모두를 포함하고 있습니다.

그래서, 보수적인 측면에서 설계를 한다면 ESD 통신은 "automatic and manual" 모두를 포함
해야 합니다.

No.	Item	ESD System	Gas Safety System	Remark
1	Mentioned in IGF	IGF 18.4.4.4 The ship shore link(SSL) or equivalent means to a bunkering source provided for automatic ESD communications, shall be compatible with the receiving ship and the delivering facility ESD system. → "ESD(Emergency Shutdown) System" is required in LNG delivering facility	IGF15.2.4 the safety functions shall be arranged in a dedicated gas safety system that is independent of the gas control system in order to avoid possible common cause failures. This includes power supplies and input and output signal; → Independent "Gas Safety System" is required in LNG fuelled ship	
2	System Configuration	– Independent for all other system – Independent control cabinet and different location – Independent electric power source – Independent and redundancy controller – Independent I/O cards	– Independent for all other system – Same control cabinet and same location(Possible) – Independent power source – Independent and redundancy controller – Independent I/O cards	

이번 페이지에서는 IGF Code에서 언급되는 "ESD System"과 "Gas Safety System"에 대한 정의와 차이점에 대해서 설명하겠습니다.

먼저, IGC에서는 Independent ESD(Emergency Shutdown) System이라 부르는 기존의 선박 시스템과는 별도의 독립 시스템을 요구하고 있고, IGF에서는 IGC와 마찬가지로 기존의 선박 시스템과는 별도의 독립 시스템을 요구하지만, Gas Safety System이라 부르고 있습니다.

그런데, ESD System과 Gas Safety System에는 중요한 차이가 있습니다. 간단히 말하자면 ESD가 더 강화된 시스템인데, ESD는 다른 시스템과 함께 사용될 수 없고, Power, Signal, 설치장소, 운전 등 모든 기능을 독립해야 하지만, Gas Safety System은 ESD보다는 완화된 시스템으로 동일한 Cabinet과 동일한 Location, 즉 같은 공간 안에 설치가 가능합니다.

그래서, 엄밀히 말하자면 IGF Code가 적용된 LNG 연료추진선박에서는 ESD 시스템이란 명칭을 사용하면 오해의 소지가 발생할 수 있기 때문에 정확하게는 "Gas Safety System"이 적용되었다고 하는 것이 맞는 말입니다.

IGF 18.4.4.4에서는 "ESD System"이 LNG 공급설비(Delivering facility)에 설치되어 있다고 명확히 언급하고 있기 때문에, LNG 연료추진선박에는 ESD System을 요구하지 않는다는 것을 이 항목에서 확인할 수 있습니다.

IGF 15.2.4 항목에서의 "Safety function"은 "Gas control system"과 별개의 독립된 시스템인 "Gas safety system"에 구현되어야 함을 요구하고 있습니다.

이러한 구성을 요구하는 주된 이유는 만약 이 두 시스템 즉, "Gas control system"과 "Gas safety system"이 전원이나, In/Out Signal을 공유하고 있다면 여기서 공통으로 일어날 수 있는 고장으로 인해 두 시스템이 모두 영향을 받는 것을 방지하기 위함이며, 이 항목을 통해 LNG 연료 선박에는 "Gas safety system"이 요구된다는 것을 확인할 수 있습니다.

추가적으로 앞서 설명했지만, IGF에서 언급하는 "Ship's safety system"에는 다음과 같이 "Gas Safety system", "Fire Safety System" 2개 시스템이 존재합니다.

1) 여기서 Gas safety system(15.2.2)에 속하는 것이,
   - Shutdown system(3.2.13) : Automatically shutdown logic, Manual remote emergency stop(15.11.4)
   - Leak/Gas detection system(5.6.3.3)이 있고,

2) Fire safety system(11.7.1)에 속하는 것이
   - Fire detection and alarm system(11.7)이 있습니다.

ESD system과 Gas safety system 구성은 간단하게 보면 거의 동일합니다. 하지만, Gas safety system의 경우 설치되는 위치가 "Gas supply system"이 설치되어 있는 같은 공간 또는 동일한 Cabinet에 가능하다는 점이 다릅니다.

No.	Parameter	Alarm	Automatic shutdown of tank valve[6]	Automatic shutdown of gas supply to machinery space containing gas-fueled engines	Comments
1	Gas detection in tank connection space at 20% LEL	○			
2	Gas detection on two detectors[1] in tank connection space at 40% LEL	○	○		
3	Fire detection in fuel storage hold space	○			
4	Fire detection in ventilation trunk for fuel containment system below deck	○			
5	Bilge well high level in tank connection space	○			
6	Bilge well low temperature in tank connection space	○	○		
7	Gas detection in duct between tank and machinery space containing gas-fuelled engines at 20% LEL	○			
8	Gas detection on two detectors[1] in duct between tank and machinery space containing gas-fuelled engines at 40% LEL	○	○[2]		
9	Gas detection in fuel preparation room at 20% LEL	○			
10	Gas detection on two detectors[1] in fuel preparation room at 40% LEL	○	○[2]		
11	Gas detection in duct inside machinery space containing gas-fuelled engines at 30% LEL	○			If double pipe fitted in machinery space containing gas-fuelled engines
12	Gas detection on two detectors[1] in duct inside machinery space containing gas-fuelled engines at 60% LEL	○		○[3]	
13	Gas detection in ESD protected machinery space containing gas-fuelled engines at 20% LEL	○			
14	Gas detection on two detectors[1] in ESD protected machinery space containing gas-fuelled engines at 40% LEL	○		○	It shall also disconnect non certified safe electrical equipment in machinery space containing gas-fuelled engines
15	Loss of ventilation in duct between tank and machinery space containing gas-fuelled engines	○		○[2]	
16	Loss of ventilation in duct inside machinery space containing gas-fuelled engines[5]	○		○[3]	If double pipe fitted in machinery space containing gas-fuelled engines

지금부터는 Table-1에 대한 설명을 진행하겠습니다. 본 설명을 시작하게 전에 우선, Table-1의 제목이 "Monitoring of Gas Supply System to Engines"라고 되어 있지만, 이 Table의 상위 제목이 IGF 15.11 Regulations on safety functions of fuel supply systems으로 실제는 "Safety Function"에 대한 내용입니다.

앞서 설명한 바와 같이 "Safety Function"은 "Gas Supply System"에도 구현되어 있고, "Safety System"에도 구현되어 있습니다.

그래서, Table-1에서와 같이 해당 이벤트 발생 시, 단순히 "Alarm"만 발생시킬 것인지 "Automatic Shutdown"도 할 것인지 명확하게 구분되어 있습니다.

IGF Code에서는 Table-1에 번호가 매겨져 있지 않으나, 본 강의에서는 설명을 위해 맨 좌측에 이벤트별 번호를 매겼습니다.

그럼, 각 이벤트에 대한 설명을 드리겠습니다.

1번 : TCS 내부의 Gas 농도가 20%(공기 중 가스농도)에 도달하게 될 경우에는 "Alarm"을 울리도록 요구하고 있습니다.

2번 : TCS 내부에는 Note 1)과 같이 이중화 목적으로 2개의 독립적인 Gas detector가 설치되는데, 이 Gas detector 2개가 모두 40% 농도 이상의 가스를 감지하게 되면 "Alarm" 및 "Tank valve"를 자동으로 Shutdown 하도록 요구하고 있습니다.

여기서 다시 1번 항목을 살펴보면 2개의 Gas detector 중 1개라도 20% 가스 농도를 감지할 경우에는 "Alarm"을 울리는 것을 알 수 있습니다.

3번 : IGF 15.9 기준으로 Independent Tank가 설치된 FSHS에는 Fire detector 설치가 요구되기 때문에, FSHS에서 화재가 감지되면 "Alarm" 만 울리도록 요구합니다.

4번 : Below deck에 설치된 "Fuel Containment System" 즉, LNG tank와 관련된 TCS나 FPR 공간이 Ventilation 될 때, Ventilation Trunk에 Fire Detector가 요구되며 여기서 화재가 감지될 때 "Alarm" 만 울리도록 요구합니다.

5번 : TCS 내부에는 Bilge well이 존재하고 이 Bilge well에 high level이 감지되면 "Alarm"만 울리도록 요구합니다.

참고로 왜 Bilge well이 필요한지 잠깐 설명을 드리면, LNG는 극저온 물질이기 때문에 LNG Tank와 연결된 Pipe 및 Valve에는 낮은 온도로 인한 결빙(Icing)과 결로(Condensation)가 생기게 되고, 이런 현상을 통해 TCS 바닥에 물이 떨어져 고일 가능성이 있습니다.

그래서 물이 흘러서 모일 수 있는 Bilge well 구조를 만들고 여기 Level을 모니터링해서 물이 어느정도 높이까지 채워지면 알람이 울리도록 IGF에서는 요구하고 있습니다. High level alarm 이 울리면 작업자가 Bilge well drain valve를 수동으로 열어서 물을 외부로 배출할 수 있습니다.

6번 : TCS 내부 Bilge well low temperature가 감지될 경우에는 "Alarm" 및 "Tank valve"를 자동으로 Shutdown 하도록 요구하고 있습니다.

그럼, 5번에 비해 왜 이렇게 "Tank Valve"까지 Shutdown 하는지 궁금하실 겁니다. 그 이유는 Bilge well에 Low temperature가 감지되었다는 것은 TCS 내부에 LNG가 누설이 되어 액체 상 태로 흘러 Bilge well 까지 도달하여 온도를 떨어뜨릴 수 있는 가능성을 가정한 것입니다.

그래서 일단, 다른 센서와의 연관을 배제한 채로 Bilge well low temperature가 감지되면 우선 적으로 "Alarm" 및 "Tank valve"를 자동으로 Shutdown 해야 합니다.

물론, TCS에서 LNG가 누설되어 Bilge well까지 도달했다면 이미 TCS 내부 Gas detector 가 가스를 감지했을 것이기 때문에 이 항목을 통해 TCS 내부 미세가스가 누설이 되었는지 대량 의 LNG가 누설이 되었는지도 간접적으로 확인할 수 있는 수단이 됩니다.

7번 : 여기서 Tank는 "LNG fuel Tank"를 의미하고, Machinery space containing gas-fuelled engines은 "Engine Room"을 의미하기 때문에 Tank에서 Engine room 사이에 Duct라고 부를 수 있는 공간은 TCS 내부와 TCS에서 Engine Room 직전까지의 Pipe duct 공간입니다.

즉, 이 두 공간을 하나의 공간으로 간주할 수 있습니다. 그래서 요구사항은 이 공간에 가스가 20% 감지 시 Alarm만 울리도록 요구합니다.

8번 : 7번 항목을 확대한 것으로 Duct 공간 내, 즉 TCS 내 2개의 Gas detector가 모두 40% 이상의 가스를 감지할 때 "Alarm" 및 "Tank valve"를 자동으로 Shutdown 하도록 요구하고 있 습니다. 그리고 Note 2)와 같이 추가적으로 가스가 감지된 곳에 있는 "Master valve"도 함께 "Close"되도록 요구하고 있습니다.

9번 : FPR 내부의 Gas 농도가 20%에 도달하게 될 경우에는 "Alarm"을 울리도록 요구하고 있습니다.

10번 : FPR 내부에는 Note 1)과 같이 이중화 목적으로 2개의 독립적인 Gas detector가 설치되는데, 이 Gas detector 2개가 모두 40% 농도 이상의 가스를 감지하게 되면 "Alarm" 및 "Tank valve"를 자동으로 Shutdown 그리고 Note 2)와 같이 추가적으로 가스가 감지된 곳에 있는 "Master valve"도 함께 "Close"되도록 요구하고 있습니다.

여기서 다시 9번 항목을 다시 살펴보면 2개의 Gas detector 중 1개라도 20% 가스 농도를 감지할 경우에 "Alarm"을 울리는 것을 알 수 있습니다.

11번 : Machinery space containing gas-fuelled engines, 즉 "Engine Room"에 배치된 가스배관 덕트에 가스가 30% 감지되면 "Alarm"을 울리도록 요구하고 있습니다.

12번 : 11번 항목을 확대한 것으로 11번에서 언급한 Duct에 2개의 Gas detector 모두 60% 이상 가스가 감지되면 "Alarm"을 울리지만, "Tank valve" Shutdown하지 않습니다.

그리고, "Automatic shutdown of gas supply to machinery space containing gas-fueled engines" 자동으로 Shutdown 해야 하는데, 먼저 Note 3)에서와 같이 가스가 감지된 덕트에 있는 "Master Valve"를 Close하고 이 Master Valve를 Close 함으로써 함께 동작을 중지해야 하는 장비가 있다면 그 장비만 Shutdown 해야 합니다.

즉, 만약에 ME-GI Engine이 1개만 있는 시스템에서 M/E 위한 Gas Pipe duct에서만 60% 이상의 가스가 감지 된다면, HP Pump만 중지해야 합니다. 그래서 가스배관에 문제가 없는 발전기 엔진 등에는 가스 연료를 계속 공급하기 위해 "Fuel Pump"나 "Tank valve"는 Shutdown 하지 않는 것입니다.

13번 : ESD- Protected Machinery space(Engine Room)에 가스가 20% 감지되면 "Alarm"을 울리도록 요구하고 있습니다.(이 Engine Room에는 가스배관에 Duct가 필요 없습니다.)

14번 : ESD- Protected Machinery space(Engine Room)에 2개의 Gas detector 모두 40% 이상 가스가 감지되면 "Alarm" 및 "Automatic shutdown of gas supply to machinery space Containing gas-fueled engines" 자동으로 Shutdown 즉, 어느 특정한 Master Valve와 장비만

Shutdown하는 것이 아니라, Gas supply와 관련된 모든 장비와 Master valve를 모두 Close 해야 합니다. 특이한 것은 Tank Valve는 Shutdown 요구하지 않지만, 실제 프로젝트 경우에는 탱크에 설치된 Fuel pump가 Stop 되면 Tank valve도 함께 Close 하게 됩니다.

추가적으로 Comment에서는 ESD- Protected Machinery space 내부에 설치된 안전이 인증되지 않은 모든 전기장비도 차단하라고 요구하고 있습니다.

15번 : Parameter만 보면 Tank에서 Engine room으로 사이에 있는 Pipe Duct에 대한 Ventilation에 대한 내용으로 7번에서 설명한 바와 같이 Tank에서 Engine room 사이에 Duct라고 부를 수 있는 공간은 TCS 공간과 TCS에서 Engine Room 직전까지의 Pipe Duct 공간으로 이 공간을 하나의 공간으로 간주할 수 있으며, 이 공간에 Mechanical ventilation이 손실되면

"Alarm"과 "Automatic shutdown of gas supply to machinery space containing gas-fueled engines" 자동으로 Shutdown 해야 하는데, Note 2)와 같이 추가적으로 가스가 감지된 곳에 있는 "Master valve"도 함께 "Close"되도록 요구하고 있습니다. 참고로 이 경우에도 "Tank Valve" Shutdown하지 않습니다.

16번 : Engine에 배치된 가스배관 Duct에 대한 Mechanical ventilation이 손실되면 "Alarm"과 "Automatic shutdown of gas supply to machinery space containing gas-fueled engines" 자동으로 Shutdown 해야 하는데, 먼저 Note 3)에서와 같이 Ventilation이 손실된 덕트에 있는 "Master Valve"를 Close하고 이 Master Valve를 Close 함으로써 함께 동작을 중지해야 하는 장비가 있다면 그 장비만 Shutdown 해야 합니다. 12번 항목의 조치와 동일하게 만약에 ME-GI Engine이 1개만 있는 시스템에서 M/E 위한 Gas Pipe duct에서만 Ventilation이 중지되면, HP Pump만 중지해야 합니다. 그래서 가스배관 Ventilation에 문제가 없는 발전기 엔진 등에는 가스 연료를 계속 공급하기 위해 "Fuel Pump"나 "Tank valve"는 Shutdown하지 않는 것입니다.

No.	Parameter	Alarm	Automatic shutdown of tank valve[6]	Automatic shutdown of gas supply to machinery space containing gas-fueled engines	Comments
17	Loss of ventilation in ESD protected machinery space containing gas-fuelled engines	○		○	
18	Fire detection in machinery space containing gas-fuelled engines	○			
19	Abnormal gas pressure in gas supply pipe	○			
20	Failure of valve control actuating medium	○		○[4]	Time delayed as found necessary
21	Automatic shutdown of engine(engine failure)	○		○[4]	
22	Manually activated emergency shutdown of engine	○		○	

1) Two independent gas detectors located close to each other are required for redundancy reasons. If the gas detector is of self-monitoring type the installation of a single gas detector can be permitted.
2) If the tank is supplying gas to more than one engine and the different supply pipes are completely separated and fitted in separate ducts and with the master valves fitted outside of the duct,
   only the master valve on the supply pipe leading into the duct where gas or loss of ventilation is detected shall close.
3) If the gas is supplied to more than one engine and the different supply pipes are completely separated and fitted in separate ducts and with the master valves fitted outside of the duct and outside of the machinery space containing gas-fuelled engines, only the master valve on the supply pipe leading into the duct where gas or loss of ventilation is detected shall close.
4) Only double block and bleed valves to close.
5) If the duct is protected by inert gas(see 9.6.1.1) then loss of inert gas overpressure shall lead to the same actions as given in this table.
6) Valves referred to in 9.4.1

17번 : ESD- Protected Machinery space(Engine Room)에 Mechanical ventilation이 손실되면 "Alarm" 및 "Automatic shutdown of gas supply to machinery space Containing gas-fueled engines" 자동으로 Shutdown 즉, 어느 특정한 Master Valve와 장비만 Shutdown 하는 것이 아니라, Gas supply와 관련된 모든 장비와 Master valve를 Close 해야 합니다. 특이한 것은 Tank Valve는 Shutdown 요구하지 않지만, 실제 프로젝트 경우에는 탱크에 설치된 Fuel pump가 Stop 되면 Tank valve도 함께 Close 됩니다.

18번 : Engine room 내 화재가 감지되면 "Alarm"만 울리도록 요구하고 있습니다.

19번 : Gas supply pipe에 압력 이상이 감지되면 "Alarm"만 울리도록 요구하고 있습니다.

20번 : 항목에서 "Failure of valve control actuating medium" Valve를 Control하는 매개체는 공압(Pneumatic), 유압(Hydraulic) 또는 전원 계통 등으로 이 매개체에 문제가 생길 경우, "Alarm"과 "Automatic shutdown of gas supply to machinery space containing gas-fueled engines" 자동으로 Shutdown이 필요한데, Note 4)에서와 같이 명확하게 "Only double block and bleed valve"만 Close 하라고 요구하고 있지만 실제 프로젝트에서는 Valve Control 매개체에 문제가 생기면 다른 Valve들도 Fail Safe Position으로 동작합니다.

그리고 Comment에서는 이런 액션을 수행하기 전에 Valve Control에 Time delay를 고려하라고 요구하고 있습니다.

21번 : 운전 실패로 인한 엔진 정지 시, "Alarm"과 "Automatic shutdown of gas supply to machinery space containing gas-fueled engines" 자동으로 Shutdown 해야 하는데, Note 4)에서 와 같이 명확하게 "Only double block and bleed valve"만 Close 하라고 요구하고 있습니다.

22번 : 수동으로 엔진을 정지하는 경우, "Alarm"과 "Automatic shutdown of gas supply to machinery space containing gas-fueled engines" 자동으로 Shutdown 해야 하는데, 정지된 엔진과 관련된 모든 Gas supply system을 함께 정지해야 합니다. 물론, 정지하지 않고 운전되는 엔진을 위해서 Tank Valve는 Shutdown 하지 않고, 다른 엔진과 관련된 Gas supply system은 계속 유지할 수 있습니다.

추가적으로 앞서 이벤트 설명 시 언급했던 Note 1)~6)번까지 내용을 다시 한번 간단하게 설명드리겠습니다.

1)번 항목은 통상적으로 2개의 Gas detector가 요구되는 이유는 이중화(Redundancy) 목적입니다. 물론, Self-monitoring type의 Gas detector가 설치된다면 1개도 가능하다고 하지만 실제 프로젝트에 있어서 대부분 2개의 Gas detector를 설치합니다.

2)번 항목은 LNG 연료탱크가 두 개 이상의 엔진에 가스를 공급하고 다른 공급 파이프가 완전히 분리되어 별도의 덕트에 장착되고 덕트 외부에 Master Valve가 장착되어 있는 경우 가스 또는 환기 손실이 감지되는 덕트에 해당하는 Master Valve만 닫도록 요구됩니다.

3)번 항목은 두 개 이상의 엔진에 가스가 공급되고 다수의 공급 파이프가 완전히 분리되어 별도의 덕트에 장착되고 덕트 외부 및 가스 연료 엔진이 포함된 엔진룸 외부에 Master Valve가 장착되는 경우, 가스 또는 환기 손실이 감지되는 덕트에 해당하는 Master Valve만 닫도록 요구됩니다.

4)번 항목은 Double block and Bleed valve만 Close 하도록 요구됩니다.

5)번 항목은 Duct가 Inert gas로 충전하여 보호되는 솔루션이 적용되었을 때, Inert gas 압력 손실도 동일한 Action을 취해야 한다고 요구하고 있습니다. 참고로, Duct 내부에 Inert gas, 통상 질소(N2)로 충전을 하는데, 질소를 가지고 환기시키는 것이 아니라, 어느 일정 압력으로 충전시켜 놓고 그 압력을 모니터링 하는 방법입니다.

즉, 충전된 질소 압력 변화 또는 손실을 통해서 배관의 이상 유무를 판단하는 방법인데, 실제 LNG 연료선박 프로젝트에는 거의 사용되지 않았습니다.

6) Valve에 대한 내용 참조 항목으로 추가 설명 없이 넘어가겠습니다.

▼ Location of Control & Safety System -1/3

IGF 2.2.6 Control station means those spaces defined in SOLAS chapter II-2 and additionally for this Code, the engine control room.

IGF에서는 "Control Station" 즉 FGSS 제어하는 스테이션을 ECR(Engine Control Room)을 의미
즉, FGSS Control System은 ECR에 설치가 되며, Control Main은 ECR이 가지고 있음

IGF 8.5.3 A manually operated stop valve and a remote operated shutdown valve in series, or a combined manually operated and remote valve shall be fitted in every bunkering line close to the connecting point. It shall be possible to operate the remote valve in the control location for bunkering operations and/or from another safe location.

LNG filling, Vapour return valve 수동 개폐가 가능, Remote valve 동작은 다른 "Safe location"에서 가능해야 함을 요구(Remote valve의 Local에서 동작은 불필요)

IGF 14.3.7 Arrangements shall be made to alarm in low-liquid level and automatically shutdown the motors in the event of low-liquid level. The automatic shutdown may be accomplished by sensing low pump discharge pressure, low motor current, or low-liquid level. This shutdown shall give an audible and visual alarm on the navigation bridge, continuously manned central control station or onboard safety centre.

다음과 같은 이벤트가 발생할 때 "The automatic shutdown"을 진행하라고 했고, "An audible and visual alarm"을 "Navigation Bridge", "Continuously manned central control station" 또는 "Onboard safety centre"에 적용하라고 요구
"The automatic shutdown"이 반드시 "Safety System"에 의해서만 동작되는 것은 아님
"Gas supply system"에 의해서도 동작될 수 있음
여기에서
- "Navigation Bridge"는 Wheel house(조타실)을 의미
- "Continuously manned central control station" 은 ECR(Engine Control Room) 또는
- "Onboard safety centre"는 FGSS Control Cabinet을 의미

IGF 15.4 Regulations for bunkering and liquefied gas fuel tank monitoring
IGF 15.4.5 A high-pressure alarm and, if vacuum protection is required, a low-pressure alarm shall be provided on the navigation bridge and at a continuously manned central control station or onboard safety centre. Alarms shall be activated before the set pressures of the safety valves are reached.

IGF 15.4.10 For submerged fuel-pump motors and their supply cables, arrangements shall be made to alarm in low liquid level and automatically shutdown the motors in the event of low-liquid level. The automatic shutdown may be accomplished by sensing low pump discharge pressure, low motor current, or low-liquid level. This shutdown shall give an audible and visual alarm on the navigation bridge, continuously manned central control station or onboard safety centre.

IGF 15.4.5 LNG fuel tank의 High-pressure alarm과 만약 탱크 내부 진공 파손을 보호한다면 Low-pressure alarm도 아래 3개 장소에서 Safety valve가 동작하기 전에 표시되어야 함
"Navigation Bridge"
"Continuously manned central control station" 그리고 "Onboard safety centre"
특이한 것은 다른 조건과 다르게, 상기 두개 장소에 모두 알람 표시를 요구

IGF 15.4.10 에서는 "Submerged fuel pump"가 Low liquid level에 따른 Alarm과 Shutdown 이 필요하다고 언급, "Audible and visual alarm"이 표시되어야 하는 장소를 다음과 같이 요구
"Navigation Bridge"
"Continuously manned central control station" 또는 "Onboard safety centre"

이번 페이지에서는 FGSS에 대한 Control & Safety System이 운영되는 장소(Location)에 대해 설명드리겠습니다.

IGF 2.2.6에서는 "Control Station" 즉, FGSS 제어하는 위치가 ECR(Engine Control Room)을 의미한다고 명확하게 언급하고 있습니다.

이 말은 FGSS Control System은 기본적으로 ECR에 설치가 되어야 하며, FGSS에 대한 제어 주체(Control Main)는 ECR이 가지고 있다는 의미이기도 합니다.

참고로 ECR에 설치된 FGSS Control Station에서는 LNG 연료시스템 뿐만 아니라, Bunkering 에 대한 Control, Alarm & Monitoring도 함께 수행합니다.

IGF 8.5.3 : LNG bunkering station 내에 수동 및 자동으로 개폐가 가능한 밸브가 연속으로 설치되거나 또는 한 밸브에 함께 기능이 구현된 밸브를 적용하라고 요구하는데, 먼저 Bunkering Station 내 LNG filling valve와 Vapour return valve 수동 개폐는 가능합니다.

추가적으로 Remote valve 동작은 다른 "Safe location"에서 가능해야 함을 요구하는 데, 이 말은 Remote valve 동작 기능을 Local에 구현되지 않아도 된다는 의미입니다.

물론, Local에서도 Remote Valve를 동작하는 기능을 추가해도 관계가 없겠지만, 명확하게 "Safe location"에서는 동작을 해야 한다고 요구합니다.

그리고, 이러한 "Safe location"은 앞서 설명했듯이 기본적으로 ECR에서 가능해야 합니다.

IGF 14.3.7에서는 LNG 연료탱크의 low-liquid level 상태가 되면 "Alarm"과 Fuel Pump 모 터에 대한 "Automatically shutdown"을 진행하고, "An audible and visual alarm" 즉, 운전 자와 선원들이 이러한 상황을 인지할 수 있도록 "알람음"과 "알람불빛"을 발생시키는 장비를 "Navigation Bridge", "Continuously manned central control station" 또는 "Onboard safety centre"에 적용하라고 요구하고 있습니다. 여기에서 "Navigation Bridge"는 Wheel house(조타실) 를 의미하고, "Continuously manned central control station"은 항상 운전자가 배치되어 있는 중앙제어실, 즉 ECR(Engine Control Room)을 의미하며 "Onboard safety centre"는 FGSS Control Cabinet의 위치를 의미합니다.

앞서 설명한 바와 같이 "The automatic shutdown"이 반드시 "Safety System"에 의해서 만 동작되는 것은 아닙니다. "Gas supply system"을 제어하는 "Control & Alarm monitoring system"에 의해서도 동작될 수 있습니다.

IGF 15.4.5에서는 LNG fuel tank 내부의 "High-pressure alarm"과 만약 탱크 내부 진공 파손을 보호하고자 할 경우에는 "Low-pressure alarm"도 아래 3개 장소에서 Safety valve가 동작하기 전에 표시되어야 함을 요구하고 있습니다.

- "Navigation Bridge" 와
- "Continuously manned central control station" 그리고 "Onboard safety centre"

여기서 다른 조건과 다르게 "Continuously manned central control station" 와 "Onboard safety centre" 장소에 모두 알람 표시를 요구하는 것이 특이합니다.

IGF 15.4.10에서는 "Submerged fuel pump"가 Low liquid level에 따른 Alarm과 Shutdown이 필요하다고 언급하면서, "Audible and visual alarm"이 표시되어야 하는 장소를 다음과 같이 요구하고 있습니다.

"Navigation Bridge"와 여기에서는 "Continuously manned central control station" 또는 "Onboard safety centre"에 알람 표시를 요구합니다.

IGF 15.5.1 Control of the bunkering shall be possible from a safe location remote from the bunkering station. At this location the tank pressure, tank temperature if required by 15.4.11, and tank level shall be monitored. Remotely controlled valves required by 8.5.3 and 11.5.7 shall be capable of being operated from this location. Overfill alarm and automatic shutdown shall also be indicated at this location.

Bunkering Control은 "Safe location"에서 가능해야 하고, 이곳에서 Tank pressure, tank temperature, tank level이 모니터링을 요구. IGF11.5.7에 해당하는 Remote valve는 Water spray system과 관련된 Remote valve Control과 Overfill alarm과 Automatic shutdown에 대한 정보도 이 장소에서 확인이 가능해야 함을 요구
IGF 11.5.7 Remote start of pumps supplying the water spray system and remote operation of any normally closed valves to the system shall be located in a readily accessible position which is not likely to be inaccessible in case of fire in the areas protected.

IGF 15.5.2 If the ventilation in the ducting enclosing the bunkering lines stops, an audible and visual alarm shall be provided at the bunkering control location,

IGF 15.5.3 If gas is detected in the ducting around the bunkering lines an audible and visual alarm and emergency shutdown shall be provided at the bunkering control location.
→ Audible and visual alarm 이 "Bunkering control location" 에 설치되어야 한다고 함.
→ 즉, "Navigation Bridge", "ECR", "Onboard safety centre"에 해당

IGF 15.11.4 Compressors, pumps and fuel supply shall be arranged for manual remote emergency stop from the following locations as applicable:
.1 navigation bridge;
.2 cargo control room;
.3 onboard safety centre;
.4 engine control room;
.5 fire control station; and
.6 adjacent to the exit of fuel preparation rooms.
→ IGF에는 상기와 같이 Location은 명확히 구분하고 있음. 여기에서 "Bunkering Control"이 가능한 곳은 "Navigation Bridge", "ECR"이고 "Onboard safety centre"는 FGSS control cabinet이 설치된 위치이므로 이 장소(Cabinet)에 "Control wall pad"를 적용함

IGF 15.6.1 Gas compressors shall be fitted with audible and visual alarms both on the navigation bridge and in the engine control room. As a minimum the alarms shall include low gas input pressure, low gas output pressure, high gas output pressure and compressor operation.

Gas compressor에서 "Low gas input pressure", "Low gas output pressure", "High gas output pressure" and "Compressor operation" 알람이 발생할 경우, "Audible and visual alarm"이 표시되어야 하는 장소를 다음과 같이 요구
"Navigation Bridge" 그리고 "Engine Control Room"

여기서 특이한 것은 다른 조건과 다르게, 상기 두개 장소에만 모두 알람 표시를 요구하고 기존에 "Continuously manned central control station"을 바로 ECR로 언급함

　IGF 15.5.1 : Bunkering Control은 "Safe location"에서 가능해야 한다고 하며, 이곳에서 Tank pressure, tank temperature, tank level이 모니터링 되어야 한다고 요구하고 있습니다.

　IGF 11.5.7 항목을 보면, Remote valve는 Water spray system과 관련된 Remote valve Control과 Overfill alarm과 Automatic shutdown에 대한 정보도 이 장소에서 확인이 가능해야 함을 요구하는데, 결국, Bunkering control이 가능한 "Safe location"은 "Navigation Bride", "ECR" 그리고 FGSS Control cabinet에 설치된 "Control wall pad"로 간주할 수 있는데, 그 이유는 FGSS Control cabinet이 Safe area에 설치되어 있고, 이 Cabinet에서 FGSS operation이 가능하기 때문입니다.

　IGF 15.5.2 and IGF 15.5.3 항목에서 모두 "Audible and visual alarm"이 "Bunkering control location"에 설치되어야 함을 요구하고 있는데, 앞서 설명했듯이 IGF 15.11.4에서 "Bunkering Control"이 가능한 곳은 "Navigation Bridge", "ECR"이고 "Onboard safety centre"로 간주할 수 있는 FGSS control cabinet "Control wall pad"를 통해 "Bunkering control"이 가능합니다.
　즉, 상기 "Navigation Bride", "ECR" 그리고 FGSS Control cabinet wall pad에 "Audible and visual alarm"이 적용하면 이 요구사항을 만족시킬 수 있습니다.

　IGF 15.6.1에서는 Gas compressor에서 "Low gas input pressure", "Low gas output pressure", "High gas output pressure" and "Compressor operation" 알람이 발생할 경우, "Audible and visual alarm"이 표시되어야 하는 장소를 다음과 같이 요구하고 있습니다.
　"Navigation Bridge" 그리고 "Engine Control Room" 입니다.
　여기서 특이한 것은 다른 조건과 다르게, 상기 두개 장소에만 모두 알람 표시를 요구하고, 기존에 "Continuously manned central control station"로 표현했던 장소를 바로 ECR로 언급하고 있습니다.

IGF 15.7 Regulations for gas engine monitoring
In addition to the instrumentation provided in accordance with part C of SOLAS chapter II-1, indicators shall be fitted on the navigation bridge, the engine control room and the manoeuvring platform for:
.1 operation of the engine in case of gas-only engines; or
.2 operation and mode of operation of the engine in the case of dual fuel engines.

Gas only engine 또는 Dual fuel engine에 대한 Monitoring 을 위한 Instruments가 요구되고 이 정보는 "navigation bridge", "the engine control room" and the "manoeuvring platform" 에 표시되어야 함

Source: Kongsberg

BMS(Bridge Manoeuvring System) in Navigation Bridge and ECR

IGF 15.8.8 Audible and visible alarms from the gas detection equipment shall be located on the navigation bridge or in the continuously manned central control station.

Gas detection equipment(즉, Gas detector)로부터 기인하는 "Audible and Visible alarm"은 navigation bridge 또는 continuously manned central control station 즉, ECR 에서 표시되어야 함

특이하게 이 항목에서는 "Visible alarm"으로 표기됨. 다른 항목에서는 "Visual alarm" 표기

IGF 15.7에서는 "Gas only engine" 또는 "Dual fuel engine"에 대한 Monitoring을 위한 Instrument는 SOLAS Chapter II-1의 Prat-C에 따라서 설계되어야 한다고 요구하고 있고, 이러한 엔진과 관련된 정보는 "Navigation bridge", "The engine control room" and the "Manoeuvring platform"에 표시되어야 한다고 요구하고 있습니다. 여기서 "Manoeuvring platform"은 IGF에서 딱 한번 등장하는 용어로 상기 3개 장소에 엔진과 관련해서 공통적으로 적용되는 시스템이 BMS 라 부르는 "Bridge Manoeuvring System"이 있는데 이 BMS가 엔진의 출력, 전/후진(Ahead/Astern)을 담당하는 장비로 "Navigation bridge"에도 설치되고 "ECR"에도 설치가 됩니다. 그래서 만약 Bridge와 ECR 외, 이러한 선박의 Manoeuvring을 수행하는 별도 장소인 "Manoeuvring platform"이 존재한다면 여기에도 엔진정보를 표시해야 합니다.

지금까지 Control System과 Safety System 운영이 요구되는 장소(Location)에 대해서 살펴봤는데, IGF에서는 이 장소에 대해 약간은 불명확하게 언급하는 모습이 있습니다.

예를 들어 어떤 항목에서는 "Continuously manned central control station"와 "Onboard safety centre" 모두 "audible and visual alarms"을 표시하라고 했다가 어떤 항목에서는 두 장소 중 하나만 해도 된다고 요구합니다.

왜 이렇게 요구 내용이 다른 지에 대한 이유와 명확한 개념이 없기에 차후 IGF Code 개정 시 이러한 모호한 문구는 수정될 것으로 예상됩니다.

IGF 2.2.4 Certified safe type means electrical equipment that is certified safe by the relevant authorities recognized by the Administration for operation in a flammable atmosphere based on a recognized standard1.
Note 1. Refer to IEC 60079 series, Explosive atmospheres and IEC 60092-502:1999 Electrical Installations in Ships - Tankers - Special Features.

"Certified safe type"은 공인된 표준을 기반으로 "인화성 대기 (flammable atmosphere)" 환경에서 동작하기 위해 승인된 기관, 즉 선급에서 안전성을 인증한 전자장비를 의미함.
IEC 60079에 "Tanker"선에 설치되는 방폭 전자장비에 대한 가이드를 참조

IGF 6.4.5.3 The required liquid leakage detection may be by means of liquid sensors, or by an effective use of pressure, temperature or gas detection systems, or any combination thereof.

LNG leak를 감지하는 수단에 대해서
Liquid sensor, 압력을 효과적으로 사용, Gas detection 또는 복합적인 방법 사용 가능. 즉, 다양한 센서와 이 센서들의 복합적인 사용을 통해 LNG Leak를 감지할 수 있음

IGF 6.14 Regulations on inert gas production and storage on board
6.14.1 The equipment shall be capable of producing inert gas with oxygen content at no time greater than 5% by volume. A continuous-reading oxygen content meter shall be fitted to the inert gas supply from the equipment and shall be fitted with an alarm set at a maximum of 5% oxygen content by volume.

Inert gas supply line에 "지속적으로 산소농도 값을 읽을 수 있는 Meter"를 요구.
전체 Inert Gas Volume에 5% 이상 산소 농도가 측정되면 알람을 발생

IGF 7.3.1.2 Where tanks or piping are separated from the ship's structure by thermal isolation, provision shall be made for electrically bonding to the ship's structure both the piping and the tanks. All gasketed pipe joints and hose connections shall be electrically bonded.

선박에 설치되는 Tank, Piping, Pipe joint 및 hose connection은 모두 선체구조(Ship Structure)와 전기적으로 연결(Electrically bonding)되어야 함
즉, 선박에 설치된 장비들이 선체와 전기적으로 연결하기 위해 "Electric Bonding"을 적용

이번 페이지부터는 IGF에서 요구하는 Electrical Instrument에 대해서 설명드리겠습니다.

IGF 2.2.4에서는 "Certified safe type"은 공인된 표준을 기반으로 "인화성 대기(flammable atmosphere)" 환경에서 동작하기 위해 승인된 기관, 즉 선급에서 안전성을 인증한 전자장비를 적용하라고 요구하고 있으며 이러한 안전성이 인증된 전자장비에 대한 사양은 IEC 60079에 "Tanker"선에 설치되는 방폭 전자장비에 대한 가이드를 참조하라고 언급하고 있습니다. 이렇게 IEC 가이드를 참조하라는 이유는 전자장비(Electrical instrument)는 사실 LNG 연료선박에만 사용되는 것이 아니라, 모든 선박 내 다양한 환경 조건에 맞게 선택되고 사용되고 있기 때문에 굳이 전자장비(Electrical instrument)에 대한 상세 사양을 IGF에 언급할 필요 없이 IEC 표준 가이드를 참고하라고 한 것입니다.

IGF 6.4.5.3에서는 LNG leak를 감지하는 수단에 대해서 "Liquid sensor", "압력을 통한 감지", "Gas detection" 또는 "복합적인 방법"이 사용 가능하다고 설명하는데, 다양한 센서와 이 센서들의 복합적인 사용을 통해 LNG Leak를 직·간접적으로 감지하는 것을 허용하고 있습니다.

IGF 6.14.1은 선박 내 Inert Gas Production 장비에 대한 요구사항으로 Inert gas supply line 에 "지속적으로 산소농도 값을 읽을 수 있는 장비"를 요구하고 있습니다.

이런 산소농도 센서 설치 요구에 대한 이유는 Inert Gas가 Tank Inerting 또는 Pipe Purging 의 목적으로 Inert gas를 사용하여 공간 내 불활성 환경을 만들기 위함으로 생산된 Inert gas의 산소 농도가 Inerting operation의 중요한 사전 조건이 되기 때문입니다.

IGF 7.3.1.2에서는 선박에 설치되는 Tank, Piping, Pipe joint 및 hose connection은 모두 선 체구조(Ship Structure)와 전기적으로 연결(Electrically bonding)하도록 요구하고 있습니다. 즉, 선박 에 설치된 장비들이 선체와 전기적으로 연결하기 위해 "Electric Bonding"을 적용하는데, 아래 이 미지를 통해 설명 드리자면 Pipe와 선체의 전기적인 연결을 위해서 그리고 Pipe와 Pipe가 Flange Joint로 연결되는 부위 전기적인 연결을 위해 "Electric bonding"을 적용합니다.

IGF 12 EXPLOSION PREVENTION

IGF 12.3.1 Hazardous areas on open deck and other spaces not addressed in this chapter shall be decided based on a recognized standard.19 The electrical equipment fitted within hazardous areas shall be according to the same standard.
(Note[19] : Refer to IEC standard 60092-502, part 4.4: Tankers carrying flammable liquefied gases as applicable.)

IGF 12.3.2 Electrical equipment and wiring shall in general not be installed in hazardous areas unless essential for operational purposes based on a recognized standard.20
(Note20 : Refer to IEC standard 60092-502: IEC 60092-502:1999 Electrical Installations in Ships - Tankers - Special Features and IEC 60079-10-1:2008 Explosive atmospheres - Part 10-1: Classification of areas - Explosive gas atmospheres, according to the area classification.)

IGF 12.3.3 Electrical equipment fitted in an ESD-protected machinery space shall fulfil the following:
.1 in addition to fire and gas hydrocarbon detectors and fire and gas alarms, lighting and ventilation fans shall be certified safe for hazardous area zone 1; and

.2 all electrical equipment in a machinery space containing gas-fuelled engines, and not certified for zone 1 shall be automatically disconnected, if gas concentrations above 40% LEL is detected by two detectors in the space containing gas-fuelled consumers.

IGF 12.5.1 Hazardous area zone 122
Note 22. Instrumentation and electrical apparatus installed within these areas should be of a type suitable for zone 1.
IGF 12.5.3 Hazardous area zone 225
Note 25. Instrumentation and electrical apparatus installed within these areas should be of a type suitable for zone 2.

IEC 60092-502, 4.4 Tankers carrying flammable liquefied gases Hazardous areas which normally apply on these types of tankers include the following, for which informative examples are given in annex D.

4.4.1 Hazardous areas zone 0
Areas as specified in 4.2.1, interbarrier spaces and, only where the cargo tank requires a secondary barrier, in 4.2.2.2.

4.4.2 Hazardous areas zone 1
4.4.2.1 Areas as specified in 4.2.2.1, 4.2.2.2, 4.2.2.3, 4.2.2.4 and cargo compressor rooms, 4.2.2.5, 4.2.2.6, 4.2.2.7 and cargo compressor room ventilation outlets, 4.2.2.8, 4.2.2.9 and cargo compressor room entrances or cargo compressor room ventilation inlets, 4.2.2.10, 4.2.2.11, 4.2.2.12 and 4.2.2.13.
4.4.2.2 A space separated from a hold space, where cargo is carried in a cargo tank requiring a secondary barrier, by a single gastight boundary.
4.4.2.3 Enclosed or semi-enclosed spaces in which pipes containing cargo products for boiloff gas fuel burning systems are located, unless special precautions approved by the appropriate authority are provided to prevent product gas escaping into such spaces.
NOTE - A fully welded double walled pipe containing a flammable gas would not be considered as changing the area classification of the spaces and areas through which it passes if adequate means were provided to detect and take action to prevent the continuation of any leakage into the annular space.

4.4.3 Hazardous areas zone 2
4.4.3.1 Areas as specified in 4.2.3.1, 4.2.3.2, 4.2.3.3, 4.2.3.4, 4.2.3.5 and 4.2.3.6.
4.4.3.2 An area within 2,4 m of the outer surface of a cargo tank where such surface is exposed to the weather.

IGF 12.5.1, IGF 12.5.3은 위험지역(Zone-1, Zone-2)에 사용가능한 적 절한 Instrument 장비를 선정해야 함을 요구하고 있습니다.

IGF 12장은 폭발방지(EXPLOSION PREVENTION)에 대한 요구사항으로 IGF 12.3.1에서는 "갑판 상부의 위험지역"과 "이 장에서 언급되는 다른 공간"에는 "IEC Standard 60092-502, Part 4.4" 기준에 따라 위험지역에 적용되는 "Electric Equipment"를 적용해야 합니다.

"IEC Standard 60092-502, Part 4.4" 인화성 액체운송 탱커선에 적용되는 전자장비에 사양과 선정에 대한 표준 가이드로, 오른쪽과 같이 Hazardous area Zone-0, Zone-1, Zone-2의 정의와 적용되는 장소, 장비에 대한 자세한 설명을 하고 있습니다.

그래서 이러한 기준과 요구사항에 맞는 "Electric Equipment"를 선정해야 합니다.

IGF 12.3.2에서는 IEC Standard와 같이 공인된 표준을 따라 설계되지 않는 "Electric Equipment"는 위험지역에 설치해서는 안된다고 요구하고 있습니다.

IGF 12.3.3에서는 "ESD-Protected Machinery Space"에 설치되는 "Electric Equipment"에 대한 요구사항으로 아래와 같은 사항을 만족해야 한다고 요구하고 있는데,

1. 먼저, 화재 및 가스감지기, 화재 및 가스 알람, 조명 및 환기팬은 모두 Zone-1 안전규정에 승인되어야 하며,

2. 만약, 가스 엔진이 설치된 엔진룸 공간에 Zone-1 안전규정에 승인을 받지 않고 설치된 모든 "Electric Equipment"는, 엔진룸 안에 있는 적어도 2개 이상의 가스 감지기에서 40% 이상의 가스가 감지될 경우 자동으로 차단되어야 함을 요구하고 있습니다.

IGF 12.5.1과 IGF 12.5.3에서는 위에서 요구한 내용을 다시 반복하는 항목으로 위험지역 (Hazardous area) Zone-1, Zone-2에는 사용가능한 적절한 방폭용 Instrument 장비를 요구하고 있습니다.

IGF 15.2.5 the safety systems including the field instrumentation shall be arranged to avoid spurious shutdown, e.g. as a result of a faulty gas detector or a wire break in a sensor loop; and

IGF 15.3.1 Suitable instrumentation devices shall be fitted to allow a local and a remote reading of essential parameters to ensure a safe management of the whole fuel-gas equipment including bunkering.

Field Instrumentation 은 예를 들어 가스 감지기 결함 또는 센서 루프의 와이어 파손으로 인한 "허위 정지(Spurious Shutdown)"를 방지하도록 구성되어야 함

"Essential parameter"에 대한 Local 및 Remote reading 이 가능한 Type의 Instrumentation device를 'Whole fuel-gas equipment including bunkering' 에 적용하라고 요구
즉, 엄밀히 해석하면 "Essential parameter"가 아니라면 Local 및 Remote reading 불필요

IGF에서는 "Local 및 Remote reading" 을 요구하는 Point 에 대해서 명확하게 언급하고 있음

15.3.2 A bilge well in each tank connection space of an independent liquefied gas storage tank shall be provided with both a level indicator and a temperature sensor. Alarm shall be given at high level in the bilge well. Low temperature indication shall activate the safety system.

15.4.1 Level indicators for liquefied gas fuel tanks
.1 Each liquefied gas fuel tank shall be fitted with liquid level gauging device(s), arranged to ensure a level reading is always obtainable whenever the liquefied gas fuel tank is operational. The device(s) shall be designed to operate throughout the design pressure range of the liquefied gas fuel tank and at temperatures within the fuel operating temperature range.

15.4.2 Overflow control
.1 Each liquefied gas fuel tank shall be fitted with a high liquid level alarm operating independently of other liquid level indicators and giving an audible and visual warning when activated.
.2 An additional sensor operating independently of the high liquid level alarm shall automatically actuate a shutoff valve in a manner that will both avoid excessive liquid pressure in the bunkering line and prevent the liquefied gas fuel tank from becoming liquid full.

15.4.3 The vapour space of each liquefied gas fuel tank shall be provided with a direct reading gauge. Additionally, an indirect indication is to be provided on the navigation bridge, continuously manned central control station or onboard safety centre.

15.4.4 The pressure indicators shall be clearly marked with the highest and lowest pressure permitted in the liquefied gas fuel tank.

15.4.6 Each fuel pump discharge line and each liquid and vapour fuel manifold shall be provided with at least one local pressure indicator.

15.4.7 Local-reading manifold pressure indicator shall be provided to indicate the pressure between ship's manifold valves and hose connections to the shore.

15.4.8 Fuel storage hold spaces and interbarrier spaces without open connection to the atmosphere shall be provided with pressure indicator.

15.4.9 At least one of the pressure indicators provided shall be capable of indicating throughout the operating pressure range.

15.4.11 Except for independent tanks of type C supplied with vacuum insulation system and pressure build-up fuel discharge unit, each fuel tank shall be provided with devices to measure and indicate the temperature of the fuel in at least three locations; at the bottom and middle of the tank as well as the top of the tank below the highest allowable liquid level.

IGF에 명확히 Local reading이 요구되지 않는 한, 모든 Instrument는 "Remote Reading" 이 기본 실제 프로젝트에 설계되는 대부분의 Instrument는 Local, Remote reading이 가능함

IGF 15.2.5 앞서 설명했듯이 "Field Instrumentation", 예를 들어 가스 감지기와 같은 장비는 가스 감지기 자체 결함 또는 센서 루프의 와이어 파손 등의 원인으로 "허위 정지(Spurious Shutdown)"를 방지할 수 있도록 배치하도록 요구하고 있습니다.

그래서, 이러한 문제를 해결하기 위해서는 실제 프로젝트에서는 가스 감지기와 같은 장비는 주기적인 점검을 하거나, 2개 이상으로 설계하여 오감지로 인한 허위정지를 방지하며, 센서를 구성할 때, Wire loop(와이어루프) 즉, 전기적인 루프를 구성하여 이 루프가 끊어지게 되면 센싱 되는 값에 관계없이 오류를 감지할 수 있도록 구성하고 있습니다.

IGF 15.3.1에서는 "Essential parameter"에 대한 Local 및 Remote reading이 가능한 Type 의 Instrumentation device를 'Whole fuel-gas equipment including bunkering'에 적용하 라고 요구하고 있습니다. 이 요구에 따라 엄밀히 말하자면 "Essential parameter"가 아니라면 Local 및 Remote reading이 불필요한 것입니다.

그래서 IGF에서는 아래와 같이 이러한 "Local 및 Remote reading"을 요구하는 "Essential parameter"에 대해서 명확하게 언급하고 있습니다.

IGF 15.3.2에서는 TCS(Tank Connection Space) 내부 bilge well에 "Level indicator"와 "Temperature sensor"를 각각 1개씩 요구하고 있습니다.

IGF 15.4.1.1에서는 각 LNG fuel tank에는 level reading이 가능한 "Liquid level gaug- ing devices(s)"를 요구하고 있습니다. 여기서 제목에 있는 Level indicator에 대해 Local 또는 Remote reading이 명확히 언급되지 않았지만, 실제 프로젝트에서는 Local 및 Remote reading 이 모두 가능한 Level indicator를 설치하고 있습니다.

IGF 15.4.2.1에서는 각 LNG fuel tank에는 Overflow control용 "High liquid level alarm"을 발생시키기 위해 다른 liquid level indicator와는 별도 1개의 liquid level indicator를 요구하고 있습니다.

IGF 15.4.2.2에서는 각 LNG fuel tank에는 Overflow control용 "High liquid level alarm"을 발생시키기 위해 추가적으로 1개의 "Additional sensor" 즉, level sensor를 요구하고 있습니다.

IGF 15.4.4에서는 각 LNG fuel tank에는 탱크의 최대, 최저 허용 압력이 명확히 명기된 "Pressure Indicators"를 요구하고 있습니다.

여기에서 Local 또는 Remote reading이 명확히 언급되지 않았지만, 실제 프로젝트에서는 Local 및 Remote reading이 모두 가능한 Pressure indicator를 설치하고 탱크 최대, 최저 허용 압력 Range는 Remote reading을 수행하는 Operator Control station Mimic에 표기를 합니다.

IGF 15.4.6에서는 각각의 Fuel pump 토출라인(Discharge line)과 각각의 Liquid, Vpaour fuel manifold에는 적어도 1개 이상의 local pressure indicator가 요구되고 있습니다.

여기서 local indicator는 local reading이 가능한 indicator를 말하지만, 실제 프로젝트에 있어서는 Local 및 Remote reading이 모두 가능한 Pressure indicator를 설치하고 있습니다.

IGF 15.4.7에서는 Ship's manifold valves와 hose connections to the shore 사이에 "Local reading manifold pressure indicator" 설치를 요구하고 있는데, 이것은 방금 설명한 IGF 15.4.6 에서 각각의 Liquid, Vpaour fuel manifold에 Local pressure indicator 1개 이상을 설치하라는 요구와 동일한 요구사항입니다.

그래서, LNG 연료선박의 Liquid, Vapour bunkering connection과 manifold ESD Valve 사이에 Local과 Remote reading이 가능한 "pressure indicator" 각각 1개를 설치하면, IGF 15.4.6 과 IGF 15.4.7 요구사항을 모두 만족시킬 수 있습니다.

IGF 15.4.8에서는 FSHS(Fuel Storage Hold Space)와 Inter barrier space에서 대기로 Open connection이 없을 경우에만 Pressure indicator를 적용하라고 요구하고 있습니다.

여기서 Inter barrier space는 앞서 LNG Tank 설계에서 설명했듯이 Membrane tank에 설치되는 공간으로 Membrane Tank 구성도를 보면서 좀더 자세하게 설명하자면, 먼저 Membrane tank는 선체구조와 Ballast Tank로 둘러싸인 공간인 FSHS에 설치가 됩니다.

그리고 Membrane tank의 단면 구성에 LNG와 직접 접촉하여 LNG를 저장하는 "Primary Barrier"와 두 번째 방벽인 "Secondary Barrier"가 배치되어 있는데, 여기서 "Primary Barrier" 와 "Secondary Barrier" 사이의 공간을 "Inter barrier Space(IBS)"라고 부르고, "Secondary Barrier"와 "Hull Structure" 사이 공간을 "Insulation Space(IS)"라 부릅니다.

IGF 15.4.9에서는 이중화나 다른 목적으로 다수의 Pressure indicator가 설치될 경우에 이중에 적어도 한 개 이상 운전 범위에서 적절한 압력 값을 나타내야 한다고 요구하고 있습니다.

IGF 15.4.11에서는 앞서 LNG 탱크 설계에서도 설명했듯이 "Pressure Build-up Discharge Unit"이 적용된 진공보냉 탱크를 제외하고는 Top, middle, bottom과 같이 최소 3군데에 온도센서를 설치하라고 요구하고 있습니다.

지금까지 설명드린 항목에 IGF에서는 명확히 Local reading이 요구되지 않는 한, 모든 Instrument는 "Remote Reading"이 기본이라 간주하셔도 무방합니다.

그리고, 실제 프로젝트에 설계되는 대부분의 Instrument는 Local, Remote reading이 모두 가능한 장비로 설계됩니다.

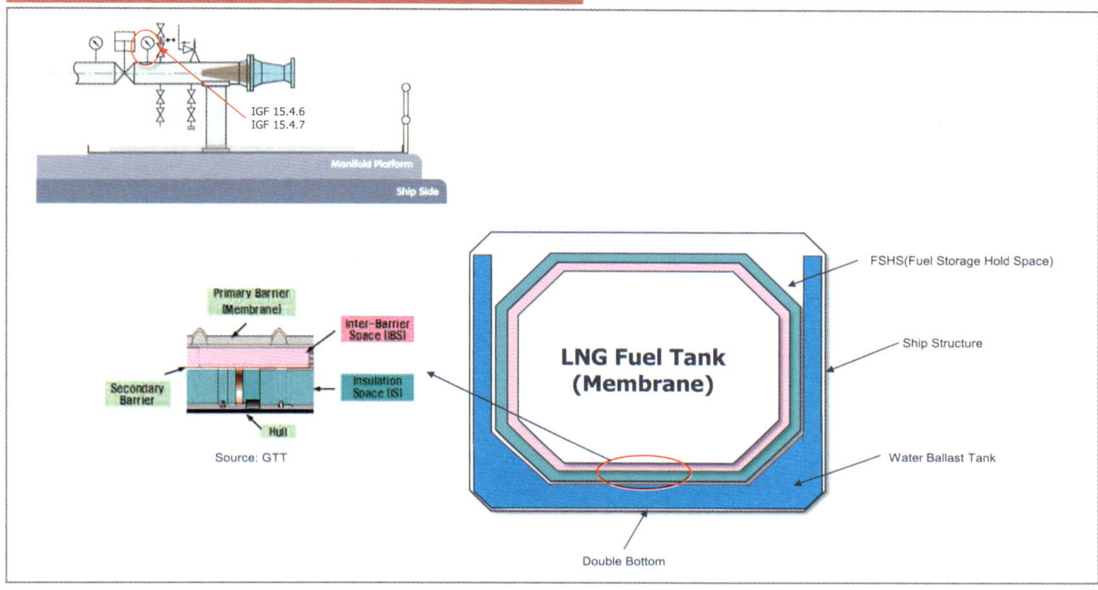

▼ Design of Electrical Instruments - 4/4

IGF 15.4.2.3 The position of the sensors in the liquefied gas fuel tank shall be capable of being verified before commissioning. At the first occasion of full loading after delivery and after each dry-docking, testing of high level alarms shall be conducted by raising the fuel liquid level in the liquefied gas fuel tank to the alarm point.

LNG Fuel Tank 내부에 적용되는 Level Sensor의 설치 위치가 LNG High level alarm을 발생시킬 수 있는 정확 위치인지 Commissioning 과 Dry-docking 마다 확인하라는 요구인데,
Radar type의 level sensor를 채택하게 되면 탱크 상부에서부터 LNG Level까지 Radar 로 정확한 높이(Level)를 측정할 수 있기 때문에 이런 검증이 불필요함

본 항목에서 요구하는 기준의 Functional Test가 요구됨

IGF 15.4.2.4 All elements of the level alarms, including the electrical circuit and the sensor(s), of the high, and overfill alarms, shall be capable of being functionally tested. Systems shall be tested prior to fuel operation in accordance with 18.4.3.

IGF18.4.3 Pre-bunkering verification
IGF18.4.3.1 Prior to conducting bunkering operations, pre-bunkering verification including, but not limited to the following, shall be carried out and documented in the bunker safety checklist:
.1 all communications methods, including ship shore link(SSL), if fitted;
.2 operation of fixed gas and fire detection equipment;
.3 operation of portable gas detection equipment;
.4 operation of remote controlled valves; and
.5 inspection of hoses and couplings.

IGF18.4.3.2 Documentation of successful verification shall be indicated by the mutually agreed and executed bunkering safety checklist signed by both PIC's.

IGF 15.7 Regulations for gas engine monitoring
In addition to the instrumentation provided in accordance with part C of SOLAS chapter II-1, indicators shall be fitted on the navigation bridge, the engine control room and the manoeuvring platform for:
.1 operation of the engine in case of gas-only engines; or
.2 operation and mode of operation of the engine in the case of dual fuel engines.

Gas only engine 또는 Dual fuel engine 에 대한 Monitoring 을 위한 Instruments가 요구되고 이 정보는 "navigation bridge", "the engine control room" and the "manoeuvring platform" 에 표시되어야 함

IGF 15.4.2.3에서는 LNG Fuel Tank 내부에 적용되는 Level Sensor의 설치 위치가 LNG High level alarm을 발생시킬 수 있는 정확 위치인지 Commissioning과 Dry-docking 마다 확인하라는 요구 사항인데, 이러한 요구는 기존의 Level sensor가 Pump Tower의 어느 높이 지점에 고정으로 설치되었을 때 그 지점이 정확히 몇 퍼센트의 LNG 용적에 해당하는 지 시행 착오를 통해 보정하기 위함이었다면, 최근의 Radar type의 level sensor를 채택하게 되면서 탱크 상부에서부터 LNG Level까지 Radar로 정확한 높이(Level)를 측정할 수 있기 때문에 이런 검증과 보정 작업이 불필요하게 되었습니다.

IGF 15.4.2.4에서는 Electrical circuit과 Sensor를 포함한 "Level alarms", "High Alarm", "Overfill alarms"의 모든 구성요소는 "Fuel Operation" 전에 반드시 IGF 18.4.3에 따라서 Functional Test를 통해 성능이 확인되어야 합니다.

여기에서 IGF 18.4.3 요구사항을 살펴보면,

IGF 18.4.3.1에서는 Bunkering operation 전 Pre-bunkering verification 항목을 요구하고 있으며, 아래와 같은 항목이 Bunker safety checklist로 점검되어야 합니다. 상세 내용으로는

.1 만약 적용된다면 SSL을 포함한 모든 통신 수단이 확인, 점검되어야 하고,

.2 고정식 가스 감지기 및 화재 감지기가 제대로 동작하는 지 확인하고

.3 휴대용 가스 감지기 정상 동작 유무도 확인합니다.

.4 그리고, Remote control valve가 정상 동작하는지 확인하고

.5 마지막으로 bunkering에 사용되는 Hose와 Coupling을 점검합니다.

IGF 18.4.3.2에서는 LNG 벙커링을 수행하는 담당자(PIC: Person In Charge) 간에 "Bunkering Safety Checklist" 상호 확인과 사인을 통해 사전 점검이 성공적으로 이루어졌음을 문서화 해야 합니다. 이 항목은 앞서 설명드렸던 ISO 20519 가이드와 동일한 내용입니다.

IGF 15.7에서는 앞서 Control location에서도 설명했듯이 "Gas only engine" 또는 "Dual fuel engine"에 대한 Monitoring을 위한 Instrument는 SOLAS Chapter II-1의 Prat-C에 따라서 설계되어야 한다고 요구하고 있고, 이러한 엔진과 관련된 정보는 "Navigation bridge", "The engine control room" and the "Manoeuvring platform"에 표시되어야 한다고 요구하고 있습니다.

▼ Explosion Proof Type Electric Equipment Categories

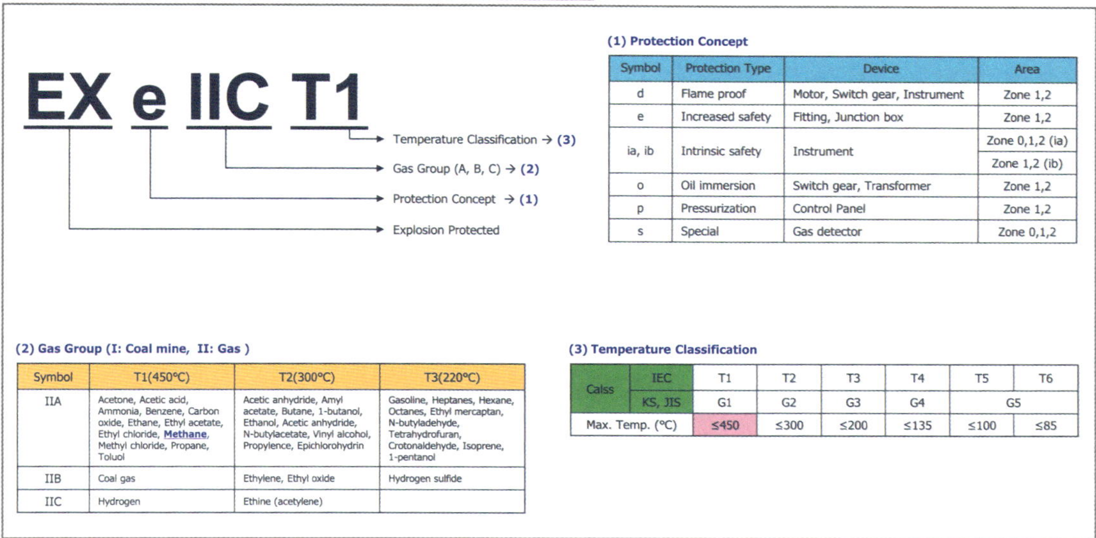

(1) Protection Concept

Symbol	Protection Type	Device	Area
d	Flame proof	Motor, Switch gear, Instrument	Zone 1,2
e	Increased safety	Fitting, Junction box	Zone 1,2
ia, ib	Intrinsic safety	Instrument	Zone 0,1,2 (ia) Zone 1,2 (ib)
o	Oil immersion	Switch gear, Transformer	Zone 1,2
p	Pressurization	Control Panel	Zone 1,2
s	Special	Gas detector	Zone 0,1,2

(2) Gas Group (I: Coal mine, II: Gas)

Symbol	T1(450℃)	T2(300℃)	T3(220℃)
IIA	Acetone, Acetic acid, Ammonia, Benzene, Carbon oxide, Ethane, Ethyl acetate, Ethyl chloride, **Methane**, Methyl chloride, Propane, Toluol	Acetic anhydride, Amyl acetate, Butane, 1-butanol, Ethanol, Acetic anhydride, N-butylacetate, Vinyl alcohol, Propylence, Epichlorohydrin	Gasoline, Heptanes, Hexane, Octanes, Ethyl mercaptan, N-butyladehyde, Tetrahydrofuran, Crotonaldehyde, Isoprene, 1-pentanol
IIB	Coal gas	Ethylene, Ethyl oxide	Hydrogen sulfide
IIC	Hydrogen	Ethine (acetylene)	

(3) Temperature Classification

Calss	IEC	T1	T2	T3	T4	T5	T6
	KS, JIS	G1	G2	G3	G4	G5	
Max. Temp. (℃)		≤450	≤300	≤200	≤135	≤100	≤85

이번 페이지에서는 방폭형식의 전자장비에 대한 분류에 대해서 설명드리겠습니다.

먼저, 방폭형식의 전자장비는 "EX"로 시작되는 식별체계로 분류를 하는데, 여기에서 "EX"는 Explosion Protected(방폭)를 의미하고(1)번 항목은 "Protection Concept"을 의미하는데, 다음 표와 같이 "Symbol"이 용도에 맞게 다양하게 표기될 수 있습니다.

먼저 심볼 "d"는 "내압 방폭구조"를 나타내는 것으로 용기 내부에서 폭발성 가스 또는 증기가 폭발했을 때, 용기가 그 압력을 견디며, 접합부, 개구부 등을 통해 외부의 폭발성 가스, 증기에 인화될 우려가 없도록 한 구조입니다.

여기에 해당하는 장비는 모터나 스위치 기어, 전자장비에 적용되며, Zone-1, 2에 사용될 수 있습니다.

실제 FGSS 프로젝트에서는 타 형식에 비해 다양하게 적용이 가능한 "d" 형식의 장비를 많이 선정하여 사용하고 있습니다.

심볼 "e"는 "안전증 방폭구조"를 나타내는 것으로 정상운전 중에 폭발성 가스 또는 증기에 점화원이 될 전기불꽃, 아크, 고온부분 등의 폭발을 방지하기 위하여 기계적, 전기적 구조상 또는 온도상승에 대해서 특히 안전도를 증가시킨 구조입니다.

심볼 "ia", "ib"는 "본질안전 방폭구조"를 나타내는 것으로 정상 시 및 사고 시(단선, 단락, 지락 등)에 발생하는 전기불꽃, 아크, 고온에 의하여 폭발성가스, 증기에 점화되지 않는 것이 시험에 의해 확인된 구조로, 여기서 "ia" 형식은 Zone-0에 사용되는 장비로 LNG Fuel Tank 내부에 설치되는 "Electric Instrument"에는 이 "ia" 형식승인이 필요합니다.

물론, "ia" 형식이 Zone-1, 2에도 사용할 수 있지만, "d" 형식에 비해 가격이 비싸기 때문에 Zone-0에 특화되어 사용되고 있습니다.

심볼 "o"는 "유입 방폭구조"를 나태내는 것으로 전기장비의 불꽃, 아크, 고온이 발생하는 부분을 기름속에 넣어 기름면 위에 존재하는 폭발성가스, 증기에 인화될 우려가 없도록 한 구조입니다.

심볼 "p"는 "압력 방폭구조"를 나타내는 것으로 용기 내부에 보호가스(불연성 가스)를 압입하여 내부압력을 유지함으로써 폭발성 가스 또는 증기가 용기 내부로 유입되지 않도록 한 구조입니다.

심볼 "s"는 "특수 방폭구조"를 나타낸 것으로 위의 방폭구조 이외의 방폭구조로 폭발성 가스, 증기에 점화 또는 위험 환경에서 인화가 안되는 것이 시험에 의해 확인된 구조입니다.

⑵번 항목은 "Gas Group"을 의미하는데, 여기서 심볼은 가스의 종류를⑶번 "Temperature Classification"는 온도 구간을 의미합니다.

이 심볼 분류에 따라 FGSS에 사용되는 즉, LNG(메탄가스)에 해당하는 장비를 "IIA T1"로 표기할 수 있습니다.

⑶번 온도 분류는 오른쪽 표에 좀 더 자세하게 설명되어 있으며, 여기서 LNG의 온도 구간은 "T1"에 속하는 것을 알 수 있습니다.

그래서, 만약 Zone-1,2에 사용되는 "d" 형식의 Electric Equipment는 이렇게 표기할 수 있습니다. "EX d IIA T1"

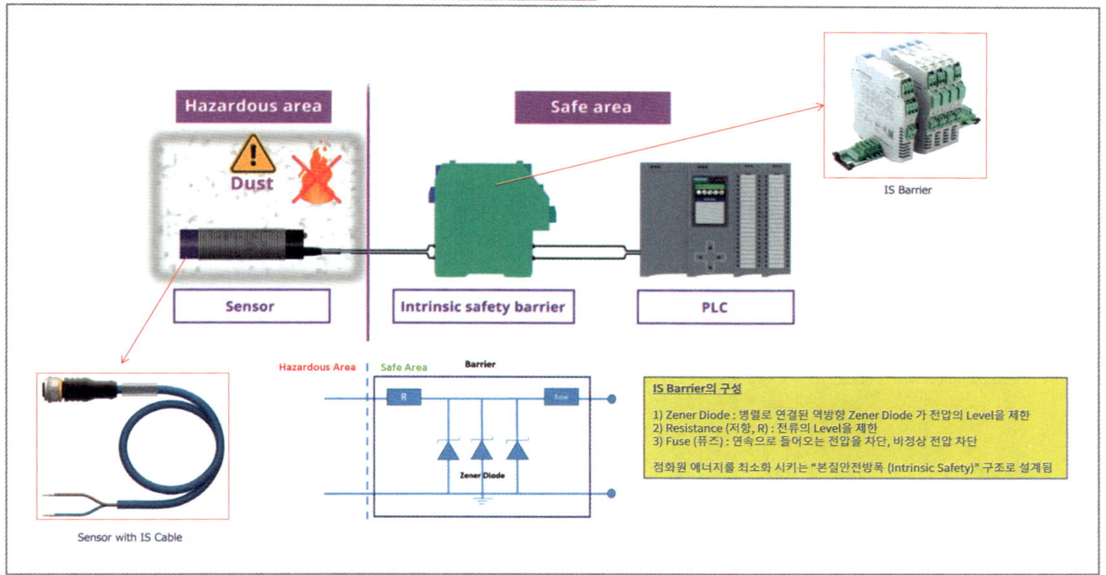

앞에서 설명했던, 방폭 심볼 중에서 Safety Barrier를 사용하는 EX-I(본질안전방폭) 구조에 대해서 설명을 드리겠습니다.

"본질안전"이란 폭발이 예상되는 환경에서 점화를 야기시키는 정상 또는 비정상 상태 하에서 전기적인 에너지나 열적 효과를 제한함으로써 폭발을 막는 구조를 말합니다. 이러한 본질 안전설비는 다음과 같이 구성됩니다.

위험지역(Hazardous Area)에는 본질안전인증을 받은 센서가 설치되고, 안전지역에는 IS(Intrinsic Safety) Barrier와 PLC(Programable Logic Controller)라고 부르는 Control System이 설치됩니다.

위험지역에 설치된 센서와 IS Barrier까지는 참고 사진과 같이 IS Cable이라고 부르는 파란색깔을 띄는 케이블로 연결되고, IS(Intrinsic Safety) Barrier의 구성은
아래와 같이 3가지 기능을 가지고 있습니다.
1) Zener Diode : 병렬로 연결된 역방향 Zener Diode가 전압의 Level을 제한하고,
2) Resistance(저항, R) : 전류의 Level을 제한하며,
3) Fuse(퓨즈) : 연속으로 들어오는 전압 또는 비정상 전압을 차단합니다.

이렇게 IS Barrier는 점화원 에너지를 최소화 시키는 "본질안전방폭(Intrinsic Safety)" 구조로 설계되어 있습니다.

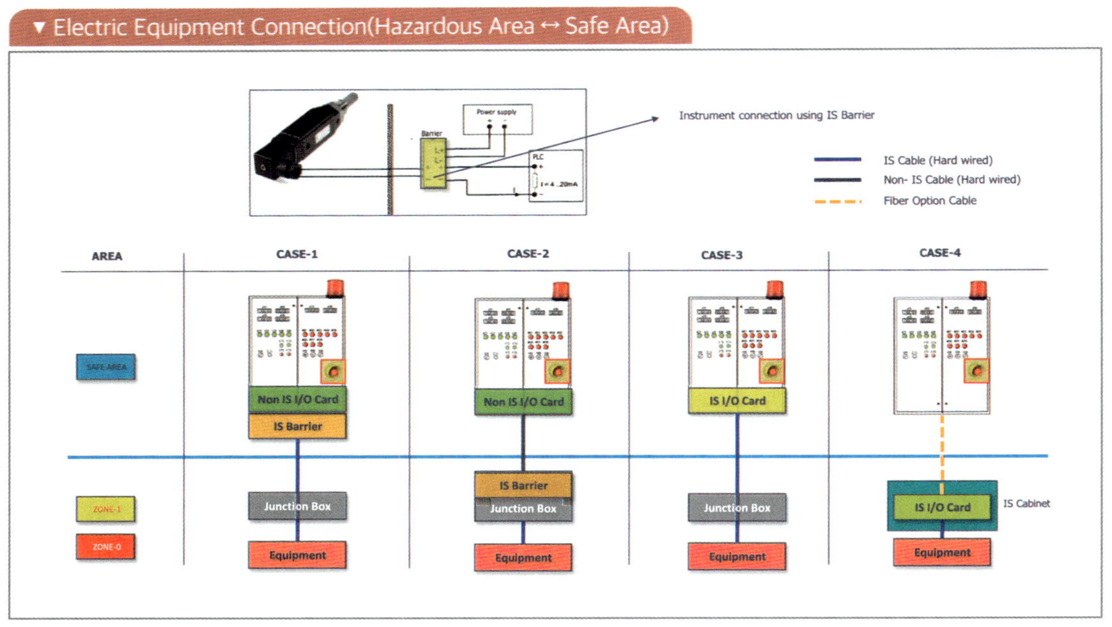

이번 페이지에서는 위험지역(Hazardous Area)에 설치되어 있는 "Electric Equipment"와 안전지역(Safe Area)에 설치된 "Control Cabinet" 간에 IS barrier를 활용한 전기배선연결(Electric wiring connection) 방법에 대해서 소개해 드리겠습니다.

먼저 CASE-1에서는 "IS barrier"가 Control Cabinet에 설치된 구성입니다. 이 구성에서는 위험지역에서 "IS barrier"까지 파란색 방폭 케이블이 연결되는 구성으로 다음에 설명드릴 3가지 CASE에 비해 가장 일반적으로 사용되고 비용도 제일 저렴한 솔루션입니다. 다만 "IS barrier"가 Control cabinet 내부에 설치되기 때문에 "IS barrier"를 설치할 공간을 미리 고려해야 합니다.

CASE-2는 "IS barrier"가 위험지역에 있는 Junction Box 내부에 설치되는 구성입니다. 이 구성은 Control Cabinet에 "IS barrier" 설치하지 않음으로 공간확보가 가능하다는 점과 "IS barrier"에서부터 Control cabinet까지 Non-IS Cable을 적용할 수 있는 장점이 있는 대신에 일반적으로 제어시스템 업체가 "IS barrier"를 Control Cabinet에 함께 설치 공급하는데, 이 구성의 경우 "IS barrier"를 별도로 설치해야 한다는 점과 "IS barrier"에 공급하는 전원을 고려해야 한다는 단점이 있습니다. 비용은 CASE-1과 비교에서 비슷한 수준이기 하지만 위험지역 내 "IS barrier" 설치 주체, 설치 작업성 등을 고려해야 합니다.

CASE-3는 Control Cabinet에 설치된 Input, Output Card가 "IS barrier"가 내장된 형식이 적용된 구성입니다. 시스템 구성만으로 볼 때는 이 구성이 가장 단순하지만, 문제는 이런 형식의 I/O Card가 상당히 고가라는 것입니다. 그래서 솔루션은 있지만, 실제 프로젝트에서는 거의 사용이 안되는 구성입니다.

CASE-4는 위험지역에 방폭형식의 I/O Card Cabinet이 설치되고 여기에서 Control Cabinet 까지 광통신을 하는 구성입니다.

이 구성은 특수한 상황에서 사용되는 것으로 Control cabinet과 위험지역까지의 거리가 상당히 멀어서 일반 Electric wiring으로는 통신이 약해지거나, 위험지역과의 물리적인 연결을 완벽하게 분리하고자 할 때 사용합니다. 여기서 광통신은 통신만 가능하고 전기를 보낼 수 없기 때문에 매우 제한적인 환경에서 사용할 수 있는 구성일 뿐만 아니라 광통신 자체가 고가이기 때문에 실제 프로젝트에서는 많이 사용하지 않는 구성입니다.

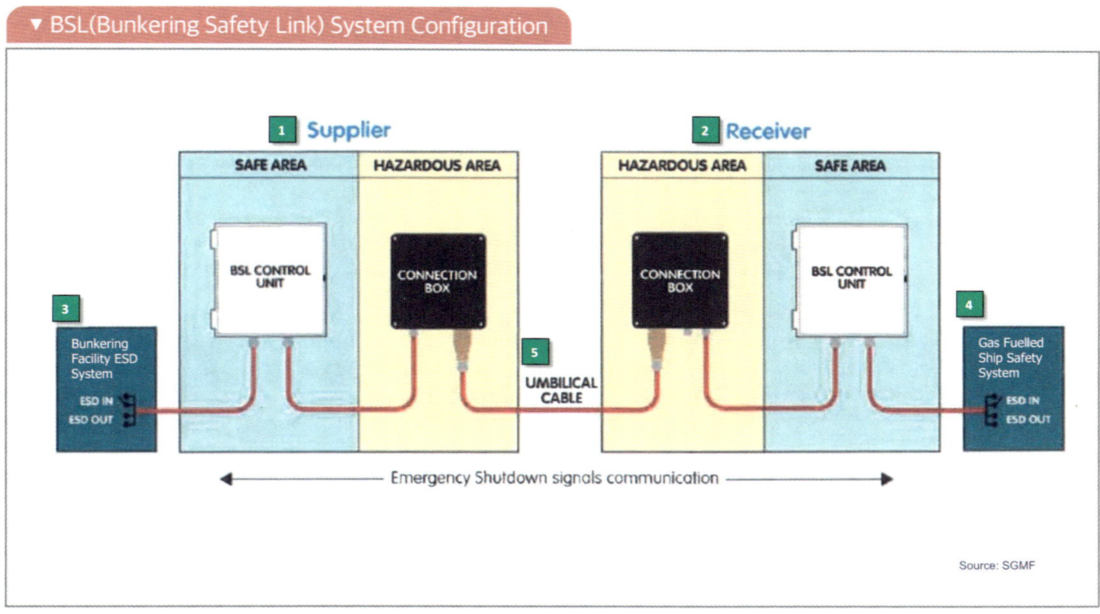

이번 페이지에서는 BSL(Bunkering Safety Link)로 부르는 ESD Link 연결 구성에 대해서 설명드리겠습니다.

먼저 1)번 Supplier는 LNG 벙커링 공급자를, 2)번 Receiver는 LNG 연료선박을 의미합니다.
LNG 공급자와 LNG 연료선박에 모두 BSL 장비가 설치되지만, 벙커링 공급자 쪽에는 3)번 ESD System이 연결되고, LNG 연료선박에는 4)번 Gas Safety System이 연결됩니다.

5)번 BSL 장비를 서로 연결하는 케이블은 "Umbilical cable"을 사용하는데, 이 케이블은 해양 엔지니어링에 사용되는 복합케이블의 통칭으로 주로 해양 장비에 연결되어 전원을 공급하거나 장비를 제어하고 모니터링 장비의 신호를 전송하는 역할을 합니다.
이러한 케이블로 양쪽을 연결하는 방식은 3가지가 있는데, 1번째가 공압연결(Pneumatic Link), 2번째가 전기연결(Electric Link), 마지막 3번째는 광통신연결(Fibre Optic Link)이 있습니다.
통상 LNG bunkering Vessel에서는 이 3가지 방식을 모두 갖추고 있지만, LNG 연료선박에서는 Fibre Optic이 고가의 장비라서 Pneumatic과 Electric 만 갖춘 경우가 많습니다.

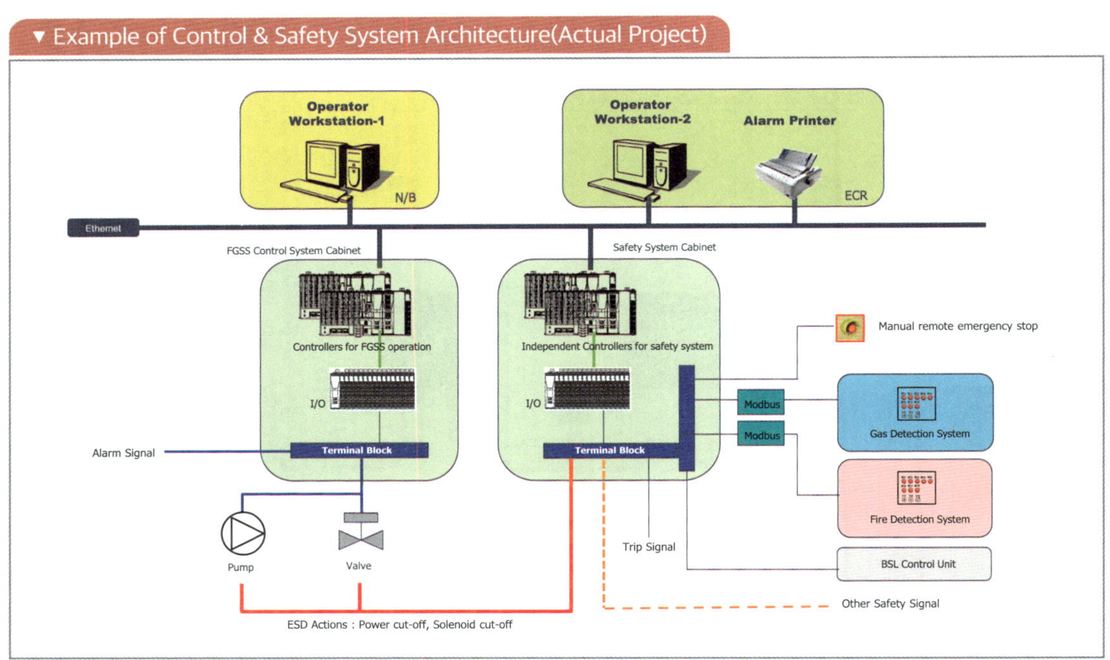

이번 페이지에서는 FGSS Control system과 Safety System이 어떻게 구성되고, ESD 이벤트가 발생 시, 어떠한 개념으로 "Safety System"이 "FGSS control system"을 Shutdown 하는 지 설명하겠습니다.

먼저, "Safety System"은 "Control System"과는 독립적으로 구성됩니다.

물론, 앞서 설명했듯이 2개 시스템이 1개의 Cabinet에 설치될 수는 있지만, 이 구성에서는 별도 독립적인 Cabinet에 설치되는 것으로 표현했습니다.

"Control System"과 "Safety System"은 각각 독립적인 Redundancy(이중화) controller와 I/O Card를 가지고 있습니다.

이 구성에서 "FGSS Control System"은 Pump와 Valve와 같은 장비를 운전하고, 각 장비로부터 Alarm Signal을 받습니다.

"Safety System"은 Emergency Stop button, Gas detection, Fire detection, BSL, Trip signal 그리고 추가적인 Safety Signal을 통해 이 신호가 ESD에 해당할 때 "Control System"을 통해 운전되고 있는 Pump와 Valve를 중지시킵니다.

정확히 말하자면 Pump는 Power를 차단함으로써 정지시키고, Valve는 Valve를 구동하는 Valve Actuator의 동력 매개체(공압 또는 유압 또는 전력)를 차단함으로써 밸브를 CLOSE 합니다.

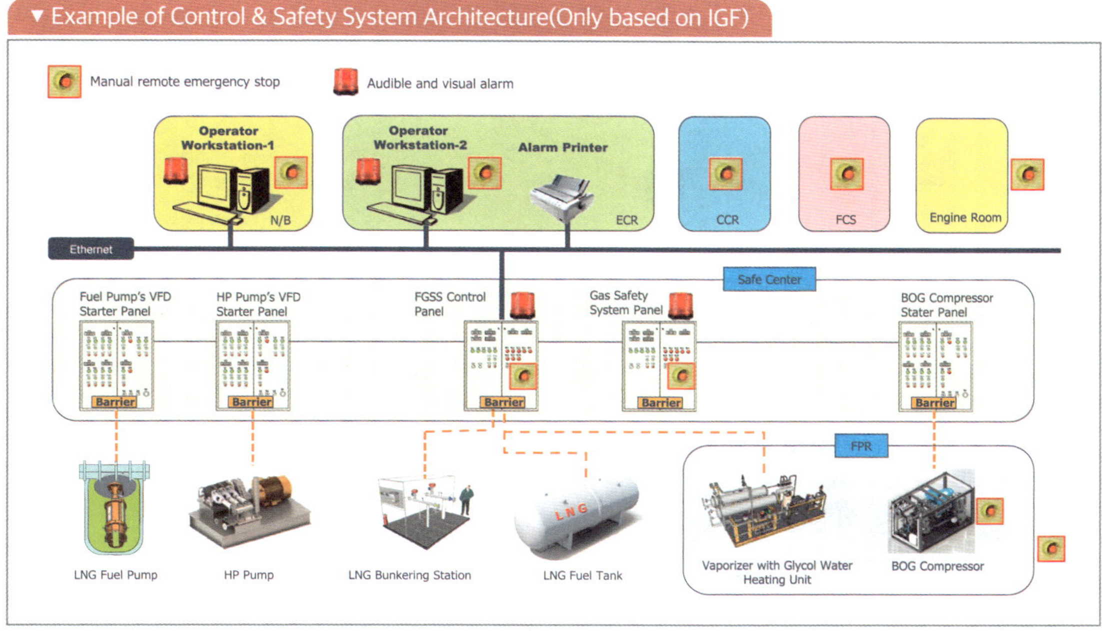

이번 페이지는 지금까지 설명한 Control & Safety System을 총 정리하는 것으로 IGF에서 요구하는 항목을 반영한 시스템 구성도입니다.

IGF에서 요구한 FGSS Control & Safety System Location은 Main이 "ECR" 이고, "Navigation Bridge"과 "Onboard safety centre"로 불리는 FGSS control cabinet에 "Audible and Visual Alarm"이 반영되어 있습니다.

Manual remote emergency stop button은 앞서 IGF 15.11.4에서 설명했듯이,

- Navigation bridge ;

- Cargo control room ;

- Onboard safety centre ; (Control & Safety Cabinet)

- Engine control room ; (ECR)

- Fire control station ; and

- Adjacent to the exit of fuel preparation rooms.

- Local side of Gas compressor

그리고, 마지막으로 IGF 9.4.3 항목에서와 같이 Engine Room에서 빠져 나가기 직전에 설치가 요구됩니다. 이렇게 지금까지 IGF의 요구사항으로 설계된 Control & Safety System 구성의 사례를 보셨습니다.

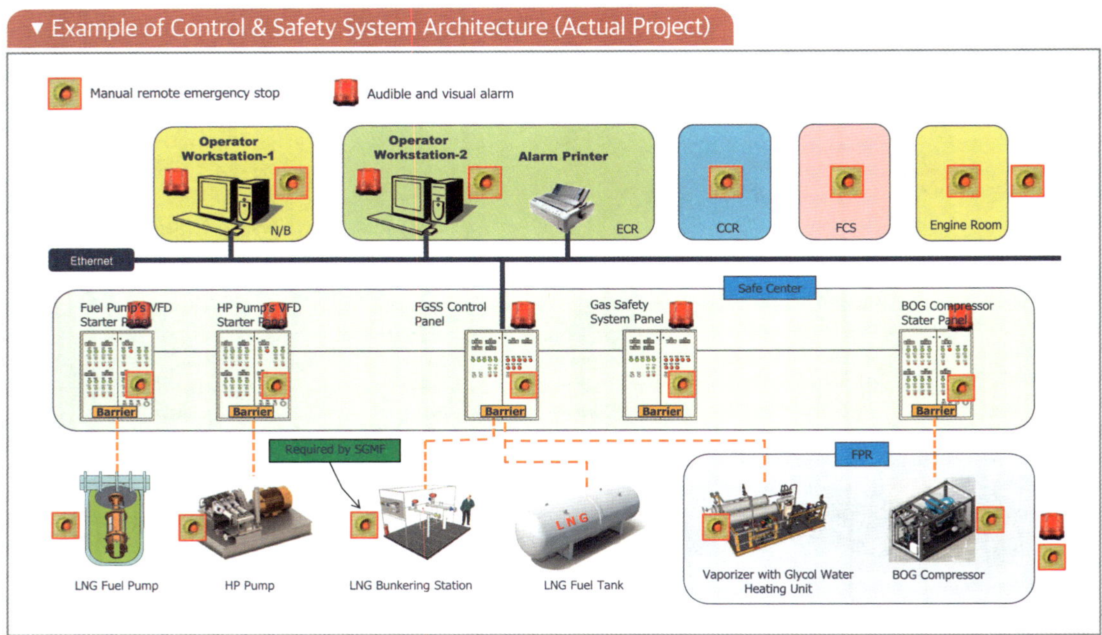

이번 페이지는 단순히 IGF Code 요구사항만 적용해서는 현실적으로 부족한 게 많기 때문에 실제 프로젝트에서 Control & Safety System이 어떻게 구성되는 지를 설명드리겠습니다.

먼저 IGF 요구에 따라 설치된 장비는 제외하고 추가된 부분만 말씀드리겠습니다.

모든 장비의 Control Cabinet에는 "Audible and visual alarm"과 "Manual remote emergency stop"이 적용됩니다.

그리고, FPR 출입문에 "Audible and visual alarm"이 추가되고, 모든 장비의 Local에 "Manual remote emergency stop"이 적용됩니다.

여기서, LNG bunkering station에 "Manual remote emergency stop"은 SGMF 요구 사항이 반영된 것입니다.

마지막으로 Engine Room 내 가스 엔진을 비롯한 FGSS와 관련된 장비의 "Manual remote emergency stop"이 설치됩니다.

이렇듯, IGF Code는 FGSS를 설계하는 가장 기본이 되는 Code이지만, 실제 프로젝트에서는 IGF Code를 보완하기 위해 Rule이 허용하는 범위 내에서 안전을 높이는 방향으로 설계되고 있습니다.

Navigation Bridge

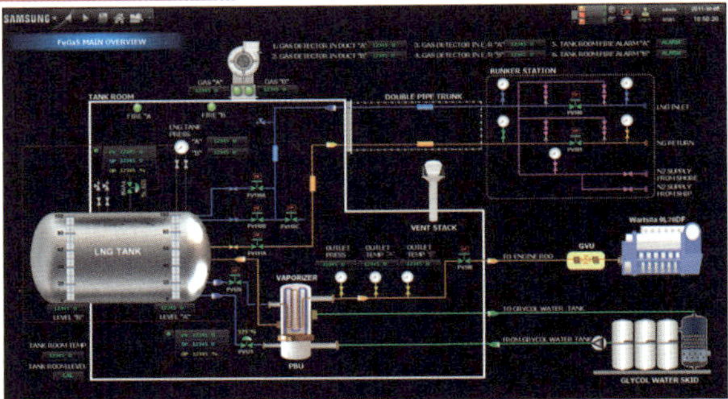

Mimic of FGSS control & Safety System

FGSS control & Safety Cabinet

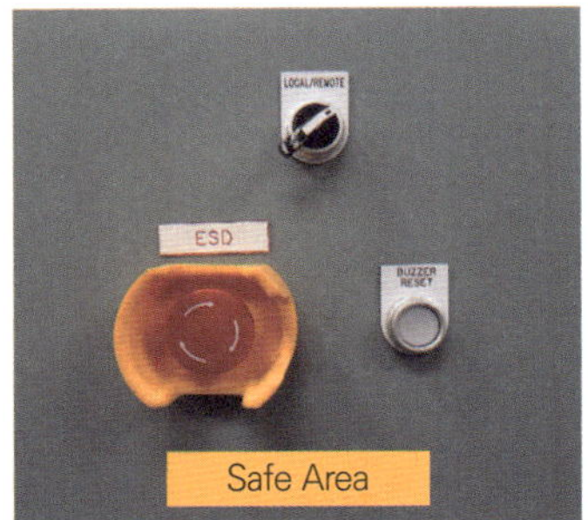

Manual remote emergency stop button

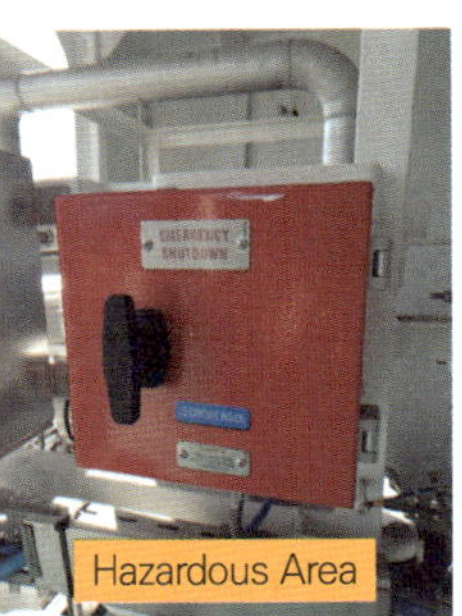

이번 페이지에서는 실제 선박에 적용된 Control & Safety System 사례로 사진을 통해 살펴보겠습니다.

좌측 상단 사진은 FGSS Control & Safety System에 대한 Operation이 이루어지는 Navigation Bridge로 이곳에 설치된 Console에 FGSS Operator Station도 함께 설치되어 있습니다.

우측 상단 사진은 FGSS Operator Station에 있는 FGSS Control Mimic으로 FGSS 장비와 제어, 알람 등을 그래픽화 된 화면에서 수행할 수 있으며, 이 Mimic을 통해 FGSS Control & Safety System에 대한 정보를 확인할 수 있습니다.

좌측 하단 사진은 IGF에서는 "Onboard safety centre"로 부르는 장소에 설치된 "FGSS Control & Safety System Cabinet"으로 여기에서 시스템의 대한 다양한 정보와 제어가 가능합니다.

우측 하단 사진은 Manual remote emergency stop button으로 Safe Area에 설치되는 But-
ton은 오동작을 방지하기 위한 커버만 설치되고 Button은 바로 노출되어 있습니다.

Hazardous area에 설치되는 Button은 외기에 노출되는 경우가 많아 우수, 바닷물에 영향이
없도록 Weather Proof 박스 안에 설치되어 있습니다.

선박용 LNG 연료공급시스템 설계 및 실무

Gas & Fire detection system, Firefighting System 설계

Gas & Fire detection system, Firefighting System 설계

이번 강의에서는 LNG 연료공급시스템(FGSS)에 필요한 "Gas detection system"과 "Fire detection system" 그리고 "Fire fighting system"에 대한 요구사항에 대해 설명드리겠습니다.

강의를 진행하기 전에 먼저 "Gas detection system"과 "Fire detection system"이 FGSS와 관련된 전체 시스템에 어떻게 분류되고 있는지 살펴보겠습니다.

이전 차시에도 설명했듯이 FGSS를 구성하는 시스템은 다음과 같이 선박에서 중요한 2개의 시스템과 연결되어 있습니다.

Ship's Control & Alarm Monitoring System과 Ship's Safety System으로, 이 2개 시스템은 FGSS 이외에도 선박의 다른 시스템과도 연결되어 있지만, 본 분류표에서는 FGSS와 관련된 시스템만 표기하였습니다.

먼저 "Ship's Control & Alarm Monitoring System"에 FGSS와 관련되어 연결되는 시스템은 "연료저장시스템(Fuel containment system)", "가스제어시스템(Gas control system)", "압력제어시스템(Pressure control system)", "압력배출시스템(Pressure relief system)"으로 여기에서 "Fuel containment system"은 LNG fuel tank와 Thermal insulation, 그리고 TCS(Tank Connection Space)로 구성되어 있습니다.

"Gas supply system"은 "Gas control system" 안에 포함되어 있으며, Gas supply와 관련된 Remote valve, LNG fuel pump, HP pump, BOG compressor, Glycol pump, LNG bunkering station을 제어합니다.

"Pressure control system"에는 IGF 6.9.1.1에서와 같이 LNG fuel tank 내부의 압력을 제어하는 목적으로 다음과 같이 4가지 시스템을 제안하고 있습니다.

- BOG를 재액화 장비
- GCU(Gas Combustion Unit)라고 부르는 BOG 직접 연소시키는 장비
- 그리고 BOG를 탱크 내부에 압력으로 축적하는 방법으로, LNG 탱크의 설계압력이 높을수록 BOG 축적양이 많아집니다.
- 마지막으로 BOG를 냉각시켜 BOG 발생량을 억제하는 방법이 제안되고 있습니다. 여기서 BOG 냉각과 BOG 재액화는 그 개념이 다릅니다.
  BOG 냉각은 BOG 온도를 낮춰서 BOG의 팽창을 억제하는 방법이라면, BOG 재액화는 말 그대로 BOG를 액화시키는 것입니다.

"Pressure Relief system"은 엄밀하게 "Pressure control system"과는 별개 시스템으로 여기에 속하는 방법은 압력용기의 내부 압력이 상승할 때 "Burst disc"라 부르는, 특정 위치에서 물리적으로 압력이 터지도록 배출하는 방법이 있고, 앞서 설명했듯이 PRV(Pressure Relief Valve)는 가장 많이 사용되는 압력 배출 방법입니다.

마지막으로 "Ventilation Arrangement" 혹은 "Ventilation System"도 이러한 압력 배출 방법의 하나로 허용되고 있습니다.

그 다음으로 선박의 2번째 주요시스템인 "Ship's Safety System"에는 FGSS와 관련되어 연결되는 시스템인 "Gas safety system"과 "Fire safety system"이 있습니다.

이 중 먼저 "Gas safety system"은 아래와 같이 3가지 시스템으로 나눠집니다.

1번째, Shutdown system은 "Manual remote emergency stop"와 다른 시스템에서 ESD 신호를 받을 수 있도록 구성되고, 2번째, Gas detection system은 Gas detector와 Alarm으로 구성됩니다.

마지막으로 leak detection system은 Gas detection과는 별개로 LNG나 NG가 누설되는 것을 감지하는 시스템으로 여기에는 탱크나 배관의 압력차를 모니터링 하거나, Bilge well의 온도를 감시하는 간접적인 방식으로 LNG나 NG Leak를 추정하는 방법이 포함됩니다.

"Fire safety system"에는 기본적으로 Fire detector와 Alarm을 포함한 "Fire detection system" 있고, A60 insulation이나 Cofferdam을 통해 화재 열원으로 시스템을 보호하는 "Fire protection", Water spray를 통해 LNG 탱크나 FPR, LNG bunkering station을 냉각하거나 화재 열원로부터 장비를 보호하는 "Cooling and Fire prevention", 마지막으로 Dry chemical powder, Portable fire extinguisher, CO2 firefighting 등을 포함하는 "Fire fighting system"이 있습니다.

지금까지 FGSS와 관련된 전체 시스템 분류에 대해 소개를 했으며, 이 시스템 중에서 이번 차시에서는 "Gas detection system"과 "Fire detection system", "Fire fighting system"에 초점을 맞춰 IGF Code에서 요구하는 사항에 대해 설명을 드리겠습니다.

▼ Design of Gas Detection System for FGSS -1/3

IGF 3.2.14 Fixed gas detection suitable for all spaces and areas concerned shall be arranged.

→ 관련된 모든 공간 및 구역에 적합한 고정 가스 감지 장치를 배치해야 함

IGF 5.6 Regulations for ESD-protected machinery spaces
IGF 5.6.2 Measures shall be applied to protect against explosion, damage of areas outside of the machinery space and ensure redundancy of power supply. The following arrangement shall be provided but may not be limited to:
.1 gas detector;
.2 shutoff valve;
.3 redundancy; and
.4 efficient ventilation.

→ "ESD-protected machinery space 에는 1~4번이 최소한으로 요구되며, "Gas safe machinery space"에는 본 항목이 반드시 요구되지 않지만, Gas safe machinery space에도 점점 안전이 강화되는 설계가 적용되고 있음.
예를 들면 Gas engine 상부에 Gas detector 설치 요구

IGF 5.6.3.3 A fixed gas detection system arranged to automatically shutdown the gas supply, and disconnect all electrical equipment or installations not of a certified safe type, shall be fitted

→ 가스 공급을 자동으로 차단하고 인증된 안전 유형이 아닌 모든 전기 장비 또는 설비를 분리할 수 있도록 구성된 고정식 가스 감지 시스템이 설치되어야 함

IGF 6.4.5.3 The required liquid leakage detection may be by means of liquid sensors, or by an effective use of pressure, temperature or gas detection systems, or any combination thereof.

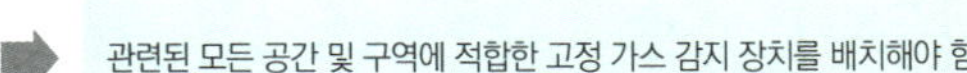

→ LNG leak를 감지하는 수단에 대해서
Liquid sensor, 압력을 효과적으로 사용, Gas detection 또는 복합적인 방법 사용 가능
즉, 다양한 센서와 이 센서들의 복합적인 사용을 통해 LNG Leak를 감지할 수 있음

IGF 6.5.8 Control and monitoring systems for portable fuel tanks shall be integrated in the ship's control and monitoring system. Safety system for portable fuel tanks shall be integrated in the ship's safety system(e.g. shutdown systems for tank valves, leak/gas detection systems).

→

Portable LNG fuel tank 일지라도
- "Control & monitoring system"이 Ship's control & monitoring system와 integration 요구
- "Safety system"이 Ship's safety system과 Integration 요구

IGF 9.5 Regulations for fuel distribution outside of machinery space
IGF 9.5.1 Where fuel pipes pass through enclosed spaces in the ship, they shall be protected by a secondary enclosure. This enclosure can be a ventilated duct or a double wall piping system. The duct or double wall piping system shall be mechanically underpressure ventilated with 30 air changes per hour, and <u>gas detection</u> as required in 15.8 shall be provided. Other solutions providing an equivalent safety level may also be accepted by the Administration.
IGF 9.5.2 The requirement in 9.5.1 need not be applied for fully welded fuel gas vent pipes led through mechanically ventilated spaces.

→

선박 내 밀폐 구간을 지나는 Fuel Pipe는 "Secondary Enclosure" 보호되어야 하고, 이 공간 안에 강제적인 음압으로 30회 Air change와 Gas detector를 설치하도록 요구하고 있음

하지만 이러한 요구도 강제 환기되는 공간을 통과하는 완전 용접된 Fuel gas vent pipe에 대해서는 9.5.1의 요건을 적용할 필요가 없음

IGF 12.3.3 Electrical equipment fitted in an ESD-protected machinery space shall fulfil the following:
.1 in addition to fire and <u>gas hydrocarbon detectors</u> and fire and gas alarms, lighting and ventilation fans shall be certified safe for hazardous area zone 1;

→

ESD-protected machinery space 내 Gas detector는 Hazardous Zone-1에 승인된 장비 요구

먼저, "Gas detection system"에 대한 IGF Code의 요구사항으로, IGF 3.2.14 항목에서는 관련된 모든 공간 및 구역에 적합한 고정형 가스감지 장치를 배치해야 함을 요구하고 있습니다.

즉, FGSS와 관련되어 가스감지가 필요한 모든 공간에 "고정형 가스감지기"를 설치해야 합니다.

IGF 5.6.2 항목에서 "ESD-protected machinery space"에는 다음과 같은 4가지 항목을 최소한으로 요구하고 있습니다.

1)번째 Gas detector, 2)번째 Shutoff valve, 3)번째 Redundancy(이중화), 4)번째 적절한 환기.

반면에 "Gas safe machinery space"에는 방금 언급한 4가지 항목 중, Gas detector가 반드시 요구되지 않습니다.

하지만, 최근 LNG 연료선박 설계에서 "Gas safe machinery space"에도 예를 들어 Gas Engine 상부에 Gas detector 설치를 하는 것과 같이 점차 안전이 강화되는 설계가 적용되고 있습니다.

IGF 5.6.3.3에서는 가스 공급을 자동으로 차단하고 인증된 안전 유형이 아닌 모든 전기 장비 또는 설비를 차단할 수 있도록 구성된 고정식 가스감지시스템 설치를 요구하고 있습니다. 즉, 다시 말하자면 가스감지시스템은 "Gas supply system"을 자동으로 차단할 수 있도록 Shutdown system과 연계되어야 합니다.

IGF 6.4.5.3에서는 LNG leak를 감지하는 수단에 대해서 “Liquid sensor”, “압력을 통한 감지”, “Gas detection” 또는 “복합적인 방법” 사용이 가능하다고 언급하는데, IGF Code는 다양한 센서와 이 센서들의 복합적인 사용을 통해 LNG Leak를 직·간접적으로 감지하는 것을 허용하고 있습니다.

다시 말하자면 “Gas detection system”은 알람 및 시스템 정지, 선원 및 승객을 보호하는 목적으로 다양한 LNG 또는 Gas leak를 감지 방법을 허용하고 있습니다.

IGF 6.5.8 항목은 앞서 설명했듯이 “Portable LNG fuel tank” 즉, 컨테이너 형식의 탈착이 가능한 LNG 연료탱크를 위한 시스템이라고 할지라도 “Control & monitoring system”이 Ship’s control & monitoring system과 통합(integration)되도록 요구하고 있고, “Safety system”이 Ship’s safety system과 통합되도록 요구하고 있습니다.

여기에서 “Gas detection system”이 Ship’s safety system에 속해 있음을 다시 한번 확인할 수 있습니다.

IGF 9.5.1에서는 선박 내 밀폐 구간을 지나는 Fuel Pipe는 “Secondary Enclosure”을 통해 보호되어야 하고, 이 공간 안에 강제적인 음압으로 30회 Air change와 Gas detector 설치를 요구하고 있습니다.

반면에, IGF 9.5.2에서는 강제 환기되는 공간을 통과하는 완전 용접된 “Fuel gas vent pipe” 에 대해서는 IGF 9.5.1의 요건을 적용할 필요가 없다고 언급하고 있습니다.

이렇게 하는 이유는 Vent pipe는 Vent mast에 연결되어 있고, Vent mast 토출구는 항상 Open 되어 있기 때문에 모든 Fuel gas가 Vent mast로 빠져나가고 선박 내 밀폐 구간으로 누설될 가능성이 거의 없기 때문입니다.

IGF 12.3.3에서는 ESD-protected machinery space에 설치되는 “Gas hydrocarbon detector” 즉, Gas detector는 Hazardous Zone-1에 승인된 장비를 요구하고 있습니다.

IGF15.2.5 the safety systems including the field instrumentation shall be arranged to avoid spurious shutdown, e.g. as a result of a faulty gas detector or a wire break in a sensor loop; and

IGF 15.5.3 If gas is detected in the ducting around the bunkering lines an audible and visual alarm and emergency shutdown shall be provided at the bunkering control location.

IGF 15.8 Regulations for gas detection

IGF 15.8.1 Permanently installed gas detectors shall be fitted in:
.1 the tank connection spaces;
.2 all ducts around fuel pipes;
.3 machinery spaces containing gas piping, gas equipment or gas consumers;
.4 compressor rooms and fuel preparation rooms;
.5 other enclosed spaces containing fuel piping or other fuel equipment without ducting;
.6 other enclosed or semi-enclosed spaces where fuel vapours may accumulate including interbarrier spaces and fuel storage hold spaces of independent tanks other than type C;
.7 airlocks;
.8 gas heating circuit expansion tanks;
.9 motor rooms associated with the fuel systems; and
.10 or at ventilation inlets to accommodation and machinery spaces if required based on the risk assessment required in 4.2.

IGF에서는 Enclosed 또는 Semi-enclosed space에 해당하는 LNG bunkering station에 Gas detector를 설치하라는 요구가 명확하지 않아, 해석에 따라 논란이 있음.
상기 "Fuel piping"과 "Fuel vapour"는 LNG를 연료로 사용하기 위한 공간에 설치되는 장비로 Bunkering station에는 "Bunkering piping"이 있고, FPR에 "Fuel vapour"가 있기 때문임.

하지만 DNV3.3.6.1 Rule에는,
DNV 3.3.6.1 The bunkering station shall be so located that sufficient natural ventilation is provided. Closed or semi-enclosed bunkering stations will be subject to special consideration. Depending on the arrangement this may include:
- requirements for leakage detection(gas detection, low temperature detection)
→ Closed or semi-enclosed bunkering stations에 명확하게 Gas detection 설치를 요구

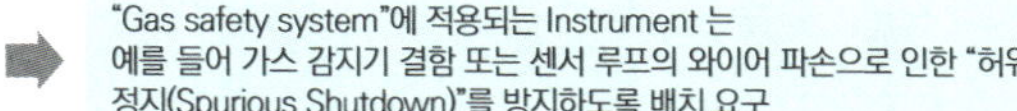

"Gas safety system"에 적용되는 Instrument 는 예를 들어 가스 감지기 결함 또는 센서 루프의 와이어 파손으로 인한 "허위 정지(Spurious Shutdown)"를 방지하도록 배치 요구

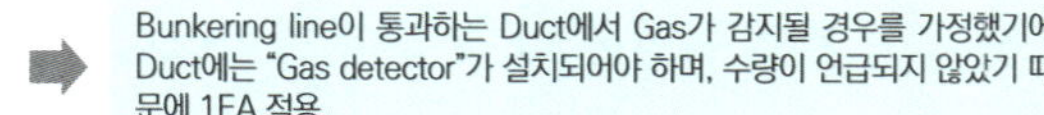

Bunkering line이 통과하는 Duct에서 Gas가 감지될 경우를 가정했기에 Duct에는 "Gas detector"가 설치되어야 하며, 수량이 언급되지 않았기 때문에 1EA 적용

IGF 15.8.1.1 ~3에서 Gas detector가 요구되는 장소는 TCS(Tank Connection Space), 모든 Fuel pipe duct 주위, Gas piping, Gas equipment 또는 Gas consumers(즉, gas engine)가 설치된 장소

IGF 15.8.1.4 : Compressor Room과 FPR(Fuel Preparation Room)도 Gas detector가 요구되는데
실제 프로젝트에 있어서 BOG Compressor는 FPR 안에 설치되기 때문에 Compressor를 위한 별도 Room이 있지 않다면 Compressor가 설치된 FPR에만 Gas detector를 설치하면 됨

IGF 15.8.1.5 Fuel pipe나 Fuel equipment가 Duct 없이 밀폐구역에 설치될 경우에 Gas detector를 설치하라고 요구하기 때문에 만약 이 밀폐구역에 Duct 를 설치한다면 Gas detector는 불필요. 왜냐하면 이미 Duct에 Ventilation과 Gas detector가 있기 때문

IGF 15.8.1.6 "Independent tank"에는 Type A, B, C가 있고, Type-C 형이 아닌 Independent LNG tank가 설치된 FSHS에는 Gas detector 설치를 요구함
즉, Membrane Tank의 FSHS에는 Gas detector 설치 안함

IGF 15.8.1.7 ~8 에서 Gas detector가 요구되는 장소는 Airlock, gas heating circuit expansion tank(즉, Glycol water heating circuit 에 설치되는 Glycol water expansion tank) 임

IGF 15.8.1.9 항목은 BOG Compressor와 Motor가 별도 Room에 설치될 때 요구되는 내용으로
Motor Room에도 Gas Detector 설치가 요구됨

IGF 15.8.1.10 항목은 만약 위험성평가(Risk assessment)를 수행해서 필요하다면 "거주구(Accommodation)"와 "Machinery spaces" 환기 입구(Inlet)에 Gas detector 설치를 요구

CHAPTER
08

    IGF 15.2.5 "Gas safety system"에 적용되는 Instrument, 예를 들어 가스감지기와 같은 장비는 가스감지기 자체 결함 또는 센서 루프의 와이어 파손 등의 원인으로 "허위 정지(Spurious Shutdown)"를 방지할 수 있도록 배치하도록 요구하고 있습니다.

    그래서, 이러한 문제를 해결하기 위해서는 실제 프로젝트에서는 가스감지기와 같은 장비는 주기적인 점검을 하거나, 2개 이상으로 설계하여 오감지로 인한 허위정지를 방지하며, 센서를 구성할 때, Wire loop(와이어루프) 즉, 전기적인 루프를 구성하여 이 루프가 끊어지게 되면 센싱 되는 값에 관계없이 오류를 감지할 수 있도록 구성하고 있습니다.

IGF 15.5.3 요구사항은 IGF 15.5.2에서 요구되는 "Bunkering line"이 통과하는 Duct에서 Gas가 감지될 경우를 가정했기에 이 Duct에는 "Gas detector"가 설치되어야 하며, 특별히 수량이 언급되지 않았기 때문에 1개를 설계, 적용할 수 있습니다.

하지만, 앞서 설명한 바와 같이 만약 TCS 공간과 Bunkering line duct가 동일한 공간으로 설계된다면 Duct 내 별도의 Gas detector 적용 없이, TCS 내부에 설치된 Gas detector로 이 요구사항을 만족시킬 수 있습니다.

IGF 15.8.1.1~3에서 TCS(Tank Connection Space), 모든 Fuel pipe duct 주위, Gas piping, Gas equipment 또는 Gas consumers(즉, gas engine)가 설치된 장소에 Gas detector가 요구되고 있습니다.

IGF 15.8.1.4에서는 Compressor Room과 FPR(Fuel Preparation Room)에도 Gas detector가 요구되는데 실제 프로젝트에 있어서 BOG Compressor는 FPR 안에 설치되기 때문에 Compressor를 위한 별도 Room이 없다면 Compressor가 설치된 FPR에만 Gas detector를 설치하면 됩니다.

IGF 15.8.1.5 Fuel pipe나 Fuel equipment가 Duct 없이 밀폐구역에 설치될 경우에 Gas detector를 설치하라고 요구하는데, 만약 이 밀폐구역에 Fuel Pipe Duct나, Fuel equipment를 Enclosure로 감싼다면 Gas detector는 불필요 합니다.

왜냐하면 이미 Duct나 Enclosure에 Ventilation과 Gas detector가 설치되기 때문입니다.

IGF 15.8.1.6 "Independent tank"에는 Type A, B, C가 있고, Type-C형이 아닌 Independent LNG tank가 설치된 FSHS에는 Gas detector 설치를 요구하고 있습니다.

즉, Independent 탱크가 아닌 Membrane 형식의 LNG fuel Tank가 설치되어 있는 Fuel Storage Hold Space에는 Gas detector를 설치할 필요가 없습니다.

IGF 15.8.1.7~8에서는 "Airlock", "Gas heating circuit expansion tank", 즉, Glycol water heating circuit에 설치되는 Glycol water expansion tank에 Gas detector 설치가 요구되고 있습니다.

IGF 15.8.1.9 항목은 BOG Compressor와 Motor가 별도 Room에 설치될 때 요구되는 내용으로, 만약 별도의 Motor Room이 존재한다면 BOG compressor Room뿐만 아니라 Motor Room에도 Gas Detector를 설치해야 합니다.

IGF 15.8.1.10 항목은 만약 위험성평가(Risk assessment)를 수행한 결과 필요하다면 "거주구(Accommodation)"와 "Machinery spaces" 환기 입구(Inlet)에도 Gas detector 설치를 요구하고 있습니다. 실제 프로젝트에서는 "Accommodation"과 "Machinery spaces"의 Ventilation Inlet에 Gas 유입을 완전히 배제할 수 있다는 유동해석 보고서를 제출하지 않는 한 Gas detector를 생략하기 어렵기 때문에 실제 프로젝트에서는 Gas detector를 설치하는 방향으로 진행하고 있습니다.

지금까지 설명한 내용에 추가해서, IGF에서는 Enclosed 또는 Semi-enclosed space에 해당하는 "LNG bunkering station"에 Gas detector 설치를 명확하게 언급하지 않았습니다.

그래서 "LNG bunkering station" 내 Gas detector 설치에 대해 논란이 있어 왔습니다.

하지만, DNV Ruel 3.3.6.1에는 Closed 또는 Semi-enclosed "bunkering station"에 Gas detection과 Low temp. detection 설치를 명확하게 요구하고 있기 때문에 IGF와 선급 Rule을 모두 적용하는 프로젝트에 경우에는 이 공간에 Gas detector를 반드시 설치해야 합니다.

IGF 15.8.2 In each ESD-protected machinery space, redundant gas detection systems shall be provided.
IGF 15.8.3 The number of detectors in each space shall be considered taking into account the size, layout and ventilation of the space.
IGF 15.8.4 The detection equipment shall be located where gas may accumulate and in the ventilation outlets. Gas dispersal analysis or a physical smoke test shall be used to find the best arrangement.
IGF 15.8.5 Gas detection equipment shall be designed, installed and tested in accordance with a recognized standard.
IGF 15.8.6 An audible and visible alarm shall be activated at a gas vapour concentration of 20% of the lower explosion limit(LEL). The safety system shall be activated at 40% of LEL at two detectors(see footnote 1 in table 1).
IGF 15.8.7 For ventilated ducts around gas pipes in the machinery spaces containing gas-fuelled engines, the alarm limit can be set to 30% LEL. The safety system shall be activated at 60% of LEL at two detectors(see footnote 1 in table 1).
IGF 15.8.8 Audible and visible alarms from the gas detection equipment shall be located on the navigation bridge or in the continuously manned central control station.
IGF 15.8.9 Gas detection required by this section shall be continuous without delay.

IGF 15.8.2 : ESD-protected machinery space에는 Gas detector 이중화가 요구됨
IGF 15.8.3 : Gas detector 수량은 공간의 크기, 규모 그리고 환기를 고려하여 산정
IGF 15.8.4 : Gas dispersal analysis나 Physical smoke test는 GD의 최적의 위치를 찾아내기 위해 사용해야 한다고 요구. 내용에서 이미 Ventilation outlet을 GD를 설치하는 최적의 위치로 제안했고, 이 위치에 Gas Detector 를 설치하면 별도의 분석/테스트가 불필요.
IGF 15.8.5 : 가스감지 장비는 공인된 표준에 따라 설계되고 설치되어야 함
IGF 15.8.6 항목과 IGF 15.8.7 항목은 Table 1 참조
IGF 15.8.8 : Gas detection equipment(즉, Gas detector)로부터 기인하는 "Audible and Visible alarm"은 navigation bridge 또는 continuously manned central control station 즉, ECR 에 표시 특이하게 이 항목에서는 "Visible alarm"으로 표기됨. 다른 항목에서는 "Visual alarm" 표기
IGF 15.8.9 : 이 세션에서 언급된 Gas detection 항목은 지연없이 계속적으로 감지해야 함

IGF 18.4.3 Pre-bunkering verification
IGF18.4.3.1 Prior to conducting bunkering operations, pre-bunkering verification including, but not limited to the following, shall be carried out and documented in the bunker safety checklist:
.1 all communications methods, including ship shore link(SSL), if fitted;
.2 operation of fixed gas and fire detection equipment;
.3 operation of portable gas detection equipment;
.4 operation of remote controlled valves; and
.5 inspection of hoses and couplings.

본 항목에서 요구하는 기준의 Functional Test가 요구됨

.1 만약 적용된다면 SSL을 포함한 모든 통신 수단이 확인, 점검되어야 하고,
.2 고정식 가스 감지기 및 화재 감지기가 제대로 동작하는 지 확인하고
.3 휴대용 가스 감지기 정상 동작 유무도 확인합니다.
.4 그리고, Remote control valve가 정상 동작 하는지 확인하고
.5 마지막으로 bunkering에 사용되는 Hose와 Coupling 을 점검합니다.

IGF 15.8.2 항목에서는 "ESD-protected machinery space에는 Gas detector" 이중화를 요구하고 있는데, 이것은 앞 차시에서 설명했듯이 "ESD-protected machinery space"가 일반 운전(Normal operation) 조건에서는 위험구역(Hazardous area)으로 간주되지 않지만, Gas 누설과 같은 비정상운전(Abnormal operation) 상황일때는 위험구역으로 간주되기 때문에, 이 구역에 2개 이상의 Gas detector가 요구되는 것입니다.

IGF 15.8.3에서는 Gas detector 수량은 Gas detector가 설치되는 공간의 크기, 규모 그리고 환기를 고려하여 산정하라고 요구하고 있습니다.

IGF 15.8.4에서는 가스확산분석(Gas dispersal analysis)이나 실제연기실험(Physical smoke test)은 Gas Detector의 최적의 설치 위치를 찾아내기 위한 목적이라고 설명하고 있습니다.

이 항목에서는 이미 "Ventilation outlet" 주변을 Gas Detector를 설치하는 최적의 위치로 제안했고, 이 위치에 Gas Detector를 설치하면 별도의 분석/테스트가 필요하지 않습니다.

IGF 15.8.5에서는 가스감지 장비는 공인된 표준에 따라 설계되고 설치하라고 요구하고 있고,

IGF 15.8.6 항목과 IGF 15.8.7 항목은 Table 1에서 별도로 다시 설명 예정으로 여기에서는 생략하겠습니다.

IGF 15.8.8에서 Gas detection equipment(즉, Gas detector)로부터 기인하는 "Audible and Visible alarm"은 navigation bridge 또는 continuously manned central control station 즉, ECR에 표시되어야 한다고 요구하고 있습니다. 참고로, 여기서 쓴 단어인 "Visible alarm"은 IGF내 다른 항목에서는 "Visual alarm"으로 표기되어 있습니다.

IGF에서는 이렇게 동일한 의미이지만 약간씩 다른 단어로 사용되는 경우가 종종 있습니다.

IGF 15.8.9에서는 이 세션에서 언급된 Gas detection 항목은 지연없이 계속적으로 감지해야 한다고 요구하고 있습니다.

IGF 18.4.3.1에서는 Bunkering operation전 Pre-bunkering verification 항목으로, 아래와 같은 항목이 Bunker safety checklist로 점검하라고 요구하고 있습니다.

이 내용은 이전 차시에서도 설명했기 때문에, 이번 교육에서는 Gas detection system에 해당하는 항목만 살펴보면, 모든 FGSS 운전 전에

.2 고정식 가스 감지기 및 화재 감지기가 제대로 동작하는 지 확인하고

.3 휴대용 가스 감지기도 정상 동작 유무도 확인하라고 요구하고 있습니다.

▼ **Design of Fire Detection System for FGSS -1/2**

IGF 2.2.34 Open deck means a deck having no significant fire risk that at least is open on both ends/sides, or is open on one end and is provided with adequate natural ventilation that is effective over the entire length of the deck through permanent openings distributed in the side plating or deckhead.

→ IGF에서는 "Open deck"은 충분한 자연 환기가 이루어지기 때문에 가스로 인한 화재에 대해 심각한 화재 위험(No significant fire risk)은 없다고 정의하고 있습니다.

IGF 3.2.15 Fire detection, protection and extinction measures appropriate to the hazards concerned shall be provided

→ 위험 우려에 적절한 "Fire detection", "Fire protection" 그리고 "Fire extinction(소화)" 수단이 공급되어야 함을 요구

IGF 5.12.7 Essential equipment required for safety shall not be de-energized and shall be of a certified safe type. This may include lighting, **fire detection**, public address, general alarms systems.

→ Safety와 관련된 필수 장비는 전원이 차단되지 않아야 하며 안전이 인증된 형식이어야 함
여기에는 조명, 화재 감지, 공용 알림, 일반 경보 시스템이 포함될 수 있음

IGF 11.7.1 A fixed fire detection and fire alarm system complying with the Fire Safety Systems Code shall be provided for the fuel storage hold spaces and the ventilation trunk for fuel containment system below deck, and for all other rooms of the fuel gas system where fire cannot be excluded.

→ "Fire detector 개수에 대해 언급이 없고, "Fire safety system code" 에 따라 설계하라고 요구
- Ventilation Trunk : LNG Tank가 Below deck에 설치된 경우에만 필요. 그래서 TCS Ventilation Trunk는 해당
- All other Room : Fuel gas system과 관련된 모든 Room 에 해당함. 즉, TCS와 FPR에도 Ventilation Trunk에 FD설치와는 별도로 FD설치 필요

DNV 7.4.1.1 A fixed fire detection and fire alarm system complying with the fire safety systems code shall be provided for the fuel storage hold spaces and the ventilation trunk to the tank connection space and in the tank connection space, and for all other rooms of the fuel gas system where fire cannot be excluded.
IGF에서는 TCS를 언급하지 않았으나, DNV에서는 TCS 내 Fire detection 설치를 명확하게 언급

IGF 11.7.2 Smoke detectors alone shall not be considered sufficient for rapid detection of a fire.

→ "Smoke Detector"만으로 시스템을 구성하는 것은 고려하지 말라는 요구에 대해 아래와 같이 DNV에서는 "Temperature"와 "Flame" detector 가 대체 수단임을 언급

DNV7.4.1.2 Guidance note:
Smoke detectors may be combined with either temperature or flame detectors to increase possibility for detection of a fire. It should be noted that flame detectors will normally activate before temperature detectors.

이번 페이지부터는 "Fire detection system"에 대한 IGF Code 요구사항으로, 먼저 IGF 2.2.34 항목을 보면 IGF에서는 "Open deck"은 충분한 자연 환기가 이루어지기 때문에 가스로 인한 화재에 대해 심각한 화재 위험(No significant fire risk)은 없다고 정의하고 있습니다.

IGF 3.2.15에서는 위험 우려에 적절한 "Fire detection", "Fire protection" 그리고 "Fire extinction(소화)" 수단을 요구하고 있습니다.

이 항목에서는 "위험이 우려되는 장소"라고 일반적인 언급을 했지만, 앞으로 설명드릴 항목에서는 이러한 수단이 요구되는 장소를 명확하게 정의하고 있습니다.

IGF 5.12.7에서는 Safety와 관련된 필수 장비는 전원이 차단되지 않아야 하며 안전이 인증된 형식을 요구하고 있습니다.

이러한 필수 장비에 속하는 것에는 조명, 화재 감지, 공용 알림, 일반 경보 시스템이 포함될 수 있다고 언급하는데, 여기에서 안전과 관련된 필수 장비에 "Gas Detection"을 언급하지 않은 것은 조금 이해가 되지 않습니다.

IGF 11.7.1에서는 Fuel gas system과 관련된 모든 Room에 "Fixed Fire detection"을 "Fire safety system code"에 따라 설계하라고 요구하고 있습니다.

이러한 Room에 TCS와 FPR을 명확히 언급하지 않지만, 내용상 TCS와 FPR도 이 Room에 해당하기 때문에 Fire detector 설치가 필요합니다.

또한 Fire detector 수량에 대해서도 IGF Code에서는 명확하게 언급하지 않지만, 기존 선박에서 Room Size를 고려하여 Fire detection system을 설계하는 기준을 사용하여 Fire detector 수량을 산정할 수 있습니다.

참고로 DNV Rule 7.4.1.1에서는 다음과 같이 "TCS" 내 "Fire detection" 설치를 명확하게 언급하고 있습니다.

IGF 11.7.2 "Smoke Detector"만으로 시스템을 구성하는 것은 고려하지 말라는 요구에 대해 DNV Rule에서는 아래와 같이 "Temperature"와 "Flame" detector가 대체 수단임을 명확하게 언급하고 있습니다.

IGF 12.3.3에서는 ESD-protected machinery space에 설치되는 "Fire detector"는 Hazardous Zone-1에 승인된 장비를 요구하고 있습니다.

▼ Design of Fire Detection System for FGSS - 2/2

IGF 12.3.3 Electrical equipment fitted in an ESD-protected machinery space shall fulfil the following:
.1 in addition to <u>fire and gas hydrocarbon detectors</u> and fire and gas alarms, lighting and ventilation fans shall be certified safe for hazardous area zone 1;

➡ ESD-protected machinery space 내 Fire detector 는 Hazardous Zone-1에 승인된 장비 요구

IGF 15.9 Regulations for fire detection
Required safety actions at fire detection in the machinery space containing gas-fuelled engines and rooms containing <u>independent tanks for fuel storage hold spaces</u> are given in table 1 below.

➡ Gas fuelled engine이 포함된 공간 즉, 엔진 룸에도 Fire detector 설치 요구
"Independent tank"에는 Type A, B, C가 있기 때문에, Membrane Tank를 제외하고는 FSHS에는 FD 설치 필요

IGF18.4.3 Pre-bunkering verification
IGF18.4.3.1 Prior to conducting bunkering operations, pre-bunkering verification including, but not limited to the following, shall be carried out and documented in the bunker safety checklist:
.1 all communications methods, including ship shore link(SSL), if fitted;
.2 operation of <u>fixed</u> gas and <u>fire detection equipment;</u>
.3 operation of portable gas detection equipment;
.4 operation of remote controlled valves; and
.5 inspection of hoses and couplings.

➡ 본 항목에서 요구하는 기준의 Functional Test가 요구됨

.1 만약 적용된다면 SSL을 포함한 모든 통신 수단이 확인, 점검 되어야 하고,
.2 고정식 가스 감지기 및 화재 감지기가 제대로 동작하는 지 확인하고
.3 휴대용 가스 감지기 정상 동작 유무도 확인합니다.
.4 그리고, Remote control valve가 정상 동작 하는지 확인하고
.5 마지막으로 bunkering에 사용되는 Hose와 Coupling을 점검합니다.

IGF 15.9에서는 Gas fuelled engine이 포함된 공간 즉, 엔진 룸에 Fire detector 설치를 요구하고 있으며, Independent LNG tank가 설치된 FSHS에도 Fire detector 설치를 요구하고 있습니다.

앞에서 설명했듯이 "Independent tank"에는 Type A, B, C가 있기 때문에, Membrane Tank를 제외하고 Tank Type에 관계 없이 Independent LNG tank가 설치된 모든 FSHS(Fuel Storage Hold Space)에는 Fire detector 설치가 필요합니다.

IGF 18.4.3.1에서는 Bunkering operation 전 Pre-bunkering verification 항목으로, 아래와 같은 항목이 Bunker safety checklist로 점검하라고 요구하고 있습니다.

이 내용은 이전 차시에서도 설명했던 내용이기 때문에, 이번 교육에서는 Fire detection system에 해당하는 항목만 살펴보면, 모든 FGSS 운전 전에 고정식 화재 감지기가 제대로 동작하는 지 확인하라고 요구하고 있습니다.

▼ Design of Fire Detection System for FGSS - 1/2

No.	Parameter	Alarm	Automatic shutdown of tank valve[6]	Automatic shutdown of gas supply to machinery space containing gas-fueled engines	Comments
1	Gas detection in tank connection space at 20% LEL	○			
2	Gas detection on two detectors[1] in tank connection space at 40% LEL	○	○		
3	Fire detection in fuel storage hold space	○			
4	Fire detection in ventilation trunk for fuel containment system below deck	○			
5	Bilge well high level in tank connection space	○			
6	Bilge well low temperature in tank connection space	○	○		
7	Gas detection in duct between tank and machinery space containing gas-fuelled engines at 20% LEL	○			
8	Gas detection on two detectors[1] in duct between tank and machinery space containing gas-fuelled engines at 40% LEL	○	○[2]		
9	Gas detection in fuel preparation room at 20% LEL	○			
10	Gas detection on two detectors[1] in fuel preparation room at 40% LEL	○	○[2]		
11	Gas detection in duct inside machinery space containing gas-fuelled engines at 30% LEL	○			If double pipe fitted in machinery space containing gas-fuelled engines

No.	Parameter	Alarm	Automatic shutdown of tank valve[6]	Automatic shutdown of gas supply to machinery space containing gas-fueled engines	Comments
12	Gas detection on two detectors[1] in duct inside machinery space containing gas-fuelled engines at 60% LEL	○		○[3]	
13	Gas detection in ESD protected machinery space containing gas-fuelled engines at 20% LEL	○			
14	Gas detection on two detectors[1] in ESD protected machinery space containing gas-fuelled engines at 40% LEL	○		○	It shall also disconnect non certified safe electrical equipment in machinery space containing gas-fuelled engines
15	Loss of ventilation in duct between tank and machinery space containing gas-fuelled engines	○		○[2]	
16	Loss of ventilation in duct inside machinery space containing gas-fuelled engines[5]	○		○[3]	If double pipe fitted in machinery space containing gas-fuelled engines

이번 페이지에서는 이전 차시에서 설명했던 Table-1에 대한 내용 중 이번 차시에서 다루고 있는 "Gas detection system"과 "Fire detection system"에 해당하는 내용에 대해서만 설명을 드리겠습니다. 먼저 본 설명을 시작하게 전에 우선, Table-1의 제목이 "Monitoring of Gas Supply System to Engines"라고 되어 있지만, 이 Table-1의 상위 제목이 IGF 15.11 Regulations on safety functions of fuel supply systems으로 실제는 "Safety Function"에 대한 내용인 것입니다.

이미 몇 번 설명했듯이 "Safety Function"은 "Gas Supply System"에도 구현되어 있고, "Safety System"에도 구현되어 있습니다.

그래서, Table-1에서와 같이 해당 이벤트 발생 시, 단순히 "Alarm"만 발생시킬 것인지 "Automatic Shutdown"도 할 것인지 명확하게 구분되어 있습니다.

IGF Code에서는 Table-1에 번호가 매겨져 있지 않으나, 본 강의에서는 설명을 위해 맨 좌측에 이벤트별 번호를 매겼으며, 항목 중에서 파란색으로 된 이벤트는 "Gas detection system"과 관련된 항목이고, 빨간색으로 된 이벤트는 "Fire detection system"과 관련된 항목입니다.

그럼, 각 이벤트 중에서 먼저 "Gas detection system"에 해당하는 이벤트에 대해서 설명을 드리겠습니다.

- 1번 : TCS 내부의 Gas 농도가 20%(공기 중 가스농도)에 도달하게 될 경우에는 "Alarm"을 울리도록 요구하고 있습니다.
- 2번 : TCS 내부에는 Note 1)과 같이 이중화 목적으로 2개의 독립적인 Gas detector가 설치되는데, 이 Gas detector 2개가 모두 40% 농도 이상의 가스를 감지하게 되면 "Alarm" 및 "Tank valve"를 자동으로 Shutdown 하도록 요구하고 있습니다.

여기서 다시 1번 항목을 살펴보면 2개의 Gas detector 중 1개라도 20% 가스 농도를 감지할 경우에는 "Alarm"을 울리는 것을 알 수 있습니다.

- 7번 : 여기서 Tank는 "LNG fuel Tank"를 의미하고, Machinery space containing gas-fuelled engines은 "Engine Room"을 의미하기 때문에 Tank에서 Engine room 사이에 Duct라고 부를 수 있는 공간은 TCS 내부와 TCS에서 Engine Room 직전까지의 Pipe duct 공간입니다.

즉, 이 두 공간을 하나의 공간으로 간주할 수 있습니다. 그래서 요구사항은 이 공간에 가스가 20% 감지 시 Alarm만 울리도록 요구합니다.

- 8번 : 7번 항목을 확대한 것으로 Duct 공간 내, 즉 TCS 내 2개의 Gas detector가 모두 40% 이상의 가스를 감지할 때 "Alarm" 및 "Tank valve"를 자동으로 Shutdown 하도록 요구하고 있습니다. 그리고 Note 2)와 같이 추가적으로 가스가 감지된 곳에 있는 "Master valve"도 함께 "Close"되도록 요구하고 있습니다.
- 9번 : FPR 내부의 Gas 농도가 20%에 도달하게 될 경우에는 "Alarm"을 울리도록 요구하고 있습니다.
- 10번 : FPR 내부에는 Note 1)과 같이 이중화 목적으로 2개의 독립적인 Gas detector가 설치되는데, 이 Gas detector 2개가 모두 40% 농도 이상의 가스를 감지하게 되면 "Alarm" 및 "Tank valve"를 자동으로 Shutdown 그리고 Note 2)와 같이 추가적으로 가스가 감지된 곳에 있는 "Master valve"도 함께 "Close"되도록 요구하고 있습니다.

여기서 다시 9번 항목을 살펴보면 2개의 Gas detector 중 1개라도 20% 가스 농도를 감지할 경우에 "Alarm"을 울리는 것을 알 수 있습니다.

- 11번 : Machinery space containing gas-fuelled engines, 즉 "Engine Room"에 배치된 가스배관 덕트에 가스가 30% 감지되면 "Alarm"을 울리도록 요구하고 있습니다.
- 12번 : 11번 항목을 확대한 것으로 11번에서 언급한 Duct에 2개의 Gas detector 모두 60% 이상 가스가 감지되면 "Alarm" 울리지만, "Tank valve" Shutdown하지 않습니다.

그리고, "Automatic shutdown of gas supply to machinery space containing gas-fueled engines" 자동으로 Shutdown 해야 하는데, 먼저 Note 3)에서와 같이 가스가 감지된 덕트에 있는 "Master Valve"를 Close하고 이 Master Valve를 Close 함으로써 함께 동작을 중지해야 하는 장비가 있다면 그 장비만 Shutdown 해야 합니다.

즉, 만약에 ME-GI Engine이 1개만 있는 시스템에서 M/E 위한 Gas Pipe duct에서만 60% 이상의 가스가 감지 된다면, HP Pump만 중지해야 합니다. 그래서 가스배관에 문제가 없는 발전기 엔진 등에는 가스 연료를 계속 공급하기 위해 "Fuel Pump"나 "Tank valve"는 Shutdown하지 않는 것입니다.

- 13번 : ESD- Protected Machinery space(Engine Room)에 가스가 20% 감지되면 "Alarm"을 울리도록 요구하고 있습니다.(이 Engine Room에는 가스배관에 Duct가 필요 없습니다.)
- 14번 : ESD- Protected Machinery space(Engine Room)에 2개의 Gas detector 모두 40% 이상 가스가 감지되면 "Alarm" 및 "Automatic shutdown of gas supply to machinery space Containing gas-fueled engines" 자동으로 Shutdown 즉, 어느 특정한 Master Valve와 장비만 Shutdown하는 것이 아니라, Gas supply와 관련된 모든 장비와 Master valve를 모두 Close 해야 합니다. 특이한 것은 Tank Valve는 Shutdown 요구하지 않지만, 실제 프로젝트 경우에는 탱크에 설치된 Fuel pump가 Stop 되면 Tank valve도 함께 Close하게 됩니다.

추가적으로 Comment에서는 ESD- Protected Machinery space 내부에 설치된 안전이 인증되지 않은 모든 전기장비도 차단하라고 요구하고 있습니다.

다음은 "Fire detection system"에 해당하는 이벤트에 대해서 설명을 드리겠습니다.
- 3번 : IGF 15.9 기준으로 Independent Tank가 설치된 FSHS에는 Fire detector 설치가 요구되기 때문에, FSHS에서 화재가 감지되면 "Alarm"만 울리도록 요구합니다.

- 4번 : Below deck에 설치된 "Fuel Containment System" 즉, LNG tank와 관련된 TCS나 FPR 공간이 Ventilation 될 때, Ventilation Trunk에 Fire Detector가 요구되며 여기서 화재가 감지될 때 "Alarm"만 울리도록 요구합니다.

Monitoring of Gas Supply System to Engines(IGF 15.11, Table 1)- 2/2

No.	Parameter	Alarm	Automatic shutdown of tank valve[6]	Automatic shutdown of gas supply to machinery space containing gas-fueled engines	Comments
17	Loss of ventilation in ESD protected machinery space containing gas-fuelledengines	O		O	
18	Fire detection in machinery space containing gas-fuelled engines	O			
19	Abnormal gas pressure in gas supply pipe	O			
20	Failure of valve control actuating medium	O		O[4]	Time delayed as found necessary
21	Automatic shutdown of engine(engine failure)	O		O[4]	
22	Manually activated emergency shutdown of engine	O		O	

1) Two independent gas detectors located close to each other are required for redundancy reasons. If the gas detector is of self-monitoring type the installation of a single gas detector can be permitted.
2) If the tank is supplying gas to more than one engine and the different supply pipes are completely separated and fitted in separate ducts and with the master valves fitted outside of the duct, only the master valve on the supply pipe leading into the duct where gas or loss of ventilation is detected shall close.
3) If the gas is supplied to more than one engine and the different supply pipes are completely separated and fitted in separate ducts and with the master valves fitted outside of the duct and outside of the machinery space containing gas-fuelled engines, only the master valve on the supply pipe leading into the duct where gas or loss of ventilation is detected shall close.
4) Only double block and bleed valves to close.
5) If the duct is protected by inert gas(see 9.6.1.1) then loss of inert gas overpressure shall lead to the same actions as given in this table.
6) Valves referred to in 9.4.1.

마지막으로 18번에 Engine room 내 화재가 감지되면 "Alarm"만 울리도록 요구하고 있습니다.

이상으로 Table-1에서 "Gas detection system"과 "Fire detection system"과 연계된 이벤트에 대해서 설명을 드렸고, 나머지 이벤트에 대한 자세한 설명은 이전 차시를 참고해 주십시오.

추가적으로 Note 1) 내용은 "Gas detection system"과 관련된 항목으로, 여기서 2개의 Gas detector가 요구되는 이유는 이중화(Redundancy) 목적입니다.

물론, Self-monitoring type의 Gas detector가 설치된다면 1개도 가능하다고 하지만 실제 프로젝트에 있어서 대부분 2개 이상의 Gas detector를 설치하고 있습니다.

나머지 Note 항목에 대한 설명도 이전 차시를 참고해 주십시오.

IGF 3.2.15에서는 위험 우려에 적절한 "Fire detection", "Fire protection" 그리고 "Fire extinction(소화)" 수단을 요구하고 있습니다.

이 항목에서는 "위험이 우려되는 장소"라고 일반적인 언급을 했지만, 앞으로 설명드릴 항목에서는 이러한 수단이 요구되는 장소를 명확하게 정의하고 있습니다.

IGF 6.6.4.3에서는 압축천연가스 "CNG(Compressed Natural Gas)" 저장탱크가 밀폐구역에는

설치될 경우 고정식 화재소화기 시스템이 설치되어야 하며, Jet-Fire 진화에 대한 특별한 고려가 필요하다고 요구하고 있습니다.

여기서 "Jet-fire"는 "분출화재"를 의미하는 것으로 분출되어 뿜어져 나오는 가스 전체 영역이 화염으로 둘려 쌓인 것을 말합니다.

IGF 11.4.1에서는 "Water spray system"은 "Fire main system"의 일부로 간주된다고 언급하고 있습니다.

여기서 "Fire main"이라 함은 해수(Sea water)를 사용하는 Fire fighting system의 주 배관(Main Pipe)을 의미하는 것으로 Water spray 배관은 Fire main 배관에서 분기되어야 함을 요구하고 있습니다.

IGF 11.4.2에서는 Open deck에 설치된 LNG fuel storge tank 용 "Water spray" 배관도 Fire main에 연결하라고 요구하고 있습니다.

참고로, "Water spray system"은 Fire fighting system의 일부로 간주되지만, Fire fighting system은 아닙니다.

왜냐하면 IGF 11.5.1에서와 같이 "Water spray system" 목적이 "Cooling and fire prevention"이기 때문입니다.

IGF 11.6.1에서는 LNG bunkering station에 영구적으로 "Dry chemical powder fire-extinguishing system" 설치를 요구하고 있고, 이러한 시스템의 동작은 기본이 "수동(Manual release)"라고 명확히 언급하고 있습니다.

추가적으로 IGF 11.6.2에서는 "Portable dry powder extinguisher"도 함께 비치하라고 하고 있으며, 최소 5kg 이상의 용량의 소화기를 적용하라고 요구하고 있습니다.

참고로, IGF에서는 FPR이나 TCS에 "Fire fighting system"을 적용해야 하는지 명확한 언급이 없습니다. 반면에 DNV 7.3.4.1에는 명확하게 "Fixed fire-extinguishing system"을 FPR에 적용하라는 요구가 있고, 앞서 설명한 IGF 11.7.1 기준에서도 TCS나 FPR 내부에 "Fire detector" 설치가 필요한 점으로 판단할 때, 이 공간에 "Firefighting system" 적용이 필요하며, 통상 TCS나 FPR 내부는 밀폐 구역인 점을 고려하여 CO2 Firefighting system을 적용하고 있습니다.

IGF 18.4.2.1에서는 FGSS Operation Manual에 "Fire fighting system"과 "Extinguishing agents" 사용 방법과 유지보수 방법에 대한 내용을 포함하라고 요구하고 있습니다.

그럼, 지금까지 설명한 "Gas detection system"과 "Fire detection system", 그리고 "Fire fighting system"에 대한 요구사항을 기준으로 시스템에 어떻게 설계, 반영되는지 개념도를 통해 설명드리겠습니다.

먼저 LNG Fuel Tank와 TCS(Tank Connection Space)가 일체형으로 제작되어 선박의 "Open deck 설치"와 "Below deck 설치"에 대한 사례로 이 구성은 이전 차시에서 설명했던 내용으로 다양한 설계 사양이 반영되어 있지만, 본 차시에는 "Gas detection system"과 "Fire detection system" 그리고 "Fire fighting system" 항목에 초점을 맞춰 설명드리겠습니다.

통상적으로 LNG fuel tank와 TCS가 일체형으로 제작되어 적용된 선박은 대부분 소형 선박으로, 먼저 Open deck에 설치되는 경우에 IGF 요구사항에 맞춰 설계된 구성은 아래와 같습니다.

TCS 내부에는 Gas detector가 2개, Fire detector가 1개 이상 설치가 요구되고, LNG fuel tank로부터 10m 이내에 TCS가 위치하기 때문에 LNG Fuel tank 주위와 TCS 외부에 Water Spray system이 적용됩니다.

그리고, TCS 내부에 CO2 firefighting을 위한 Pipe 및 Nozzle이 설치되고 CO2 탱크와 공급시스템은 별도 장소에 설치됩니다.

LNG fuel tank와 TCS가 일체형으로 Below deck에 설치되는 경우에 IGF 요구사항에 맞춰 설계된 구성도는 아래와 같습니다.

TCS 내부에는 Gas detector가 2개, Fire detector가 1개 이상 설치가 요구되고 LNG fuel tank가 Below deck에 위치하기 때문에 LNG fuel tank주위와 TCS 외부에 Water Spray system이 필요하지 않습니다.

추가적으로 Ventilation inlet duct에 "Fire detector" 설치가 요구되고, Bunkering line duct에는 "Fire detector"와 "Gas detector" 설치가 요구되는데, 앞서 설명한 바와 같이 "TCS 내부공간", "Ventilation Trunk 공간", "Bunkering line Duct 공간"을 모두 동일한 공간으로 구성할 경우, TCS 내부에 있는 Fire detectors와 Gas detectors로 대체가 가능합니다.

마지막으로 TCS 내부에 CO2 firefighting을 위한 Pipe 및 Nozzle이 설치되고 CO2 탱크와 공급시스템은 별도 장소에 설치됩니다.

TCS 내부에 Fire fighting system을 적용하는 이유가 TCS가 Tank connection 역할만 한다면 Fire fighting system이 요구되지 않으나, 만약 TCS 내부에 Vaporizer 등이 배치되어 Fuel Preparation 등의 역할로 사용된다면 Fire fighting system 적용이 필요하기 때문입니다.

다음으로 FPR(Fuel Preparation Room)이 Open deck에 설치될 경우를 고려한 시스템 설계 사례를 설명드리겠습니다.

먼저 실적 프로젝트에 있어서 FPR은 항상 LNG fuel tank와 분리된 후 제작되어 공급되었고, 대부분 Open Deck에 설치되는 중/대형 선박이었습니다.

FPR이 Open deck에 설치되는 경우에 IGF 요구사항에 맞춰 설계된 구성도는 아래와 같습니다.

FPR 내부에는 최소 Gas detector 2개 이상, Fire detector 1개 이상 설치가 요구되고, LNG fuel tank로부터 10m 이내에 FPR이 위치한다면 FPR 외부에 Water Spray system이 적용되어야 합니다.

마지막으로 FPR 내부에는 CO2 firefighting system이 적용됩니다.

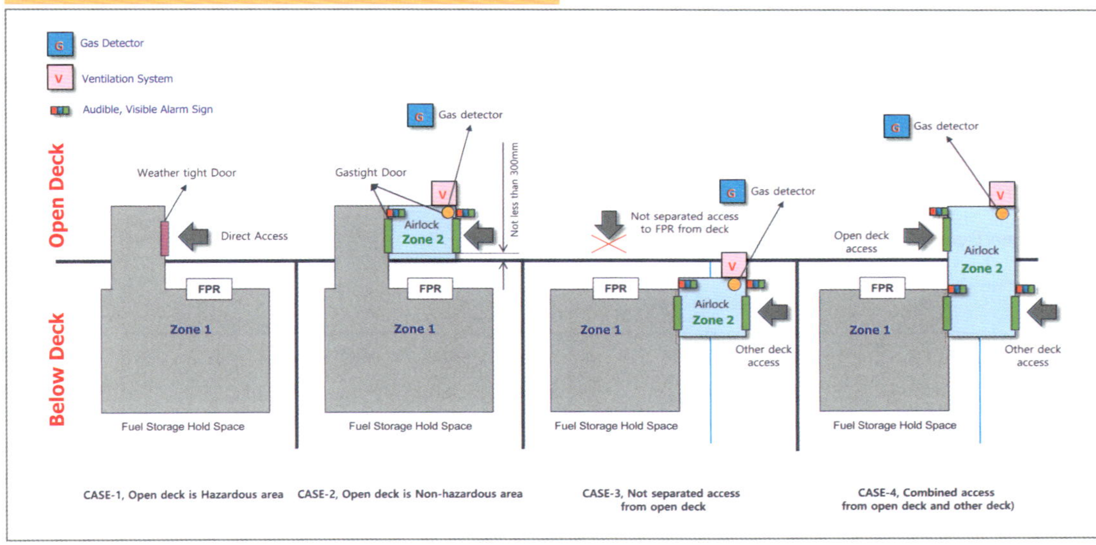

이번 페이지에서는 FPR이 갑판하부(Below Deck)에 배치될 때, 갑판상부(Open Deck)에서 FPR로 진입하는 경우 Airlock system이 필요하고, Airlock system이 적용될 경우 어떤 장비들이 함께 설치가 되는지 살펴보겠습니다.

먼저 CASE-1에서는 갑판상부가 이미 위험지역이고 FPR로 진입하기 위한 독립적인 경로가 있다면 Airlock 시스템은 불필요합니다.

CASE-2에서는 갑판상부가 위험지역이 아닐 경우라면 FPR로 진입하기 위해 Airlock 시스템이 필요하고, Airlock 공간에 "Gas detector"가 요구됩니다.

추가적으로 Airlock system은 2개의 300mm 높이를 가지는 "Gas tight door"가 적용되어야 하고, 강제환기시스템(Mechanical Ventilation) 및 Audible/Visible alarm signal이 설치되어야 합니다.

CASE-3에서 갑판상부에서 FPR로 진입하는 경로가 없이, 다른 위험지역이 아닌 구역에서 FPR로 진입하기 위해 Airlock 시스템이 필요하고, Airlock 공간에 "Gas detector"가 요구됩니다. 추가적으로 Airlock 시스템에 필요한 항목은 CASE-2와 동일합니다.

CASE-4에서 갑판상부가 위험지역 여부와 관계없이 Open Deck에서 FPR로 진입하는 별도의 독립적인 방법이 없다면, 여기에도 Airlock 시스템이 필요하고, Airlock 공간에 "Gas detector"가 요구됩니다. Airlock 시스템에 필요한 항목은 CASE-2, 3과 동일합니다.

이번 개념도에서는 Membrane LNG fuel tank와 Type-C LNG fuel tank가 FSHS(Fuel Storage Hold Space)에 설치되는 설계로서 먼저 Membrane 형식의 LNG fuel tank가 설치되는 FSHS에 대해서는 본 교육에서 요구되는 항목은 없으며, Type-C LNG fuel tank가 FSHS에 설치될 경우에만 FSHS 내부에 1개 이상의 "Fire detector" 설치가 요구됩니다.

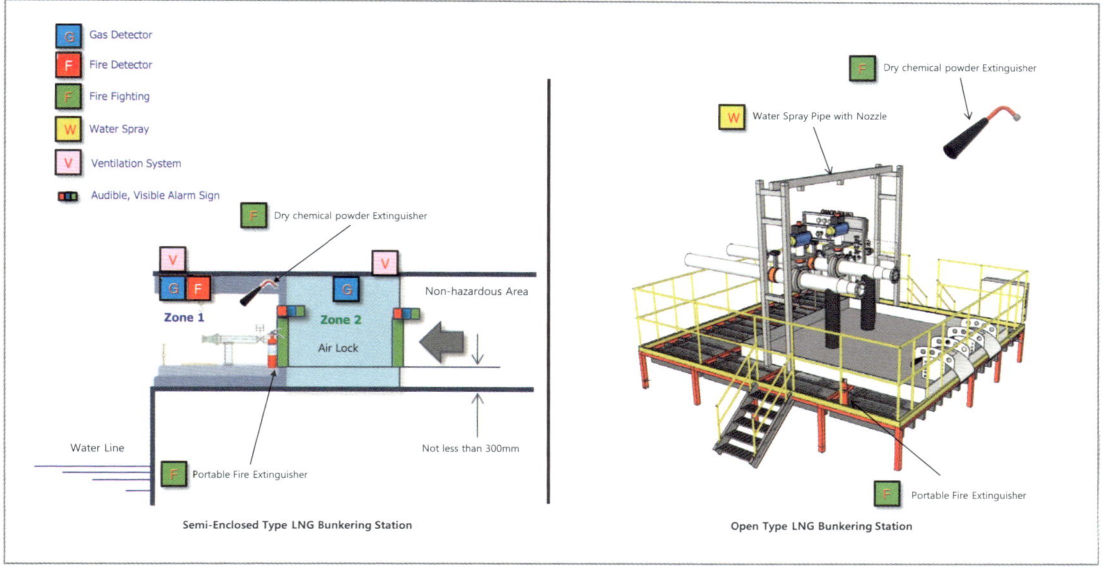

이번 페이지에서는 "LNG bunkering station"이 Semi-enclosed space에 설치될 경우와, Open deck에 설치될 경우에 본 교육 차시에서 요구사항이 어떻게 설계, 적용되는지 살펴보겠습니다.

먼저, 앞서 설명했던 바와 같이 IGF 5.11.1 항목에서 "Non-hazardous area"에서 "Hazardous area"로 바로 진입하는 것은 허용되지 않습니다.

그래서, 만약 LNG Bunkering Station이 Enclosed or Semi-enclosed Space이고 이 구역을 Non-hazardous Area에서 진입을 하게 될 경우, "Airlock" 시스템과 "Gas tight Door"를 양쪽으로 설치해야 하며, Mechanical ventilation과 Gas detector가 요구됩니다.

추가적으로 LNG bunkering station이 설치되는 Semi-enclosed Space에도 "Gas detector"와 "Fire detector", "Mechanical ventilation", "Dry chemical powder system", "Portable fire extinguisher"를 설치해야 합니다.

Open deck에 설치되는 "LNG bunkering station"의 경우에는 "Dry chemical powder system", "Portable fire extinguisher" 그리고 LNG bunkering station이 LNG fuel tank를 바라보는 10m 이내 구역에 위치할 경우, "Water Spray System" 설치도 함께 요구됩니다.

이번 페이지에는 지금까지 본 교육 차시에서 설명한 "Gas detection system"과 "Fire detection system" 그리고 "Fire fighting system"의 설계 요구사항을 기준으로 전체 선박 시스템 중에서 FGSS와 관련된 장비가 어떻게 설계, 반영되는지 가장 많은 실적이 있는 2가지 엔진 시스템 개념도를 통해 설명드리겠습니다.

먼저, 4행정 LNG 엔진이 적용된 FGSS 구성은 다음과 같습니다. 통상 4행정 LNG 엔진이 Main Engine으로 사용되는 선박은 소형 선박으로, 이런 소형 선박은 물리적인 설치 공간이 협소하기 때문에 LNG Fuel Tank 1개가 TCS 일체형으로 제작되어 갑판하부에 설치되고, LNG bunkering Station도 1개, Vent mast도 1개 설치됩니다.

이 구성도에서 앞서 장비 개념도에서 설명하지 못한 부분만 설명하자면, 우선, Safe area 내부 환기를 위해 Ventilation Inlet이 되는 부분에 "Gas detector"가 설치되고, Safe area 내부 공간에 "Fire detector"가 설치됩니다. 그리고, Engine Room 내부에 "Gas detector", "Fire detector", "Fire fighting 설비"가 설치되고, 엔진룸을 통과해서 엔진에 연결되는 가스배관덕트(Fuel gas pipe duct) 내부에 "Gas detector"가 설치됩니다.

그 다음으로는 2행정 고압(300바) ME-GI 엔진이 적용되는 중/대형 선박용 FGSS 구성은 아래와 같습니다.

통상 이런 대형 FGSS에서는 2개 이상의 LNG Fuel Tank와 2개의 LNG Bunkering Station, FGSS 주요 장비를 포함한 FPR이 Open deck에 설치됩니다.

FPR 내부에는 300바의 고압을 만들어내기 위해 고압펌프 시스템과 메인 엔진에 필요한 GVT(Gas Valve Train), 기화장비와 Glycol Water system 등이 설치됩니다.

이번에도 마찬가지로 앞서 장비 개념도에서 설명하지 못한 부분만 설명하자면, Safe area 내부 환기를 위해 Ventilation Inlet이 되는 부분에 "Gas detector"가 설치되고, Safe area 내부 공간에 "Fire detector"가 설치됩니다. 그리고, Engine Room 내부에 "Gas detector", "Fire detector", "Fire fighting 설비"가 설치됩니다.

마지막으로 "LNG bunkering station"과 "LNG fuel Tank 주위", "FPR 주위"에는 "Water Spray System"이 적용되고 엔진룸을 통과해서 엔진에 연결되는 가스배관덕트(Fuel gas pipe duct) 내부에 "Gas detector"가 설치됩니다.

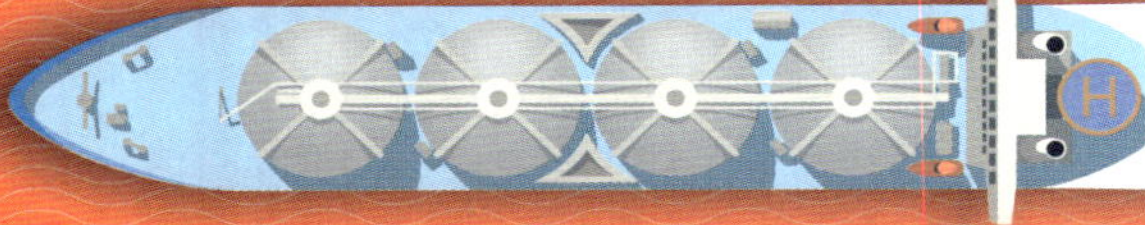
선박용 LNG 연료공급시스템 설계 및 실무

Ventilation system & Venting System 설계

Ventilation system & Venting System 설계

IGF 2.2.11 Enclosed space means any space within which, in the absence of artificial ventilation, the ventilation will be limited and any explosive atmosphere will not be dispersed naturally.

➡ "밀폐공간은" 인공 환기가 없는 경우 환기가 제한적이고, 폭발적인 대기가 자연스럽게 분산되지 않는 공간을 의미
즉, 밀폐공간은 "강제적인 환기" Mechanical ventilation이 반드시 필요함

IGF 2.2.34 Open deck means a deck having no significant fire risk that at least is open on both ends/sides, or is open on one end and is provided with adequate natural ventilation that is effective over the entire length of the deck through permanent openings distributed in the side plating or deckhead.

➡ "Open Deck"은 적어도 양쪽 끝/측면에서 열리거나 한쪽 끝에서 열리는 영구적인 개구부를 통해 Deck 전체 길이에 걸쳐 효과적인 적절한 자연환기가 제공되는 화재 위험이 없는 공간
즉, Open Deck에 설치되는 FGSS 장비는 "자연환기"가 충분하기 때문에 강제환기는 불필요

IGF 2.2.38 Semi-enclosed space means a space where the natural conditions of ventilation are notably different from those on open deck due to the presence of structure such as roofs, windbreaks and bulkheads and which are so arranged that dispersion of gas may not occur.

➡ "반밀폐공간은" 지붕, 방풍벽 및 격벽과 같은 구조물의 존재로 인해 자연환기 조건이 "Open Deck"와 현저하게 다르며 가스의 분산이 발생하지 않도록 배치된 공간
즉, 반밀폐공간은 자연환기가 가능하다는 분석 결과를 승인 받지 못하는 한 "강제적인 환기" Mechanical ventilation이 반드시 필요함

IGF 5.3.2 Fuel storage tanks and or equipment located on open deck shall be located to ensure sufficient natural ventilation, so as to prevent accumulation of escaped gas.

➡ "Open deck"에 설치되는 LNG fuel storage tank는 자연환기가 충분히 가능한 위치에 설치

IGF 5.6 Regulations for ESD-protected machinery spaces
IGF 5.6.2 Measures shall be applied to protect against explosion, damage of areas outside of the machinery space and ensure redundancy of power supply. The following arrangement shall be provided but may not be limited to:
.1 gas detector;
.2 shutoff valve;
.3 redundancy; and
.4 efficient ventilation.

➡ "ESD-protected machinery space"에는 1~4번이 최소한으로 요구되며, "Gas safe machinery space"에는 본 항목이 반드시 요구되지 않음
여기에서 4번과 같이 "ESD-protected machinery space" 전체에 대한 충분한 환기가 요구됨
반면에 "Gas safe machinery Space"에서는 Space 전체에 대한 환기는 IGF Code 요구로 설계되는 것이 아니라 별도의 선박 엔진룸 설계를 기준으로 설계됨

이번 강의에서는 IGF Code에서 언급되는 "Ventilation System"과 "Venting System"에 대해서 설명을 드리겠습니다.

여기서 "Ventilation"과 "Venting"은 비슷한 어원을 가지고 있지만 그 내용은 전혀 다른 의미입니다.

먼저 "Ventilation"의 목적은 IGF 13.3.4에서 별도 설명하겠지만, "가스축적(Gas accumulation)"을 제거하는 것입니다.

즉, 가스 누설이 우려되는 공간에 가스 농축되어 위험한 상황에 이르지 못하도록 가스를 희석시키기 위해 지속적인 환기를 진행하는 것을 의미합니다.

이에 반해 "Venting"은 가스가 채워진 공간 또는 파이프에서 가스 압력을 줄이거나 가스 자체를 배출하는 것을 의미합니다.

먼저 "Ventilation System"에 대한 IGF 요구사항을 살펴보면, IGF 2.2.11에서는 "밀폐공간은" 인공 환기가 없는 경우 환기가 제한적이고, 폭발적인 대기가 자연스럽게 분산되지 않는 공간을 정의하는 것으로, 여기서 밀폐공간은 "강제적인 환기(Mechanical ventilation)"가 반드시 필요하다고 요구하고 있습니다.

물론, 환기가 필요한 공간은 아무 장비가 없는 밀폐공간이 아니라 FGSS와 관련된 장비가 설치된 공간으로 한정하고 있습니다.

IGF 2.2.34에서는 "Open Deck"는 적어도 양쪽 끝/측면에서 열리거나 한쪽 끝에서 열리는 영구적인 개구부를 통해 Deck 전체 길이에 걸쳐 효과적이고 적절한 자연 환기가 제공되는, 화재 위험이 없는 공간을 의미합니다.

이런 이유에서 Open Deck에 설치되는 FGSS 장비는 "자연환기"가 충분하기 때문에 강제환기 장비는 필요하지 않습니다.

IGF 2.2.38에서는 "반밀폐공간은" 지붕, 방풍벽 및 격벽과 같은 구조물의 존재로 인해 자연환기 조건이 "Open Deck"와 현저하게 달라, 가스의 분산이 원활하지 않는 공간을 의미합니다. 그래서 반밀폐공간은 "자연환기"가 가능하다는 유동해석 결과를 승인 받지 못하면 "강제적인 환기(Mechanical ventilation)"가 반드시 필요합니다.

IGF 5.3.2에서는 "Open deck"에 설치되는 LNG fuel storage tank는 자연환기가 충분히 가능한 위치에 설치하라고 요구하고 있습니다.

즉, 다시 말하자면 LNG fuel storage tank를 Open deck에 설치하는 것은 "자연환기"를 위한 목적도 있다는 것입니다.

IGF 5.6.2 항목에서 "ESD-protected machinery space"에는 다음과 같은 4가지 항목을 최소한으로 요구하고 있습니다.

1)번째 Gas detector, 2)번째 Shutoff valve, 3)번째 Redundancy(이중화), 4)번째 적절한 환기. 여기에서 4번과 같이 "ESD-protected machinery space" 전체에 대한 충분한 환기가 요구합니다.

반면에 IGF Code에서는 "Gas safe machinery Space"에 대한 환기요구에 대해 명확하게 언급하지 않는데, 실제 프로젝트에서 이 공간은 엔진룸으로 Ventilation System이 적용되며, 다만 IGF Code가 아닌 별도의 선박 엔진룸 설계 가이드를 기준으로 설계됩니다.

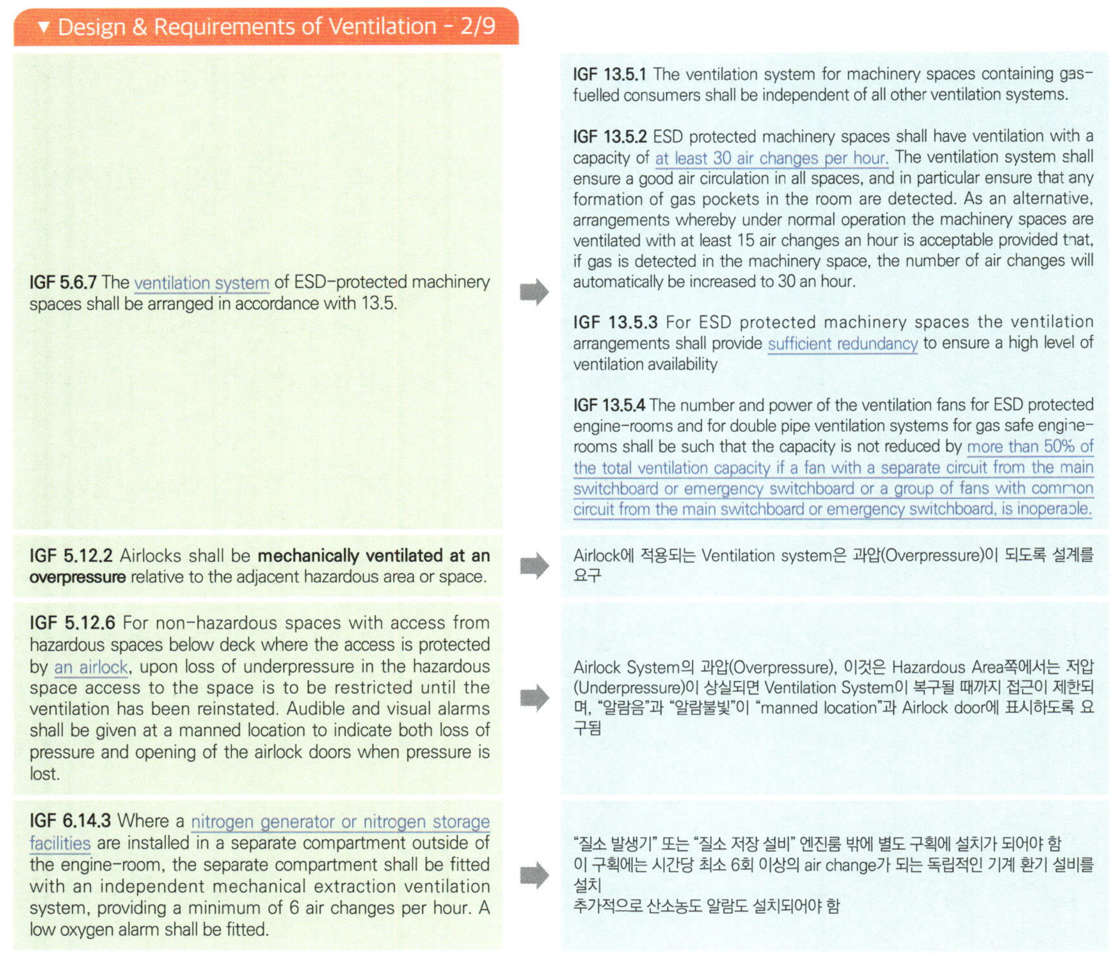

IGF 5.6.7에서는 "ESD-protected machinery space"에서는 IGF 13.5 요구사항에 따라 Ventilation System 설계를 하라고 언급하고 있으며, IGF 13.5 요구사항은 "ESD-protected machinery space"에만 해당한다는 것을 다시 한번 염두하고 넘어가겠습니다.

우선, IGF 13.5.1에서는 "Gas fuelled consumers"를 포함하는 기관실의 "Ventilation System" 모든 다른 Ventilation System과 별개의 독립 시스템을 요구하고 있습니다.

즉, "ESD-protected machinery space" 자체에 대한 Ventilation과 이 Space에 설치된 장비에 요구되는 Ventilation system은 겸용으로 사용하지 말라는 요구입니다.

그리고, IGF 13.5.2에서와 같이 "ESD-protected machinery space"에는 시간당 최소 30회 Air change가 요구되고, "Gas pocket"과 같은 가스 정체구간을 배제하는 설계가 요구됩니다. 이러한 설계 대안으로 "ESD-protected machinery space"가 "Normal Operation" 상황일 때, 시간당 최소 15회 Air change로 낮출 수 있지만, Gas가 감지되면 바로 자동으로 30회 Air change가 되도록 요구하기 때문에 실제 프로젝트에서는 제어 로직의 복잡성으로 시간당 30회 Air change만 고려하는 설계를 더 많이 선호합니다.

참고로, 앞 차시에서 설명했듯이 최근 LNG 연료선박에서는 "ESD-protected machinery space" 설계를 적용하는 프로젝트가 없기 때문에 본 설계 요구 사항은 실제 프로젝트에서는 적용 가능성이 적을 것으로 예상됩니다.

IGF 13.5.3에서는 "ESD-protected machinery space"의 Ventilation System은 충분한 이중화(Redundancy)를 요구하고 있습니다.

즉, 100% 용량을 가진 Ventilation Fan을 2개 이상 설치하면 이 요구사항을 만족시킬 수 있습니다.

IGF 13.5.4에서는 주 배전반 또는 비상 배전반으로부터 분리된 전원 공급을 받을 경우 또는 주 배전반 또는 비상 배전반과 공통 회로가 있는 팬 그룹이 작동 불가능한 경우 Ventilation FAN 한 개 용량을 50% 이상 감소하지 않도록 요구하고 있습니다.

즉, 다시 말하자면 상기 조건에서 50% 용량의 FAN 2개까지는 설치가 가능하지만, 25% 용량의 FAN 4개는 안된다는 것입니다.

IGF 5.12.2 Airlock에 적용되는 Ventilation system은 과압(Overpressure)이 되도록 설계를 요구하고 있습니다.

즉, Airlock 공간에서 Hazardous area쪽과 Non-hazardous area쪽으로 충분히 공기가 공급되도록 설계가 필요합니다.

IGF 5.12.6에서는 Airlock System의 과압(Overpressure), 이것은 Hazardous Area쪽에서는 저압(Underpressure)으로 이 압력이 상실되면 Ventilation System이 복구될 때까지 접근이 제한되

며, "알람음"과 "알람불빛"이 "manned location"과 "Airlock door"에 표시하도록 요구하고 있습니다.

여기서 "manned location"은 운전자가 상주하는 공간으로 FGSS control의 Main location 인 ECR(Engine Control Room) 등으로 간주할 수 있습니다.

IGF 6.14.3에서는 "질소 발생기" 또는 "질소 저장 설비" 엔진룸 밖에 별도 구획에 설치가 되어야 하고, 이 구획에는 시간당 최소 6회 이상의 air change가 되는 독립적인 기계 환기 설비 설치를 요구하고 있습니다. 추가적으로 질소 농도가 높아져 작업자의 질식을 우려하여 이 구획에 산소 농도 알람 설치도 요구하고 있습니다.

▼ Design & Requirements of Ventilation - 3/9

IGF 8.3.1.1 The bunkering station shall be located on open deck so that sufficient natural ventilation is provided. Closed or semi-enclosed bunkering stations shall be subject to special consideration within the risk assessment.

IGF에서는 LNG bunkering station의 기본적인 설치 위치로 충분한 자연 환기가 가능한 "Open deck(갑판 상부)" 을 제안
"밀폐구역" 또는 "반 밀폐구역"에 설치되는 Bunkering Station의 경우 위험성평가를 통해 Ventilation 적용 유무를 판단해야 함

IGF 9.5.1 Where fuel pipes pass through enclosed spaces in the ship, they shall be protected by a secondary enclosure. This enclosure can be a ventilated duct or a double wall piping system. The duct or double wall piping system shall be mechanically underpressure ventilated with 30 air changes per hour, and gas detection as required in 15.8 shall be provided. Other solutions providing an equivalent safety level may also be accepted by the Administration.

밀폐 구역을 통과하는 "Fuel pipe"는 "Secondary Enclosure"로 보호되어야 함
이러한 Enclosure는 "Ventilation Duct" 또는 "Double wall piping system" 이 가능하며,이 내부공간을 음압으로 시간당 30회 Air change가 요구됨

IGF 9.5.2 The requirement in 9.5.1 need not be applied for fully welded fuel gas vent pipes led through mechanically ventilated spaces.

IGF 9.5.1 Ventilation에 대한 요구사항은 완전 용접된 "Gas vent pipe"에는 요구되지 않음
즉, 완전 용접된 "Gas vent"를 하는 Pipe가 밀폐구역을 통과해서 Vent mast로 연결될 경우 이 Pipe는 "Secondary Enclosure" 와 "Ventilation system", "Gas detector" 가 필요 없음

IGF 9.6.1 Fuel piping in gas-safe machinery spaces shall be completely enclosed by a double pipe or duct fulfilling one of the following conditions:
.1 the gas piping shall be a double wall piping system with the gas fuel contained in the inner pipe. The space between the concentric pipes shall be pressurized with inert gas at a pressure greater than the gas fuel pressure. Suitable alarms shall be provided to indicate a loss of inert gas pressure between the pipes. When the inner pipe contains high pressure gas, the system shall be so arranged that the pipe between the master gas valve and the engine is automatically purged with inert gas when the master gas valve is closed; or

.2 the gas fuel piping shall be installed within a ventilated pipe or duct. The air space between the gas fuel piping and the wall of the outer pipe or duct shall be equipped with mechanical underpressure ventilation having a capacity of at least 30 air changes per hour. This ventilation capacity may be reduced to 10 air changes per hour provided automatic filling of the duct with nitrogen upon detection of gas is arranged for. The fan motors shall comply with the required explosion protection in the installation area. The ventilation outlet shall be covered by a protection screen and placed in a position where no flammable gas-air mixture may be ignited; or

.3 other solutions providing an equivalent safety level may also be accepted by the Administration.

"Gas-safe machinery space"에 Double pipe나 Duct로 배치된 Fuel Piping은 아래와 같이 3가지 방법 중에 하나를 적용

.1 Fuel pipe를 감싸는 Double wall piping system을 적용, 이 두 pipe 사이 공간을 Gas fuel pressure 보다 높은 압력으로 가압된 "Inert gas"로 채우고, 이 Inert gas 압력을 지속적으로 모니터링 하고, Inert gas 압력 손실 시 알람을 발생 시킴. 추가적으로 Fuel gas가 "High pressure gas"(10barg 이상)인 경우, "Master gas vale"가 닫히면 이 밸브와 "Engine" 사이에 있는 Gas를 "Inert gas"로 자동으로 Purging 하도록 구성해야 함

.2 Fuel pipe를 감싸는 Double wall pipe나 Duct 공간을 적어도 시간당 30회 이상 Air change
이 Ventilation system은 이 공간에 가스가 감지될 때 자동으로 질소를 채우는 설비가 적용된다면 시간당 10회 Air change로 낮출 수 있음
Ventilation Fan은 반드시 방폭형식을 선정해야 하고, Ventilation Outlet에는 이물질이 들어오지 않도록 "Protection Screen"을 적용하고 가연성 가스와 공기가 혼합될 수 있는 위치를 배제하여 설치해야 함

.3 동등한 안전 수준을 제공하는 다른 해결방법도 선급에서 수용 가능

IGF 8.3.1.1에서는 LNG bunkering station의 기본적인 설치 위치로 충분한 자연환기가 가능한 "Open deck(갑판 상부)"를 제안하고 있습니다.

물론 "밀폐구역" 또는 "반 밀폐구역"에도 LNG Bunkering Station 설치가 가능하며, 이 경우에는 위험성평가(Risk Assessment)를 통해 "Mechanical Ventilation" 적용 유무를 판단해야 합니다.

IGF 9.5.1에서는 밀폐구역을 통과하는 "Fuel pipe"는 "Secondary Enclosure"로 보호하고, 이러한 Enclosure는 "Ventilation Duct" 또는 "Double wall piping system" 적용이 가능하며, 이 내부공간을 음압(Underpressure)으로 시간당 30회 Air change를 요구하고 있습니다.

IGF 9.5.2에서는 앞서 설명한 IGF 9.5.1 Ventilation에 대한 요구사항은 완전 용접된 "Gas vent pipe"에는 요구되지 않는다고 언급하고 있습니다.

즉, 완전 용접된 "Gas vent"를 하는 Pipe가 밀폐구역을 통과해서 Vent mast로 연결될 경우, 이 Pipe는 "Secondary Enclosure"와 "Ventilation system", "Gas detector"가 필요 없습니다.

IGF 9.6.1에서는 "Gas-safe machinery space"에 Double pipe나 Duct로 배치된 Fuel Piping은 아래와 같이 3가지 방법 중에 하나를 적용하라고 요구하고 있습니다.

먼저, 1번째 방법으로, Fuel pipe를 감싸는 Double wall piping system을 적용하고, 이 두 pipe 사이 공간을 Gas fuel pressure보다 높은 압력으로 가압된 "Inert gas"로 채웁니다.

그리고 이 Inert gas 압력을 지속적으로 모니터링 하면서 "Inert gas" 압력이 손실되면 알람을 발생시키는 방법입니다.

추가적으로 만약 Fuel gas가 "High pressure gas"(10barg 이상)인 경우, "Master gas vale"가 닫히면 이 밸브와 "Engine" 사이에 있는 Gas를 "Inert gas"로 자동으로 Purging 하도록 구성해야 합니다.

2번째 방법으로 Fuel pipe를 감싸는 "Double wall pipe"나 "Duct" 공간을 적어도 시간당 30회 이상 Air change하는 Ventilation System을 적용하는 방법입니다.

여기 적용된 Ventilation system은 이 공간에 가스가 감지될 때 자동으로 질소를 채우는 설비가 적용된다면 시간당 10회 Air change로 낮출 수 있으나, 실제 프로젝트에 있어서는 별도 질소 충전 설비와 배관 구성을 하는 것이 복잡하기 때문에 시간당 30회 Air change를 하는 Ventilation System을 선호하고 있습니다.

추가적으로 Ventilation Fan은 반드시 방폭 형식을 선정해야 하고, Ventilation Outlet에는 이물질이 들어오지 않도록 "Protection Screen"(일종의 방충망)을 적용하며, 가연성 가스와 공기가 혼합될 수 있는 위치를 배제하여 설치해야 합니다.

마지막으로 3번째는 방법 이라기 보다는 상기 설명한 방법과 동등한 안전 수준을 제공하는 다른 해결방법도 선급에서 수용 가능하다고 언급하면서 새로운 방법에 대한 여지를 언급한 내용입니다.

IGF 10.5 Regulations for gas turbines
IGF 10.5.4 Ventilation for the enclosure shall be as outlined in chapter 13 for ESD protected machinery spaces, but shall in addition be arranged with full redundancy(2 x 100% capacity fans from different electrical circuits).

→ 이 항목은 Gas Turbine이 적용되는 선박에 한정한 내용으로, 만약, Gas Turbine이 적용된 선박이 ESD-protected machinery space에 구성될 경우, 2개의 100% 환기용량 FAN을 각기 다른 전기 회로에 연결하는 "Full Redundancy"를 요구

IGF 11.7.1 A fixed fire detection and fire alarm system complying with the Fire Safety Systems Code shall be provided for the fuel storage hold spaces and the ventilation trunk for fuel containment system below deck, and for all other rooms of the fuel gas system where fire cannot be excluded.

→ 본 항목은 Fuel gas system과 관련된 모든 Room에 "Fixed Fire detection" 설치에 대한 내용
Below deck에 설치된 "Fuel containment system"을 위한 Ventilation Trunk 를 언급
즉, LNG fuel tank와 이와 관련된 Tank connection이 Below deck에 위치할 때, LNG fuel tank와 연결되는 Pipe Duct(여기에서는 Trunk로 표현)에 대한 Ventilation System 설치가 요구

IGF 12.3.3 Electrical equipment fitted in an ESD-protected machinery space shall fulfil the following:
.1 in addition to fire and gas hydrocarbon detectors and fire and gas alarms, lighting and ventilation fans shall be certified safe for hazardous area zone 1;

→ "ESD-protected machinery space"를 위한 Ventilation FAN은 Zone-1 위험구역에 설치 승인된 제품을 사용해야 함

IGF 12.4.3 Ventilation ducts shall have the same area classification as the ventilated space.

→ 이 정의를 통해 IGF 13.8.2의 "double piping and for gas valve unit spaces"가 한개의 Ventilation System으로 구축 가능한 이유가 됨

IGF 12.5.2
.2 fuel preparation room arranged with ventilation according to 13.6;

→ **IGF 13.6** Regulations for fuel preparation room
IGF 13.6.1 Fuel preparation rooms, shall be fitted with effective mechanical ventilation system of the underpressure type, providing a ventilation capacity of at least 30 air changes per hour.
(DNV6.1.3.1 Fuel preparation rooms shall be fitted with effective mechanical ventilation system of the extraction type)

IGF 13.6.2 The number and power of the ventilation fans shall be such that the capacity is not reduced by more than 50%, if a fan with a separate circuit from the main switchboard or emergency switchboard or a group of fans with common circuit from the main switchboard or emergency switchboard, is inoperable.

IGF 13.6.3 Ventilation systems for fuel preparation rooms, shall be in operation when pumps or compressors are working.

IGF 10.5.4 항목은 Gas Turbine이 적용되는 선박에 한정한 내용으로, 만약, Gas Turbine이 적용된 선박이 ESD-protected machinery space에 구성될 경우, 2개의 100% 환기용량 FAN을 각기 다른 전기 회로에 연결하는 "Full Redundancy"를 요구하고 있습니다.

참고로 현재까지 인도된 LNG 연료추진선박 중에서 Gas Turbine을 사용하는 선박은 2012년 호주에서 건조해서 남미에서 운영 중인 Ro-Ro 선박이 유일합니다.

IGF 11.7.1 항목은 Fuel gas system과 관련된 모든 Room에 "Fixed Fire detection" 설치에 대한 내용으로, Below deck에 설치된 "Fuel containment system"을 위한 Ventilation Trunk 를 언급하고 있습니다.

즉, LNG fuel tank와 이와 관련된 Tank connection이 Below deck에 위치할 때, LNG fuel tank와 연결되는 Pipe Duct(여기에서는 Trunk로 표현)에 대한 Ventilation System 설치가 요구되고 있습니다.

IGF 12.3.3에서는 "ESD-protected machinery space"를 위한 Ventilation FAN은 Zone-1 위 험구역에 설치 승인된 제품을 사용하라고 요구하고 있습니다.

IGF 12.4.3에서는 "Ventilation duct"와 "Ventilation space"가 동일한 지역으로 분류된다는 정의를 통해 이후 별도 설명을 드리겠지만 IGF 13.8.2에서 "double piping and for gas valve unit spaces"가 한 개의 Ventilation System으로 구축 가능한 이유가 됩니다.

IGF 12.5.2에서는 FPR(Fuel Preparation Room)은 IGF 13.6을 기준으로 Ventilation system을 구축하라고 요구하고 있기 때문에, IGF 13.6 요구사항을 먼저 살펴보면 IGF 13.6.1에서는 FPR에 는 시간당 적어도 30회 Air change의 용량을 가진 저압(Underpressure) 형식의 Ventilation Sys- tem 1개를 요구하고 있습니다.

참고로 DNV 6.1.3.1에서는 FPR Ventilation system은 "Extraction Type"으로 언급되고 있어 서 "Underpressure"와 "Extraction"이 유사 또는 동일한 의미로 파악됩니다.

IGF 13.6.2에서는 이러한 Ventilation System에 적용되는 FAN수량과 전원에 대해서 주 배전 반 또는 비상 배전반으로부터 분리된 전원 공급을 받을 경우, 또는 주 배전반 또는 비상 배전반과 공통 회로가 있는 팬 그룹이 작동 불가능한 경우에 Ventilation FAN 한 개 용량을 50% 이상 감 소하지 않도록 요구하고 있습니다.

즉, 다시 말하자면 상기 조건에서 50% 용량의 FAN 2개까지는 설치가 가능하지만, 25% 용량 의 FAN 4개는 안된다는 것입니다.

추가적으로 IGF 13.6.1에서와 같이 Ventilation System 1개 설치가 가능하기 때문에 만약, 주 배전반 또는 비상 배전반으로부터 분리된 전원 공급을 받을 경우에는 100% 용량의 Ventilation FAN 1개 적용이 가능합니다.

IGF 13.6.3에서는 FPR을 위한 Ventilation system은 Pump나 Compressor가 운용되고 있을 때만 가동해야 한다고 요구하고 있습니다.

즉, 다시 말하자면 Pump나 Compressor를 운용하지 않을 때는 FPR Ventilation System도 운용할 필요가 없습니다.

이 선박은 사진과 GA도면에서와 같이 가운데 선체구조가 없는 "카타마린" 형식의 선박으로 바닷물에 잠기는 선체구조를 줄임으로써 바닷물 저항을 최소화시켜 최대 시속 58노트(약 107km/h)로 세계에서 가장 빠른 LNG 추진선으로 등재되었습니다. 이 선박에는 2개의 Gas turbine과 2 세트의 LNG Fuel Tank with TCS가 적용되었습니다.

IGF 13 VENTILATION
IGF 13.1 The goal of this chapter is to provide for the ventilation required for safe operation of gas-fuelled machinery and equipment.

LNG연료선박의 기계 및 장비의 안전한 운전을 위해 환기(Ventilation)가 필요함

IGF 13.3.1 Any ducting used for the ventilation of hazardous spaces shall be separate from that used for the ventilation of non-hazardous spaces.
The ventilation shall function at all temperatures and environmental conditions the ship will be operating in.

"Hazardous space" Ventilation에 사용되는 어떠한 "Duct"라도 "Non-hazardous space"에 사용되는 Duct와 분리되어야 함
즉, 각각에 Space에 사용되는 "Ventilation system"도 분리가 되어야 함

IGF 13.3.2 Electric motors for ventilation fans shall not be located in ventilation ducts for hazardous spaces unless the motors are certified for the same hazard zone as the space served.

"Hazardous space"를 위한 Ventilation Fan Motor는 방폭 인증 제품이 아닌 경우에는 Ventilation Duct 안에 설치하면 안됨

IGF 13.3.3 Design of ventilation fans serving spaces containing gas sources shall fulfil the following:
.1 Ventilation fans shall not produce a source of vapour ignition in either the ventilated space or the ventilation system associated with the space. Ventilation fans and fan ducts, in way of fans only, shall be of non-sparking construction defined as:
.1 impellers or housings of non-metallic material, due regard being paid to the elimination of static electricity;
.2 impellers and housings of non-ferrous metals;
.3 impellers and housings of austenitic stainless steel;
.4 impellers of aluminium alloys or magnesium alloys and a ferrous(including austenitic stainless steel) housing on which a ring of suitable thickness of non-ferrous materials is fitted in way of the impeller, due regard being paid to static electricity and corrosion between ring and housing; or
.5 any combination of ferrous(including austenitic stainless steel) impellers and housings with not less than 13 mm tip design clearance.
.2 In no case shall the radial air gap between the impeller and the casing be less than 0.1 of the diameter of the impeller shaft in way of the bearing but not less than 2 mm. The gap need not be more than 13 mm.
.3 Any combination of an aluminium or magnesium alloy fixed or rotating component and a ferrous fixed or rotating component, regardless of tip clearance, is considered a sparking hazard and shall not be used in these places.

Gas가 존재할 수 있는 공간에 설치되는 Ventilation FAN 설계에 대한 요구사항
.1 Ventilation FAN은 환기 공간 또는 공간과 관련된 환기 시스템에서 가스 점화원을 생성해서는 안됨.
Ventilation Fan과 Fan Duct는 다음과 같이 정의된 스파크를 발생하지 않는 구조 중 선택

1) 정전기 제거에 대한 적절한 고려로 비금속 재료의 임펠러 또는 하우징
2) 비철금속의 임펠러 및 하우징
3) 오스테나이트 스테인리스강 임펠러 및 하우징
4) 알루미늄 합금 또는 마그네슘 합금의 임펠러 및 링과 하우징 사이의 정전기 및 부식에 대한 고려로 적절한 두께의 비철 재료의 링이 임펠러를 가로막는 방식으로 장착된 철제(오스테나이트 스테인리스강 포함) 하우징 또는
5) 13 mm 이상의 팁 설계 간극이 있는 철제(오스테나이트 스테인리스강 포함) 임펠러 및 하우징의 조합

.2 어떤 경우에도 임펠러와 케이싱 사이의 반경 방향 공기 간극이 베어링 방향임. 펠러 축 직경의 0.1 미만이어야 하지만 2 mm 이상은 안됨. 간극이 13 mm를 초과해서는 안됨

.3 팁 간극에 관계없이 알루미늄 또는 마그네슘 합금 고정 또는 회전 구성요소와 철 고정 또는 회전 구성요소의 조합은 스파크 위험으로 간주되며 이러한 장소에서 사용할 수 없음

IGF 13.1에서는 LNG 연료선박의 기계 및 장비의 안전한 운전을 위해 환기(Ventilation)가 필요함을 언급하고 있습니다.

IGF 13.3.1에서는 "Hazardous space" Ventilation에 사용되는 어떠한 "Duct"라도 "Non-hazardous space"에 사용되는 Duct와 분리를 요구하고 있습니다.
즉, 각각에 Space에 사용되는 "Ventilation system"도 분리가 필요합니다.

IGF 13.3.2에서는 "Hazardous space"를 위한 Ventilation Fan Motor는 방폭 인증 제품이 아닌 경우에는 Ventilation Duct 안에 설치를 허용하지 않습니다.

IGF 13.3.3은 Gas가 존재할 수 있는 공간에 설치되는 Ventilation FAN 설계에 대한 요구사항으로 IGF Code에서는 이러한 Ventilation Fan 설계에 대해서 아래와 같이 상세한 설계 사양을 요구하고 있습니다.

IGF 13.3.3.1에서는 Ventilation FAN은 환기 공간 또는 공간과 관련된 환기 시스템에서 가스 점화원을 생성해서는 안된다고 하고 있습니다.

즉, Ventilation Fan과 Fan Duct는 다음과 같이 정의된 스파크를 발생하지 않는 구조 중에서 선택할 수 있습니다.

먼저 1)번째로, 정전기 제거에 적합한 비금속 재질의 임펠러 또는 하우징

2)번째, 비철금속 재질의 임펠러 및 하우징

3)번째, 오스테나이트 스테인리스강 재질의 임펠러 및 하우징

4)번째, 알루미늄 합금 또는 마그네슘 합금의 임펠러 및 링과 하우징 사이의 정전기 및 부식에 대한 고려로 적절한 두께의 비철 재료의 링이 임펠러를 가로막는 방식으로 장착된 철제(오스테나이트 스테인리스강 포함) 하우징 또는

5)번째, 13mm 이상의 팁 설계 간극이 있는 철제(오스테나이트 스테인리스강 포함) 임펠러 및 하우징의 조합 등을 제안하고 있습니다.

IGF 13.3.3.2에서는 어떤 경우에도 임펠러와 케이싱 사이의 반경 방향 공기 간극이 베어링 방향 임펠러 축 직경의 0.1 미만이어야 하지만 2mm 이상은 안되며, 간극도 13mm를 초과해서는 안된다고 요구하고 있습니다.

IGF 13.3.3.3에서는 팁 간극에 관계없이 "알루미늄 또는 마그네슘 합금 고정 또는 회전 구성요소"와 "철 고정 또는 회전 구성요소"의 조합은 스파크 위험으로 간주되며 이러한 장소에서 사용할 수 없음을 언급하고 있습니다.

IGF 13.3.4 Ventilation systems required to avoid any gas accumulation shall consist of independent fans, each of sufficient capacity, unless otherwise specified in this Code.

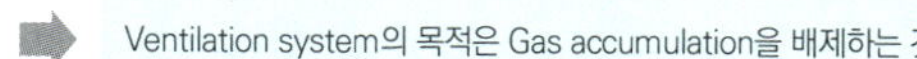

Ventilation system의 목적은 Gas accumulation을 배제하는 것

IGF 13.3.8 The required capacity of the ventilation plant is normally based on the total volume of the room. An increase in required ventilation capacity may be necessary for rooms having a complicated form.

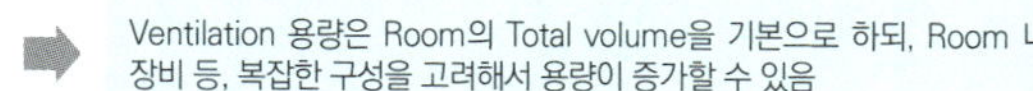

Ventilation 용량은 Room의 Total volume을 기본으로 하되, Room 내 장비 등, 복잡한 구성을 고려해서 용량이 증가할 수 있음

IGF 13.3.9 Non-hazardous spaces with entry openings to a hazardous area shall be arranged with an airlock and be maintained at overpressure relative to the external hazardous area. The overpressure ventilation shall be arranged according to the following:
.1 During initial start-up or after loss of overpressure ventilation, before energizing any electrical installations not certified safe for the space in the absence of pressurization, it shall be required to:
.1 proceed with purging(at least 5 air changes) or confirm by measurements that the space is non-hazardous; and
.2 pressurize the space.
.2 Operation of the overpressure ventilation shall be monitored and in the event of failure of the overpressure ventilation:
.1 an audible and visual alarm shall be given at a manned location; and
.2 if overpressure cannot be immediately restored, automatic or programmed, disconnection of electrical installations according to a recognized standard26 shall be required.

26 Refer to IEC 60092-502:1999 Electrical Installations in Ships - Tankers - Special Features, table 5.

Non-hazardous space에서 "Hazardous area"로 바로 진입하는 것은 허용되지 않으며, Airlock system이 필요함

Airlock system에는 과압 환기 "Overpressure ventilation"이 다음과 같이 구성되어야 함

.1 초기 시동 중 또는 과압 환기 상실 후, 가압이 없을 상황에서 공간에 안전한 것으로 인증되지 않은 전기 설비에 전원을 공급하기 전에 다음 사항을 확인해야 함
1) 최소 5회 이상의 Air change에 해당하는 Purging을 진행하거나, 측정을 통해 해당 공간이 Non-hazardous 상태임을 확인함
2) 그리고, 이 공간을 가압 함

.2 과압환기의 작동을 모니터링하고 과압환기의 고장이 발생할 경우 다음과 같은 조치를 취해야 함
1) "알람음"과 "알람불빛" 운전자가 상주하는 공간에 발생시켜 함
2) 자동 또는 프로그램된 로직으로 과압(Overpressure)을 즉시 복구할 수 없는 경우 공인된 표준에 따라 전기 설비를 분리해야 한다.(IEC 60092-502)

IGF 13.3.10 Non-hazardous spaces with entry openings to a hazardous enclosed space shall be arranged with an airlock and the hazardous space shall be maintained at underpressure relative to the non-hazardous space.
Operation of the extraction ventilation in the hazardous space shall be monitored and in the event of failure of the extraction ventilation:
.1 an audible and visual alarm shall be given at a manned location; and
.2 if underpressure cannot be immediately restored, automatic or programmed, disconnection of electrical installations according to a recognized standard in the non-hazardous space shall be required.

Non-hazardous space에서 "Hazardous enclosure space"로 바로 진입하는 것은 허용되지 않으며, Airlock system이 필요함
Airlock system에는 저압 환기 "Underpressure ventilation"이 적용됨
흡입환기의 작동을 모니터링하고 흡입환기의 고장이 발생할 경우 다음과 같은 조치를 취해야 함
1) "알람음"과 "알람불빛" 운전자가 상주하는 공간에 발생시켜 함
2) 자동 또는 프로그램된 로직으로 저압(Underpressure)을 즉시 복구할 수 없는 경우 Non-hazardous space에 필요한 공인된 표준에 따라 전기 설비를 분리해야 한다

IGF 13.3.4에서는 앞서 설명했듯이 "Ventilation system"의 목적을 Gas accumulation을 배제하는 것이라고 명확하게 언급하고 있습니다.

IGF 13.3.8에서는 Ventilation 용량은 Room의 Total volume을 기본으로 하되, Room 내 장비 등, 복잡한 구성을 고려해서 용량이 증가할 수도 있습니다.

IGF 13.3.9에서는 "Non-hazardous space"에서 "Hazardous area"로 바로 진입하는 것은 허용되지 않으며, Airlock system이 요구됩니다.

여기서 Airlock system에는 "과압환기(Overpressure ventilation)"가 다음과 같이 구성되어야 하며, IGF 13.3.9.1에서는 초기 시동 중 또는 과압환기 상실 후, 가압이 없을 상황에서 공간에

안전한 것으로 인증되지 않은 전기 설비에 전원을 공급하기 전에 다음 사항을 확인하라고 요구하고 있습니다.

1)번째, 최소 5회 이상의 Air change에 해당하는 Purging을 진행하거나, 측정을 통해 해당 공간이 Non-hazardous 상태임을 확인합니다.

그리고 2)번째, 이 공간을 가압해야 합니다.

IGF 13.3.9.2에서는 과압환기의 작동을 모니터링하고 과압환기의 고장이 발생할 경우 다음과 같은 조치를 요구하고 있습니다.

1)번째, "알람음"과 "알람불빛" 운전자가 상주하는 공간에 발생시키라고 하는데, 이 공간은 엄밀히 말하자면 ECR(Engine Control Room)을 의미합니다.

2)번째, 자동 또는 프로그램된 로직으로 과압(Overpressure)을 즉시 복구할 수 없는 경우에는 아래 언급된 IEC 60092-502와 같은 공인된 표준에 따라 전기 설비를 분리해야 합니다.

IGF 13.3.10에서는 "Non-hazardous space"에서 "Hazardous enclosure space"로 바로 진입하는 것은 허용되지 않으며, Airlock system이 요구됩니다.

여기서 Airlock system에는 "저압환기(Underpressure ventilation)"가 적용된다고 언급하는데, 앞서 설명한 IGF 13.3.9.2에서의 "가압환기(Overpressure Ventilation)"와 혼동하지 않도록 잘 구별해야 합니다. 즉,

- Non-hazardous space에서 "Hazardous area"로 진입 시, Airlock Ventilation은 "Overpressure"이고,
- Non-hazardous space에서 "Hazardous enclosure space"로 진입 시, Airlock Ventilation은 "Underpressure"입니다.

앞서 설명한 IGF 13.3.9.2 항목과 동일하게 흡입환기의 작동을 모니터링하고 흡입환기의 고장이 발생할 경우 다음과 같은 조치를 요구합니다.

1)번째, "알람음"과 "알람불빛" 운전자가 상주하는 공간에 발생시키고,

2)번째, 자동 또는 프로그램된 로직으로 저압(Underpressure)을 즉시 복구할 수 없는 경우 Non-hazardous space에 필요한 공인된 표준에 따라 전기 설비를 분리해야 합니다.

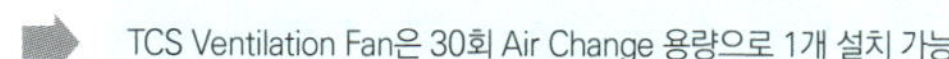

IGF 13.4.1 The tank connection space shall be provided with an effective mechanical forced ventilation system of extraction type. A ventilation capacity of at least 30 air changes per hour shall be provided. The rate of air changes may be reduced if other adequate means of explosion protection are installed. The equivalence of alternative installations shall be demonstrated by a risk assessment.

TCS Ventilation Fan은 30회 Air Change 용량으로 1개 설치 가능

IGF 13.4.2 Approved automatic fail-safe fire dampers shall be fitted in the ventilation trunk for the tank connection space.

TCS Ventilation Inlet과 Outlet에 인증된 "Fail safe" 즉, 시스템에 문제가 생기면 안전한 위치로 이동하는, 여기서는 "Close"되는 Fire damper 설치를 요구

IGF 13.7 Regulations for bunkering station
Bunkering stations that are not located on open deck shall be suitably ventilated to ensure that any vapour being released during bunkering operations will be removed outside. If the natural ventilation is not sufficient, mechanical ventilation shall be provided in accordance with the risk assessment required by 8.3.1.1.

만약, LNG Bunkering station 이 Open deck에 위치하지 않을 경우, LNG bunkering은 벙커링 작업 중 방출되는 가스가 외부로 제거되도록 보장하기 위해 적절히 환기되어야 한다.
자연 환기가 충분하지 않은 경우 기계적 환기가 제8.3.1.1항에서 요구하는 위험 평가에 따라 제공되어야 함

IGF 8.3.1.1 The bunkering station shall be located on open deck so that sufficient natural ventilation is provided. Closed or semi-enclosed bunkering stations shall be subject to special consideration within the risk assessment.

IGF 13.8 Regulations for ducts and double pipes
IGF 13.8.1 Ducts and double pipes containing fuel piping shall be fitted with effective mechanical ventilation system of the extraction type, providing a ventilation capacity of at least 30 air changes per hour. This is not applicable to double pipes in the engine-room if fulfilling 9.6.1.1.

연료 배관을 포함하는 덕트와 이중 배관은 시간당 최소 30회의 Air Change를 수행하는 Extraction Type의 효과적인 기계적 환기 시스템이 요구됨
IGF 9.6.1.1 에서와 같이 이중 배관에 공간에 "Inert Gas" 를 가압하여 압력을 모니터링 하는 수단을 적용하는 경우에는 기계적인 환기 시스템은 배제할 수 있음

IGF 13.4.1에서는 TCS(Tank Connection Space)에 Extraction Type의 시간당 최소 30회 Air Change가 가능한 100% 용량의 Ventilation Fan 1개를 요구하고 있습니다.

TCS 내부의 폭발을 방지할 수 있는 적절한 수단이 설치되면 Air change 횟수나 유량에 대해서 낮출 수 있으며, Ventilation을 대체할 수 있는 수단이 있다면 위험성 평가를 통해 그 성능을 검증해야 하는데, 실제 프로젝트에서는 Air change를 낮추는 방법이나, 대체 수단 설계 및 선급 승인절차가 더 복잡하기 때문에 30회 Air change가 가능한 Ventilation Fan을 1개 설치를 선호하고 있습니다.

IGF 13.4.2에서는 TCS Ventilation Inlet과 Outlet에 인증된 "Fail safe" 즉, 시스템에 문제가 생기면 안전한 위치로 이동하는, 여기서는 닫히는(Close) 타입의 Fire damper 설치를 요구하고 있습니다.

IGF 13.7에서는 만약, LNG Bunkering station이 Open deck에 위치하지 않을 경우, LNG bunkering은 벙커링 작업 중 방출되는 가스가 외부로 제거되도록 보장하기 위해 적절한 환기를 요구하고 있습니다.

그리고, 자연 환기가 충분하지 않은 경우 Mechanical Ventilation을 IGF 8.3.1.1에서 요구하는 위험 평가에 따라 제공하라고 요구하는데, IGF Code에서는 LNG bunkering station이 설치되는 밀폐 또는 반밀폐 공간(Closed or semi-enclosed Space)에 대해 시간 당 몇 회 Air change를 해야 하는지, Ventilation FAN이 몇 개 있어야 하는지 명확하게 언급되지 않습니다.

그래서 실제 프로젝트에서는 LNG bunkering station이 설치되는 공간을 위한 Ventilation FAN을 환기 횟수를 고려하지 않고 1개 설치하고 있는데, 향후 이 부분에 대한 설계 보완이 이루어질 것으로 예상됩니다.

IGF 13.8.1에서는 연료 배관을 포함하는 덕트와 이중 배관은 시간당 최소 30회의 Air Change 용량의 Extraction Type의 효과적인 기계적 환기 시스템이 요구되며, IGF 9.6.1.1에서와 같이 이 중 배관에 공간에 "Inert Gas"를 가압하여 압력을 모니터링하는 수단을 적용하는 경우에는 기계적인 환기 시스템은 배제할 수 있다고 언급하고 있습니다.

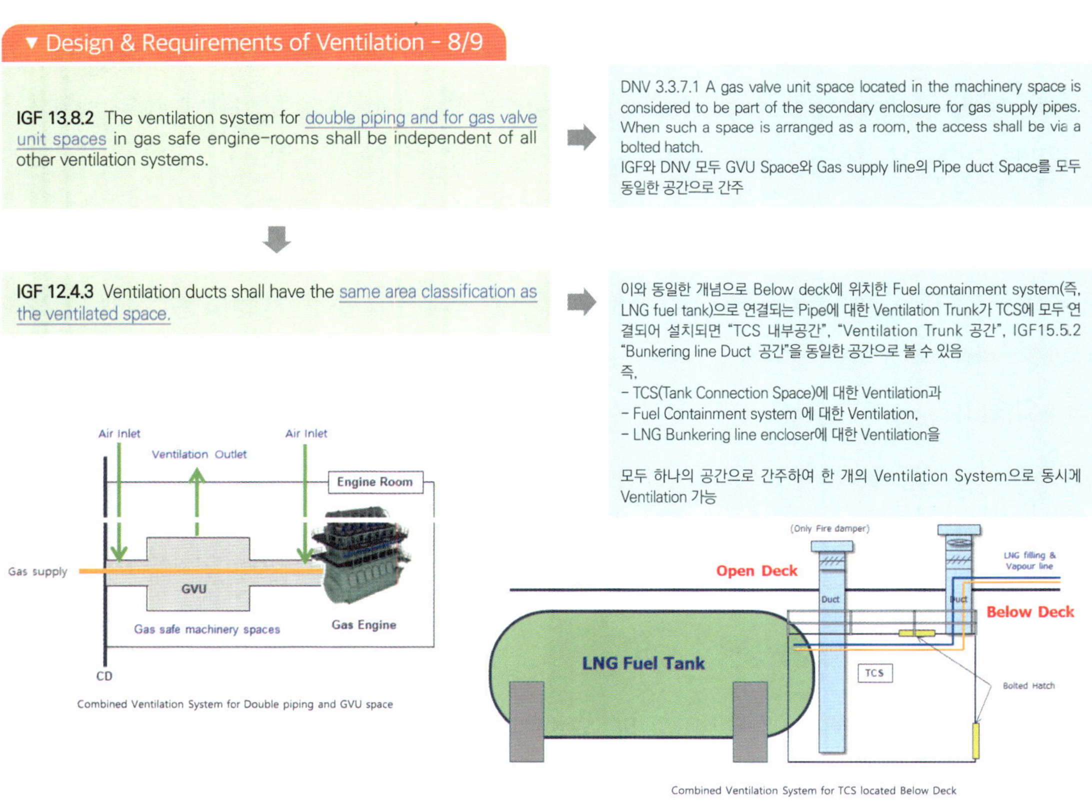

IGF 13.8.2 항목에는 먼저 "Double piping"과 "GVU Space"를 동일한 공간으로 간주하는 것에 주목해야 합니다.

그리고 여기서 Ventilation System은 모든 다른 Ventilation System과 분리되어 독립적으로 운영되어야 한다고 요구합니다.

이런 구성이 가능한 이유는 IGF 12.4.3 정의에서 확인할 수 있는데, Ventilation duct는 Ventilation space와 동일한 공간이기 때문에 이 두 공간을 하나의 Ventilation System으로 구성이 가능합니다.

또한 DNV Rule에서도 "GVU Space"와 Gas supply line의 "Pipe duct Space"를 모두 동일한 공간으로 간주하고 있습니다.

이러한 기준으로 설계를 한 시스템 구성은 아래 이미지에서 확인할 수 있는데, Gas supply line의 Double pipe 또는 Duct가 시작되는 지점과 Gas Engine으로 가스가 공급되는 바로 직전 지점, 이렇게 2군데에서 Open deck로부터 Air inlet이 되고 GVU Encloser에서 Ventilation Fan을 통해 Open deck로 배출되도록 설계합니다.

이와 동일한 개념으로 TCS 및 TCS와 관련된 Ventilation 설계에 응용할 수 있는데, 아래 구성도와 같이 Below deck에 위치한 Fuel containment system(즉, LNG fuel tank)으로 연결되는 Pipe에 대한 Ventilation Trunk가 TCS에 모두 연결되어 설치되면 "TCS 내부공간", "Ventilation Trunk 공간", IGF 15.5.2 "Bunkering line Duct 공간"이 모두 동일한 공간이 됩니다.
즉,
- TCS(Tank Connection Space)에 대한 Ventilation
- Fuel Containment system에 대한 Ventilation
- LNG Bunkering line encloser에 대한 Ventilation

모두 하나의 공간으로 설계하여 한 개의 Ventilation System으로 동시에 Ventilation이 가능하며, 실제 소형 LNG 연료추진선박에는 이러한 방식으로 Ventilation System을 적용합니다.

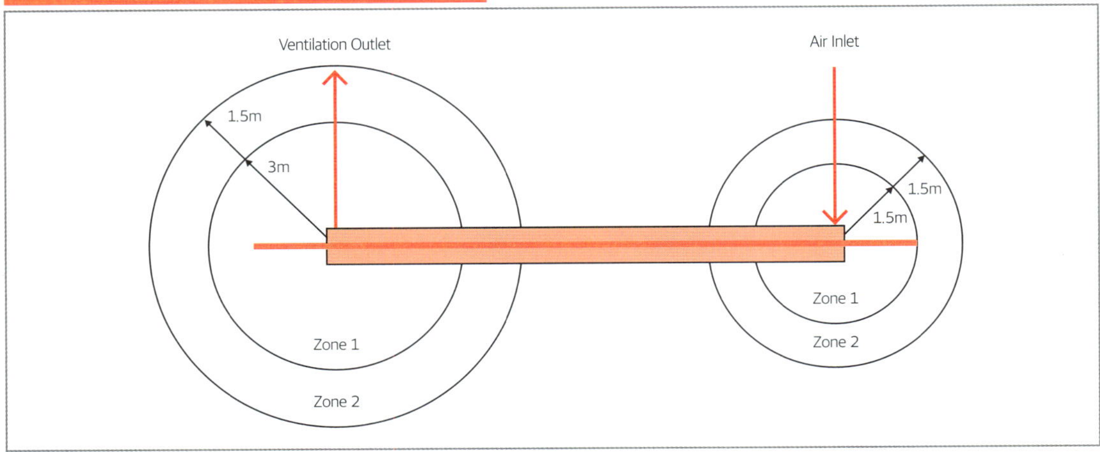

참고로 "Air Inlet"은 IGF 13.8.3에서 다시 설명하겠지만, Non-hazardous area에 유입이 되어야 하기 때문에 "Air Outlet"과 최소 7.5m의 이격을 두어야 합니다. 여기서 이격 거리가 7.5m가 되는 이유는 Air Outlet은 반경 3m까지 Zone-1이고, 여기서 1.5m까지 Zone-2이기 때문에 4.5m 이격이 필요하고, Air Inlet은 반경 1.5m까지 Zone-1이고, 여기서 1.5m까지 Zone-2이기 때문에 3m 이격이 필요해서 4.5m 더하기 3m는 7.5m로 최소 7.5m 이상의 이격 거리가 필요합니다.

IGF 13.8.3 The ventilation inlet for the double wall piping or duct shall always be located in a non-hazardous area away from ignition sources. The inlet opening shall be fitted with a suitable wire mesh guard and protected from ingress of water.

이중 배관 또는 덕트를 위한 Ventilation Inlet은 항상 점화원으로부터 떨어진 비위험 지역에 위치해야 함
Ventilation Inlet에는 적절한 Wire mesh guard(일종의 Protection Screen)가 장착되어야 하며 물의 유입으로부터 보호되어야 함

IGF 13.8.4 The capacity of the ventilation for a pipe duct or double wall piping may be below 30 air changes per hour if a flow velocity of minimum 3 m/s is ensured. The flow velocity shall be calculated for the duct with fuel pipes and other components installed.

이중 배관 또는 덕트 환기 용량은 최소 3m/s의 유속이 확보되면 시간당 30회 Air Change 보다 낮출 수 있음
유속은 연료 배관 및 기타 부품이 설치된 덕트에 대해 계산되어야 함

IGF 15.5.2 If the ventilation in the ducting enclosing the bunkering lines stops, an audible and visual alarm shall be provided at the bunkering control location, see also 15.8.

Bunkering line을 감싸는 "Ventilation"에 대해서 명확하게 언급함
즉, LNG를 충전하기 위한 Bunkering line(LNG, Vapour)이 Below deck에 설치된 LNG Fuel Tank로 연결된다면 이 구간에 Duct와 Ventilation을 설치해야 함

IGF 15.10 Regulations for ventilation
IGF 15.10.1 Any loss of the required ventilating capacity shall give an audible and visual alarm on the navigation bridge or in a continuously manned central control station or safety centre.

Ventilation 손실이 발생할 경우, "Audible and visual alarm"을 발생하라고 요구하지만,
이 항목에 대해 Table1에서는 Safety Action이 함께 요구됨

IGF 15.10.2 For ESD protected machinery spaces the safety system shall be activated upon loss of ventilation in engine room

ESD protected machinery space에서는 Engine room ventilation loss는 Safety Action이 요구됨

IGF 13.8.3에서는 이중 배관 또는 덕트를 위한 Ventilation Inlet은 항상 점화원으로부터 떨어진 비위험지역(Non-hazardous area)에 위치해야 하고, Ventilation Inlet에는 적절한 Wire mesh guard(일종의 Protection Screen)가 장착되어야 하며, 물(빗물, 해수 등)의 유입으로부터 보호되어야 한다고 요구하고 있습니다.

IGF 13.8.4에서는 이중 배관 또는 덕트 환기 용량은 최소 3m/s의 유속이 확보되면 시간당 30회 Air Change 보다 낮출 수 있으며, 유속은 연료 배관 및 기타 부품이 설치된 덕트에 대해 계산하도록 요구하고 있습니다.

IGF 15.5.2 요구사항에서 "Bunkering line"을 감싸는 Duct에 대한 "Ventilation"에 대해서 명확하게 언급하고 있는데, LNG를 충전하기 위한 Bunkering line(LNG, Vapour)이 Below deck에 설치된 LNG Fuel Tank로 연결된다면 이 구간에 Duct와 Ventilation을 설치해야 하지만, 실제 Bunkering line은 TCS를 통해서 LNG fuel tank와 연결되기 때문에 앞서 설명한 Duct와 Ventilation은 TCS Ventilation을 함께 고려해서 설계해야 합니다.

IGF 15.10.1에서는 "Ventilation Loss"가 발생할 경우, "Audible and visual alarm"을 발생하라고 언급되어 있지만, Table1에서는 이러한 상황이 발생했을 때 Safety Action, 즉 "Automatic shutdown of gas supply to machinery space containing gas-fueled engines"도 함께 요구되고 있습니다.

IGF 15.10.2에서 앞서 설명한 내용처럼 "ESD protected machinery space"에서 "Engine room ventilation loss"는 Safety Action을 요구하고 있습니다.

No.	Parameter	Alarm	Automatic shutdown of tank valve[6]	Automatic shutdown of gas supply to machinery space containing gas-fueled engines	Comments
1	Gas detection in tank connection space at 20% LEL	○			
2	Gas detection on two detectors[1] in tank connection space at 40% LEL	○	○		
3	Fire detection in fuel storage hold space	○			
4	Fire detection in ventilation trunk for fuel containment system below deck	○			
5	Bilge well high level in tank connection space	○			
6	Bilge well low temperature in tank connection pace	○	○		
7	Gas detection in duct between tank and machinery space containing gas-fuelled engines at 20% LEL	○			
8	Gas detection on two detectors[1] in duct between tank and machinery space containing gas-fuelled engines at 40% LEL	○	○[2]		
9	Gas detection in fuel preparation room at 20% LEL	○			
10	Gas detection on two detectors[1] in fuel reparation room at 40% LEL	○	○[2]		
11	Gas detection in duct inside machinery space containing gas-fuelled engines at 30% LEL	○			If double pipe fitted in machinery space containing gas-fuelled engines
12	Gas detection on two detectors[1] in duct inside machinery space containing gas-fuelled engines at 60% LEL	○		○[3]	
13	Gas detection in ESD protected machinery space containing gas-fuelled engines at 20% LEL	○			
14	Gas detection on two detectors[1] in ESD protected machinery space containing gas-fuelled engines at 40% LEL	○		○	It shall also disconnect non certified safe electrical equipment in machinery space containing gas-fuelled engines
15	Loss of ventilation in duct between tank and machinery space containing gas-fuelled engines	○		○[2]	
16	Loss of ventilation in duct inside machinery space containing gas-fuelled engines[5]	○		○[3]	If double pipe fitted in machinery space containing gas-fuelled engines

이번 페이지에서는 앞서 설명했던 Table-1에 대한 내용 중 지금까지 설명한 Ventilation System 설계 요구사항 중, "Alarm" 및 "Safety Action" 요구되는 항목을 살펴보겠습니다.

먼저 본 설명을 시작하게 전에 우선, Table-1의 제목이 "Monitoring of Gas Supply System to Engines"라고 되어 있지만, 이 Table-1의 상위 제목이 IGF 15.11 Regulations on safety functions of fuel supply systems 으로 실제는 "Safety Function"에 대한 내용인 것입니다.

IGF Code에서는 Table-1에 번호가 매겨져 있지 않으나, 본 강의에서는 설명을 위해 맨 좌측에 이벤트별 번호를 매겼으며, 항목 중에서 노란색으로 된 이벤트가 "Ventilation system"과 관련된 항목으로, 본 강의에서는 "Ventilation system"에 해당하는 이벤트에 대해서만 설명을 드리겠습니다.

먼저 4번 이벤트는 Below deck에 설치된 "Fuel Containment System" 즉, LNG tank와 관련된 TCS나 FPR 공간이 Ventilation 될 때, Ventilation Trunk에 Fire Detector가 요구되며 여기서 화재가 감지될 때 "Alarm"만 울리도록 요구합니다.

7번에서 Tank는 "LNG fuel Tank"를 의미하고, Machinery space containing gas-fuelled engines은 "Engine Room"을 의미하기 때문에 Tank에서 Engine room 사이에 Duct라고 부를 수 있는 공간은 TCS 내부와 TCS에서 Engine Room 직전까지의 Pipe duct 공간입니다.

즉, 이 두 공간을 하나의 공간으로 간주할 수 있기 때문에 본 요구사항은 이 공간에 가스가 20% 감지 시 Alarm만 울리도록 요구합니다.

8번은 7번 항목을 확대한 것으로 Duct 공간 내, 즉 TCS 내 2개의 Gas detector가 모두 40% 이상의 가스를 감지할 때 "Alarm" 및 "Tank valve"를 자동으로 Shutdown 하도록 요구하고 있습니다. 그리고 Note 2)와 같이 추가적으로 가스가 감지된 곳에 있는 "Master valve"도 함께 "Close"되도록 요구하고 있습니다.

15번에서 Parameter만 보면 Tank에서 Engine room으로 사이에 있는 Pipe Duct에 대한 Ventilation에 대한 내용으로 7번에서 설명한 바와 같이 Tank에서 Engine room 사이에 Duct라고 부를 수 있는 공간은 TCS 공간과 TCS에서 Engine Room 직전까지의 Pipe Duct 공간으로 이 공간을 하나의 공간으로 간주할 수 있으며, 이 공간에 Mechanical ventilation이 손실되면 "Alarm"과 "Automatic shutdown of gas supply to machinery space containing gas-fueled engines" 자동으로 Shutdown 해야 하는데, Note 2)와 같이 추가적으로 가스가 감지된 곳에 있는 "Master valve"도 함께 "Close"되도록 요구하고 있습니다.

참고로 이경우에도 "Tank Valve" Shutdown 하지 않습니다.

16번에서는 Engine에 배치된 가스배관 Duct에 대한 Mechanical ventilation이 손실되면 "Alarm"과 "Automatic shutdown of gas supply to machinery space containing gas-fueled engines" 자동으로 Shutdown 해야 하는데, 먼저 Note 3)에서와 같이 Ventilation이 손실된 덕트에 있는 "Master Valve"를 Close하고 이 Master Valve를 Close 함으로써 함께 동작을 중지해야 하는 장비가 있다면 그 장비만 Shutdown 해야 합니다. 12번 항목의 조치와 동일하게 만약에 ME-GI Engine이 1개만 있는 시스템에서 M/E 위한 Gas Pipe duct에서만 Ventilation이 중지되면, HP Pump만 중지해야 합니다. 그래서 가스배관 Ventilation에 문제가 없는 발전기 엔진 등에는 가스 연료를 계속 공급하기 위해 "Fuel Pump"나 "Tank valve"는 Shutdown 하지 않는 것입니다.

▼ Monitoring of Gas Supply System to Engines(IGF 15.11, Table 1) - 2/2

No.	Parameter		Alarm	Automatic shutdown of tank valve[6]	Automatic shutdown of gas supply to machinery space containing gas-fueled engines	Comments
17	Loss of ventilation in ESD protected machinery space containing gas-fuelled engines		○		○	
18	Fire detection in machinery space containing gas-fuelled engines		○			
19	Abnormal gas pressure in gas supply pipe		○			
20	Failure of valve control actuating medium		○		○[4]	Time delayed as found necessary
21	Automatic shutdown of engine(engine failure)		○		○[4]	
22	Manually activated emergency shutdown of engine		○		○	

1) Two independent gas detectors located close to each other are required for redundancy reasons. If the gas detector is of self-monitoring type the installation of a single gas detector can be permitted.
2) If the tank is supplying gas to more than one engine and the different supply pipes are completely separated and fitted in separate ducts and with the master valves fitted outside of the duct, only the master valve on the supply pipe leading into the duct where gas or loss of ventilation is detected shall close.
3) If the gas is supplied to more than one engine and the different supply pipes are completely separated and fitted in separate ducts and with the master valves fitted outside of the duct and outside of the machinery space containing gas-fuelled engines, only the master valve on the supply pipe leading into the duct where gas or loss of ventilation is detected shall close.
4) Only double block and bleed valves to close.
5) If the duct is protected by inert gas(see 9.6.1.1) then loss of inert gas overpressure shall lead to the same actions as given in this table.
6) Valves referred to in 9.4.1.

17번에서 ESD- Protected Machinery space(Engine Room)에 Mechanical ventilation이 손실되면 "Alarm" 및 "Automatic shutdown of gas supply to machinery space Containing gas-fueled engines" 자동으로 Shutdown 즉, 어느 특정한 Master Valve와 장비만 Shutdown 하는 것이 아니라, Gas supply와 관련된 모든 장비와 Master valve를 Close 해야 합니다. 특이한 것은 Tank Valve는 Shutdown 요구하지 않지만, 실제 프로젝트 경우에는 탱크에 설치된 Fuel pump가 Stop 되면 Tank valve도 함께 Close 됩니다.

이상으로 Table-1에서 "Ventilation system"과 연계된 이벤트에 대해서 설명을 드렸고, 나머지 이벤트에 대한 자세한 설명은 이전 차시를 참고해 주시면 되겠습니다.

추가적으로 Note 2)번 항목은 LNG 연료탱크가 두 개 이상의 엔진에 가스를 공급하고 다른 공급 파이프가 완전히 분리되어 별도의 덕트에 장착되고 덕트 외부에 Master Valve가 장착되어 있는 경우 가스 또는 환기 손실이 감지되는 덕트에 해당하는 Master Valve만 닫도록 요구됩니다.

Note 3)번 항목은 두 개 이상의 엔진에 가스가 공급되고 다수의 공급 파이프가 완전히 분리되어 별도의 덕트에 장착되고 덕트 외부 및 가스 연료 엔진이 포함된 엔진룸 외부에 Master Valve가 장착되는 경우, 가스 또는 환기 손실이 감지되는 덕트에 해당하는 Master Valve만 닫도록 요구됩니다.

나머지 Note 항목에 대한 설명도 이전 차시를 참고해 주십시오.

▼ Design & Requirements of Venting - 1/5

IGF 3.2.9 It shall be arranged for safe and suitable fuel supply, storage and bunkering arrangements capable of receiving and containing the fuel in the required state without leakage. Other than when necessary for safety reasons, the system shall be designed to prevent venting under all normal operating conditions including idle periods.

➡ 공회전(Idle)을 포함하여 일반운전상황(Normal Operating Condition)에서는 Gas Venting 이 허용되지 않음

IGF 5.4.1.2
In an ESD protected machinery space a single failure may result in a gas release into the space. Venting is designed to accommodate a probable maximum leakage scenario due to technical failures.

➡ 이중 배관 또는 덕트 환기 용량은 최소 3m/s의 유속이 확보되면 시간당 30회 Air Change 보다 낮출 수 있음
유속은 연료 배관 및 기타 부품이 설치된 덕트에 대해 계산되어야 함

IGF 6.3.7 The material of the bulkheads of the tank connection space shall have a design temperature corresponding with the lowest temperature it can be subject to in a probable maximum leakage scenario. The tank connection space shall be designed to withstand the maximum pressure build up during such a leakage. Alternatively, pressure relief venting to a safe location(mast) can be provided.

➡ Pressure relief venting to a safe location(mast), 여기서 mast는 Vent mast를 의미하므로, TCS 내 PRV를 모두 Vent mast에 연결하면 별도 최대 압력상승을 견디는 설계 불필요

DNV 3.3.2.3, 3.3.4.4에서는 "Ventilation Arrangement"를 "Pressure Relief System"으로 간주

IGF 6.5.7 The pressure relief system of portable tanks shall be connected to a fixed venting system.

➡ Portable tank의 탱크 내부 압력을 배출하기 위한 PRV(Pressure Relief Valve)는 고정된 Vent system, 즉, Vent Mast로 연결되어야 함

이번 페이지부터는 "Venting" 이라고 부르는 가스가 채워진 공간 또는 파이프에서 가스 압력을 줄이거나 가스 자체를 배출하는 방법에 대해 IGF에서 요구하는 항목을 설명하겠습니다.

먼저, IGF 3.2.9에서는 공회전(Idle)을 포함하여 일반운전상황(Normal Operating Condition)에서는 Gas Venting이 허용되지 않는다고 언급하고 있습니다.

즉, 다시 말하자면 Emergency 상황에서는 Gas Vent가 허용된다는 의미입니다.

IGF 5.4.1.2에서는 "ESD-protected Machinery Space"에서는 단일 고장으로 인해 공간으로 가스가 방출될 가능성이 있기 때문에 "Venting" 장비는 기술적 고장으로 인한 LNG 최대 누출 시나리오를 고려해서 설계해야 합니다.

이 항목에서 Venting 장비를 "ESD-protected Machinery Space"에 한정했지만, 실제 프로젝트에 있어서 "LNG Tank", "TCS", "FPR" 설계에 "Gas Vent"에 해당하는 Valve, Pipe 등의 장비는 최대 누설 시나리오를 고려하여 설계하고 있습니다.

IGF 6.3.7에서는 TCS 재질은 실현 가능한 최대 누설 시나리오를 기준으로 극저온에 견딜 수 있는 재질을 선정하라고 요구하고 있으며, Pressure relief venting to a safe location(mast), 여기서 mast는 Vent mast를 의미하므로, TCS 내 PRV를 모두 Vent mast에 연결하면 별도 최대 압력 상승을 견디는 설계를 대체할 수 있습니다.

참고로, DNV 3.3.2.3, DNV 3.3.4.4에서는 "Ventilation Arrangement" 즉, Ventilation system도 Pressure Relief System으로 간주하고 있습니다.

IGF 6.5.7에서는 Portable fuel tank의 PRV는 "Fixed venting system"으로 연결하도록 요구하고 있으며, 탱크에서 직접 Venting 허용하지 않습니다.

즉, Portable tank의 탱크 내부 압력을 배출하기 위한 PRV(Pressure Relief Valve)는 고정된 Vent system, 즉, Vent Mast로 연결되어야 합니다.

IGF 6.7.1.1 All fuel storage tanks shall be provided with a pressure relief system appropriate to the design of the fuel containment system and the fuel being carried. Fuel storage hold spaces, interbarrier spaces, tank connection spaces and tank cofferdams, which may be subject to pressures beyond their design capabilities, shall also be provided with a suitable pressure relief system. Pressure control systems specified in 6.9 shall be independent of the pressure relief systems.

IGF 2.2.15.1 Fuel storage hold space is the space enclosed by the ship's structure in which a fuel containment system is situated. If tank connections are located in the fuel storage hold space, it will also be a tank connection space;

IGF 2.2.15.2 Interbarrier space is the space between a primary and a secondary barrier, whether or not completely or partially occupied by insulation or other material; and

IGF 2.2.15.3 Tank connection space is a space surrounding all tank connections and tank valves that is required for tanks with such connections in enclosed spaces.

IGF 6.7.2 Pressure relief systems for liquefied gas fuel tanks
IGF 6.7.2.1 If fuel release into the vacuum space of a vacuum insulated tank cannot be excluded, the vacuum space shall be protected by a pressure relief device which shall be connected to a vent system if the tanks are located below deck. On open deck a direct release into the atmosphere may be accepted by the Administration for tanks not exceeding the size of a 40 ft container if the released gas cannot enter safe areas.

"Pressure relief system"에 해당하는 장비는
1) **IGF 2.2.14** Explosion pressure relief means measures provided to prevent the explosion pressure in a container or an enclosed space exceeding the maximum overpressure the container or space is designed for, by releasing the overpressure through designated openings.
IGF에서는 Explosion pressure를 방출하는 "Designated opening"에 대해 어떤 장치인지 명확히 언급하지 않으나, DNV 5.5.1.2에선 이 Opening을 "Bursting disc"라고 명칭

2) **IGF 6.7.2.2** Liquefied gas fuel tanks shall be fitted with a minimum of 2 pressure relief valves(PRVs) allowing for disconnection of one PRV in case of malfunction or leakage.

3) DNV3.3.2.3 The fuel preparation room shall be fitted with ventilation arrangements or pressure relief devices ensuring that the space can withstand any pressure build up caused by vaporization of the liquefied gas fuel.
These pressure relief systems shall be constructed with materials suitable for the lowest temperatures that may arise.

DNV 3.3.4.4 The tank connection space shall be fitted with ventilation arrangements or pressure relief arrangements ensuring that the space can withstand any pressure build up caused by vaporization of the liquefied gas fuel. These pressure relief systems shall be constructed with materials suitable for the lowest temperatures that may arise.
상기와 같이 DNV에서는 "Ventilation System"도 Pressure Relief System으로 간주하기 때문에 FSHS와 TCS에는 상기 3개 솔루션 중, "Ventilation arrangement"를 적용하는 것을 추천

'진공단열된 공간으로 LNG 누설을 배제할 수 없다면'이라고 가정했지만, Type-C Tank는 Secondary barrier가 필요 없는 탱크라 고려사항이 아님. 즉, Type-C가 아닌 LNG Tank에서 진공단열된 공간이 있는 경우에 이 진공공간에서 LNG 누설 가능성으로 인한 압력배출을 위한 PRV(Pressure Relief Valve)는 Vent system으로 연결되어야 함(즉, Vent mast)
40ft 이하 탱크가 Open deck에 설치될 때, 진공공간의 압력배출을 위한 PRV에서 바로 대기방출이 가능 이 탱크도 Type-C라면 PRV 자체가 불필요

하지만, DNV 4.2.16.7에서는 이 탱크를 명확하게 Type-C라고 정의하고 있음. 그래서 DNV Rule에 의하면 Vacuum insulated Type-C 탱크에도 진공공간용 PRV설치가 필요
그리고 IGF와는 다르게 Tank 용량에 관계없이 Open deck에만 설치되면 이 PRV가 대기로 Direct Release 가능
DNV 4.2.16.7 Vacuum insulated type C independent tanks shall have their vacuum space protected by a pressure relief device connected to a vent system discharging to a safe location in open air. For tanks on open deck, a direct release into the atmosphere may be accepted.

IGF 6.7.1.1에서는 "FSHS(Fuel Storage Hold Space)"와 "Interbarrier Space", "TCS(Tank Connection Space)"에 "Pressure relief system"을 구비하라고 요구하고 있는데, 먼저 이 시스템이 요구되는 이유는 IGF 2.2.15.1, 2, 3에서와 같이 기본적으로 이 공간은 밀폐구역으로 정의되고 있기 때문에 적절한 "Pressure relief system"이 필요한 것입니다.

그래서 IGF에서 정의하는 "Pressure relief system"에 해당하는 장비를 살펴보면

1)번째, IGF 2.2.14에서와 같이 "Explosion pressure"를 방출하는 "Designated opening"이 있지만, 어떤 장치인지 명확히 언급하지 않습니다.

반면에 DNV 5.5.1.2에선 이 Opening을 "Bursting disc"라고 명칭하고 있기 때문에 "Bursting disc"가 "Pressure relief system"의 장비로 선택될 수 있습니다.

2)번째, IGF 6.7.2.2에서 같이 PRV(pressure relief valves)가 압력 배출 장비로 선택될 수 있으며, 탱크와 배관의 압력 배출에 가장 많이 사용되는 "Pressure relief system" 입니다.

3)번째, IGF와 언급되지 않지만, DNV 3.3.2.3과 DNV 3.3.4.4에서 "Ventilation arrange-ment(즉, Ventilation system)" 또는 "Pressure Relief Device"를 요구하고 있는데, 여기서 이 두 시스템을 "Pressure Relief System"으로 명확하게 언급하고 있습니다.

그래서, "Ventilation arrangement(즉, Ventilation system)"도 "Pressure relief system"으로 간주할 수 있습니다.

상기와 같은 3가지 방법 중에서 개인적으로 FSHS와 TCS의 "Pressure relief system"으로 "Ventilation arrangement"를 추천드릴 수 있는데, 이러한 시스템 설계 사례에서 뒤에서 다시 설명 드리겠습니다.

IGF 6.7.2.1에서는 "진공단열된 공간으로 LNG 누설을 배제할 수 없다면" 이라고 가정했지만, 앞서 설명했듯이 Type-C Tank는 LNG 누설이 없고, Secondary barrier가 필요 없는 탱크이기 때문에 LNG가 누설 가정 자체가 모순이라 할 수 있습니다.

그래서, Type-C가 아닌 LNG Tank에서 진공단열을 적용한 경우에 이 진공공간에서 LNG 누설 가능성으로 인한 압력배출을 위한 PRV(Pressure Relief Valve)는 Vent system(즉, Vent mast)으로 연결하도록 요구하고 있습니다.

추가적으로, 40ft 이하 탱크가 Open deck에 설치될 때, 진공공간의 압력배출을 위한 PRV에서 바로 대기방출이 가능하며, 만약 이런 탱크도 Type-C라면 진공공간을 위한 PRV 자체가 불필요 합니다.

그런데, 현재까지 Type-C가 아닌 LNG 연료탱크가 진공단열을 적용한 실적이 없으며, DNV 4.2.16.7에서는 IGF 동일한 요구사항에 대해 진공단열된 탱크를 명확하게 Type-C라고 정의하고 있습니다. 그래서 DNV Rule을 적용한다면 Vacuum insulated Type-C 탱크에도 진공공간용 PRV 설치가 필요합니다.

그리고 IGF와는 다르게 Tank 용량에 관계없이 Open deck에만 설치되면 이 PRV가 대기로 Direct Release 가능하다고 허용하고 있습니다.

이 요구사항에 대해 실제 프로젝트 설계에서는 애로사항이 발생합니다. 왜냐하면 진공단열된 공간은 가능한 오랜 기간 진공상태를 유지하기 위해 진공을 빼기 위한 배관 및 밸브를 1개씩 적용함으로써 진공상태가 깨지는 것을 최소화 시킵니다. 하지만, 상기와 같은 요구 사항을 만족시키기 위해서는 PRV를 설치하기 위한 배관을 분기해야 하고, 여기서 PRV를 설치해야 하는데, PRV는 스프링 장력을 통해 압력을 도출하는 밸브이기 때문에 수동으로 잠그는 밸브보다는 누설 가능성이 높습니다. 그래서 진공단열 공간에 PRV를 설치하는 것은 진공이 깨지는 확률을 높이는 것이기 때문에 개인적인 생각에는 다른 대체 방법을 찾을 필요가 있습니다.

IGF 6.7.2.7 Each pressure relief valve installed on a liquefied gas fuel tank shall be connected to a venting system, which shall be:
.1 so constructed that the discharge will be unimpeded and normally be directed vertically upwards at the exit;
.2 arranged to minimize the possibility of water or snow entering the vent system; and
.3 arranged such that the height of vent exits shall normally not be less than B/3 or 6 m, whichever is the greater, above the weather deck and 6 m above working areas and walkways. However, vent mast height could be limited to lower value according to special consideration by the Administration.

LNG fuel tank의 PRV는 "Venting system"에 연결해야 하며, Venting system은 아래와 같이,
.1 압력 배출이 방해받지 않고 일반적으로 출구에서 수직 위로 향하도록 구성
.2 물이나 눈(Snow)이 Vent System으로 유입될 가능성을 최소화하도록 배치
.3 Vent exit(Vent Head 부분)의 높이가 B/3 또는 6m 중에서 더 큰 높이로 설계

IGF 6.7.2.8
The outlet from the pressure relief valves shall normally be located at least 10 m from the nearest:
.1 air intake, air outlet or opening to accommodation, service and control spaces, or other non-hazardous area; and
.2 exhaust outlet from machinery installations.

Vent head 지점에서 아래 지점까지 이격거리는 최소 10m 이상 요구
.1 "Air intake", "air outlet", "거주구 개방지점", "제어공간", "기타 비위험지역",
.2 "기계장비 설치공간의 Exhaust outlet(배기가스 굴뚝과 Ventilation outlet을 의미)"

IGF 6.7.2.9 All other fuel gas vent outlets shall also be arranged in accordance with 6.7.2.7 and 6.7.2.8. Means shall be provided to prevent liquid overflow from gas vent outlets, due to hydrostatic pressure from spaces to which they are connected.

다른 모든 "Fuel gas vent outlet"도 IGF 6.7.2.7 및 IGF 6.7.2.8에 따라 배치되어야 함
Gas vent outlet이 연결된 공간의 유체 정압으로 인한 가스 토출구의 "Liquid overflow"를 방지하기 위한 수단이 제공되어야 함

IGF 6.7.2.11 Suitable protection screens of not more than 13 mm square mesh shall be fitted on vent outlets to prevent the ingress of foreign objects without adversely affecting the flow.

흐름에 악영향을 미치지 않으면서 이물질이 유입되는 것을 방지하기 위해 Vent outlet에 13mm 이하의 적절한 보호 스크린을 장착(일종의 방충망)

IGF 6.7.3.2.3 Downstream pressure losses
.1 Where common vent headers and vent masts are fitted, alculations shall include flow from all attached PRVs.

Venting Pipe에 대한 압력 손실계산에, 공통 Vent head 및 Vent mast가 장착된 경우, 설치되어 있는 모든 PRV로부터의 유량을 포함

IGF 6.7.2.7에서는 LNG fuel tank의 압력도출을 위한 PRV가 "Venting System"에 연결되어야 한다는 요구사항으로 여기서 Venting system은 Vent Pipe와 Vent mast를 의미합니다. 앞서 설명했듯이 LNG fuel tank 용 PRV는 LNG fuel tank 내 압력이 상승되어 BOG가 최대로 배출되는 상황을 고려하여 설계를 해야 합니다. 참고로 Vent Mast에서 상부 가스가 배출되는 부분을 Vent head라 부르고, 몸체를 Vent Riser라고 부르는데, Vent Mast는 LNG fuel tank 내부 압력

배출 뿐만 아니라, LNG 운전 정지 후 Pipe 내 잔존하는 가스의 배출(Gas Purging)의 통로가 되기도 합니다.

이러한 Venting system 설계에 대한 요구사항으로

.1번째, 압력 배출이 방해받지 않고 일반적으로 출구에서 수직 위로 향하도록 구성해야 하고,

.2번째, 물이나 눈(Snow)이 Vent System으로 유입될 가능성을 최소화하도록 배치해야 하도록 요구합니다.

.3번째는, Vent exit(Vent Head 부분)의 높이가 B/3 또는 6m 중에서 더 큰 높이로 설계하라고 요구하고 있는데, 여기서 "B"는 선박의 폭(Breath)을 의미하는 것이기 때문에, 예를 들어 선폭이 45m라고 한다면 Vent Mast의 높이는 최소 15m 이상이 되어야 합니다.

추가적으로 Vent mast 높이를 6m 보다도 더 낮게 설계를 할 수 있지만, 이것은 Vent 확산해석 등의 보고서를 통해 선급 승인이 필요하기 때문에 실제 프로젝트에서는 B/3 설계 요구를 기준으로 설계를 진행합니다.

GF 6.7.2.8에서는 압력도출밸브(PRV, Pressure Relief Valve)를 요구하는 위치가 다수 있는데, LNG Fuel tank의 압력 배출과 밸브와 밸브사이에 남겨진 LNG로 인해 상승된 압력 배출을 위해 PRV를 설계합니다. 여기에서 LNG Fuel Tank PRV에서의 압력을 배출과 배관에 잔여하는 LNG는 모두 Vent mast로 배출이 되기 때문에 실제 본 IGF 항목에서 요구하는 이격 거리에 대해 고려할 지점은 Vent Head로 볼 수 있습니다.

즉, 본 항목이 요구하는 적어도 10m 이상의 이격 거리는 LNG Fuel Tank PRV 지점이 아니라, Vent head 지점으로부터 "Air intake", "air outlet", "거주구 개방지점", "제어공간", "기타 비위험 지역", "기계장비 설치공간의 Exhaust outlet(배기가스 배출구와 Ventilation outlet을 의미)"까지를 의미합니다.

그래서 실제 프로젝트 설계에 있어서 Vent head에서부터 상기 지점까지 10m 이격을 두도록 설계를 하는데, 여기서 가끔 실수를 하는 것이, Vent mast 높이와 본 이격 거리 간에 혼동을 하여 Vent Mast 높이를 10m로 설계하는 것입니다.

물론, 선폭이 30m 이내의 선박의 경우 10m 높이 설계를 통해 Vent mast 높이와 이격 거리를 모두 만족시킬 수 있지만, 선폭이 30m 이상인 선박에는 Vent mast 높이가 10m보다 높아지기 때문에 주의가 필요합니다.

IGF 6.7.2.9에서는 다른 모든 "Fuel gas vent outlet"도 IGF 6.7.2.7 및 IGF 6.7.2.8에 따라 배치되어야 하고, Gas vent outlet이 연결된 공간에서 유체 정압으로 인한 가스 토출구의 "Liquid overflow"를 방지하기 위한 수단을 제공하라고 요구하고 있습니다.

즉, 다시 말하자면 PRV를 포함한 모든 Gas vent outlet에서 LNG가 흘러나오지 않는 수단을 마련하라는 의미인데, 일단 액체 LNG가 배출될 가능성이 있는 지점은 LNG가 유동하는 구간으로 먼저, LNG 연료탱크의 PRV는 LNG Tank 상부 Gas Space에서 압력을 도출하도록 배치되어 있고, LNG가 과충전(over filling)시 LNG가 PRV를 통해 배출되는 것을 방지하기 위해, Over filling alarm과 Safety Action이 적용되어 있습니다.

그 다음으로는 LNG가 LNG 연료탱크에서 FGSS 장비로 이송되어 배관에 존재하는 경우에 LNG를 다시 LNG 연료탱크로 회수(Return)시키거나, 배관 내 LNG 온도가 상승, 부피가 팽창하여 자동으로 LNG 연료탱크로 Drain되는 방법을 적용하고 함으로써 LNG가 Gas vent outlet으로 배출되지 않도록 구성하고 있습니다.

IGF 6.7.2.11에서는 흐름에 악영향을 미치지 않으면서 이물질이 Vent Mast에 유입되는 것을 방지하기 위해 Vent outlet(즉, Vent head)에 13mm 이하의 적절한 "Protection Screen"을 요구하고 있는데, 일종의 방충망 같은 역할을 하는 장치라고 보시면 됩니다.

IGF 6.7.3.2.3에서는 Venting Pipe에 대한 압력 손실을 계산할 때, 공통 Vent head 및 Vent mast가 장착된 경우, 설치되어 있는 모든 PRV로부터의 유량값을 포함하라고 요구하고 있습니다.

IGF 6.9.1.2 Venting of fuel vapour for control of the tank pressure is not acceptable except in emergency situations.

→ Emergency Vent는 가능하다는 얘기

IGF 6.9.2.2 The overall capacity of the system shall be such that it can control the pressure within the design conditions without venting to atmosphere

→ LNG Fuel Tank의 Pressure Control의 기본은 Venting 없이 탱크 설계압력 내에서 맞추는 것

IGF 9.4.4 Each gas consumer shall be provided with "double block and bleed" valves arrangement. These valves shall be arranged as outlined in .1 or .2 so that when the safety system required in 15.2.2 is activated this will cause the shutoff valves that are in series to close automatically and the bleed valve to open automatically and:
.1 the two shutoff valves shall be in series in the gas fuel pipe to the gas consuming equipment. The bleed valve shall be in a pipe that vents to a safe location in the open air that portion of the gas fuel piping that is between the two valves in series; or
.2 the function of one of the shutoff valves in series and the bleed valve can be incorporated into one valve body, so arranged that the flow to the gas utilization unit will be blocked and the ventilation opened.

→ 각 Gas Engine에는 "double block and bleed valve" 배열이 요구됨
이 밸브들은 IGF 15.2.2에서 요구되는 "Safety System"이 활성화될 때 직렬로 연결된 Shutoff Valve가 자동으로 닫히고 Bleed Valve가 자동으로 열리며, 다음과 같이 배열되어야 함.

.1 아래 Valve 구성도와 같이 Gas consumer 방향의 가스배관에 2개의 Block valve가 설치
이 Block valve 사이에 Vent mast 쪽으로 Vent를 하는 배관과 1개의 Bleed valve가 설치됨
.2 "Double block and bleed valve" 구성을 "One valve body" 유닛으로 구성할 수 있음

IGF 15.2.2 a gas safety system shall be arranged to close down the gas supply system automatically, upon failure in systems as described in table 1 and upon other fault conditions which may develop too fast for manual intervention;
(Gas) Safety System은 Table-1에 자세하게 설명된 바와 같이 "Gas Supply System"을 Automatically close down(Shutdown)해야 한다고 요구함

Image Source: Schneider

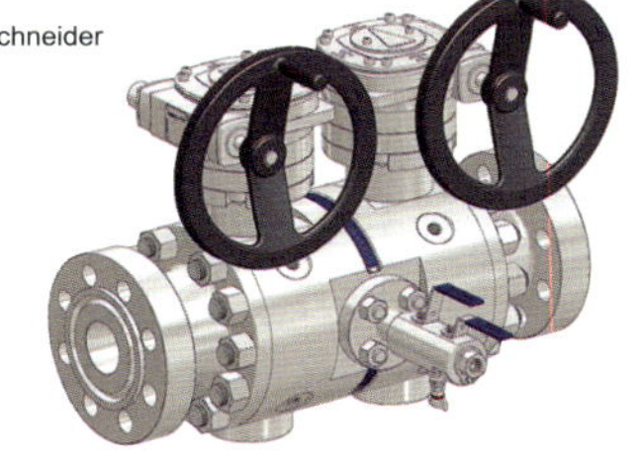

One body type "Double block and bleed valve"

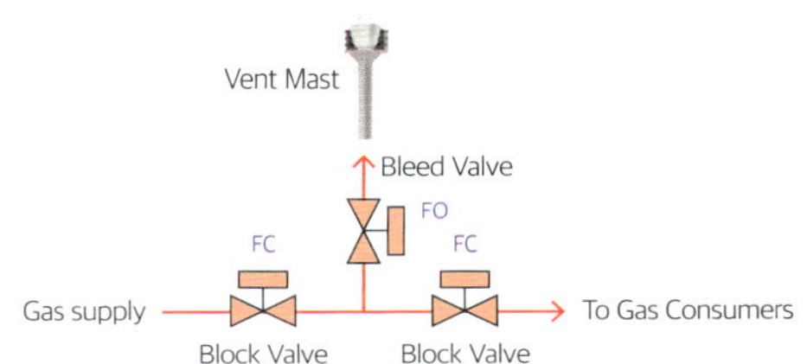

IGF 6.9.1.2에서는 Emergency 상황에서는 Fuel Vapour Vent는 가능하다고 언급하고 있습니다. 즉, 예를 들자면 화재나 LNG 누설 등으로 LNG 연료탱크 내부의 이상적(Abnormal)인 압력 상승으로 Emergency 상황이 발생한다면 LNG 연료탱크 내부 압력을 도출하는 Vent는 가능합니다.

IGF 6.9.2.2에서는 LNG 연료탱크의 "Pressure Control"은 기본적으로 Vapour Venting 없이 탱크 설계압력 내에서 맞추라고 요구하고 있습니다.

IGF 9.4.4에서는 각 Gas Engine에는 "double block and bleed valve" 배열이 요구되고, 이 밸브들은 IGF 15.2.2에서 요구되는 "Safety System"이 활성화될 때 직렬로 연결된 Shutoff Valve 가 자동으로 닫히고 Bleed Valve가 자동으로 열리며, 다음과 같이 배열되어야 한다고 요구하고 있습니다.

.1번째로, 아래 Valve 구성도와 같이 Gas consumer 방향의 가스배관에 2개의 Block valve가 설치되고, 이 Block valve 사이에 Vent mast 쪽으로 Vent를 하는 배관과 1개의 Bleed valve 설치가 요구됩니다.

.2번째, "Double block and bleed valve" 구성을 "One valve body" 유닛으로 만들 수 있다고 허용하며, 아래 이미지와 같이 하나의 몸체에 "Double block and bleed valve"가 모두 구성된 밸브 유닛을 확인할 수 있습니다.

IGF 9.4.5에서는 앞서 설명한 "Double block and bleed valve" 사양에 대한 내용으로, Double block valve는 "Fail-to-close" Type을 Bleed valve는 "Fail-to-open" Type을 요구하고 있습니다. 여기에서 "Fail-to"라고 하는 것은 Valve를 Open, Close하는 Action에 필요한 Power source, 예를 들면 "공압(Pneumatic)", "유압(Hydraulic)", 또는 "전압(Electric)"이 차단되었을 때, 밸브가 자동으로 안전한 위치로 이동하는 것을 의미합니다. 즉, Fail-to-close란 것은 Valve Actuator가 Fail 되었을 때, Valve가 자동으로 Close 된다는 의미입니다.

IGF 9.4.7에서는 "Master gas fuel valve"가 자동으로 닫히는 경우, 엔진에서 가스공급 배관으로의 역류를 방지하기 위해 "Double Block and bleed valve"의 Downstream을 Vent 하라고 요구하고 있습니다.

이 구간은 아래 이미지에서 보시는 것 같이 가스엔진 쪽에 가까운 Block Valve에서부터 Gas engine까지의 구간 즉, Downstream으로 이 배관의 가스를 자동으로 Vent 해야 합니다. 실제 프로젝트에서는 Block Valve와 Gas engine 사이에 GVT(Gas Valve Train), GVU(Gas Valve Unit)이 설치되어 있고, "Master gas fuel valve"가 자동으로 닫혔을 때, Downstream 배관에 Gas를 Vent 할 수 있는 기능이 GVT와 GVU에 구현되어 있습니다.

IGF 9.5.2에서는 앞서 Ventilation 항목에서 설명한 IGF 9.5.1 Ventilation에 대해 완전 용접된 "Gas vent pipe"에는 요구되지 않는다고 언급하고 있습니다.

즉, 완전 용접된 "Gas vent"를 하는 Pipe가 밀폐구역을 통과해서 Vent mast로 연결될 경우, 이 Pipe는 "Secondary Enclosure"와 "Ventilation system", "Gas detector"가 필요 없습니다.

IGF 10.2에서는 폭발로 인한 Venting의 경우에 작업자가 평상시에 머무를 수 있는 장소를 피해서 배치하라고 요구하고 있습니다.

IGF 12.5.1에서는 LNG fuel을 포함하는 Fuel tank, Pipe 등에 대한 "Venting System"은 Hazardous Zone-0로 간주한다고 언급하고 있습니다.

▼ Example of Ventilation & Venting Design for TCS

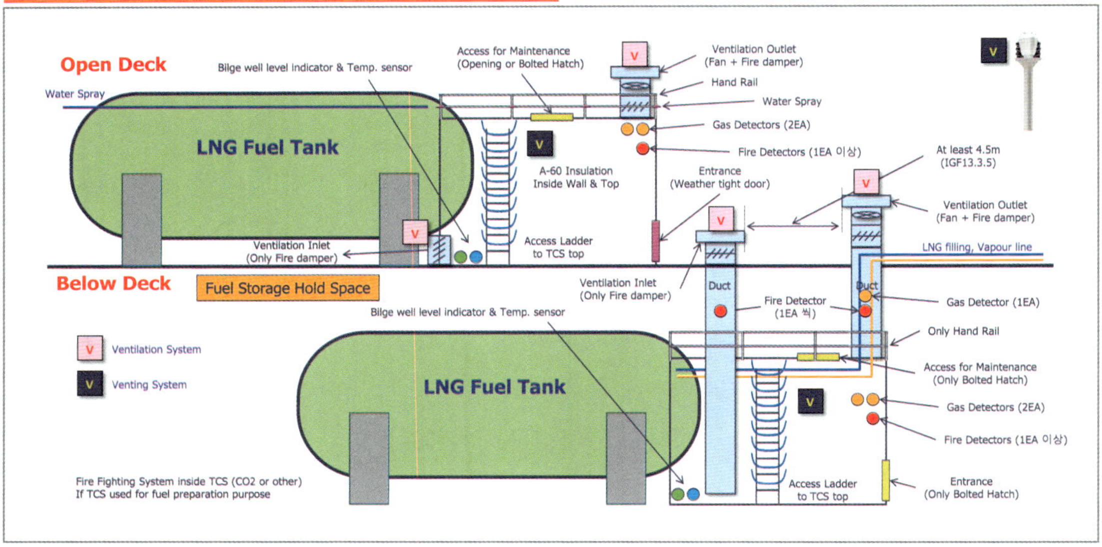

그럼, 지금까지 설명한 "Ventilation system"과 "Venting system"에 대한 요구사항을 기준으로 FGSS에 어떻게 설계, 반영되는지 개념도를 통해 설명드리겠습니다.

먼저 LNG Fuel Tank와 TCS(Tank Connection Space)가 일체형으로 제작되어 선박의 "Open deck 설치"와 "Below deck 설치"에 대한 사례로 이 구성은 이전 차시에서 설명했던 내용으로 다양한 설계 사양이 반영되어 있지만, 본 차시에는 "Ventilation system"과 "Venting system" 항목에 초점을 맞춰 설명드리겠습니다.

통상적으로 LNG fuel tank와 TCS가 일체형으로 제작되어 적용된 선박은 대부분 소형 선박으로, 먼저 Open deck에 설치되는 경우에 IGF 요구사항에 맞춰 설계된 구성은 아래와 같습니다.

TCS 내부의 Ventilation을 위한 "Ventilation Inlet with fire damper"가 TCS 아래쪽에 1개, "Ventilation Fan and Outlet with fire damper"가 Ventilation Inlet과 대각선 방향 위치에 1개 설치됩니다.

그리고 LNG fuel tank의 PRV(Pressure Relief Valve)는 TCS 내부에 설치되고, TCS 내부에 설치된 FGSS 장비와 Pipe에서 Venting되는 Fuel gas가 Vent Stack에 공통으로 연결되어 최종적으로 Vent mast로 배출됩니다.

LNG fuel tank와 TCS가 일체형으로 Below deck에 설치되는 경우에 IGF 요구사항에 맞춰 설계된 구성도는 아래와 같습니다.

TCS 내부의 Ventilation을 위한 "Ventilation Inlet with fire damper"가 Open deck에서 TCS 아래쪽으로 Duct를 구성하여 1개가 배치되고, "Ventilation Fan and Outlet with fire damper"가 Open deck에 설치되고 Ventilation Outlet duct는 Ventilation Inlet과 대각선 방향 위치에 1개 설치됩니다.

그리고 LNG fuel tank의 PRV(Pressure Relief Valve)는 TCS 내부에 설치되고, TCS 내부에 설치된 FGSS 장비와 Pipe에서 Venting 되는 Fuel gas가 Vent Stack에 공통으로 연결되어 최종적으로 Vent mast로 배출되도록 설계됩니다.

다음으로 FPR(Fuel Preparation Room)이 Open deck에 설치될 경우를 고려한 시스템 설계 사례를 설명드리겠습니다.

먼저 실적 프로젝트에 있어서 FPR은 항상 LNG fuel tank와 분리되어 제작되어 공급되었고, 대부분 Open Deck에 설치되는 중/대형 선박이었습니다.

FPR이 Open deck에 설치되는 경우에 IGF Code 요구사항에 맞춰 설계된 구성도는 아래와 같습니다.

FPR 내부의 Ventilation을 위한 "Ventilation Inlet with fire damper"가 FPR 아래쪽에 1개, "Ventilation Fan and Outlet with fire damper"가 Ventilation Inlet과 대각선 방향 위치에 2개 설치되는데, 여기서 각각의 Fan 용량은 FPR에 요구되는 환기 용량의 50% 입니다.

그리고 FPR 내부에 설치된 FGSS 장비와 Pipe에서 Venting 되는 Fuel gas가 Vent Stack에 공통으로 연결되어 최종적으로 Vent mast로 배출되도록 설계됩니다.

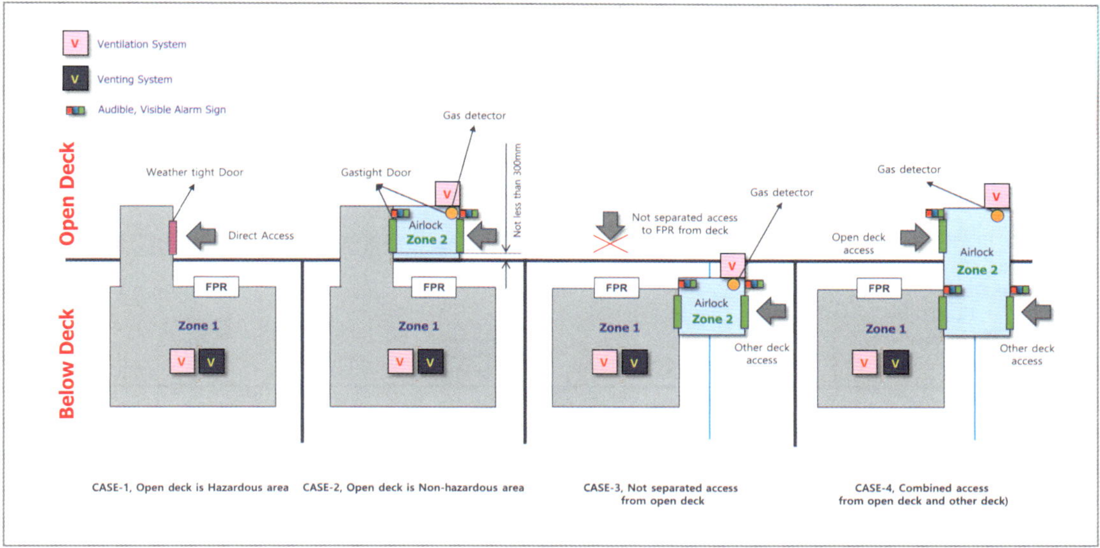

이번 페이지에서는 FPR이 갑판하부(Below Deck)에 배치될 때, 갑판상부(Open Deck)에서 FPR로 진입하는 경우 "Airlock system"이 필요할 수 있는데, 여기에 "Ventilation System"이 어떻게 설치 되는지 살펴보겠습니다.

먼저 CASE-1에서는 갑판상부가 이미 위험지역이고 FPR로 진입하기 위한 독립적인 경로가 있다면 Airlock 시스템은 불필요합니다.

이 경우에는 FPR 내부에만 Ventilation System을 적용하면 됩니다.

CASE-2에서는 갑판상부가 위험지역이 아닐 경우라면 FPR로 진입하기 위해 Airlock 시스템이 필요하고, Airlock 공간에 "Ventilation System"이 요구됩니다.

추가적으로 Airlock system은 2개의 300mm 높이를 가지는 "Gas tight door"가 적용되어야 하고, "Gas detector" 및 "Audible/Visible alarm signal"이 설치되어야 합니다.

CASE-3에서 갑판상부에서 FPR로 진입하는 경로가 없이, 다른 위험지역이 아닌 구역에서 FPR로 진입하기 위해 Airlock 시스템이 필요하고, Airlock 공간에 "Ventilation System"이 요구됩니다. 추가적으로 Airlock 시스템에 필요한 항목은 CASE-2와 동일합니다.

CASE-4에서 갑판상부가 위험지역 여부와 관계없이 Open Deck에서 FPR로 진입하는 별도의 독립적인 방법이 없다면, 여기에도 Airlock 시스템이 필요하고, Airlock 공간에 "Ventilation

System"이 요구됩니다. Airlock 시스템에 필요한 항목은 CASE-2, 3과 동일하며, 모든 CASE에서 FPR 내부에는 별도의 "Ventilation System"이 설치되어야 합니다.

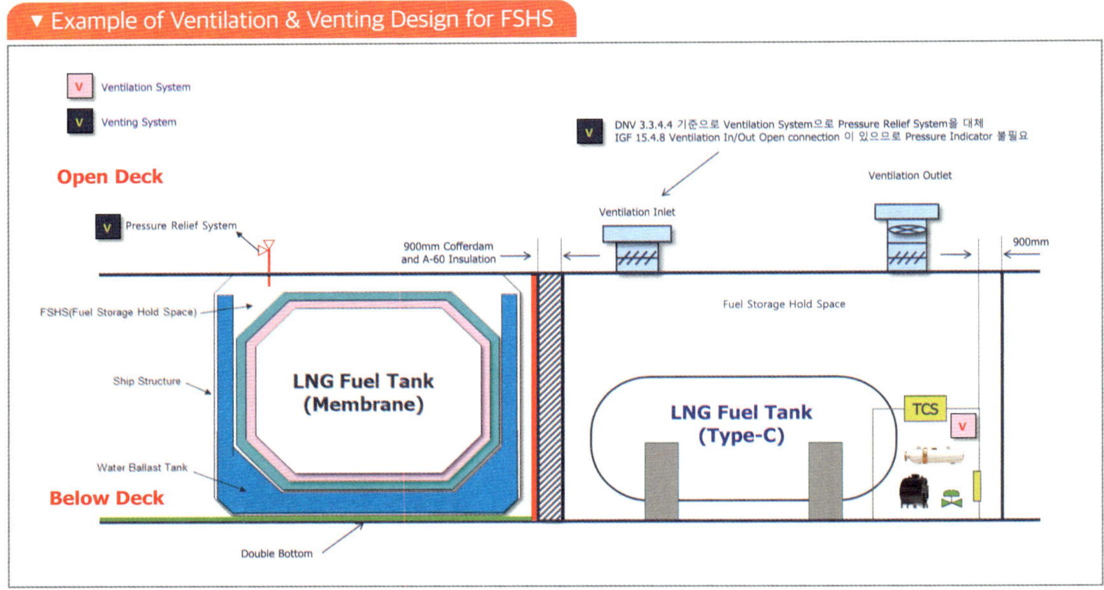

이번 개념도에서는 Membrane LNG fuel tank와 Type-C LNG fuel tank가 FSHS(Fuel Storage Hold Space)에 설치되는 설계로서 먼저 Membrane 형식의 LNG fuel tank의 FSHS에 대해 "Pressure Relief System"이 요구되기 때문에 FSHS 공간의 압력 도출을 위한 PRV를 설치함으로써 요구사항을 만족시킬 수 있습니다.

다음으로 Type-C LNG fuel tank가 FSHS에 설치될 경우에도 FSHS 내부에 "Pressure Relief System"이 요구되는데, 앞서 설명한 Membrane tank의 FSHS와 Type-C tank가 설치되는 FSHS는 구조적인 차이가 있습니다.

Membrane Tank의 FSHS는 Tank와 거의 맞닿은 공간으로 이 공간의 물리적인 체적이 그렇게 크지 않습니다.

게다가 Membrane Tank는 1차방벽과 2차방벽으로 LNG 누설에 대한 대비를 했더라도 FSHS 쪽으로 LNG가 누설될 가능성이 있고 이러한 LNG 누설을 대비하기 위해 FSHS에 "Pressure Relief System"으로 PRV 적용이 가능합니다.

반면에 Type-C Tank가 설치되는 FSHS는 상당히 큰 체적을 가진 공간이고, 이 공간을 PRV로 압력을 배출한다는 것은 현실적으로 불가능하고 Type-C Tank가 LNG 누설을 배제할 수 있는 설계이기 때문에 앞서 설명했던 DNV 3.3.4.4. 기준으로 "Ventilation system"으로 "Pressure Relief System"을 대체할 수 있습니다.

참고로 TCS는 특이하게도 IGF 6.7.1.1에 따르면 "Pressure Relief System"이 요구되고, IGF 13.4.1에 따르면 "Ventilation System"도 요구됩니다.

그래서 TCS에 "Ventilation System"을 적용함으로써 "Pressure Relief System" 요구도 함께 만족시킬 수 있는 것입니다.

▼ Example of Ventilation & Venting Design for LNG Bunker Station

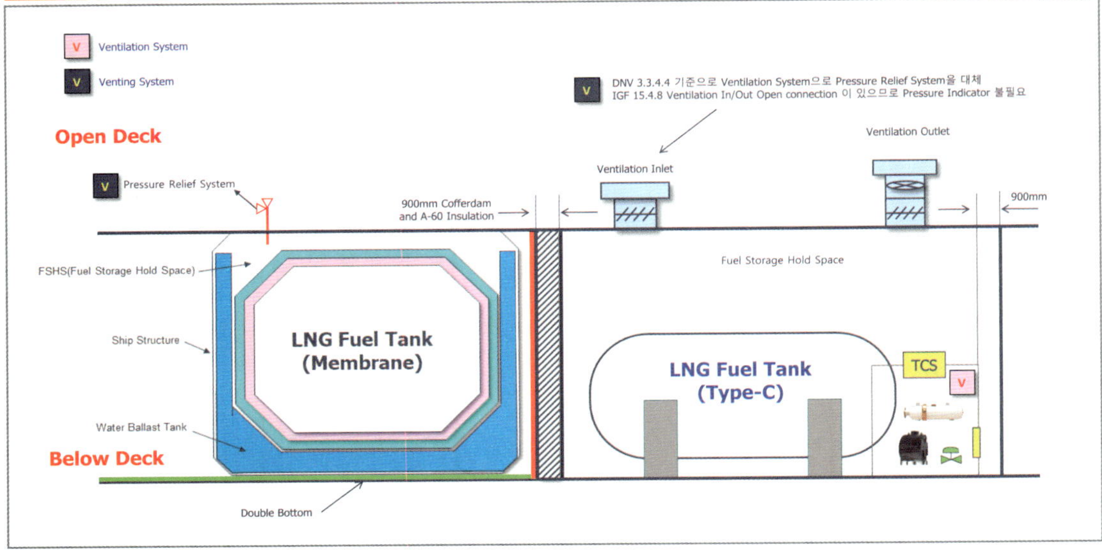

이번 개념도에서는 "LNG bunkering station"이 Semi-enclosed space에 설치될 경우와, Open deck에 설치될 경우입니다.

앞서 설명했듯이 IGF 5.11.1 항목에서 "Non-hazardous area"에서 "Hazardous area"로 바로 진입하는 것은 허용되지 않습니다.

그래서, 만약 LNG Bunkering Station이 Enclosed 또는 Semi-enclosed Space에 설치되고, 이 구역을 Non-hazardous Area에서 진입을 하게 될 경우, "Airlock" 시스템과 "Mechanical ventilation"이 요구됩니다.

추가적으로 LNG bunkering station이 설치되는 Enclosed 또는 Semi-enclosed Space에도 "Mechanical ventilation"을 설치해야 합니다.

그리고, LNG bunkering station에는 PRV가 설치되고, PRV에서 배출되는 Gas는 Vent mast를 통해 대기 중으로 방출됩니다.

Open deck에 설치되는 "LNG bunkering station"의 경우에는 충분한 자연환기가 보장되기 때문에 별도의 Ventilation System이 요구되지 않지만, PRV에서 배출되는 Gas는 Vent mast를 통해 대기 중으로 방출됩니다.

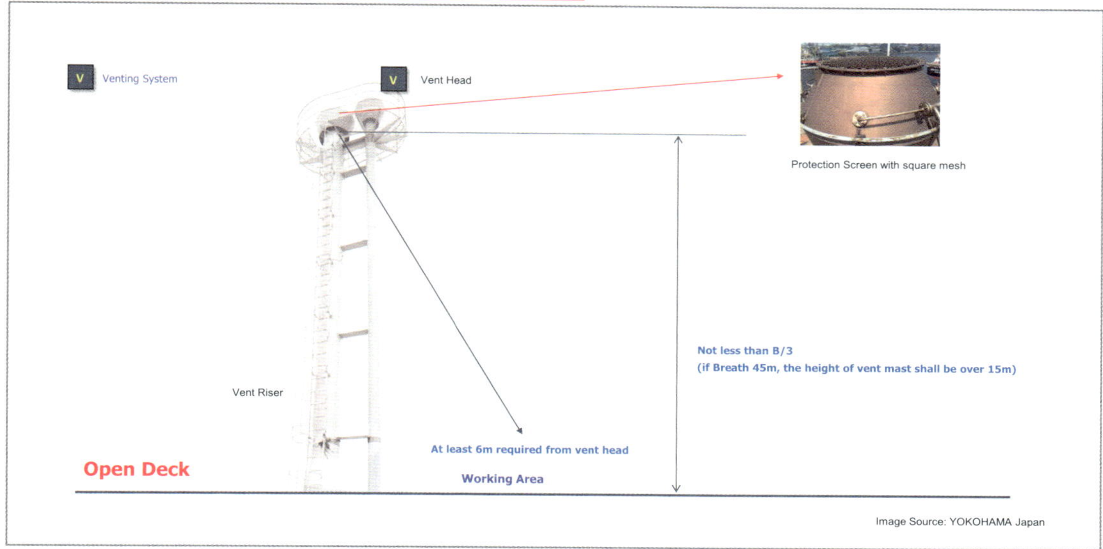

　이번 페이지는 "Venting System"의 맨 끝단에 배치된 Vent Mast와 관련된 설계 사항을 설명 드리겠습니다.

　Vent Mast는 화재 등의 위험상황으로 인해 LNG fuel tank 내 압력이 상승되어 BOG가 최대로 배출되는 상황을 고려하여 설계해야 하며, Vent Mast에서 상부 가스가 배출되는 부분을 Vent head라, 몸체를 Vent Riser라고 부릅니다.

　Vent Mast는 LNG fuel tank 내부 압력 배출 뿐만 아니라, LNG 운전 정지 후 Pipe 내 잔존하는 가스의 배출(Gas Purging)의 통로가 되기도 합니다.

　IGF 6.7.2.7에서는 Vent exit(Vent Head 부분)의 높이가 B/3 또는 6m 중에서 더 큰 높이로 설계를 해야 한다고 요구하고 있으며, 여기서 "B"는 선박의 폭(Breath)을 의미하는 것이기 때문에, 예를 들어 선폭이 45m라고 한다면 Vent Mast의 높이는 최소 15m 이상이 되어야 합니다.

　그리고 Vent mast 높이를 6m 보다도 더 낮게 설계를 할 수 있지만, 이것은 Vent 확산 분석보고서에 대한 선급 승인이 필요합니다.

　마지막으로 Vent mast Outlet에는 앞서 설명했듯이 IGF 6.7.2.11 요구사항에 따라 이물질이 Vent Mast에 유입되는 것을 방지하기 위해 Vent head에 13mm 이하의 "Protection Screen"을 설치해야 합니다.

이번 페이지에는 지금까지 본 교육 차시에서 설명한 "Ventilation system"과 "Venting system"의 설계 요구사항을 기준으로 전체 선박 시스템 중에서 FGSS와 관련된 장비에 어떻게 설계, 반영되는지 가장 많은 실적이 있는 2가지 엔진 시스템 개념도를 통해 설명드리겠습니다.

먼저, 4행정 LNG 엔진이 적용된 FGSS 구성은 다음과 같습니다. 통상 4행정 LNG 엔진이 Main Engine으로 사용되는 선박은 소형 선박으로, 이런 소형 선박은 물리적인 설치 공간이 협소하기 때문에 LNG Fuel Tank 1개가 TCS 일체형으로 제작되어 갑판하부에 설치되고, LNG bunkering Station도 1개, Vent mast도 1개 설치됩니다.

이 구성도에서 "Ventilation system"에 대한 항목을 먼저 설명하자면, LNG bunkering station에서 Below deck에 설치된 LNG Fuel tank로 연결되는 Pipe Duct와 TCS를 하나의 Ventilation 구성하고, 엔진룸으로 연결되는 Fuel pipe Duct와 GVU 내부 공간을 하나의 Ventilation으로 구성할 수 있습니다.
마지막으로 엔진룸과 거주구역은 별도의 Ventilation System이 설치됩니다.

다음으로 "Venting System"에 대한 설명으로, LNG fuel tank의 PRV(Pressure Relief Valve)는 TCS 내부에 설치되고, TCS 내부에 설치된 FGSS 장비와 Pipe에서 Venting되는 Fuel gas가 Vent Stack에 공통으로 연결되어 최종적으로 Vent mast로 배출됩니다.

GVU에는 Master gas fuel valve가 닫혔을 때, 자동으로 가스를 배출하는 Valve가 적용되어 있고, LNG bunkering Station에는 PRV가 설치되어 Vent mast로 연결됩니다.

마지막으로 FSHS의 "Pressure Relief System"은 "Ventilation System"으로 대체하여 구성할 수 있습니다.

▼ Example of Ventilation & Venting Design for LNG Fuel Tank & FPR

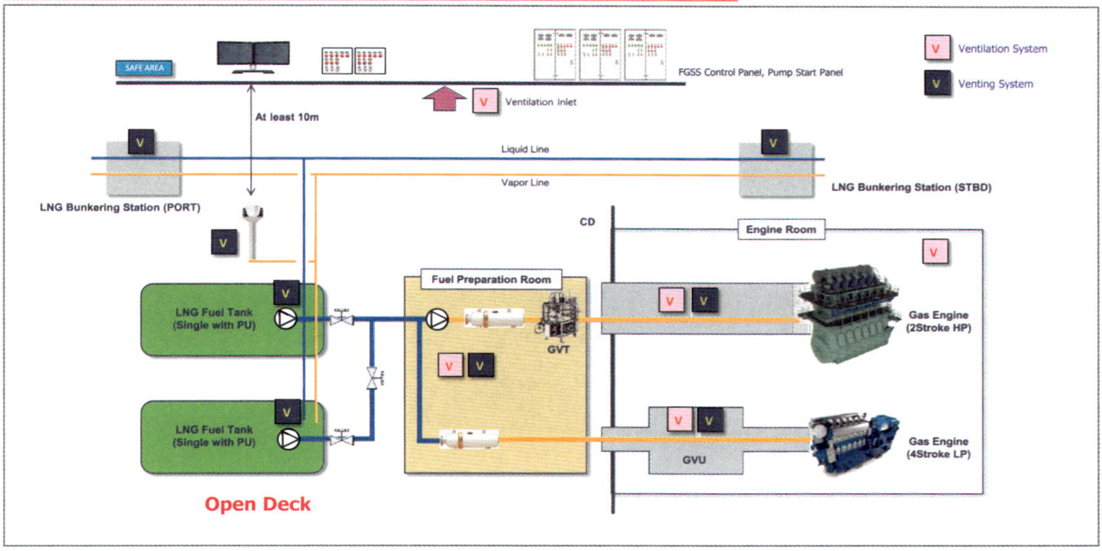

그 다음으로는 2행정 고압(300바) ME-GI 엔진이 적용되는 중/대형 선박용 FGSS 구성에서 먼저 "Ventilation system"에 대한 항목을 설명하자면, FPR(Fuel Preparation Room)에는 Ventilation System이 설치되고 엔진룸에 배치되는 Fuel pipe Duct와 GVU 내부 공간을 하나의 Ventilation으로 구성할 수 있습니다.

마지막으로 엔진룸과 거주구역은 별도의 Ventilation System이 설치됩니다.

다음으로 "Venting System"에 대한 설명으로, LNG fuel tank의 PRV(Pressure Relief Valve)는 Tank 상부에 설치되어 Vent mast로 연결되고, FPR 내부에 설치된 FGSS 장비와 Pipe에서 Venting되는 Fuel gas가 Vent Stack에 공통으로 연결되어 최종적으로 Vent mast로 배출됩니다.

GVU와 GVT에는 Master gas fuel valve가 닫혔을 때, 자동으로 가스를 배출하는 Valve가 적용되어 있고, 마지막으로 LNG bunkering Station에는 PRV가 설치되어 Vent mast로 연결됩니다.

선박용 LNG 연료공급시스템 설계 및 실무

Insulation 및 Drip Tray 설계

Insulation 및 Drip Tray 설계

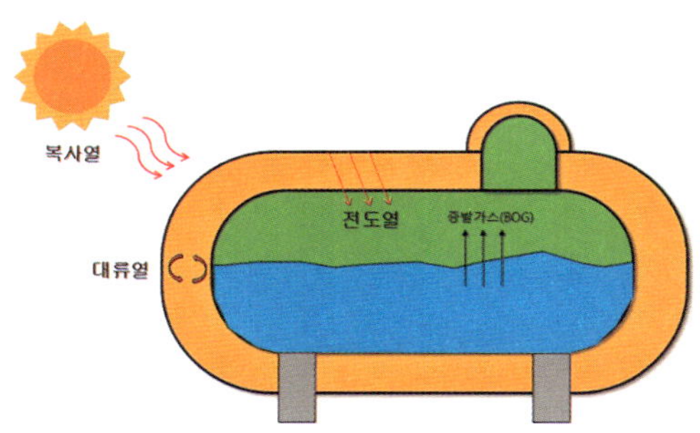

No.	Method / Item	Perlite with Vacuum	Polyurethan Spray with Polymeric Coating	Polyurethan Foam Block	Remark
1	Configuration				• IBS: Inter Barrier Space • IS: Insulation Space
2	Insulation Thickness	250~300mm	300~500mm	270mm(Mark III), 560mm(No.96)	
3	Insulation performance	Perlite with Vacuum 〉 PU Spray = PU Foam Block			

이번 차시에서는 IGF Code에서 요구하는 LNG fuel tank와 극저온 Pipe에 대한 Insulation, 화재로부터 장비를 보호하기 위한 Cofferdam 또는, A-60 Insulation, 그리고 잠재적인 LNG 누설(Leakage)이 발생할 수 있는 장비에 요구하는 Drip tray 설계에 대한 설명을 드리겠습니다.

먼저, Insulation에 대한 종류와 방법에 대해서 알아보겠습니다.

Insulation은 영하 163도에서 액체상태를 유지하는 LNG를 저장하거나 이송을 하는 경우,

극저온의 LNG로 인해 저장탱크나 Pipe에 결로(Condensation)나 결빙(Icing)이 생길 수 있는 데, 이러한 결로나 결빙을 방지하는 목적과 작업자가 극저온의 온도에 냉화상(Cold Burn)을 입지 않도록 보호하는 목적으로 설치됩니다.

또한, A-60 Insulation과 같이 화재 발생시, 고온의 화염, 열기로 인해 FGSS 장비가 손상되지 않도록 방지하는 목적도 가지고 있습니다.

여기에서 "A-60"란 의미는 화재 발생 이후, 최소 60분까지 장비에 영향을 미치지 않도록 요구되는 설계 사양입니다.

그럼, 먼저 LNG fuel tank에 대한 Insulation에 대해서 살펴보면, LNG fuel tank의 Insulation은 LNG가 탱크 안에서 영하 163도의 극저온을 유지하기 위한 목적으로 LNG Fuel tank로 열이 침입하는 것을 막는 것이 주 목적입니다. 이렇게 탱크 내부로 열이 전달되는 방법에는 다음과 같이 3가지가 있는데, 첫 번째 "복사(Radiation)"는 열이 전자기파 형태로 직접적으로 전달되는 것으로 진공과 같은 공간에서도 열은 이동됩니다.

복사열은 검은색 또는 거친 면에 잘 흡수되고, 거울과 같은 매끈한 면에서는 복사열이 반사되는데, 복사열에 대표적인 것이 태양 복사열로, 태양 복사열을 줄이는 방법은 열을 받는 표면을 밝은 색으로, 복사열을 반사할 수 있도록 만드는 것입니다.

일례로 북극과 남극의 빙하는 단순히 지구의 담수를 고체형태로 저장할 뿐 아니라, 상부 얼음층의 흰색은 태양 복사열을 지구 밖으로 반사하여 지구의 온도를 유지하는 역할을 해 왔는데, 지구온난화로 인해 이 얼음층이 녹음으로써 지구의 온도가 올라가는 악순환이 가속화 되고 있습니다.

두 번째, "대류(Convection)"는 유체를 매개체로 열이 전달되는 것으로, 유체의 온도차이에 의해 밀도차가 생기고 이 밀도차에 의해 유체가 자연스럽게 혼합하여 이동함으로써 열이 전달되는 것으로, 유체를 제거하면 대류는 차단되기 때문에 진공에서는 대류는 일어나지 않습니다.

세 번째, "전도(Conduction)"는 물체가 직접적으로 접촉하여 열이 전달되는 것으로, 물체 간 접촉을 없애면 전도가 차단되겠지만, 어쩔 수 없이 접촉이 일어나는 곳에는 열전도율이 낮은 재질을 적용하여 전도열을 줄이고 있습니다.

LNG fuel tank의 Insulation은 이러한 열이 전파되는 것을 차단하는 목적이며, 다음으로 LNG 연료탱크의 보냉(Insulation) 방법에 대해서 설명드리겠습니다.

Tank Insulation 방법에는 여러 가지가 있지만 대표적으로 가장 많이 사용되는 3가지 방법이 있는데, IGF Code에서는 어떤 보냉 방법을 적용할 지, 어느 정도의 보냉 품질이 필요한지에 대해서 명확하게 요구하지 않습니다. 즉, 보냉 방법과 품질은 고객사와 공급사의 요구에 따라 달라집니다.

첫 번째, 진공보냉 방법은 Inner shell이라 부르는 LNG와 직접 접촉하여 LNG를 저장하는 탱크와 Outer shell이라고 부르는 외측 탱크 사이 공간에 펄라이트(Perlite)라고 부르는 마그마가 호수나 바다물에 급속히 냉각되면서 내부에 휘발성분이 농집되어 생성된 비정질의 광물을 충전시키고, 그 공간을 진공으로 만드는 방법입니다. Perlite는 자체적으로 보온특성을 가진 물질은 아니며, 진공상태와 결합할 때 보냉 성능이 극대화 됩니다.

통상 진공 보냉 두께는 300mm 이하로 제작되는데, 진공 두께가 너무 작으면 이 공간에 설치되는 Pipe 배치가 어렵고, 두께가 너무 크면 Perlite 충전비용과 Out shell 자재 및 무게 증가, 비용증가 등으로 가장 최적의 두께가 250~300mm 사이입니다.

두 번째는 폴리우레탄 스프레이(PU Spray with polymeric coating)를 사용하는 Insulation으로, 액체상태의 폴리우레탄을 Inner shell 외관에 일정한 두께로 도포시키는 방법입니다.

보냉 두께는 요구 조건에 따라 300~500mm로 적용할 수 있는데, 보냉 품질은 어느 정도 두께까지는 비례하지만 그 이상에서는 효과가 없는 이유와 보냉 두께가 두꺼워지면 보냉재의 하중으로 인해 박리가 일어날 가능성의 이유로, 최적의 두께를 선정하여 설치합니다. 그리고, 도포된 폴리우레탄의 형상이 울퉁불퉁하기 때문에 보냉이 완전히 굳은 후에 일정 높이로 깎아 내고 그 위에 빗물, 바닷물, 태양 자외선 영향을 방지하기 위해 Polymeric Coating 처리를 합니다.

이 보냉 방법의 장점은 스프레이 도포방식으로 작업성이 우수하고, PU 보냉재가 가벼워서 전체 탱크 무게에도 영향이 적고, 품질문제가 발생하더라도 그 부위만 도려내서 현장에서도 재 시공이 가능합니다.

세 번째는 폴리우레탄 폼 블록(PU foam block)을 사용하는 Insulation으로, 이 보냉 방법은 Membrane을 Caro Tank로 사용하는 LNG 운반선에 널리 사용되는 방식입니다.

폴리우레탄을 경화시킨 폼 블록을 패널(Panel) 형식으로 제작하여 탱크외부에 부착, 설치하는 방식으로 시공하며 Mark III형 Membrane 탱크에는 270mm, No.96형 Membrane 탱크에는 560mm 두께의 PU Foam block을 적용합니다. 즉, 보냉 블록이 정확한 규격으로 사전 제작이 되며, 이 보냉 방법의 장점은 수백 척의 LNG 운반선의 실적을 통해 이미 검증된 보냉 방법으로,

Membrane 탱크를 제작할 수 있는 크기에는 제한이 없습니다.

이 보냉재의 시공 작업은 반드시 Membrane 탱크를 제작하는 장소(조선소)에서 이루어져야 한다는 것인데, 이러한 제한으로 Membrane 탱크 제작이 가능한 조선소에서만 작업 및 유지보수가 가능하다는 단점이 있습니다.

마지막으로 Insulation 성능은 진공보냉은 가장 우수하고, 폴리우레탄 스프레이와 폴리우레탄 폼 블록은 거의 비슷한 Insulation 성능을 나타냅니다.

No.	Method / Item	Vacuum	Polyurethan Spray with Paint	Polyurethan Foam Block	Remark
▼ Insulation Method for LNG Pipe					
1	Configuration				• PU: Polyurethane
2	Insulation Thickness	50mm 이하	50mm 이상	50mm 이상	
3	Insulation performance	Vacuum 〉 PU Spray = PU Foam Block			

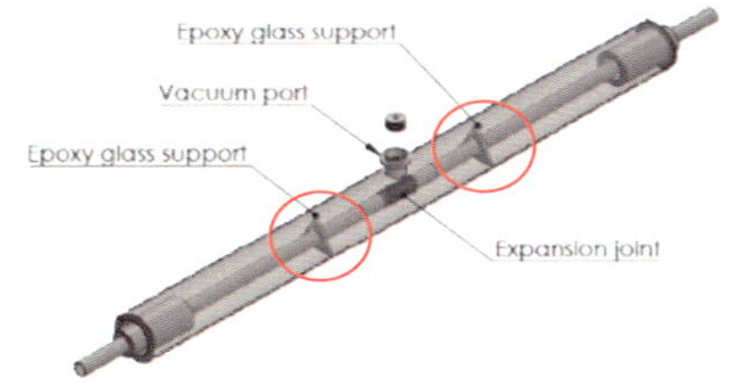

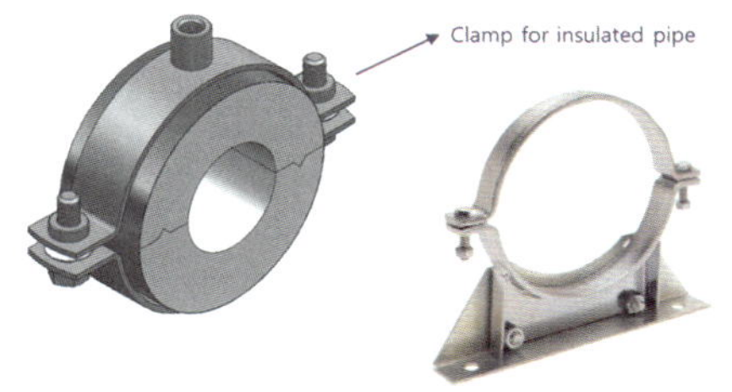

이번에는 Pipe Insulation에 대한 설명으로, Pipe Insulation도 LNG Fuel Tank Insulation과 마찬가지로 극저온의 냉열이 전파되는 것을 차단하는 목적으로, 다음과 같이 Pipe 보냉(Insulation)에 대한 종류와 방법에 대해서 설명드리겠습니다.

Pipe Insulation 방법에는 여러 가지가 있지만 대표적으로 가장 많이 사용되는 3가지 방법이 있는데, IGF Code에서는 어떤 보냉 방법을 Pipe에 적용할 지, 어느 정도의 보냉 품질이 필요한지에 대해서 명확하게 요구하지 않습니다.

첫 번째, 진공보냉 방법은 LNG와 직접 접촉하여 LNG를 이송하는 Inner Pipe와 Outer Pipe 와 사이 공간을 진공으로 만드는 방법입니다.

통상 진공 보냉 두께는 50mm 이하로 제작되는데, 다음에 보이는 이미지와 같이 Inner pipe와 Outer pipe 사이에 열차단과 Inner pipe 지지를 위한, Epoxy Glass Support가 일정 간격으로 설치됩니다.

두 번째는 폴리우레탄 스프레이(PU Spray with paint)를 사용하는 Insulation으로, 액체상태의 폴리우레탄을 Pipe 외관에 일정한 두께로 도포시키는 방법입니다.

보냉 두께는 파이프의 직경과 요구 조건에 따라 달라질 수 있지만, 통상 50mm 이상으로 적용 되며, 보냉 품질은 어느 정도 두께까지는 비례하지만 그 이상에서는 효과가 없는 이유와

보냉 두께가 두꺼워지면 보냉재 하중으로 인해 박리가 일어날 가능성의 이유로, 최적의 두께를 선정하여 설치합니다. 그리고, 도포된 폴리우레탄의 형상이 울퉁불퉁하기 때문에

보냉이 완전히 굳은 후에 두께 차이가 심하게 나는 부분만 깎아 내고 그 위에 빗물, 바닷물, 태양 자외선 영향을 방지하기 위해 페인트를 칠합니다.

이 보냉 방법의 장점은 스프레이 도포방식으로 보냉재가 가볍고 작업성이 우수할 뿐만 아니라, 품질문제가 발생하더라도 그 부위만 도려내서 현장에서도 재시공이 가능합니다.

세 번째는 폴리우레탄 폼 블록(PU foam block)을 사용하는 Insulation으로, 이 보냉 방법은 폴리우레탄을 경화시킨 폼 블록을 파이프 모양으로 제작하여 Pipe 외부에 부착, 설치하며 통상 50mm 이상 두께의 PU Foam block을 적용합니다.

이 보냉 방법의 장점은 보냉 블록이 정확한 규격으로 사전 제작되기 때문에 현장 작업이 쉽고, 품질문제가 발생하더라도 그 부위만 현장에서 교체하여 재시공이 가능합니다.

다음에 보이는 이미지는 Pipe을 둘러싸는 PU Foam Block을 체결하는 Clamp로, Insulation 이 Pipe에 잘 부착되어 있도록 하는 이유와 Pipe를 설치, 지지하는 Support의 역할도 함께 가지고 있습니다.

마지막으로 Pipe Insulation 성능은 진공보냉은 가장 우수하고, 폴리우레탄 스프레이와 폴리우레탄 폼 블록은 거의 비슷한 Insulation 성능을 나타냅니다.

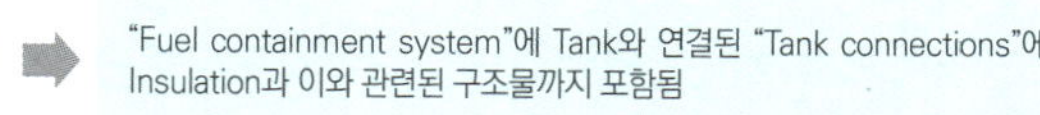

IGF 2.2.15 Fuel containment system is the arrangement for the storage of fuel including tank connections. It includes where fitted, a primary and secondary barrier, associated insulation and any intervening spaces, and adjacent structure if necessary for the support of these elements.

➡ "Fuel containment system"에 Tank와 연결된 "Tank connections"에 Insulation과 이와 관련된 구조물까지 포함됨

IGF 2.2.31 Membrane tanks are non-self-supporting tanks that consist of a thin liquid and gas tight layer(membrane) supported through insulation by the adjacent hull structure.

➡ 멤브레인 탱크(membrane tank)는 인접한 선체 구조에 의해 Insulation 을 통해 지지되는 얇은 액체 및 가스 타이트층(membrane)으로 구성된 Non-self-supporting Tank 임

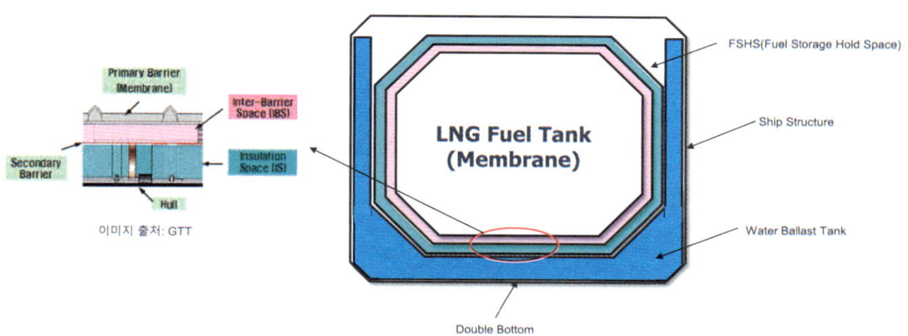

이번 페이지부터는 IGF Code에서 요구하는 Insulation 설계에 대해서 설명드리겠습니다.

먼저, IGF 2.2.15에서는 "Fuel containment system"에 Tank와 연결된 "Tank connections" 도 포함되어야 한다고 요구하면서, 이 Tank Connection에 Primary and secondary barrier 뿐 만 아니라, Insulation과 이와 관련된 구조물까지 포함된다고 언급하고 있습니다.

참고로, 여기서 언급하는 "Tank connection"은 앞 차시에서 설명드렸던, TCS(Tank Connection Space)와는 조금 다른 의미입니다.

왜냐하면 "Tank Connection"은 Open된 공간에도 설치되어 있기 때문입니다. 그래서, "Tank Connection"이 밀폐 공간에 배치될 경우에 이 공간을 "Tank Connection Space"라고 부르게 됩니다.

IGF 2.2.31에서는 멤브레인 탱크(membrane tank)는 인접한 선체 구조물에 의해 Insulation을 통해 지지되는, 얇은 층의 탱크 구조, 즉, membrane으로 구성된 Non-self-supporting Tank 라 정의하면서, 멤브레인 탱크에 적용되는 Insulation의 목적이 냉열을 차단하는 것 뿐만 아니라, 탱 크를 지지하는 역할도 한다고 언급하고 있습니다.

그럼, Insulation이 탱크를 지지(Support)한다는 내용에 대해 Membrane 형식의 LNG 연료탱크 단면도를 보고 설명드리겠습니다.

먼저 용어부터 살펴보면 LNG를 저장하는 탱크 안쪽에, LNG와 직접 접촉하는 면을 1차 방벽 "Primary Barrier" 또는 "First Barrier"라고 부릅니다.

그리고 2차 방벽을 "Secondary Barrier"라고 부르는데, 1차 방벽은 LNG를 직접 저장 및 차단 하는 목적이고, 2차 방벽은 1차 방벽에서 누설된 LNG를 저장 및 차단하는 목적입니다.

여기에서 1차 방벽과 2차 방벽 사이에 보냉재(Insulation Material)로 채워진 공간을 IBS(Inter Barrier Space)라고 부르는데, 이 공간이 보냉재로 채워졌다고 하더라도 물리적으로 미세한 공극(Air Space)이 존재하기 때문에 IBS라고 부릅니다.

그리고, 2차 방벽과 Hull 구조 사이의 공간을 IS(Insulation Space)라 부르는데, 이 공간 역시 공 극이 존재합니다. 1차 방벽을 아무리 잘 제작한다고 해도 미세한 LNG 누설이 존재할 수 있기에, 얇은 막으로 구성된 2차 방벽으로 LNG가 더 이상 밖으로 누설되지 않도록 차단하고 있습니다.

하지만, 2차 방벽 역시 누설될 수 있는 가능성이 있기 때문에, IBS와 IS에는 N2의 압력차이를 다르게 공급하여 항상 압력을 모니터링하는 시스템이 적용됩니다.

그리고, IS의 압력을 IBS 압력보다 약간 높게 설정하여 제어하기 때문에, 만약 2차 방벽에 Leak가 발생할 경우 IS에서 IBS쪽으로 압력이 이동하도록 설계되어 있습니다.

이렇게 탱크 단면도를 통해 Membrane 형식의 탱크는 IS(Insulation Space)라 부르는 Insulation 이 탱크를 지지하는 구조로 설계되어 있음을 확인할 수 있습니다.

IGF 5.10.3 The drip tray shall be thermally insulated from the ship's structure so that the surrounding hull or deck structures are not exposed to unacceptable cooling, in case of leakage of liquid fuel.

Drip Tray는 액체 연료 누출의 경우 주변 선체나 갑판 구조물이 허용할 수 없는 냉각에 노출되지 않도록 선박 구조물로부터 Thermally Insulated 되어야 함

IGF 6.4.2.1 The containment systems shall be provided with a complete secondary liquid-tight barrier capable of safely containing all potential leakages through the primary barrier and, in conjunction with the thermal insulation system, of preventing lowering of the temperature of the ship structure to an unsafe level.

Fuel Containment System은 1차 방벽을 통한 모든 잠재적 LNG 누출을 안전하게 방지할 수 있어야 하며, Thermal Insulation System과 함께 선박 구조물의 온도가 안전하지 않은 수준으로 낮아지는 것을 방지할 수 있는 완전한 2차 방벽이 제공되어야 한다.

IGF 6.4.8 Thermal insulation
6.4.8.1 Thermal insulation shall be provided as required to protect the hull from temperatures below those allowable(see 6.4.13.1.1) and limit the heat flux into the tank to the levels that can be maintained by the pressure and temperature control system applied in 6.9.

Thermal Insulation은 IGF 6.4.13.1.1을 참조로 해서, 허용 온도 이하의 온도로부터 선체를 보호할 수 있어야 하고, 탱크 안쪽으로 열이 침투하는 것에 대해, IGF 6.9에서 요구하는 압력 및 온도 제어 시스템에 의해 유지될 수 있는 수준으로 제한하기 위해 필요한 단열재가 제공되어야 함

IGF 6.4.13.1.1 Materials forming ship structure
.5 Degradation of the thermal insulation properties over the life of the ship due to factors such as thermal and mechanical ageing, compaction, ship motions and tank vibrations as defined in 6.4.13.3.6 and 6.4.13.3.7 shall be assumed.

IGF 6.4.13.3.6 Testing for thermal conductivity of thermal insulation shall be carried out on suitably aged samples.
단열재의 열전도도 시험은 적합하게 안정화된 샘플에 대해 수행해야 한다.

IGF 6.4.13.3.7 Where powder or granulated thermal insulation is used, measures shall be taken to reduce compaction in service and to maintain the required thermal conductivity and also prevent any undue increase of pressure on the liquefied gas fuel containment system.
분말 또는 과립 단열재를 사용하는 경우, 사용 중 압축을 줄이고 요구되는 열전도율을 유지하면서도, LNG 연료탱크 내부의 압력이 심각하게 증가할 수 있는 것을 방지하기 위한 단열재를 선정하라고 요구

IGF 6.4.13.3 Thermal insulation and other materials used in liquefied gas fuel containment systems
IGF 6.4.13.3.1 Load-bearing thermal insulation and other materials used in liquefied gas fuel containment systems shall be suitable for the design loads.

액화가스 연료저장 시스템에 사용되는 하중을 지지하는 단열재(Load-bearing thermal insulation) 및 기타 재료가, 설계 하중에 적합해야 한다고 요구

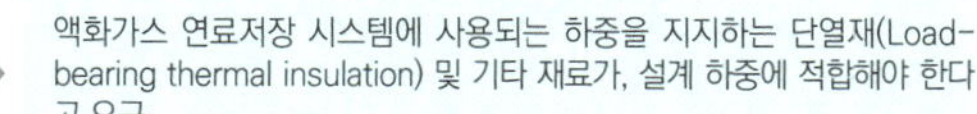

IGF 5.10.3에서는 Drip Tray는 액체 연료 누출의 경우, 주변 선체나 갑판 구조물이 허용할 수 없는 냉각에 노출되지 않도록 선박 구조물로부터 Thermally Insulated 되어야 한다고 언급하면서, LNG 누설이 우려되는 장소에 Drip Tray가 설치되어야 하고, 이 Drip Tray에, 선체 쪽으로 냉열이 추가적으로 전파되지 않도록 Insulation 적용을 요구하고 있습니다.

실제 프로젝트 설계에서는 Drip Tray가 선체와 직접 접촉하지 않도록 약간의 간격을 띄우거나, 간격을 띄울 수 없는 경우에는 Drip Tray와 선체 간에 "Press wood"와 같이 열차단과 Drip Tray 구조를 지탱하는 Insulation 재질을 적용하기도 합니다.

IGF 6.4.2.1에서는 앞서 설명한 Membrane 연료탱크 구조에 요구되는 항목으로, Fuel Containment System은 1차 방벽을 통한 모든 잠재적 LNG 누출을 안전하게 방지할 수 있어

야 하며, Thermal Insulation System과 함께, 선박 구조물의 온도가 안전하지 않은 수준으로 낮아지는 것을 방지할 수 있는 완전한 2차 방벽을 요구하고 있습니다.

IGF 6.4.8에서는 Thermal Insulation은 IGF 6.4.13.1.1을 참조로 하여, 허용 온도 이하의 온도로부터 선체를 보호할 수 있어야 하고, 탱크 안쪽으로 열이 침투하는 것을, IGF 6.9에서 요구하는 압력 및 온도 제어 시스템에 의해 유지될 수 있는 수준으로 제한하기 위해 필요한, 단열재 설치를 요구하고 있습니다.

여기서 참조가 되는 IGF 6.4.13.1.1.5번 항목은 IGF 6.4.13.3.6 및 6.4.13.3.7에 정의된 열, 기계적 노화, 압축, 선박 운동 및 탱크 진동과 같은 요인으로 인한, 선박 수명에 영향을 미치는 단열 특성의 저하를 고려하여 Insulation 재료 특성을 선정하라고 요구하고 있습니다.

그럼, 추가적으로 언급된 IGF 6.4.13.3.6 및 6.4.13.3.7 항목을 살펴보면, IGF 6.4.13.3.6에서는 단열재의 열전도도 시험은 적합하게 숙성된(Aged) 샘플에 대해 수행해야 한다고 요구하고 있고, IGF 6.4.13.3.7에서는 분말 또는 과립 단열재를 사용하는 경우, 사용 중 압축을 줄이고 요구되는 열전도율을 유지하면서도, LNG 연료탱크 내부의 압력이 심각하게 증가할 수 있는 것을 방지하기 위한 단열재를 선정하라고 요구하고 있습니다.

IGF 6.4.13.3 항목은 액화가스 연료저장 시스템에 사용되는 단열재 및 기타 물질에 대한 요구사항으로 IGF 6.4.13.3.1에서는 액화가스 연료저장 시스템에 사용되는 하중을 지지하는 단열재(Load-bearing thermal insulation) 및 기타 재료가, 설계 하중에 적합해야 한다고 요구하고 있습니다.

IGF 6.4.13.3.2 Thermal insulation and other materials used in liquefied gas fuel containment systems shall have the following properties, as applicable, to ensure that they are adequate for the intended service:

.1 compatibility with the liquefied gas fuels;
.2 solubility in the liquefied gas fuel;
.3 absorption of the liquefied gas fuel;
.4 shrinkage;
.5 ageing;
.6 closed cell content;
.7 density;
.8 mechanical properties, to the extent that they are subjected to liquefied gas fuel and other loading effects, thermal expansion and contraction;
.9 abrasion;
.10 cohesion;
.11 thermal conductivity;
.12 resistance to vibrations;
.13 resistance to fire and flame spread; and
.14 resistance to fatigue failure and crack propagation.

IGF 6.4.13.3.3 The above properties, where applicable, shall be tested for the range between the expected maximum temperature in service and 5°C below the minimum design temperature, but not lower than minus 196°C.

IGF 6.4.13.3.4 Due to location or environmental conditions, thermal insulation materials shall have suitable properties of resistance to fire and flame spread and shall be adequately protected against penetration of water vapour and mechanical damage. Where the thermal insulation is located on or above the exposed deck, and in way of tank cover penetrations, it shall have suitable fire resistance properties in accordance with a recognized standard or be covered with a material having low flame spread characteristics and forming an efficient approved vapour seal.

Insulation은 설치 위치 또는 환경 조건을 고려하여, 화재 및 화염 확산에 대한 적합한 특성을 가져야 하며, 수증기 침투 및 기계적 손상으로부터 적절히 보호되어야 함
또한, 단열재가 노출된 갑판 또는 갑판 상부에 위치하고 탱크 커버를 관통 방식으로 적합한 내화성을 가져야 하며, 화염 확산 특성이 낮고 효율적이고 인증된 Vapour를 밀봉 할 수 있는 특성이 요구됨

IGF 6.4.13.3.5 Thermal insulation that does not meet recognized standards for fire resistance may be used in fuel storage hold spaces that are not kept permanently inerted, provided its surfaces are covered with material with low flame spread characteristics and that forms an efficient approved vapour seal.

화염 확산 특성이 낮고 효율적이고 인증된 Vapour를 밀봉할 수 있는 특성을 가진 Insulation을 적용할 경우, FSHS(Fuel Storage Hold Space)에 내화성에 대한 공인 표준을 충족하지 않은 Insulation 자재도 사용할 수 있음

IGF 6.4.13.3.2에서는 액화가스 연료 저장 시스템에 사용되는 단열재 및 기타 물질은, 요구되는 성능에 적합하도록 다음과 같은 특성을 가져야 한다고 언급하고 있습니다.

1번, 극저온 액화가스 연료와의 호환성, 즉, 연료에 온도 특성을 고려한 Insulation 선정이 필요합니다.

2번, 액화가스 연료에 대한 용해도, 즉, Insulation이 액화가스 연료에 녹을 수 있는 특성이 있는지 확인이 필요하며,

3번, 액화가스 연료의 흡수, 즉, Insulation이 액화가스 연료에 흡수되는 특성이 있는지 확인이 필요합니다.

4번, 수축, 즉 액화가스 연료의 낮은 온도로 인한 Insulation의 수축 특성도 고려해야 하며,

5번, Insulation의 수명 및 내구성에 대한 특성을 고려해야 합니다.

6번, Insulation이 포함하고 있는 공극 함량(Closed cell contents)도 고려해야 하는데, 이러한 이유는 공극이 완전 진공이 아닌 이상, 대류를 통해 열이 전달될 수 있기 때문입니다.

7번, Insulation의 밀도가 열전도의 영향을 미치기 때문에, 밀도 역시 Insulation 선정을 위한 고려 항목입니다.

8번, 액화가스 연료 및 기타 부하 영향을 받는 정도의 기계적 특성, 열 팽창 및 수축을 고려한 Insulation 특성도 확인이 필요합니다.

9번, Insulation의 마모성은, 특성이 의미하는 바와 같이 Insulation에 물리적인 접촉으로 인한 마모가 되는 정도를 의미하며,

10번, Insulation의 접합력은 열차단이 필요한 탱크나, 파이프에 Insulation이 잘 부착되어 있는 특성을 의미합니다.

11번, 열전도율은 Insulation의 가장 중요한 특성으로, 이 특성이 Insulation을 선정하는 가장 중요한 항목이 됩니다.

12번, 진동에 대한 저항성은 Insulation이 진동이 있는 장소에 적용되었을 때, 진동으로 인한 Insulation의 변형, 파손에 대해 얼마나 잘 견디는지에 대한 요구사항입니다.

13번, 화재 및 화염 확산에 대한 저항성은 Insulation 자체가 화재에 얼마나 버틸 수 있는지, 불이 붙었을 때 화염이 얼마나 빨리 확산되는 성질을 가지고 있는지에 대한 요구사항입니다.

14번, 피로 파괴 및 균열 전파에 대한 저항성은 Insulation이 지속적인 피로하중을 받았을 때, 파괴되는 정도와 파괴가 되더라도 어느 정도 확산이 되는지에 대한 특성을 의미합니다.

방금 설명 드린 항목 중에서 의미가 혼동되는 항목이 몇 가지 있는데, 다음과 같이 5번 수명, 12번 진동에 대한 저항성, 14번 피로파괴에 대한 저항성에 대해 좀더 자세하게 설명드리겠습니다.

먼저, 5번, 수명이 의미하는 것은 Insulation에 어떠한 진동이나 물리적인 접촉이 없는 상황을 기준으로 산정되는 특성이고, 12번, 진동과 14번 피로하중은 유사한 것으로 판단될 수 있겠지만, 진동은 간헐적이나 지속적일 수 있고, 파괴가 되는 한계 범위 아래에서 고려되는 항목이라고 한다면, 피로하중은 파괴가 될 수 있는 범위 안에서 지속적인 하중을 미치는 항목으로 이해할 수 있습니다.

추가적으로 IGF 6.4.13.3.3에서는 방금 설명한 Insulation 재료에 대한 특성에 대해 시스템에 적용되어 사용될 경우에, 예상되는 최대 온도와 영상 5℃ 미만의 최소 설계 온도범위에서 시험해야 하지만 이 온도가 영하 196℃ 보다 낮으면 안된다고 요구하고 있습니다.

여기서 영하 196℃ 보다 낮으면 안되는 이유는, FGSS 시스템은 안전상의 이유로 실제 장비가 설치된 선박이 아닌 다른 장소에서 영하 163℃의 LNG를 사용한 시험이 허용되지 않기 때문에, LNG를 대신해서 영하 196℃의 액화질소를 가지고 시험을 하게 되었고, 영하 196℃의 액화질소

도 이미 LNG보다 충분히 낮은 온도이므로, 액화질소보다 더 낮은 온도로 시험이 필요하지 않기 때문입니다.

IGF 6.4.13.3.4에서는 Insulation은 설치 위치 또는 환경 조건을 고려하여, 화재 및 화염 확산 방지에 대해 적합한 특성을 가져야 하며, 수증기 침투 및 기계적 손상으로부터 적절히 보호되어야 한다고 언급하고 있습니다. 또한, 단열재가 노출된 갑판 또는 갑판 상부에 위치하고 탱크 커버를 관통 방식으로 적합한 내화성을 가져야 하며, 화염 확산 특성이 낮고 효율적이고 인증된 Vapour 를 밀봉 할 수 있는 특성을 요구하고 있습니다.

IGF 6.4.13.3.5에서는 화염 확산 특성이 낮고 효율적이고 인증된 Vapour를 밀봉 할 수 있는 특성을 가진 Insulation을 적용할 경우, FSHS(Fuel Storage Hold Space)에 내화성에 대한 공인 표준을 충족하지 않은 Insulation 자재도 사용할 수 있다고 허용하고 있습니다.

IGF 7.2.1.4 Low temperature piping shall be thermally isolated from the adjacent hull structure, where necessary, to prevent the temperature of the hull from falling below the design temperature of the hull material.

저온 배관이 필요한 경우 선체의 온도가 선체 재료의 설계 온도 이하로 떨어지는 것을 방지하기 위해 인접한 선체 구조물로부터 단열 격리 (Thermally Isolated) 되어야 함

IGF 7.3.1.2 Where tanks or piping are separated from the ship's structure by thermal isolation, provision shall be made for electrically bonding to the ship's structure both the piping and the tanks. All gasketed pipe joints and hose connections shall be electrically bonded.

선박에 설치되는 Tank, Piping, Pipe joint 및 hose connection은 모두 선체구조(Ship Structure)와 전기적으로 연결(Electrically bonding)되어야 함

즉, 선박에 설치된 장비들이 선체와 전기적으로 연결하기 위해 "Electric Bonding"을 적용

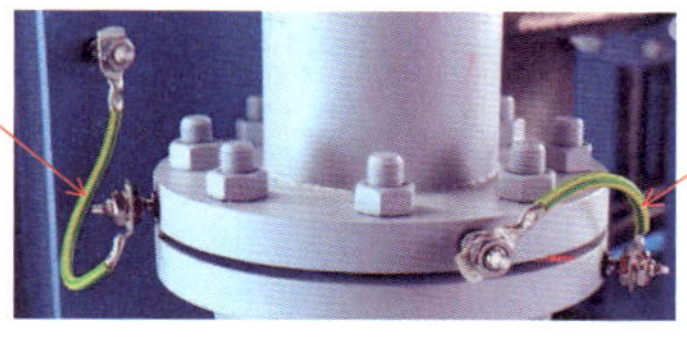

IGF 7.3.1.4 Pipework, which may contain low temperature fuel, shall be thermally insulated to an extent which will minimize condensation of moisture.

저온 연료를 이송하는 배관은 습기의 응축, 즉 파이프 외관의 결로를 최소화할 수 있는 정도로 단열되어야 함

IGF 11.3.2 Any boundary of accommodation spaces, service spaces, control stations, escape routes and machinery spaces, facing fuel tanks on open deck, shall be shielded by A-60 class divisions. The A-60 class divisions shall extend up to the underside of the deck of the navigation bridge, and any boundaries above that, including navigation bridge windows, shall have A-0 class divisions. In addition, fuel tanks shall be segregated from cargo in accordance with the requirements of the International Maritime Dangerous Goods(IMDG) Code where the fuel tanks are regarded as bulk packaging. For the purposes of the stowage and segregation requirements of the IMDG Code, a fuel tank on the open deck shall be considered a class 2.1 package.

LNG fuel tank가 open deck에 설치될 경우에는 Fuel tank와 마주보는 공간은 모두 A-60로 shielded 되어야 함. 이러한 공간에 속하는 것이, 거주구, 서비스공간, 제어장소, 탈출경로, 기계실, 갑판상부에서 조타실 아래까지 이 경우에는 FPR도 Machinery Space로 간주되어 A-60가 필요

추가적으로, LNG 연료탱크는 국제해사 위험물(IMDG, International Maritime Dangerous Goods) Code 요건에 따라 선적 화물(Cargo)로부터 분리되어야 한다. IMDG Code에 따른 보관 및 격리 요건을 충족하기 위해 개방형 갑판 위의 연료 탱크는 2.1 등급 패키지로 간주됨

IGF 7.2.1.4에서는 저온 배관이 필요한 경우, 선체의 온도가 선체 재료의 설계 온도 이하로 떨어지는 것을 방지하기 위해, 인접한 선체 구조물로부터 단열 격리(Thermally Isolated) 되어야 함을 요구하고 있습니다.

IGF 7.3.1.2에서는 탱크 또는 배관이 Insulation에 의해 선박 구조로부터 분리되는 경우, 배관 및 탱크 모두에서 선박 구조에 전기적으로 연결하기 위해 모든 Gasket으로 연결된 Pipe Joint 및 호스 연결부는 전기적으로 접지를 요구하고 있습니다.

이 요구사항으로 판단할 때, Insulation은 단열 성능 뿐만 아니라, 절연 성능까지 함께 가지고 있다는 것을 알 수 있습니다.

그래서, 전기적인 접지를 위해 아래 이미지와 같이 Pipe와 선체의 전기적인 연결을 위해서 그리고 Pipe와 Pipe가 Flange Joint로 연결되는 부위 전기적인 연결을 위해 "Electric bonding"을 적용합니다.

IGF 7.3.1.4에서는 저온 연료를 이송하는 배관은, 습기의 응축(condensation of moisture), 즉 파이프 외관에 결로를 최소화할 수 있는 정도로 Insulation이 적용 되어야 한다고 요구하고 있습니다. 참고로 여기서 결로는 차가운 물체 표면에 습기가 응축되어 물방울이 맺히는 현상을 말합니다.

IGF 11.3.2에서는 LNG fuel tank가 Open deck에 설치될 경우에는, Fuel tank와 마주보는 공간은 모두 A-60 Insulation을 요구하고 있습니다.

이러한 공간에 속하는 것은 작업자의 거주공간, 서비스공간, 제어장소, 탈출경로, 기계실, 갑판 상부에서 조타실 아래까지 이며, Open deck에 설치되는 FPR의 경우, Machinery Space로 간주되어 FPR에도 A-60 Insulation이 필요합니다.

추가적으로, LNG 연료탱크는 국제해사 위험물(IMDG, International Maritime Dangerous Goods) Code 요건에 따라 선적 화물(Cargo)로부터 분리를 요구하는데, IMDG Code에 따른 보관 및 격리 요건을 충족하기 위해 개방형 갑판 위의 연료 탱크는 2.1 등급 패키지로 간주된다고 언급하고 있습니다.

IGF 11.3.3 The space containing fuel containment system shall be separated from the machinery spaces of category A or other rooms with high fire risks. The separation shall be done by a cofferdam of at least 900 mm with insulation of A-60 class. When determining the insulation of the space containing fuel containment system from other spaces with lower fire risks, the fuel containment system shall be considered as a machinery space of category A, in accordance with SOLAS regulation II-2/9. The boundary between spaces containing fuel containment systems shall be either a cofferdam of at least 900 mm or A-60 class division.
For type C tanks, the fuel storage hold space may be considered as a cofferdam.

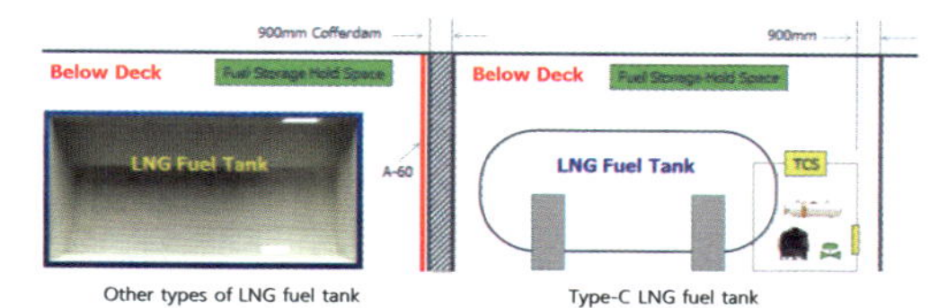

IGF 11.3.6 The bunkering station shall be separated by A-60 class divisions towards machinery spaces of category A, accommodation, control stations and high fire risk spaces, except for spaces such as tanks, voids, auxiliary machinery spaces of little or no fire risk, sanitary and similar spaces where the insulation standard may be reduced to class A-0.

LNG bunkering station은 Machinery spaces of category A와 A-60로 격리가 되어야 하는데,
Tank space, Void space, 화재 위험이 적거나 없는 보조 기계 공간, 위생 및 유사한 공간은 A-0 등급으로 낮출 수 있음. 즉 별도 Insulation을 적용하지 않음
그래서 Open deck에 설치된 LNG bunkering station과 LNG tank 사이에 A-60가 없는 이유임

IGF 11.3.7 If an ESD protected machinery spaces is separated by a single boundary, the boundary shall be of A-60 class division.

ESD protected machinery spaces가 단일 경계면으로 구성될 경우엔, 이 경계면에는 A-60 Insulation을 적용이 요구됨

IGF 16.5.1.7 The fuel containment system shall be inspected for cold spots during or immediately following the first LNG bunkering, when steady thermal conditions are reached. Inspection of the integrity of thermal insulation surfaces that cannot be visually checked shall be carried out in accordance with the requirements of the Administration.

Insulation 건전성에 대한 점검은 "육안검사(Visual Check)"로 진행한다고 언급

IGF 11.3.3에서는 "fuel containment system"을 포함하는 공간은, "Machinery space of category A" 또는 화재위험이 가능성이 있는 Room과 최소 900mm 물리적인 방벽(Cofferdam)과 A-60 Insulation으로 격리하라고 요구하고 있습니다.

좌측 이미지와 같이 Membrane 연료탱크의 경우에는 900mm cofferdam과 A-60 Insulation이 적용되어야 하고, Type-C 연료탱크의 경우에는 900mm cofferdam 또는 A-60 Insulation을 적용할 수 있지만, FSHS 공간이 Cofferdam으로 간주되기 때문에 오른쪽 이미지와 같이 TCS 경계면에서 900mm 이격만으로 이 요구사항을 만족시킬 수 있습니다.

IGF 11.3.6에서는 LNG bunkering station은 "Machinery spaces of category A"와 "A-60 Insulation"으로 격리가 요구되는데, 탱크가 설치된 공간(Tank space), 비어 있는 공간(Void space), 화재 위험이 적거나 없는 보조 기계가 설치된 공간, 위생 및 이와 유사한 공간은 A-0 등급으로 낮출 수 있다고 언급하고 있습니다. 즉, A-0라는 것은 이 공간에 별도의 Insulation을 적용하지 않는다는 의미입니다.

그래서 Open deck에 설치된 LNG bunkering station과 LNG tank 사이에 A-60 insulation이 적용되지 않습니다.

IGF 11.3.7에서는 "ESD protected machinery spaces"가 단일 경계면으로 구성될 경우엔, 이 경계면에는 A-60 Insulation을 적용하라고 요구하고 있습니다.

IGF 16.5.1.7에서는 Insulation 건전성에 대한 점검은 "육안검사(Visual Check)"로 진행한다고 언급하면서, 육안검사를 통해 어느 지점에 결빙(Icing)이나 결로(Condensing)가 있는지 확인해야 한다고 요구하고 있습니다.

지금까지 IGF Code에서 요구하는 "Insulation" 설계에 대해서 알아봤습니다.

IGF 5.10 Regulations for drip trays
IGF 5.10.1 Drip trays shall be fitted where leakage may occur which can cause damage to the ship structure or where limitation of the area which is effected from a spill is necessary.

LNG leakage가 우려되는 모든 장소에 Drip tray 요구
LNG pipe line이 용접이 아닌, Flange로 연결되는 지점 하부에는 모두 Drip Tray 설치 필요

IGF 5.10.2 Drip trays shall be made of suitable material.

Drip tray는 LNG leakage에 대한 보호 대책이기 때문에 적절한 재질이 사용되어야 함

IGF 5.10.3 The drip tray shall be thermally insulated from the ship's structure so that the surrounding hull or deck structures are not exposed to unacceptable cooling, in case of leakage of liquid fuel.

Drip tray와 선체구조와 사이의 LNG Leakage로 인한 수용할 수 없는 냉각에 대한 적절한 보호 대책을 요구. 즉, 냉열 차단

IGF 5.10.4 Each tray shall be fitted with a drain valve to enable rain water to be drained over the ship's side.

Drain vale를 설치하는 주된 목적에 대해서 명확하게 언급함
Drain의 주 목적은 "LNG" 배출이 아니라, "Rain water" 배출 임

IGF 5.10.5 Each tray shall have a sufficient capacity to ensure that the maximum amount of spill according to the risk assessment can be handled.

Drip tray 용량은 최대 누설가능 시나리오를 기준으로 산정하라고만 언급
선박 유동, 기울기에 대한 고려나 몇 % 마진을 두라는 요구가 없음

SGMF 3.4 A drip tray shall be fabricated from an appropriate material to collect any leakage from the manifold. The height of drip tray will normally be calculated from the results of the spill assessment and sized to accommodate leakage from the reducers, distance pieces, spool pieces and the drip-disconnect/connect coupling of the transfer system. A minimum drip tray depth of 100 mm is recommended

IGF Code와 DNV rules에서는 LNG bunkering station 하부에 설치되는 Drip tray의 용량과 설계에서 명확하게 언급하지 않으나, SGMF 3.4에서는 최소 100mm 이상 높이를 권장함

IGF 6.3.10 If liquefied gas fuel storage tanks are located on open deck the ship steel shall be protected from potential leakages from tank connections and other sources of leakage by use of drip trays. The material is to have a design temperature corresponding to the temperature of the fuel carried at atmospheric pressure. The normal operation pressure of the tanks shall be taken into consideration for protecting the steel structure of the ship.

- LNG 연료 저장 탱크가 Open Deck에 위치한 경우, 선박용 강재는 탱크 연결부 및 드립 트레이의 사용에 의한 기타 누출원으로부터의 잠재적 누출로부터 보호되어야 함.
- 강재 재료는 대기압에서 운반되는 연료의 온도에 대응하는 설계 온도를 가져야 함
- 선박의 강재 구조를 보호하기 위해 탱크의 정상 작동 압력을 고려해야 함.

이번 페이지부터는 IGF Code에서 요구하는 Drip Tray 설계에 대해서 설명드리겠습니다.

IGF 5.10 항목은 Drip Tray 설계에 대한 요구사항으로, IGF 5.10.1에서는 LNG pipe line이 용접이 아닌, Flange로 연결되는 모든 지점은, LNG leakage가 우려되는 장소이기 때문에, Flange 하부에는 모두 Drip tray를 설치하라고 요구하고 있습니다.

IGF 5.10.2에서는 Drip tray는 LNG leakage에 대한 보호 대책이기 때문에, 적절한 재질이 사용되어야 함을 요구하고 있고, IGF 5.10.3에서는 Drip trays와 선체구조와 사이의 LNG Leakage로 인한, 수용할 수 없는 냉각에 대한 냉열 차단 등의, 적절한 보호 대책을 요구하고 있습니다.
이 내용은 Insulation 설계 항목에서도 언급했듯이, Drip Tray가 선체와 직접 접촉하지 않도록 약간의 간격을 띄우거나, 간격을 띄울 수 없는 경우에는 Drip Tray와 선체 간에 "Press wood"와 같이, 열차단과 Drip Tray 구조를 지탱하는 Insulation 재질을 적용하기도 합니다.

IGF 5.10.4에서는 Drain vale를 설치하는 주된 목적에 대해서, "Drain"의 주 목적은 "LNG" 배출이 아니라, "Rain water" 배출임을 명확하게 언급하고 있습니다.
가끔 Drain을 LNG에 대한 Drain으로 오해하여, Drain valve 및 배관 재질, 배관배치에 대해서 고민하는 경우가 있는데, LNG bunkering station에서의 Drain은 명확히, Rain water 또는 종종 Sea Water가 튀어 올라오는 경우에 Sea water 배출 목적임을 잘 알고 계셔야 합니다.

IGF 5.10.5에서는 Drip tray 용량은, 최대 누설가능 시나리오를 기준으로 산정하라고만 언급하고 있고, 선박 유동, 기울기에 대한 고려나 몇 % 마진을 두라는 명확한 요구가 없습니다.
DNV rules에서도 IGF Code와 동일하게, LNG bunkering station 하부에 설치되는 Drip tray의 용량과 설계를 명확하게 언급하지 않으나, SGMF 3.4에서는 최소 100mm 이상 높이를 권장하고 있습니다.
그래서, 실제 프로젝트에서는 SGMF에서 권장하는 내용에 따라 LNG Bunkering Station의 Drip Tray 높이를 100mm로 설계하고 있습니다.

IGF 6.3.10에서는 LNG 연료 저장 탱크가 Open Deck에 위치한 경우, 선박용 강재는 Tank Connection과 Drip Tray 사용에 의한, 기타 누출원으로부터의 잠재적 LNG 누설로부터 보호되어야 한다고 요구하고 있습니다.

추가적으로 선박의 강재는 대기압 상태에서 운반되는 연료의 온도에 대응하는 설계 온도를 가져야 한다고 요구하는데, 이 의미는 대기압 상태에서 액체상태를 유지하는 조건으로 LNG의 경우 대기압에서 액체로 존재하는 온도는 영하 163도 이기 때문에, 선박 강재도 영하 163도를 고려한 설계가 필요합니다. 그리고, 강재 설계에, 선박의 구조를 보호하기 위한 탱크의 정상 작동 압력도 고려하라고 요구하고 있습니다.

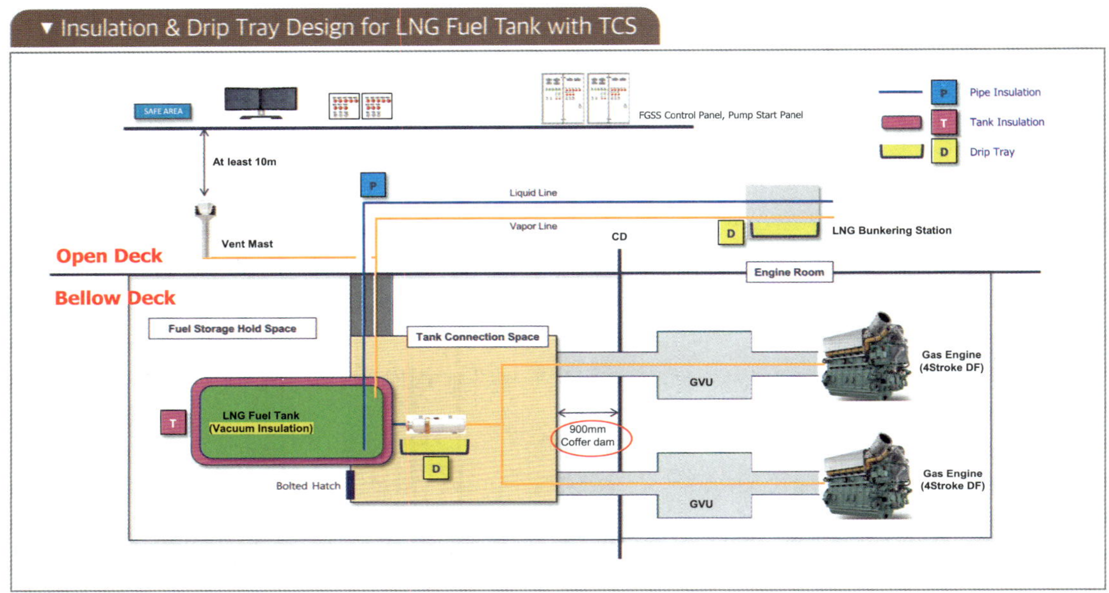

이번 페이지에는 지금까지, 본 교육 차시에서 설명한 "Insulation"과 "Drip Tray"의 설계 요구사항을 기준으로 전체 선박 시스템 중에서 FGSS와 관련된 장비에 어떻게 설계, 반영되는지 가장 많은 실적이 있는 2가지 엔진 시스템 구념도를 통해 설명드리겠습니다.

먼저, 4행정 LNG 엔진이 적용된 FGSS 구성은 다음과 같습니다. 통상 4행정 LNG 엔진이 Main Engine으로 사용되는 선박은 소형 선박으로, 이런 소형 선박은 물리적인 설치 공간이 협소하기 때문에 LNG Fuel Tank가 TCS와 일체형으로 제작되어 갑판하부에 1개 설치되고, LNG bunkering Station도 1개, Vent mast도 1개 설치됩니다.

이 구성도에서 "Insulation"에 대한 항목을 먼저 설명하자면, 파란색으로 표기된 라인이 LNG Pipe로, 극저온의 LNG가 지나는 배관입니다. 이 배관에 진공(Vacuum) 또는 Polyurethane Insulation을 적용합니다.

보라색으로 표기된 것은 "LNG Tank Insulation"으로, 통상 소형 LNG 연료탱크에는 진공(Vacuum) Insulation을 적용합니다.

마지막으로 LNG 연료탱크가 Below deck에 설치될 때, 탱크와 Engine Room 사이를 900mm cofferdam 또는 A-60 insulation으로 격리해야 하는데, 진공으로 단열 된 Type-C LNG 연료탱크의 경우에는 TCS를 포함한 구조가, 엔진룸과 900mm 이격을 두고 설치되는 이 공간을 Cofferdam으로 간주하여 A-60 Insulation을 제외할 수 있습니다. 그래서 본 구성도는 900mm 이격을 적용한 시스템입니다.

다음으로 "Drip Tray"에 대한 설명으로, IGF에서는 LNG 누설이 우려되는 곳에 모두 Drip Tray 적용을 요구하고 있기 때문에, 본 시스템 구성도에서는 노란색으로 표기된 LNG bunkering Station 하부에 Drip Tray가 설치되고, Tank Connection Space(TCS) 내부 기화장비(Vaporizer) 하부에, Drip Tray가 설치됩니다.

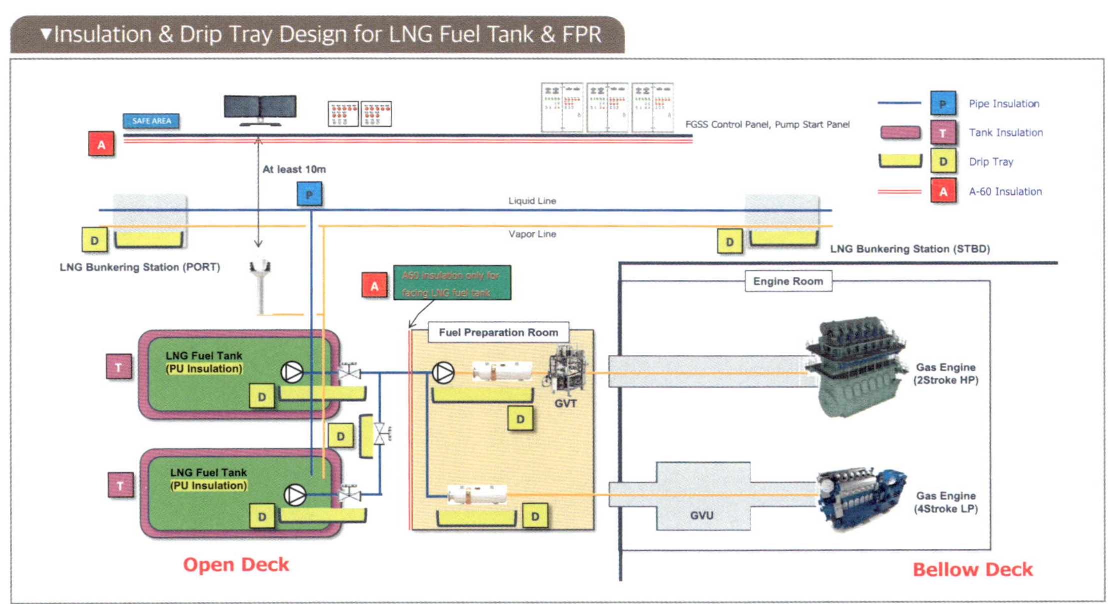

그 다음으로는 2행정 고압(300바) ME-GI 엔진이 적용되는 중/대형 선박용 FGSS 구성에서 먼저 "Insulation"에 대한 요구 항목을 설명하자면,

  - 파란색으로 표기된 라인이 LNG Pipe로 극저온의 LNG가 지나는 배관입니다. 이 배관에 통상 Polyurethane Insulation을 적용하고,

  - 보라색으로 표기된 것은 "LNG Tank Insulation"으로 대형 LNG 연료탱크에도,

Polyurethane Insulation을 적용합니다.

- 마지막으로, 앞서 설명했듯이, 빨간색으로 표기된 LNG 연료탱크를 마주보는 거주구(Accommodation), 서비스공간, 제어장소, 탈출경로, 기계실, 갑판 상부에서 조타실 아래까지 A-60 Insulation이 적용되며, FPR도 Machinery Space로 간주되어, LNG 연료탱크를 마주보는 면에 A-60 Insulation을 적용합니다.

다음으로 "Drip Tray"에 대한 설명으로, IGF에서는 LNG 누설이 우려되는 곳에 모두 Drip Tray 적용을 요구하고 있기 때문에, 본 시스템 구성도에서는, 노란색으로 표기된 LNG bunkering Station 하부에 Drip Tray가 설치되고, LNG Fuel Tank Liquid dome에 설치된 Valve 및 Pump 하부에 Drip Tray가 설치됩니다.

그리고, Open Deck에 위치한, LNG 배관에 설치된 Valve 하부에도 Drip Tray가 설치되며, Fuel Preparation Room(FPR) 내부에 설치되어 있는 Pump 및 기화장비(Vaporizer) 하부에도 Drip Tray가 설치됩니다.

Profile

이 재 무

[학력]
- 국민대학교 기계공학 석사 (열유체자동제어 전공)

[경력]
- Honeywell, 선박자동제어시스템 설계/설치/시운전
- 삼성중공업, 선박용 LNG연료공급시스템(FGSS) 개발
- 현재, GEA Korea, 열/냉동시스템 영업 총괄

[주요프로젝트]
- 아시아 최초 LNG연료추진선박 에코누리호 FGSS 설계/적용
  외 다수 국내/외 FGSS 프로젝트 수행

유 현 수

[학력]
- 듀크대 MBA
- 서울대학교 조선공학석사 졸업
- 서울대학교 조선공학학사 졸업

[경력]
- 현, 피아스페이스 CEO & Founder
- 전, 보스턴컨설팅그룹 이사
- 전, 삼성중공업 신사업기획 과장 : LNG추진선박 에코누리호 프로젝트 참여